权威·前沿·原创

皮书系列为

“十二五”“十三五”“十四五”时期国家重点出版物出版专项规划项目

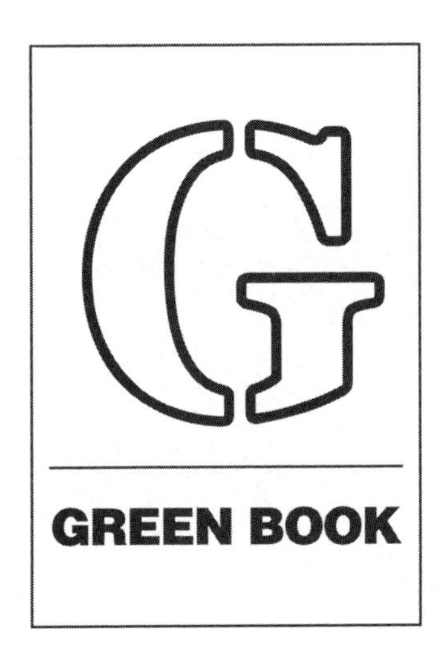

智库成果出版与传播平台

中国国家公园建设发展报告（2023~2024）

ANNUAL REPORT OF THE CONSTRUCTION OF NATIONAL PARKS IN CHINA (2023-2024)

国家公园人地耦合系统协调发展

Coordinated Development of Coupled Human–national System in National Parks

顾　问／安黎哲
主　编／张玉钧
副主编／李燕琴　张海霞　王忠君　李　健　张婧雅

社会科学文献出版社
SOCIAL SCIENCES ACADEMIC PRESS (CHINA)

图书在版编目(CIP)数据

中国国家公园建设发展报告 . 2023~2024：国家公园人地耦合系统协调发展 / 张玉钧主编；李燕琴等副主编 . --北京：社会科学文献出版社，2024. 8. --（国家公园绿皮书）. -- ISBN 978-7-5228-3793-2

Ⅰ. S759. 992

中国国家版本馆 CIP 数据核字第 2024HQ8609 号

国家公园绿皮书

中国国家公园建设发展报告（2023~2024）

——国家公园人地耦合系统协调发展

主　　编 / 张玉钧

副 主 编 / 李燕琴　张海霞　王忠君　李　健　张婧雅

出 版 人 / 冀祥德

责任编辑 / 张建中

文稿编辑 / 李小琪

责任印制 / 王京美

出　　版 / 社会科学文献出版社 · 文化传媒分社（010）59367004

地址：北京市北三环中路甲 29 号院华龙大厦　邮编：100029

网址：www. ssap. com. cn

发　　行 / 社会科学文献出版社（010）59367028

印　　装 / 三河市东方印刷有限公司

规　　格 / 开 本：787mm × 1092mm　1/16

印 张：33　字 数：495 千字

版　　次 / 2024 年 8 月第 1 版　2024 年 8 月第 1 次印刷

书　　号 / ISBN 978-7-5228-3793-2

定　　价 / 209. 00 元

读者服务电话：4008918866

#《中国国家公园建设发展报告（2023~2024）》
编　委　会

《中国国家公园建设发展报告（2023～2024）》编撰人员名单

总　报　告　撰稿　北京林业大学国家公园研究中心

执笔　张玉钧　余翩翩　洪静萱　徐姝瑶　刘彦彤

专题报告撰稿人　（以专题报告出现先后为序）

于　涵　陈战是　蔺宇晴　李　泽　王怡霖
张婧雅　胡淞博　刘宇航　陈帅朋　俞培孟
张梦媛　刘文平　唐佳乐　王　上　沈周舟
钟　乐　李　卅　苏　航　刘小妹　朱诗荟
张浩然　王雨喆　龚　箭　林晨雨　刘思佳
李　健　施佳伟　旦增加措　李燕琴　何梦冉
顾丹丹　王佳红　石金莲　虞　虎　刘超逸
高　云　徐姝瑶　洪静萱　余翩翩　张欣瑶
张玉钧　张娇娇　傅田琪　鲁　贝　廖凌云
朱倩莹　盛朋利　顾轩瑞　于文婧　王忠君
张　颖　张子璇　谢冶凤　钟林生　吴必虎
周海霞　廉吉全　庞　丽　童　昀　邱云美

主要编撰者简介

张玉钧　北京林业大学园林学院教授、博士生导师。国家林业和草原局国家公园与自然保护地标准化技术委员会委员、国家林业和草原局生态旅游标准化技术委员会委员。北京林业大学国家公园研究中心主任，中国—加拿大国家公园联合实验室中方负责人。《国家公园（中英文）》、《风景园林》、《旅游学刊》、《北京林业大学学报》（社会科学版）、《中国生态旅游》编委，《自然保护地》副主编，《中国国家公园体制建设报告》和《中国生态旅游发展报告》主编。主要研究方向为自然保护地生态旅游规划与管理。近年来主要从事国家公园和自然保护地相关研究。主持青海省科委生态系统文化服务价值评估研究、国家社会科学基金项目“国家公园公众参与机制研究”、国家重点研发计划子课题“乡村生态景观物种多样性维护技术研究”、国家社会科学基金重大课题子课题“自然保护地生态价值实现制度构建及治理优化”等。作为主要参与者先后获得青海省科学技术进步奖二等奖、梁希林业科学技术奖二等奖、中国工程咨询协会全国优秀工程咨询成果奖一等奖。

李燕琴　中央民族大学管理学院教授、博士生导师，中央民族大学可持续旅游与乡村振兴研究中心主任，教育部“新世纪优秀人才支持计划”入选者，美国夏威夷大学访问学者，新西兰怀卡托大学高级研究学者。研究领域包括旅游扶贫、乡村旅游、可持续旅游等。主持参与国家自然科学基金项目多项。出版专著与教材多部，其中《生态旅游游客行为与游客管理研究》

为国内第一本生态旅游游客行为研究专著。在《旅游学刊》《地理研究》《管理学报》等高影响因子期刊发表学术论文数十篇，入选2021中国旅游研究院与中国知网联合发布的“旅游论文作者学术影响力Top100”。

张海霞　浙江工商大学公共管理学院教授，西湖学者，浙江工商大学社会科学部副部长、社会科学研究院副院长，兼任民盟中央生态环境委员会副主任、玉泉智库（中国科学院大学、民盟中央共建）委员、浙江大学国家制度研究院特邀研究员、中国自然资源学会国家公园与自然保护地体系研究分会委员、浙江省休闲学会秘书长等职务。主要研究方向为国家公园与旅游规制。以第一作者发表学术论文40余篇，出版专著《当代浙学文库：国家公园的旅游规制研究》《中国国家公园特许经营机制研究》，主持国家自然科学基金、国家社会科学基金、教育部人文社科基金、文化和旅游部宏观决策项目、国家发改委项目、自然资源部项目、生态环境部项目、浙江省哲学社会科学重点项目等省部级以上项目17项，主持或参与其他横向项目30余项，5项主笔成果获国家主要领导人肯定性批示，获省部级优秀科研成果奖5项。

王忠君　博士，北京林业大学副教授，北京林业大学园林学院生态旅游规划与管理系主任，北京林业大学国家公园研究中心副主任，北京旅游学会科教旅游分会理事，中国高等教育生态文明教育研究分会理事，国家A级旅游景区、国家生态旅游示范区、国家研学旅行示范区评定与复核工作组成员。主要研究方向为生态与遗产旅游、保护地自然教育与游憩规划。参与国家科技支撑、国家重点研发计划专项课题3项，主持国家森林公园、国家湿地公园等旅游规划编制项目50余项；发表学术论文30余篇。

李　健　浙江农林大学风景园林与建筑学院教授、博士生导师。浙江省151人才，两个全国影响力建设智库、浙江省新型重点专业智库——浙江农林大学生态文明研究院和杭州国际城市学研究中心（浙江省城市治理研究中心）特聘研究员和客座研究员，中国林学会森林公园与森林旅游分会常务理事，《中国林业百科全书·生态旅游卷》《自然保护地》编委。致力于城乡规划、风景园林与旅游管理交叉研究，研究方向为自然保护地规划与管理、文旅融合与高质量发展。在 *Journal of Sustainable Tourism*，*Current Issues in Tourism*，*Urban Forestry & Urban Greening*，*Asia Pacific Journal of Tourism Research* 以及《旅游学刊》《生态学报》《中国园林》等国际国内期刊发表学术论文 70 余篇，出版《生态旅游景区品牌忠诚影响机制研究》《户外游憩——自然资源游憩机会的供给与管理》《森林公园生态文化解说——基于花岩国家森林公园实践》等专著，主持国家社会科学基金、国家林业和草原局行业标准、中德国际合作、浙江省软科学计划、浙江省哲学社会科学等项目 12 项，主持完成横向课题及社会委托项目 40 余项，资政成果获省部级领导肯定性批示 4 项，获得“浙江省高校黄大年式教师团队”称号。

张婧雅　北京林业大学风景园林学博士，华中农业大学园艺林学学院风景园林系副教授，北京林业大学国家公园研究中心特约研究员，《自然资源学报》《自然保护地》期刊审稿专家。主要研究方向为风景资源保护、自然保护地规划。主持国家自然科学基金项目 2 项，参与国家重点研发计划、国家社会科学基金等项目 4 项，主持或参与多项国家公园、风景名胜区、乡村振兴等规划编制项目。发表学术论文 10 余篇，参编著作及教材 5 部。

序

国家公园是生态文明建设的重要组成部分，是实现人与自然和谐共生的重要途径，展示了生态文明建设成果。国家公园是一个自然保护区域，同时彰显了山水林田湖草沙生命共同体的一体化保护和系统治理水平。国家公园体制在保护生物多样性、维护国家生态安全和美丽中国建设方面具有重要的战略意义和实践价值。国家公园建设将在实现生态、经济和社会的可持续发展，引领全球生态环境保护治理中发挥更大的作用。

自党的十八届三中全会提出建立国家公园体制以来，有序开展了顶层设计、组织试点、机制探索、空间布局、整合优化、法律标准制定等相关工作，持续推进国家公园体制建设与高质量发展，初步完成了规划编制、勘界立标、机构设置等任务，构建了以国家公园为主体的自然保护地体系，公布《国家公园空间布局方案》，遴选出 49 个国家公园候选区。继 2021 年正式宣布成立第一批 5 个国家公园之后，第二批国家公园也进入创建与酝酿设立的阶段，《国家公园法》有望在近期出台。党的二十届三中全会提出建设生态文明制度体系，全面推进以国家公园为主体的自然保护地体系建设。我们坚信，到 2035 年，建成全世界最大的国家公园体系的宏伟目标一定能顺利实现。

《国家公园绿皮书：中国国家公园建设发展报告（2023~2024）》由北京林业大学国家公园研究中心主任张玉钧教授联合国内行业专家共同完成。全书围绕“国家公园人地耦合系统协调发展”这一主题展开讨论：总报告通过研究人地关系中的国家公园发展现状与未来，探讨了国家公园中人地关

系的演变规律与复杂性；26 篇专题报告在对年度主题进行全方位解读与分析的基础上，围绕资源评价与空间管控、社区可持续发展、生态产品价值实现、自然游憩以及自然资源资产的经营利用 5 个方面进行了综合论述。该书主题明确、立意新颖、文献翔实、数据可靠，可为我国国家公园体制建设与保护管理带来理论和实践指导意义。

近年来，北京林业大学锚定国家公园发展现状，针对学科建设和科研资源开展了系统性的整合与梳理工作，成立了国家公园学院，创建了国家公园学交叉学科，增设了国家公园建设与管理本科专业，成立了国家公园研究中心以及与加拿大不列颠哥伦比亚大学合作创办了中国—加拿大国家公园联合实验室。在此期间，开展大量科学研究并获得诸多实践成果，均为国家公园理论研究和建设发展起到强有力的指导和支撑作用。

首先，国家公园相关科研项目研究成效显著。包括国家社会科学基金重大项目“构建以国家公园为主体的自然保护地体系研究”（2021 年，温亚利主持），国家社会科学基金一般项目“国家公园管理中的公众参与机制研究”（2017 年，张玉钧主持），“基于 CAS 理论的国家公园人兽冲突适应性治理模式及机制创新研究”（2023 年，谢屹主持）以及“国家公园生态保护补偿机制与模式优化研究”（2023 年，侯一蕾主持）等项目。同时，张玉钧教授研究团队与国家林业和草原局林草调查规划院、中国科学院生态环境研究中心共同完成“以国家公园为主体的自然保护地体系构建理论及关键技术”项目研究，该项研究成果获得 2021 年度第十二届梁希林业科学技术奖二等奖。

其次，出版国家公园系列专著。包括《国家公园与自然保护地研究》（唐小平、田勇臣、蒋亚芳、刘增力、张玉钧、徐卫华等著）、《中国国家公园建设与社会经济协调发展研究》（温亚利、侯一蕾、马奔等编著）、《国家公园与绿色发展——北京林业大学中国—加拿大国家公园联合实验室研究成果集》（张玉钧、王光玉主编）、《国家公园体制建设与探索》（唐小平、张玉钧、张同升等著）、《旅游、健康、福祉与自然保护地》（译著，南宫梅芳主译、张玉钧审校）、《日本国家公园巡礼：80 年发展历程的回顾与反思》

（译著，张玉钧、段克勤等主译）。

最后，发表一系列与国家公园相关的高水平论文。重视国家公园自然资源评估与规划研究，发表《面向国土景观风貌管控的中国国家公园空间布局研究》等论文；注重国家公园生态价值实现研究，深耕于国家公园自然游憩与生态旅游领域，发表《自然保护地生态价值的内涵建构与热点解读》等论文；关注国家公园人地关系协调研究，发表《人类与自然耦合系统视角下我国自然保护地体系理论基础构建研究》，充分体现了国家公园的建设目标和方向。研究团队还先后参与北京、宁夏等自然保护地的整合优化工作，并在三江源、大熊猫、东北虎豹、呼伦贝尔、大兴安岭、南山、青海湖、秦岭、山东长岛等国家公园的规划建设过程中做了大量工作。

当前，我国国家公园建设正处在高质量发展的关键时期，需要政府、科研机构、社会组织、企业及公众等社会各界的积极谋划和共同参与。在今后可以预见的一段时期内，我国国家公园在保护管理、监测监管、科技支撑、教育体验、和谐社区等方面的建设任务仍很艰巨。潜心向学，方能问道远方。希望研究团队能够继续学习、积极探索，积累经验，为落实人与自然生命共同体理念，共筑国家生态安全屏障，特别是为推动统一、规范、高效的中国特色国家公园体制建设贡献“北林力量”与“北林智慧”。

北京林业大学校长 安黎哲

2024 年 7 月 28 日

摘 要

自2013年党的十八届三中全会提出建立国家公园体制以来，我国国家公园建设事业的各项工作稳步推进，在体制机制探索、生态保护、绿色发展以及民生改善等诸多方面取得了重大成效，为生态文明建设提供了强大支撑。纵观世界自然保护的发展史，有时保护引领利用，有时保护与利用呈现对立状态，有时利用的势头甚至占据上风。现实中所谓在保护中利用和在利用中保护的理想状态很难达到。从世界范围来看，大多数国家的国家公园和自然保护地都有原住居民世代居住，他们的生产生活方式和利益诉求体现出人地关系的复杂性。因此，协调保护与利用的关系就成为解决人地关系复杂性问题的焦点。探讨国家公园建设过程中的人地耦合系统协调发展具有重要的现实意义。

基于上述背景，本书确定2023年度主题为“国家公园人地耦合系统协调发展”。本书由北京林业大学国家公园研究中心组织编纂，邀请国内国家公园研究领域的专家学者和相关研究团队完成内容撰写工作。通过对国家公园的人地关系现状与未来的发展趋势进行研究，探讨人地关系的复杂性，其中26篇专题报告对本年度主题进行了全方位的分析与解读。

本书采用了层次分析法、空间分析法、内容分析法、大数据分析法、比较分析法、问卷调查法、专家访谈法等多种研究方法，重点针对国家公园建设发展中的6个主题展开讨论。第一，在人地关系演变方面，解读中国国家公园人地关系的内涵、特征及构成要素，梳理人类活动与自然环境的关系演化规律，分析人地关系视角下中国国家公园的发展现状和趋势展望；第二，在资源评价与空间管控方面，针对中国国家公园在社区管理、文化景观、生态系统、旅游发展等领域的资源利用现状，提出不同人地问题导向下国家公园资源评价与空间管控策略；第三，在社区可持续发展方面，探讨国家公园建设与社区发展的关系，从社区参与、旅游发展、社区增权等角度展开研究，推动国家公园生态保护与社会经济协同发展；第四，在生态产品价值实现方面，重点关注如何促进国家公园生态系统服务价值的实现，结合国家公园建设的部分实践案例，提供具体路径和策略建议；第五，在自然游憩方面，围绕游憩开展过程中的体验质量、社区参与、需求特性等多方面内容进行研究，以推动国家公园游憩规划和可持续发展；第六，在自然资源资产经营利用方面，聚焦国家公园自然资源资产的管理与经营问题，特别关注全民所有自然资源资产所有权委托代理机制体制试点工作，探索自然资源资产所有权的实现方式。

本书主要结论及建议如下。

其一，中国国家公园是由环境、资源、经济、社会等多个子系统共同组成的复合系统，在生态文明建设理念和人与自然协调发展理念的指导下，国家公园体制建设初见成效，但仍面临生态保护与社区建设、产业发展、文化传承，以及人类活动与野生动物保护等冲突。因此，后续建设实施应在保障生态完整性的基础上，深入探索人地关系演化规律、复合生态系统协调发展、不同区域空间分异、多学科交叉支撑，以实现中国国家公园区域系统的平衡和协调发展。

其二，以国家公园为主体的自然保护地体系建设面临诸多挑战，例如，气候变化、土地利用、人类活动、产业发展等都可能对其保护发展产生负面影响，实现文化景观的精准保护与高效管理也是自然保护地高质量发展需要关注的重点方面。针对发展现状与存在的问题，通过全方位评估、分级分类管理、发展情景模拟等资源评价与空间管控方式，提高自然保护地管理水平，实现科学保护与合理利用。

其三，社区居民是国家公园建设的重要主体，随着国家公园体制建设的全面推进，社区参与机制在生态管护、特许经营、技能培训等方面已有一定的改革创新，但仍存在法律法规缺失、参与主体单一、参与深度不足等问题，亟须构建协同治理模式。同时，要强调国家公园管理局在整合多元资源、明确共享机制和营造良好环境等方面扮演的多重角色，发挥社会组织对社区的帮扶作用，从而进一步加强社区参与，以多层次、多角度的互动实现国家公园与社区的共赢。

其四，健全生态产品价值实现机制，有利于将国家公园良好的生态优势转变为经济社会发展优势。在生态产品价值实现的路径探索中，需综合考虑国家公园管理方、当地居民、公园游客等多个相关主体的利益诉求，结合当地生态系统服务价值实现的环境，从产业转型、实现模式和保障机制等方面推动生态产品价值实现。同时，还要重视生态环保知识的宣传教育，并强调遵循保护与利用相结合的原则。

其五，国家公园开展自然游憩是发挥游憩功能、体现全民公益性的重要途径。通过识别国家公园自然游憩需求，并对游憩资源进行适宜性评估，构建国家公园自然游憩机会谱，以总结不同游憩空间的游憩活动特征和游憩体验特征。在综合考虑生态保护与游憩利用的基础上，明确自然游憩管理者、经营者、体验者和社区居民在自然游憩中扮演的角色，精心规划并管理自然游憩，以推动国家公园可持续发展。

其六，自然资源资产经营利用是国家公园发展的核心领域，要求在保护的前提下充分发挥国家公园的传统资源价值、游憩利用价值、科研教育价值、衍生利用价值。目前，我国国家公园自然资源资产经营利用中存在部门职能交叉、所有权主体不清晰、土地权属复杂、法律及市场机制不健全等问题，成为制约自然资源资产有效保护、利用、管理的关键因素，亟须明确经营的主体、内容、模式、收益等，强化自然资源资产管理，推动自然资源资产价值转换和实现更大范围、更有效、更公平的国家公园可持续发展。

国家公园旨在通过人地耦合系统的协调发展，实现科学保护和合理利用。对人地耦合系统协调发展的研究有助于人们科学认识和保护生态系统，找到生态系统与人类活动之间的平衡点，在确保生态保护的同时实现当地社区的可持续发展。我国在建设国家公园的过程中，积极寻求国际合作，共同

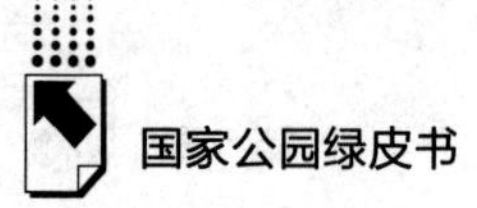

建设生态文明，致力于为全球环境保护和可持续发展贡献智慧与方案，不断深入开展环境教育和科研活动，提高社会对自然生态系统的认知，具有深远的社会和生态影响。国家公园的人地耦合系统协调发展是一个涉及生态、经济、社会等多方面因素的复杂问题，人地耦合系统强调人类活动与自然环境的关系，不仅影响当地居民的生计和社会经济的发展，更关系到生态环境的保护、全球生态平衡的维护，具有重要的战略意义。

关键词： 人地关系　人地耦合系统　科学保护　国家公园建设

目 录

Ⅰ 总报告

Ⅱ 国家公园资源评价与空间管控

Ⅲ 国家公园社区可持续发展

Ⅳ 国家公园生态产品价值实现

V 国家公园自然游憩

VI 国家公园自然资源资产的经营利用

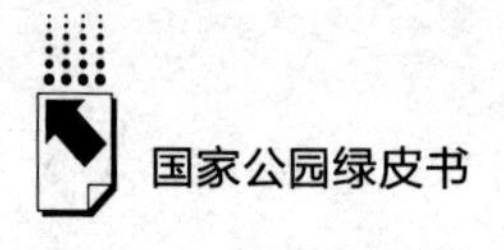

皮书数据库阅读使用指南

总报告

General Report

G.1

人地关系中的国家公园发展现状与未来*

北京林业大学国家公园研究中心**

摘　要： 人地关系是人类社会及其活动与自然环境关系的总称。国家公园的发展历程是人类活动与自然环境相互适应、相互融合的过程，从对资源的掠夺式开发到通过保护地引导自然资源合理利用，受到自然地理条件、人口数量、文化价值取向、生产活动等因素的驱动，不同文明时期人地关系的内涵有所不同。在生态文明建设和人与自然协调发展理念的指导下，中国国家公园体制顶层设计

---

* 本文为北京林业大学中央高校基本科研业务费专项资金项目（哲学社会科学高质量发展行动计划）“国家公园社区韧性发展研究”（2023SKY19）阶段性成果。

** 执笔人：张玉钧、余翩翩、洪静萱、徐姝瑶、刘彦彤。张玉钧，北京林业大学园林学院教授，北京林业大学国家公园研究中心主任，博士生导师，主要研究方向为自然保护地生态旅游规划与管理；余翩翩，北京林业大学园林学院博士研究生，主要研究方向为国家公园规划与管理、风景园林规划；洪静萱，北京林业大学园林学院硕士研究生，主要研究方向为国家公园、自然保护地规划与管理；徐姝瑶，北京林业大学园林学院硕士研究生，主要研究方向为国家公园生态旅游、自然保护地游憩管理；刘彦彤，北京林业大学园林学院博士研究生，主要研究方向为国家公园规划与管理、城乡人居生态环境学。

初见成效，生态资源优化利用模式不断创新，共建共享机制持续推进，但在社区建设、产业发展、野生动物保护等方面仍存在不同程度的矛盾冲突。因此，在确保生态系统完整性的基本前提下，中国国家公园还应在人地关系演化规律、国家公园复合生态系统的整体协同、不同区域的空间分异、多学科交叉支撑等方面进行深入探索，以实现国家公园区域系统的平衡和整体协调发展。

关键词： 国家公园 自然保护地 人地关系

全世界约有50%的国家公园和自然保护区是建立在原住居民的土地之上的，伴随人口扩张，居民生活与地方发展建设的需求日益增长，200多个国家和地区建立的5000多个国家公园面临不同程度的人地关系挑战。国家公园在最初建立阶段，受到绝对保护主义思想的影响，常常采取“隔离保护”的方式，通过隔离式强制管理措施对特殊自然景观及野生动物进行保护，① 人为地割裂了国家公园与人类活动之间的联系。随着管理理念和管理手段的进步，各国开始重视国家公园内部及其所属社区居民的居住、土地、生计问题，在尊重当地社区传统文化的基础上，允许公众有限制地进入自然保护地，通过制定公园法规、推行社区参与和共管等创新管理模式，促进社区融入国家公园的建设和管理过程。②

中国国家公园以重要自然生态系统的原真性、完整性保护为首要功能，③ 在保护重点区域内野生动植物、推进生态文明建设、构建国家生态

① Phillips, A., “The History of the International System of Protected Area Management Categories,” *Parks* 14 (2004): 4-14.

② 高吉喜等：《中国自然保护地整合优化关键问题》，《生物多样性》2021年第3期。

③ 赵鑫蕊、苏红巧、苏杨：《国家公园日常管理和生态监管的职能分工研究及其制度设计》，《自然资源学报》2023年第4期。

安全保障体系、减轻大气污染等方面发挥了重要作用。[①] 相较于其他国家，中国国家公园内人口数量众多，社区类型多样、分布广泛，是我国悠久人文历史及人与自然共生哲学的充分体现。但同时，国家公园建设过程中出现的土地、人口和社区难以协同发展等问题也值得关注。

中国国家公园内部生物多样性丰富度高、生态系统保护价值高等特点，决定了其资源环境对于人口和经济发展的承载力较低。在维持国家公园区域系统平衡并实现可持续发展的过程中，发展建设需求与有限的环境资源之间的冲突易导致人地关系矛盾，因此，调和人与自然的互动至关重要。

一　国家公园人地关系概述

（一）国家公园人地关系的内涵

人地关系是人类社会及其活动与自然环境关系的总称，包含人口、资源与环境的相互影响和反馈作用。[②] 其研究的核心是人类社会及其活动与自然环境的相互影响与反馈机制，[③] 旨在探索和理解自然领域与社会领域相互作用的成因、过程、模式及影响。人类活动与自然环境之间的相互关系遵循一定的规律，形成了一个错综复杂的系统，即人地关系地域系统。[④] 人地关系及其地域系统研究能够揭示自然环境的地理特征，并融入社会、经济、历史等人文因素，以及人地关系地域系统的格局、结构、演变过程和驱动机制等，深入探讨人类活动与自然环境的相互影响。[⑤]

---

① Meng, J., Long, Y., Shi, L., "Stakeholders' Evolutionary Relationship Analysis of China's National Park Ecotourism Development," *Journal of Environmental Management* 316 (2022): 115-188.

② 李扬、汤青：《中国人地关系及人地关系地域系统研究方法述评》，《地理研究》2018 年第 8 期。

③ 吴传钧、施雅风主编《中国地理学 90 年发展回忆录》，学苑出版社，1999。

④ 吴传钧：《人地关系与经济布局：吴传钧文集》，学苑出版社，2008。

⑤ 赵力等：《中国陆域国家公园功能区划理论构建与探索》，《南京工业大学学报》（社会科学版）2023 年第 4 期。

我国的国家公园系统是一个包括自然生态系统、历史文化系统、社会经济系统、多元资源管理系统及周边社区系统在内的，多种要素、类型和层级交织的复合系统。① 其建设初衷是保护生态系统的原真性、完整性及生物多样性，因此往往建立在自然资源富集的地区。国家公园设立前，对自然资源具有较强依赖性的采矿业、伐木业、水电风电业、种植业、养殖业等是当地社区居民的主要经济来源。国家公园设立后，系统保护目标、生产功能、生活功能等方面的改变导致人地关系的演化和变异。复杂系统的分析方法可以揭示国家公园人地关系的复杂结构和变化特征，为建立高效运行的国家公园管理机制提供重要的参考依据。国家公园与其所属社区共同构筑了一个不断演变的复杂人地系统。该系统包含的环境、资源、经济、社会等诸多子系统相互交织、相互影响，涉及的利益相关者包括主管部门、社区居民、社会组织、旅游企业等。② 在复杂人地系统中，受到内外部因素的影响，人员、资金、技术和信息等频繁交流。同时，在复杂的反馈结构作用下，人地系统呈现明显的非线性和耗散结构特征。③

基于上述分析，国家公园管理必须考虑其所处的社会背景，充分尊重人地关系影响人类的生存和可持续发展④这一特征，进而解决“人”的经济社会发展与“地”的资源环境之间的矛盾，最终达成优化国家公园人地系统的目标。⑤

（二）中国国家公园人地关系的特征

国家公园的演化过程展现了人类活动与自然环境相互适应与融合的演

---

① 吴承照、贾静：《基于复杂系统理论的我国国家公园管理机制初步研究》，《旅游科学》2017 年第 3 期。

② 王红卫等：《人机融合复杂社会系统研究》，《中国管理科学》2023 年第 7 期。

③ 刘慧媛：《基于序参量的国家公园社区人地关系优化研究：可持续生计视角》，《中国园林》2022 年第 2 期。

④ 魏伟、张轲、周婕：《三江源地区人地关系研究综述及展望：基于“人、事、时、空”视角》，《地球科学进展》2020 年第 1 期。

⑤ 刘庆芳等：《青藏高原国家公园群人文生态系统耦合协调评价及障碍因子识别》，《地理学报》2023 年第 5 期。

变，进而形成了国家公园社区中错综复杂、多元丰富的人地关系。[①] 国家公园人地关系特征可总结为空间分异明显、人口基数大、土地权属复杂三个方面。

1. 空间分异明显

开放程度是指系统对外界的接纳和融入程度，区域的开放程度越高，意味着人地系统中资源要素的供给范围越大，土地承载能力越强。中国大部分地区的人地系统开放程度较低，空间分异明显。总体而言，中国国家公园人地系统开放程度呈现出东部地区较西部地区更高、北方地区高于南方地区的空间分布格局。[②]

2. 人口基数大

中国国家公园范围广阔，原住居民较多，人口压力成为社区管理中不能忽视的现实问题。以武夷山国家公园为例，该国家公园横跨福建、江西两省，总面积 1280km^2，区内居民有 3350 多人。[③] 即便在人口相对稀少的西部地区，如三江源国家公园，规划总面积为 19.07 万 km^2，原住居民以藏族为主，占总人口的 97%以上，有少量汉族、回族、撒拉族、蒙古族居民，初步统计涉及户籍人口 27956 户 115597 人。其中，青海省涉及 21452 户 81339 人，青海省行政区域内、唐古拉山以北西藏自治区实际使用管理的相关区域涉及 6504 户 34258 人。[④]

3. 土地权属复杂

在中国已建的 5 个国家公园中，三江源国家公园土地全部为国有，大熊猫国家公园、东北虎豹国家公园、海南热带雨林国家公园以国有土地为主，

---

① 李娜等：《人类与自然耦合系统视角下我国自然保护地体系理论基础构建研究》，《环境影响评价》2022 年第 3 期。

② Yu，Y. et al，“Comprehensive Evaluation on China's Man-land Relationship：Theoretical Model and Empirical Study，” *Journal of Geographical Sciences* 29（2019）：1261-1283.

③ 《林业生态文明实践基地丨武夷山国家公园》，福建省林业局网站，2022 年 11 月 28 日，http：//lyj. fujian. gov. cn/ztzl/lystwmsjjd/202212/t20221202_ 6069718. htm。

④ 《公园基本概况及核心价值》，三江源国家公园管理局网站，2023 年 9 月 18 日，https：//siy. qinghai. gov. cn/about/gk/16606. html。

而武夷山国家公园以集体土地为主（见表1）。实际上，土地上的森林、草原、矿产乃至景观等自然资源产权关系更为复杂，在国家公园建设及土地权属变更过程中，涉及国家、村集体、村民等多方利益，任何未解决的问题都可能在国家公园后续保护管理中埋下隐患，因此，需要调整土地权属并明确土地用途，进一步加强对自然资源的所有权和用途监管，对资源进行严格保护，最终达到可持续利用的目标。

表1　我国5个国家公园土地权属

单位：km^2

名称	总面积	国有土地面积	集体土地面积
三江源国家公园	190663	190663	—
大熊猫国家公园	21978	16489	5489
东北虎豹国家公园	14065	12893	1172
海南热带雨林国家公园	4269	3765	504
武夷山国家公园	1280	590	690

注："—"表示此处无数据。

资料来源：根据《三江源国家公园总体规划（2023—2030年）》《大熊猫国家公园总体规划（2023—2030年）》《东北虎豹国家公园总体规划（2022—2030年）》《海南热带雨林国家公园总体规划（2022—2030年）》《武夷山国家公园总体规划（2022—2030年）（送审稿）》相关数据整理。

（三）国家公园人地关系的构成要素

人地关系地域系统的构成要素缺一不可，对系统整体性质和结构起着不同的作用。① 人地关系构成要素根据内容的不同，可分为自然要素和人文要素；根据流动性的差异，可分为流动性要素（如人口、劳动力、资金、技术、商品等）和非流动性要素（如土地、气候等）；根据是否参与经济运行，可分为生产性要素和非生产性要素。此外，还可以根据要素的形态特征和功能作用对人地关系地域系统中的要素进行分类（见图1）。

① 刘凯：《生态脆弱型人地系统演变与可持续发展模式选择研究》，博士学位论文，山东师范大学，2017。

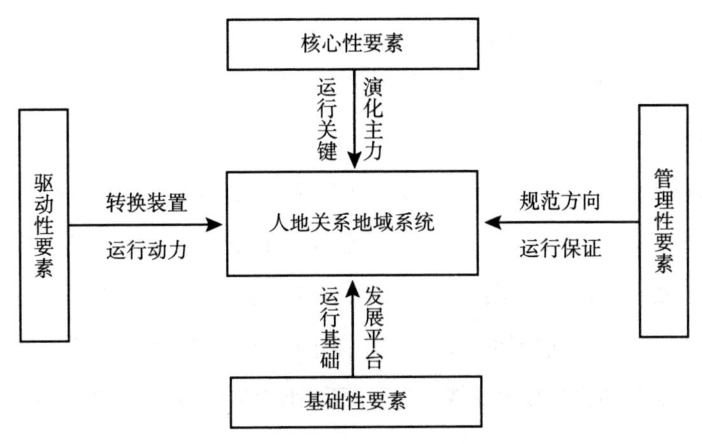

图 1　人地关系地域系统构成要素

资料来源：任启平：《人地关系地域系统结构研究——以吉林省为例》，博士学位论文，东北师范大学，2005。

国家公园人地关系地域系统的要素，既是对整体性质和结构起到主要和关键作用的元素，也是构成系统整体的基础单元。人地关系地域系统结构、功能和子系统与要素的数量、质量、规模、组成、布局及其相互联系密切相关。[①] 本文将国家公园人地关系地域系统分为生态环境系统、经济系统、社会系统，各子系统的构成要素如下。

1. 生态环境系统

在国家公园建设过程中，生态环境系统中的要素组合及其变化遵循自然规律。各要素通过物质的机械迁移、物理过程、化学过程及生物代谢过程之间的相互作用，形成物质流和能量流，从而有机地联结在一起，构成一个统一的整体。

2. 经济系统

研究国家公园的经济系统主要从自然资源要素展开。与生态环境系统中的自然资源不同，经济系统的自然资源主要指能够投入生产生活的物质和能量的总称。自然资源是经济系统中财富的重要来源，国家公园建设的参与者

① 王博娅：《生态系统服务导向下北京市中心城区绿色空间的现状及优化研究》，博士学位论文，北京林业大学，2020。

可将自然资源、资本、技术、信息等转化为现实的生产力，进而创造物质财富和精神财富，推动经济系统向前发展。

3. 社会系统

社会系统是生态环境系统长期发展的产物，是建立在实践基础之上的与生态环境系统相对立的物质系统。在国家公园体制下，人口是构成社会系统的基本和核心要素，人们所从事的各种活动直接影响到人地相互作用的方式、范围和程度，进而形成不同的地域文化、社会运作模式、制度及生活方式，以便为经济系统提供劳动力与技术支持，为资源利用和环境治理提供政策与法治保障。

二　中国国家公园人地关系演变历程

（一）中国国家公园人地关系发展阶段

人们对于人地关系的探索已经持续了几千年，人地关系也随着经济社会的发展而不断发生改变。从20世纪50年代开始，我国逐步建立了数量多、类型广、功能全的自然保护地，推动了生态环境、生物多样性、自然和文化遗产等方面的保护工作，但仍不同程度存在多头管理、权责不明、边界不清及保护和开发矛盾等问题。2020年2月，我国正式启动全国自然保护地整合优化工作。近年来，我国不断整合交叉重叠的自然保护地，实行重组定位、统一设置、分级管理，形成了《全国自然保护地整合优化方案》，并建立了以国家公园为主体、以自然保护区为基础、以各类自然公园为补充的自然保护地体系。2021年10月12日，习近平主席在《生物多样性公约》第十五次缔约方大会领导人峰会上宣布，中国正式设立三江源、大熊猫、东北虎豹、海南热带雨林、武夷山等第一批国家公园，标志着国家公园这项重大制度创新落地生根，国家公园建设迈入新阶段。①

① 《构建以国家公园为主体的自然保护地体系 给子孙后代留下珍贵的自然资产——党的十八大以来林草工作成就综述之三》，国家林业和草原局（国家公园管理局）网站，2022年9月23日，http：//www. forestry. gov. cn/main/5541/20220927/170146963218334. html。

国家公园的发展是人类活动与自然环境相互适应、融合的过程，形成了复杂的人地关系。在经济社会发展不同阶段，包括国家公园在内的自然保护地利益相关者之间的利益需求、导向及关系会产生各种变化，保护地制度在约束人类活动规则系统时，如果未能及时适应当前发展阶段的生产关系并做出回应，便会引发人地冲突。从全球范围来看，西方发达国家经历了从对资源的掠夺式开发到通过保护地引导自然资源合理利用的过程，中国以国家公园为主体的保护地制度则处于从无到有，再到不断完善的过程中。[①] 随着经济社会的发展，人们对人地关系的认知不断深化，中国国家公园人地关系发展过程可划分为以下 4 个阶段。

1. 第一阶段：顺应自然的人地共生阶段[②]（1949年以前）

在原始的采集狩猎社会，人口稀少、生存工具匮乏，人们的生产、生活活动主要为采集、捕鱼和狩猎，强度小且排放的废弃物在“地”能够自行消化分解的范围内。此时的人们利用现成的自然资源谋生，生产方式和生活方式是与自然融为一体的，对于“地”是完全的依赖和服从关系，改造自然的能力极弱。此外，地震、雷雨、洪涝等自然灾害对人类起到一定的威慑作用，人的核心需求是生存和安全。因此，该阶段人们对人地关系的认知主要是敬畏自然。

到了农业文明时期，人口的自然增长呈现“高出生率、高死亡率和低自然增长率”的特征，土地是获取粮食的重要来源，因而人口和土地资源的关系成为该时期人地关系的主要内容。人们能够在一定程度上对自然进行利用和改造，让自然环境为人类生活和农业生产活动创造有利的条件，实现人地关系的平衡。一旦人们对自然的利用超出了自然承载范围，人地关系的平衡便会遭到破坏且难以修复。总体而言，这一时期主要体现了“天人合一、顺时而治”“人地相称”等顺应自然的人地理念，虽然局部地区存在水土流失、

① 王琦、王辉、虞虎：《制度空间视角下自然保护地与人类活动的冲突与协调——以雅鲁藏布大峡谷自然保护区为例》，《资源科学》2022 年第 10 期。

② 王亚平：《生态文明建设与人地系统优化的协同机理及实现路径研究》，博士学位论文，山东师范大学，2019。

洪水泛滥等问题，但未对自然造成根本性的破坏和整体状态的改变。①

敬畏自然、顺应自然的理念影响了古代中国自然生态环保事业的发展。汉唐时期，统治阶级对于土地开发利用等环境相关问题尤为重视，人们对于生态环境保护方面的研究已经达到了一定水平。《唐律》和《旧唐书》都曾记载过自然环境保护措施，包括划定禁伐区域、惩处环境破坏者等。

2. 第二阶段：挑战自然的人地矛盾突出阶段（1949~1993年）

新中国成立初期，党和政府高度重视工业建设，优先发展重工业。同时，人口的快速增长（见图2）也伴随着毁林开荒、乱垦滥伐现象的加剧，对森林的破坏程度不断加深。到了改革开放时期，中国逐步开启现代化建设，工业化和城镇化进程不断加快，随着对能源、矿产等资源的大规模开发，人对"地"的需求及改造、利用的强度空前加大，进一步加剧了人地冲突。这一时期，我国多种资源的人均占有量跌破世界平均水平，人地关系的矛盾较为突出。

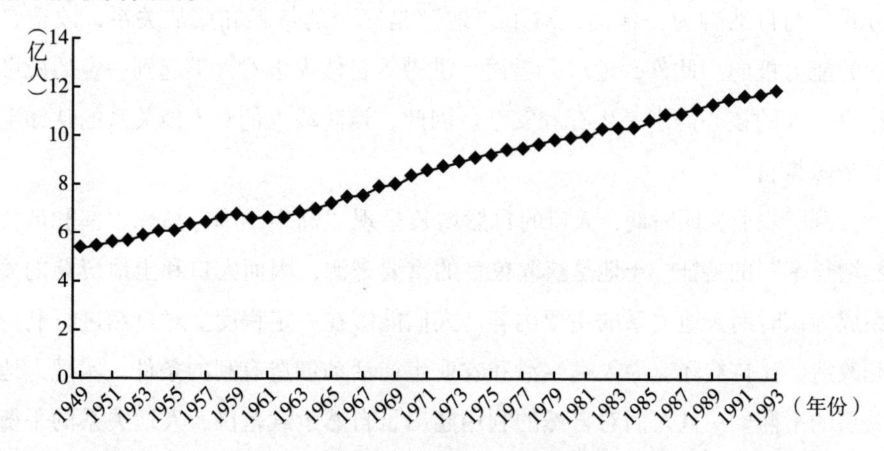

图2　1949~1993年中国人口数量统计

资料来源：李小云、杨宇、刘毅：《中国人地关系的历史演变过程及影响机制》，《地理研究》2018年第8期。

① 李小云、杨宇、刘毅：《中国人地关系的历史演变过程及影响机制》，《地理研究》2018年第8期。

新中国成立之初，我国自然保护区建设事业开始起步。1956 年，我国建立了第一个自然保护区——广东鼎湖山自然保护区。此后，吉林长白山、云南西双版纳、浙江天目山、广西花坪、海南尖峰岭等地也陆续建立了自然保护区。截至 1978 年，全国共建立自然保护区 34 个，总面积达 1.27 万 km^2，约占国土面积的 0.13%①。改革开放时期，自然保护地建设事业逐渐步入正轨，全国各地的自然保护区如雨后春笋般涌现。然而，在工业化和城镇化快速发展的背景下，许多自然保护区成为快速获取资源的重要来源地，尤其是矿产资源富集的区域逐渐成为各地重要的经济来源。人们对矿产资源的大力采掘及林业经济的快速发展不断削弱着生态环境的承载力，人地矛盾在工业污染背景下不断激化，并对自然空间的生态本底与环境结构产生了较大的负面影响，而部分“被获取”资源的地区并未因此摆脱经济落后和贫困。

3. 第三阶段：多元拓展的人地关系探索阶段（1994~2018年）

片面追求经济增长往往导致资源短缺、生态破坏及环境污染等一系列问题，人们开始重新审视以往的发展历程，反思人地关系所面临的困境。人们的需求从以工业产品为代表的物质需求转向以生态产品为代表的精神需求，自然环境成为人们的关注点，人们主动调整生产生活方式，开始追求人地和谐相处。此外，随着科技的发展，人对“地”的改造利用能力得到了质的提升，计算机、“互联网+”、物联网、生物、量子通信、人工智能等技术对社会生产和消费方式变革起到了推动作用，也为生产生活方式由工业化转向生态化奠定了技术基础。

1994 年 3 月 25 日，国务院第 16 次常务会议讨论通过了《中国 21 世纪议程——中国 21 世纪人口、环境与发展白皮书》，提出人口、经济、社会、资源和环境相互协调、可持续发展的总体战略、对策和行动方案。20 世纪 90 年代，中国开始重视对自然保护地的建设管理，并鼓励在森林景观地区

① 《中国自然保护区——从历史走向未来》，福建省生态环境厅网站，2019 年 2 月 2 日，http：//sthjt. fujian. gov. cn/zwgk/ywxx/stbh/201902/t20190218_4761677. htm。

发展旅游业，明确了一批生态旅游示范项目，自然保护区、森林公园、风景名胜区及地质公园等成为生态旅游的重要场所。[①] 进入21世纪，生态环境保护成为我国实现可持续发展的重要议题之一，国家开始实施退耕还林、生态移民计划等。同时，将改善区域人地关系作为地区发展的重要目标[②]，并针对贫困地区制定了明确的脱贫攻坚战略目标。2013年，党的十八届三中全会首次提出建立国家公园体制，成为我国生态文明建设的一项重大制度创新。习近平总书记指出："走向生态文明新时代，建设美丽中国是实现中华民族伟大复兴的中国梦的重要内容。"[③] 2015年，中共中央、国务院印发《生态文明体制改革总体方案》。2022年，国家林业和草原局、财政部、自然资源部、生态环境部联合印发《国家公园空间布局方案》，确定中国国家公园建设的发展目标、空间布局、创建设立、主要任务和实施保障等内容，提出坚持生态保护第一、国家代表性、全民公益性的国家公园理念。在这一阶段，生态文明建设上升为国家战略，中国进入生态文明建设全面深化推进时期，也通过一系列举措逐步走向多元拓展的人地关系探索阶段。

4. 第四阶段：生态文明建设时期的人地关系缓和阶段（2019年至今）

2019年6月，中共中央办公厅、国务院办公厅印发《关于建立以国家公园为主体的自然保护地体系的指导意见》，标志着自然保护地建设进入全面深化改革阶段。同时，指导意见对社区治理的重要性进行了阐述，并对社区扶贫、搬迁、共享收益、参与保护事业，以及社区参与经营和发展生态产业等方面进行了指导，支持和传承传统文化及人地和谐的生态产业模式，加快推进生态文明建设，增强生态文明体制改革的系统性、整体性、协同性。总体而言，这一阶段我国开启以国家公园为导向的生态保护模式，不仅侧重

① 徐菲菲、钟雪晴、王丽君：《中国自然保护地研究的现状、问题与展望》，《自然资源学报》2023年第4期。

② 王亚平：《生态文明建设与人地系统优化的协同机理及实现路径研究》，博士学位论文，山东师范大学，2019。

③《习近平致生态文明贵阳国际论坛2013年年会的贺信（全文）》，中国政府网，2013年7月20日，https://www.gov.cn/ldhd/2013-07/20/content_2451855.htm。

于加强生态保护，同时更加关注人地关系的协调发展。

至此，中国的人地关系演变经历了顺应自然的共生阶段、挑战自然的人地矛盾突出阶段及多元拓展的人地关系探索阶段，迎来了生态文明建设时期的人地关系缓和阶段，走出了一条中国特色的生态保护和可持续发展道路，为其他国家的生态建设提供了重要借鉴。生态文明建设和人地系统优化的协同关系演变见图 3。

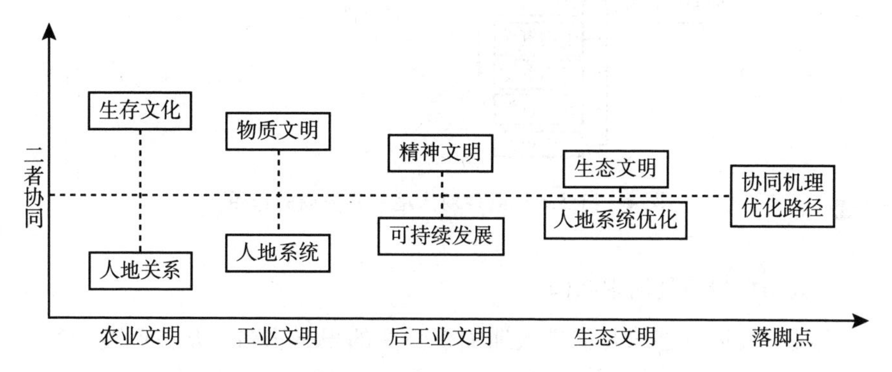

图 3　生态文明建设和人地系统优化的协同关系演变

（二）影响国家公园人地系统演化的因素

1. 自然地理条件

自然地理条件作为向人们提供居住场所和活动空间、生产和生活资料、生态系统服务的基础要素，在人地关系漫长的演化历程中扮演着重要的角色。它在气候、地貌、土壤、水文和生物等多个要素作为本底条件的基础上加入了人类活动的印迹，是一个复杂的有机体。自然地理条件具有综合性、开放性、区域性和阶段性，也受外部区域自然环境因素的影响，并以其不同的功能对产业布局和地域文化产生影响，是生态文明建设和人地系统优化协同的基础。进而言之，我国国家公园体制建设基于优越的自然地理条件，通过协调自然条件和自然资源，不断优化人地关系，完善以国家公园为主体的自然保护地体系。自然地理条件对人地关系发展的作用见图 4。

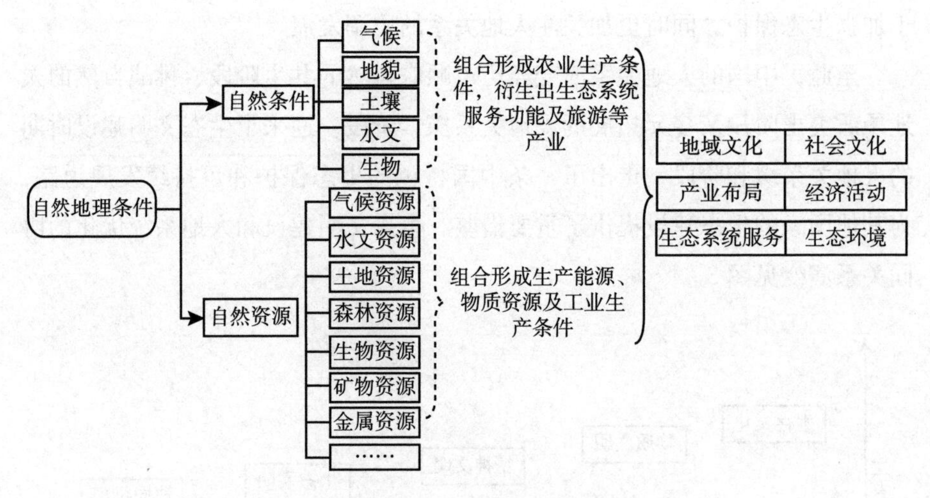

图 4　自然地理条件对人地关系发展的作用

2. 人口数量及其需求结构

人类对发展的追求是促进人地关系演变的根本力量。从空间视角来看，人口过度集聚会给“地”带来巨大的承载压力，并引发资源环境问题；从时间视角来看，人口数量的增长导致人类对“地”的需求的增长，人口质量及生活水平的提升使人类对“地”的产出结构的需求复杂化。从某种程度上来说，人地相互作用就是人的需求结构不断变化的外在体现。① 人的需求变化先后经历了四个阶段，即生存需求、物质需求、精神需求和生态需求，对于“地”的需求也相应经历了以生活功能为主、以生产功能为主和以生态功能为主三个过程（见图 5）。总体而言，人对“地”的作用强度和范围的变化受到人口数量和质量的影响，并进一步形成人地关系由原始到紧密，再到矛盾，最后到共生的演变过程。② 需求结构的变化推动人对优美生态环境的需求日益增长，国家公园体制的建设是顺应人口需求结构发展的结果，也是我国生态文明建设的一项重大制度创新。

① 李小云、杨宇、刘毅：《中国人地关系的历史演变过程及影响机制》，《地理研究》2018 年第 8 期。

② 王亚平：《生态文明建设与人地系统优化的协同机理及实现路径研究》，博士学位论文，山东师范大学，2019。

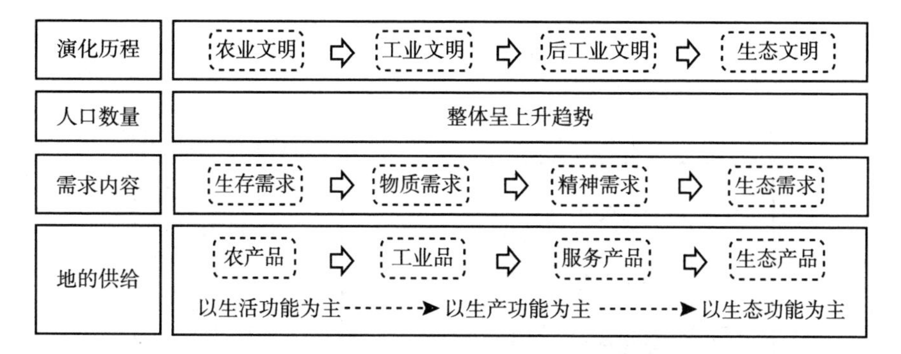

图 5　人口需求结构的阶段性发展历程

3. 文化价值取向

人在生存发展中成为人地关系中的能动者，文化是在认识和改造自然过程中形成的。地域文化与人地关系的互动见图 6。人对“地”的价值观念和思维意识从文化中产生，并对生产方式、消费行为和社会责任等方面产生客观影响。根据人地关系的发展历程，文化包括人地互动过程中的工具改造、组织或制度形式、价值观念，如不断完善自然保护地制度，改善人地关系，追求人与自然的和谐共生。因此，文化系统、人地系统、生态文明建设形成了良性互动的整体，即通过生态文明建设，完善以国家公园为主体的自然保护地体系，重构人与自然的关系和人与人的关系，实现人地关系的可持续发展。①

4. 生产力及生产活动

生产力是人地关系演变中最直接、最连续的推动力量，生产活动和生产方式则直接决定了人地关系的发展方向。人地关系演变过程中最直观、最核心的表现就是生产工具的演变，实质是人类利用和改造“地”的主观能动性逐步增强。从古代的石器、青铜器，到相对精细的铁器，再到人地关系多元化时期的工业生产，直至今天，追求人地关系和谐的智能化生产工艺引导着人地关系的发展变化。人类的生产活动包括农业生产、工业生产等，还有人类自身的生产，快速发展的生产力和多样的生产活动曾一度引起人地关系矛盾激化，但人们会通过有序的生态修复和治理、空间管控等活动改善生态

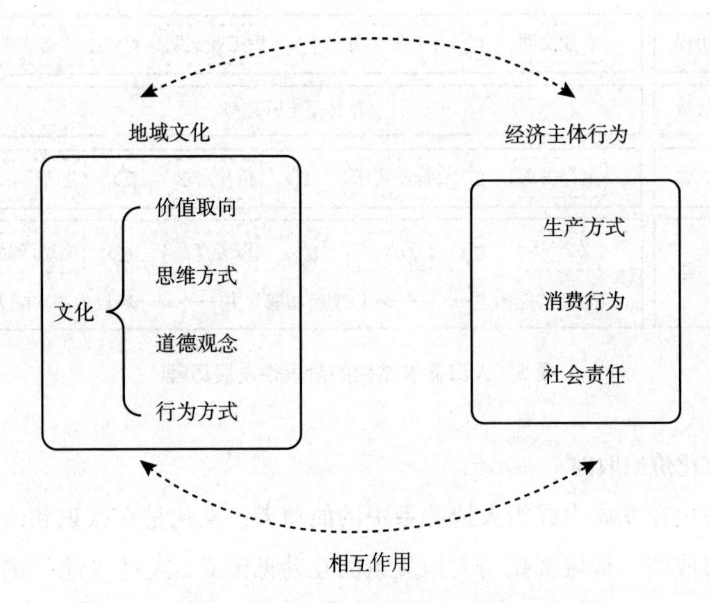

图 6　地域文化与人地关系的互动

环境，从而优化人地关系。生产活动与人地关系的相互作用如图 7 所示。随着经济社会的迅速发展，资源环境问题日益突出，国家公园体制的建设为生态环境保护注入了不竭动力，“坚持保护第一”的原则为改善人地关系提供了指引。

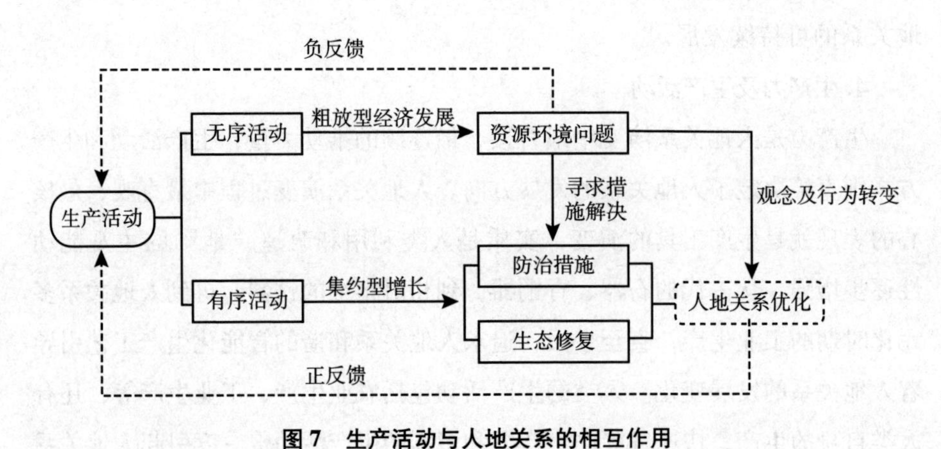

图 7　生产活动与人地关系的相互作用

三　人地关系视角下的中国国家公园发展现状

（一）生态文明建设背景下的国家公园人地系统特征分析

1. 国家公园体制建设与管理初见成效

尽管仍面临人地约束的难题，我国国家公园体制建设始终坚持生态保护第一和全民公益性的理念，并在统一管理机构、加强法治保障、完善资金机制、推进共建共享、促进合作交流等方面做了大量卓有成效的工作，自然资源资产管理效率明显提升，社会效益凸显，人与自然的关系由冲突趋向缓和。

2. 生态资源优化利用模式不断创新

国家公园的生态价值是其最宝贵的资源与优势，合理挖掘与利用国家公园生态价值是形成良性的人与自然关系的有效手段。完善国家公园自然资源管理机制与探索生态产品价值实现路径的理论研究与实践不断展开①，但目前国家公园仍在不同程度上面临资源型产业转型升级、人员安置和债务处理、资源富集地区严重依赖资源等方面的困难。

3. 国家公园共建共享机制持续推进

国家公园坚持全民公益性，不断完善社区参与机制，给予原住居民一定程度的优惠与扶持，使其参与国家公园相关产业，逐渐改变原住居民的生态观和发展观，并规范多方主体的参与行为。在发展可持续替代生计的同时，国家公园也为公众提供亲近自然、体验自然、了解自然的游憩机会，促进全民共享。例如，大熊猫国家公园四川片区规划建设了一批入口社区和特色熊猫小镇，在确保不影响资源保护的前提下，支持沿路沿线发展生态旅游、科

① 邹亚琛、魏雨萌：《我国国家公园可持续发展研究现状、热点与内容综述——基于CiteSpace可视化分析》，《经营与管理》2023年3月30日（网络首发），https：//kns.cnki.net/kcms2/article/abstract？v=3uoqIhG8C45S0n9fL2suRadTyEVl2pW9UrhTDCdPD65btEM3Y0dl87xOYSdXzYEm-otIT7xvX2ki4rCQcZrkzjZvavJOs1-E&uniplatform=NZKPT。

普游憩、特色农林等生态友好型产业，同时以国家公园的生态体验和自然教育为依托，提供相关接待服务。

（二）中国国家公园人地矛盾现状分析

矛盾是基于利益需求、观念差异等，各主体在互动过程中产生的心理或行为层面的对立行为。国家公园的人地矛盾主要缘于巨大的发展需求与有限的资源数量之间的不平衡，表现为利益相关者对土地及自然资源的争夺或土地利用方式的不合理重叠。① 以国家公园为主体的自然保护地体系建设不断推进，但在实际建设和管理过程中也遇到了一些冲突矛盾，主要表现在以下几个方面。

1. 社区建设与人地关系的矛盾

国家公园建设以保护生物多样性和恢复生态环境为核心和前提，被划入保护范围的村镇通常位于自然资源富集的区域，但同时村镇本身面临经济发展水平落后、基础设施建设滞后的问题，村镇建设所涉及的项目规划、经济活动等又受到严格的制度限制，面临诸多审批，导致村镇基础设施和公共服务设施建设受到较大约束。② 例如，国家公园内村镇城镇化发展所需的建设用地难以扩大，道路拓宽与路面硬化也难以实现。随着城镇化和乡村振兴的推进，国家公园外村镇经济发展速度加快，居民生活水平明显提升，而国家公园内村镇建设客观上受到限制，缺乏良好的基础设施支撑，经济发展速度缓慢，区域间经济发展的不平衡加剧了人地矛盾。

但若一味追求经济发展，以非生态友好的方式开发利用当地资源，将会影响国家公园的生态保护效果。因而，国家公园内部及周边村镇在保护地与城乡发展用地方面仍保持紧张的关系，其生态保护与社区建设之间依旧存在明显矛盾。

---

① 王琦、王辉、虞虎：《制度空间视角下自然保护地与人类活动的冲突与协调——以雅鲁藏布大峡谷自然保护区为例》，《资源科学》2022 年第 10 期。

② 符尧：《中国自然保护地建设与管理矛盾冲突研究进展与缓解策略》，《世界林业研究》2023 年第 4 期。

2. 保护成本与收益分配的矛盾

国家公园内部及周边许多社区地处偏远、交通不便，其原住居民高度依赖当地自然资源以维持生计。国家公园的建立客观上使社区原住居民直接利用林、牧、渔业等资源的权利受到一定限制，居民收入下降、工作机会减少，生产生活和相关经济利益受损，若其所承担的生态保护成本没有获得充分的利益补偿，国家公园产生的保护收益也未充分惠及所有居民，便会导致原住居民保护成本与收益分配失衡。① 例如，在武夷山国家公园内部及周边社区，部分茶业种植用地问题与保护地矛盾突出，加上耕地面积受限造成产业空间不足，加剧了当地生态保护与社区生计的冲突。② 而武夷山文化旅游有限公司在当地“一家独大”，原住居民参与国家公园的收益分配处于弱势地位。

国家公园实施生态补偿制度，发展相关生态产业或开展生态旅游经营活动能使部分社区居民获得可观的经济收益，在一定程度上缓解了生态保护与产业发展之间的矛盾。然而，生态补偿力度和相关岗位数量有限，难以惠及国家公园全体社区居民，社区居民在传统生计发展受限的情况下承担着较大的保护成本③，利益冲突使国家公园生态保护与社区产业发展的矛盾凸显。

3. 人类生产生活与野生动物生存的矛盾

人类与野生动物在争夺自然资源和生存空间等方面存在矛盾，即人兽冲突，对双方均造成负面影响。一方面，部分野生动物危害农作物、捕食家禽家畜、破坏基础设施、追车伤人等行为对人类的财产及生命安全造成威胁；另一方面，人类活动及社区发展会侵占野生动物栖息地，挤压野生动物生存空间，人类对野生动物的捕猎也威胁着野生动物种群的生存和繁衍。此外，部分地区因发展野生动物旅游而使野生动物向社区生产生活空间渗透，这也

① 王琦、王辉、虞虎：《制度空间视角下自然保护地与人类活动的冲突与协调——以雅鲁藏布大峡谷自然保护区为例》，《资源科学》2022 年第 10 期。

② 符尧：《中国自然保护地建设与管理矛盾冲突研究进展与缓解策略》，《世界林业研究》2023 年第 4 期。

③ 段伟、江怡成、欧阳波：《社区生计与自然保护区冲突趋势——基于农户自然资源利用的代际差异》，《资源科学》2022 年第 6 期。

会加剧社区范围内的人兽冲突。

随着国家公园体制建设的深入推进，野生动物及其栖息地的保护受到重视，良好的生态状况使野生动物数量不断增加，但大型野生动物及重点保护动物肇事引起的人兽冲突依然时有发生。不同地域的国家公园人兽冲突类型和涉及冲突的野生动物物种存在差异。例如，三江源国家公园的人兽冲突主要涉及藏棕熊、狼和雪豹等野生动物，夏季常见冲突包括损害房屋和攻击人类，秋季则多发野生动物捕食牲畜，还有藏野驴、藏羚羊等野生草食动物与家畜争抢草场，这些都对当地牧民的日常生活造成了较为严重的影响。大熊猫国家公园的人兽冲突主要涉及野猪、黑熊和藏酋猴等野生动物，常见冲突包括危害农田、掠夺家禽、破坏房屋等，且以盗食和破坏玉米、水稻、红薯等农作物为主。西双版纳国家级自然保护区的人兽冲突主要涉及亚洲象、黑熊和野猪等野生动物，特别是亚洲象会对播种期和成熟期的农作物造成严重损害。①

4. 机械性生态保护与文化保护的矛盾

国家公园独特的自然环境和生态特征孕育出独特的地域文化，原住居民依靠土地在长期的生产生活中形成了与之相适应的习俗和文化传统，其土地利用模式成为当地自然文化景观的重要组成部分。原住居民是国家公园社区传统文化的重要传承者和守护者，国家公园则是原住居民维系社群结构、获得身份认同和传承社区文化的重要环境依托。② 在我国国家公园建设和管理过程中，部分地区将原住居民长久生活和依赖的土地纳入保护范围，盲目推行生态搬迁和资源利用限制等措施，使得原住居民被迫放弃原有的生产生活方式，迁出熟悉的家园③，当地文化传统遭到破坏，随之而来的文化冲突也

---

① 苏凯文等：《自然保护地人兽冲突管理现状、挑战及建议》，《野生动物学报》2022 年第 1 期；邱兰：《大熊猫国家公园及其周边的人兽冲突现状及保护管理探究》，硕士学位论文，西华师范大学，2022。

② 符尧：《中国自然保护地建设与管理矛盾冲突研究进展与缓解策略》，《世界林业研究》2023 年第 4 期。

③ 陶广杰、潘善斌：《自然保护地原住居民权益保护问题探究》，《林业调查规划》2021 年第 5 期。

影响了保护地保护工作的推进。

原住居民搬迁所引起的文化冲突主要表现为文化传承的破坏、生活方式的改变、文化认同的缺失、价值认知的扭曲等。例如，三江源国家公园个别社区生态搬迁过程中，部分原住居民迁出后生活困难，当地文化遭遇断代，同时国家公园内生态环境的稳定性也因原住居民迁出后放牧等活动的停止而遭到破坏。[①] 此外，广西十万大山国家级自然保护区的社区传统文化与迁入地差异过大，村民在搬迁后难以适应新的生产生活方式，无法建立文化认同感和归属感，最终迁回了保护区。[③]

四　人地关系中的国家公园发展趋势展望

（一）揭示国家公园人地关系演化规律

国家公园的自然生态环境是人与自然长期互动、天人合一作用的结果，形成了各具特色的传统自然资源保护和利用方式。国家公园介入后，原住居民面临用地、生计资本、自然资源使用等方面的限制，所涉及的利益相关者众多，各方博弈造成原有人地关系不可避免地发生改变，主体作用机制更加复杂。围绕这一特殊地理单元的人地关系地域系统的变化特征、过程和机制进行研究，[②] 从理论、格局、过程、规律的逻辑视域，揭示人地关系地域系统形成机理及其演化规律，成为建设国家公园生态环境保护和高质量发展科学决策体系的重要前提。人地关系的耦合研究视角需要由静态转向动态、由单一转向系统，[③] 在开放、动态、多元的社会互动中探讨人地耦合的转变，并预测未来发展趋势。

① 田治国、潘晴：《国家公园社区冲突缓解机制研究——基于“民胞物与”理论》，《常州大学学报》（社会科学版）2021 年第 3 期。

② 朱冬芳、钟林生、虞虎：《国家公园社区发展研究进展与启示》，《资源科学》2021 年第 9 期。

③ 汪芳等：《黄河流域人地耦合与可持续人居环境》，《地理研究》2020 年第 8 期。

（二）关注国家公园复合生态系统的整体协同

人与自然是不可分割的生命共同体，国家公园是由生态、社会、经济等多要素组成的独特、典型的地理空间单元，包括由广袤、丰富、珍稀的自然资源构成的生态环境系统，以及由原住居民、政府机构等人为因素构成的社会经济系统，是相互作用、相互影响的复杂系统，应将人类活动看作生态系统的构成部分，以系统全局思维构建国家公园“自然—人类—社会”复合生态系统。[①] 中国国家公园人口数量众多、分布广泛的现实特点，要求国家公园体制建设不仅要完成好生态文明建设的重大任务，也要处理好国家公园复合生态系统整体协调发展的问题。在维持生态系统完整性的前提下，兼顾社会、经济、文化效益，做到自然、经济、社会和谐发展。

（三）探索不同区域的空间分异

我国幅员辽阔，不同区域的自然地理条件和经济发展水平各异，不同国家公园人地矛盾的紧张程度、对人类活动的抗干扰能力、生态系统自身恢复弹性、可接受访客的类型和容量等也各不相同，如西部地区有大面积的荒野区，人口规模和密度较小，但曾经贫困问题突出；东部地区国家公园人口稠密，有着更频繁的建设和生产活动。[②] 因此，制定针对不同区域国家公园的管理和发展政策，是我国国家公园体制建设中的重点与难点。

地方性是不同国家公园所具有的自然特质和文化特性。在顶层设计层面，国家公园设立时应统筹考虑主要保护对象、所在区域地理环境、原住居民生产生活方式和外来访客游憩活动的差异，尊重不同区域的空间分异规律，因地制宜地制定兼具目标性、针对性和适应性的管理政策；在具体国家公园规划的制定层面，要制定精细化的土地管控策略，在保护自然资源的同

---

① 徐菲菲、钟雪晴、王丽君：《中国自然保护地研究的现状、问题与展望》，《自然资源学报》2023 年第 4 期。

② 吴韵等：《基于生态特征分异的意大利国家公园社区发展的典型分析》，《中国园林》2021 年第 9 期。

时探索多元内生型产业，加强对原住居民的产业发展引导，实现因地制宜和特色发展。

（四）多学科交叉支撑实现人地关系和谐发展

人地关系视角下的国家公园研究横跨自然、人文和社会科学领域，融合了社会学、经济学、管理学、旅游学、生态学、地理学等多学科。在目前研究方法的应用上，问卷调查等是主要的定量研究方法，非结构化访谈、田野调查等是主要的定性研究方法，且定性和定量研究相结合的趋势明显。未来，需进一步融贯各方技术，加强对智能化技术的运用，从简单的定性和统计分析方法转向半定量、定量和空间分析相结合的交叉方法，提高对关键问题的数据分析深度和变量解释能力，从而为国家公园人地关系和谐发展和优化提供科学依据。

G.2

自然保护地乡村社区分类管理对策研究

——以我国世界自然遗产地为例

于 涵 陈战是 蔺宇晴 李 泽*

摘 要： 乡村社区普遍存在于自然保护地中，其对自然保护地自然生态的负面影响是由自然地理特征、社会背景、治理能力等多方面因素决定的。以世界自然遗产为例，从乡村社区对世界自然遗产地负面影响的内在驱动力角度进行考察，可将乡村社区分为生存依赖驱动影响型、传统生产驱动影响型、旅游产业驱动影响型、非法

* 于涵，中国城市规划设计研究院风景园林和景观研究分院高级工程师，主要研究方向为风景名胜区与自然保护地规划、世界自然遗产规划、城市绿地景观规划设计；陈战是，中国城市规划设计研究院风景园林和景观研究分院副院长、教授级高级工程师，主要研究方向为风景园林规划设计；蔺宇晴，中国城市规划设计研究院风景园林和景观研究分院工程师，主要研究方向为风景规划、城市绿地景观规划；李泽，中国城市规划设计研究院风景园林和景观研究分院工程师，主要研究方向为世界自然遗产、风景名胜区和自然保护地规划、城市绿地景观规划。

活动驱动影响型4个主要类型。在分类特征研究的基础上，对上述4个乡村社区类型提出了生态搬迁和补偿、构建可持续生产模式、调整社区产业结构、改善人居环境和基础设施、完善建筑风貌管控和加强执法监督等措施。

关键词： 世界自然遗产　自然保护地　乡村社区

自然保护地是通过法律或其他有效手段，致力于生物多样性、自然资源以及相关文化资源保护的陆地或海洋。世界遗产是被联合国教科文组织和世界遗产委员会确认并列入《世界遗产名录》、地球上罕见且为全人类公认、具有突出意义和普遍价值的文物古迹及自然景观的总称。从科学、自然、保护的角度看，世界自然遗产具有“自然面貌”“濒危动植物生境区”“天然名胜或自然区域”等特点，且具有突出的普遍价值。世界自然遗产是自然保护地中的精华，其理念发源于自然保护地，可以将世界自然遗产理解为价值突出、管理良好的自然保护地。

社区是包含自然地理空间与社会经济、文化、政治活动功能的相对独立的客观存在。社区的地理空间含义在于它总是具体指一定的地域，如一个村社。我国世界自然遗产地是一个比较特殊的区域，其内在历史演进的过程中本身存在大量的乡村聚落，即有数量不等的农村或乡镇存在。我国世界自然遗产地乡村社区成为我国广大乡村社区中的特殊类型，面临世界自然遗产保护和自身社会经济发展的双重要求。

一　我国世界自然遗产地及其乡村社区概况

（一）世界自然遗产地概况

我国于1985年正式加入《保护世界文化和自然遗产公约》。截至2022

年，我国已经有世界自然遗产14项、世界文化与自然双重遗产42项[①]。我国面积最大的世界自然遗产地为青海可可西里，达37356.32平方千米；最小的为“澄江化石遗址”，仅有5.12平方千米。

（二）世界自然遗产地乡村社区概况

我国世界自然遗产地乡村社区数量较多，从人口总数看，人口规模最大的是三江并流自然保护区，达到了242300人；从人口密度看，武陵源风景名胜区的密度最大，达到了204人/平方千米。这突出反映了我国世界自然遗产地和自然保护地的总体特点，即在长期的人类和自然共同演进的过程中，人与自然已经融合为一个不可分割的整体，大量的乡村社区是中国自然遗产有别于其他新大陆国家自然遗产最为突出的特征。这些乡村社区的生产、生活活动对世界自然遗产地产生了不同程度的影响，是世界自然遗产保护不得不正视的问题。

二　乡村社区影响世界自然遗产地保护的主要背景和机制

（一）普遍存在的生态脆弱性成为自然背景

我国世界自然遗产地多位于生态原始性极高的地区，但由于其自然生态环境保存良好的特性和处于某些特殊地理区的特点，其生态系统有着较强的脆弱性，这种脆弱性容易在气候变化、灾害性天气和人为干扰的情况下表现出来。而在气候变化的背景下，强降雨等极端天气事件和干旱等气候事件的发生频率和强度将提高，对生态系统的影响将进一步加剧[②]。同时，世界自

① 《我国世界遗产总数、自然遗产、自然与文化双遗产数量均居世界首位》，中国政府网，2020年6月13日，https：//www.gov.cn/xinwen/2020-06/13/cotent_5519230.htm。

② 丁一汇等：《气候变化国家评估报告（Ⅰ）：中国气候变化的历史和未来趋势》，《气候变化研究进展》2006年第1期，第3~8页；林而达等：《气候变化国家评估报告（Ⅱ）：气候变化的影响与适应》，《气候变化研究进展》2006年第2期，第51~56页。

然遗产地由于山高坡陡、水系密布、岩石裸露，植被一旦受到人类活动的破坏将难以恢复，而且易造成崩塌、滑坡、泥石流等自然灾害，生态系统稳定性比较差[①]。

（二）人口不断增长成为基础社会背景

人口增长是引起环境问题和资源保护压力的一个全球性背景，而在世界自然遗产地生态价值较高、生态脆弱性普遍较强的条件下，人口增长引发的问题就更为严重。一般情况下，只要人口数量没有超出某一地区的生态承载力，且社区居民没有从事破坏性的生产、生活活动，那么可以认为这一区域总体处于一种可持续的状态。但是如果这一地区人口的自然增长突破了其生态承载力，且没有采取可持续的生产方式，污水处理等基础设施配套未跟进，则可能引发一系列水环境问题。此外，外来人口也是一个重要的影响因素。对于某些旅游经济发展较好的世界自然遗产地来说，外来人口通过婚嫁、经商等方式长期居住在世界自然遗产地内，使世界自然遗产地人口的机械增长远远超过正常水平，外来人口的生活和生产也给世界自然遗产地带来了不可避免的压力。

（三）旅游业发展成为推动因素

世界自然遗产地从多年前就开始成为我国户外旅游的热点地区，黄山、峨眉山、武夷山等都是享誉国内外的旅游胜地。旅游业的发展大大刺激了区域经济的快速增长，却也造成了自然资源的破坏，主要表现在盲目追求经济发展、旅游者自身保护意识欠缺、旅游资源利用和建设活动开展不足三大方面。具体到社区层面，表现为：社区为了发展旅游业大力建设接待设施，对遗产地景观风貌造成破坏；匮乏的基础设施和超量的游客接待导致污水得不到及时处理而污染生态环境；在社区土地上开展的游览活动直接导致生态环

① 邹波等：《“三江并流”及相邻地区绿色贫困问题研究》，《生态经济》2013 年第 5 期，第 67~73 页。

境受到负面影响；旅游业竞争加剧了世界自然遗产地保护和社区经济发展不平衡的矛盾。这些矛盾加速了遗产地生态环境的恶化，加剧了生态环境问题。在大部分情况下，世界自然遗产地旅游业的繁荣并未使乡村社区直接受益，反而使其成为旅游负面影响的承担者，而旅游收益则主要由外来投资者获取。

（四）乡村社会结构特征影响社区治理

传统的中国乡村社会是家族性社会，分散的小农社会生产模式和与其伴生的社会关系是中国乡村社会的一大特点①。但乡村社会由于其生产特点，在人口素质、生产力关系等方面都较为落后，在遗产保护过程中，某些弱点就显得较为突出。随着社会经济的发展，居民对生活质量的要求大大提高，世界自然遗产地周边社区地理位置、发展政策、自然资源不同，在就业人数、工作类型、人均收入、周边景点开发数量等方面存在差异，导致各地贫富差距较大。又由于世界自然遗产地乡村社区在居民教育水平、就业技能上的不足，居民的就业岗位基本停留在体力劳动层面，如挑夫、轿夫、护林员、防火员、清洁工、检票员等对文化水平和专业技术能力要求不高的工作岗位。专业技能的欠缺限制了社区居民获得更多就业机会。此外，我国乡村地区的教育水平不足导致居民的遗产保护意识较为欠缺，而乡村地区根植于传统社会的“靠山吃山、靠水吃水”的生存逻辑，在人口增长的背景下给世界自然遗产地保护带来了更多的威胁。

（五）农村土地制度与多元权属制约高效管理

1949 年至 20 世纪 80 年代中后期，我国土地产权制度经历了多轮重要的变革，形成了当前的格局。我国乡村地区土地经营方式的改变伴随土地制度的变迁，也形成了较为复杂的土地权属格局。多样的产权属性给农村的土地管理带来困难，世界自然遗产地管理涉及众多的不动产权土地所有者和使

① 徐勇：《阶级、集体、社区：国家对乡村的社会整合》，《社会科学战线》2012 年第 2 期，第 169~179 页。

用者，在执行保护和利用规划的过程中缺乏共同决策的过程，规划管理缺乏公众参与的过程，在农民对规划政策不理解并意见不一的条件下，涉及农村土地的规划管理就变得非常困难①。

我国的世界自然遗产地在规划边界范围内存在许多当地社区拥有产权的土地，这些社区在经济社会发展上与遗产保护存在密切的关系，使得社区问题成为一个不能忽视的重要问题。在这种情况下，如果社区的权益得不到保障，责任与权利不能平衡，遗产保护就可能得不到社区的支持。没有社区的支持与合作，世界自然遗产地就没有稳定的周边环境，资源保护和管理也不可能顺利开展②。

遗产保护离不开农村社区居民的深度参与和配合。我国大部分世界自然遗产地都存在管理机构与当地社区的矛盾，这与世界自然遗产地的规划管理模式有着密切关系，要保证我国世界自然遗产地社区规划管理完善，除了关注体系构建、内部管理结构调整、机制健全等一系列问题外，还要提升社区参与度。

（六）基层政府和社区治理能力制约社区治理

我国世界自然遗产地普遍存在于相对偏远的地区，其一级政府的行政能力受制于管理体系和治理能力，导致一定程度上难以满足世界自然遗产地社区协同管理的要求。而由于多数社区是村庄居民点，属于村民自治体系，政府治理体系在某种程度上无法直接渗透行政村以下层级，多年来一直没有形成国家权力与乡村社会自治权利的良性互动关系，这也使得遗产保护的宏观政策落实面临困难③。我国世界自然遗产地管理机构多属于一级政府的派出

---

① 孔泾源：《中国农村土地制度：变迁过程的实证分析》，《经济研究》1993年第2期，第6~72页；刘广栋、程久苗：《1949年以来中国农村土地制度变迁的理论和实践》，《中国农村观察》2007年第2期，第70~80页。

② 刘海龙、杨锐：《对构建中国自然文化遗产地整合保护空间网络的思考》，第十届中国科协年会，郑州，2008。

③ 尤琳、陈世伟：《国家治理能力视角下中国乡村治理结构的历史变迁》，《社会主义研究》2014年第6期，第111~118页。

机构，其事业单位性质使其在管理上缺乏明确的法律职能，导致其在开展规划执法、规划监督等工作时缺乏法律依据，困难重重[①]。而一部分管理机构无实际管理权、无专门人员的虚设性质，使其更无法有效应对遗产管理的复杂工作。此外，规划的不规范、专业人才的匮乏等均成为困扰基层政府工作开展和阻碍社区治理能力提升的原因。

三　我国世界自然遗产地分类特征和管理对策

乡村社区对世界自然遗产地的影响是在生态和社会背景的共同作用下，由宏观因素和微观机制、内因和外因共同叠加而形成的。根据主导驱动机制可将乡村社区分为生存依赖驱动影响型、传统生产驱动影响型、旅游产业驱动影响型、非法活动驱动影响型。每一种类型社区的主导驱动力有所不同，其表现出的对遗产地价值表征要素的影响机制也有所不同。这 4 类社区并不只以一种单一形式影响世界自然遗产地的遗产价值，有可能出现某一社区以多种形式影响世界自然遗产地的情况。

（一）生存依赖驱动影响型

该类乡村社区普遍存在于大熊猫栖息地、青海可可西里、新疆天山、三江并流自然保护区等西部地区的世界自然遗产地，部分位于中东部地区的世界自然遗产地。该类社区地处偏远，因此自然生态系统的原始状况保护较好，但交通条件较差，在某种程度上阻碍了当地社区的现代化。从社会结构看，该类社区居民的受教育水平不高、保护意识不强，仍采用传统的资源获取方式并开展相关农业活动，如狩猎、采集、放牧、耕种等。农户对自然资源的利用和影响方式大致分为获取收入、自给食物、获取能源三种。社区居民仍主要依靠原始的采集、烧荒、耕种、放牧等维持自身的生存。另外，这类社区所在地的生态系统和保护对象的自身脆弱性较高，

---

① 袁明圣：《派出机构的若干问题》，《行政法学研究》2001 年第 3 期，第 14~19 页。

其稳定性易因为外部干扰而遭到破坏。

对于生存依赖驱动影响型社区，要根据区域经济社会发展条件，综合判断其协同发展方式。对于区域周边经济条件相对较好的邻近城市的社区，可以采取规划社区搬迁的方式进行引导，通过迁村并点、资金和实物补偿的方式，帮助社区居民摆脱原有较为闭塞落后的生存环境。如峨眉山深山地处较为边缘区域，难以享受到旅游发展和城乡建设带来的红利，可以通过这种思路对其予以管理。对于区域经济社会环境较为落后的地区，大多数居民难以享受转型带来的红利，因此最为重要的是在合理迁村并点的基础上，逐步通过资金、技术扶持，改变地区农业生产和生活方式，降低对环境的负面影响。同时应配套必要的交通设施，加强这类区域和周边区域的联系，为经济发展提供基础。

（二）传统生产驱动影响型

该类乡村社区普遍存在于以农业、特色农产品生产为主要产业的世界自然遗产地。社区通过茶叶种植、果蔬种植、放牧等获取经济收益。但由于传统农业、种植业、畜牧业发展的不可持续性，栖息地出现破碎化、水土流失、土壤污染、草场质量下降等问题，进而破坏世界自然遗产地的价值表征要素。

受传统产业影响的社区，其农业产业生产往往没有遵循可持续发展理念，或存在一定程度的非法改变土地用途的行为。应从规划管理入手促进这类社区生产活动的可持续化。该类社区所在的世界自然遗产地应加大土地利用监管力度，最为重要的是在规划中明确传统产业的调整方向，逐渐转变为受环境影响较小的传统产业生产结构，并在实际操作过程中，逐步应用和推广可持续的传统产业生产方式。

（三）旅游产业驱动影响型

该类乡村社区普遍位于中东部地区，紧邻大中城市或城镇化率相对较高的区域，多是中国传统风景名胜区，有着悠久的文化历史和优美的自然景观，部分仍拥有良好的生物多样性特征和地质景观特质。在我国旅游业提质发展的大背景下，随着经济的发展和对外开放程度的提高，游客量逐渐增长。乡村社区在其中扮演着旅游服务的角色，社区居民利用自身住房开展旅游接待活动，或通过与外资共建的方式更新旅游服务设施。此外，部分社区利用集体土地上的风景资源，在集体经济组织或外资的基础上建设旅游景区接待游客，造成建筑体量过大、建筑风貌不一且与环境不协调，破坏了世界自然遗产地的美学价值。同时，缺乏资金或跟不上接待设施建设的速度，导致污水和环卫设施建设滞后，污染物得不到有效处理，对生态安全造成威胁，对遗产价值也造成了较大的威胁。

旅游产业驱动影响型社区依托两类社区存在，一类是城镇类社区，另一类是乡村类社区。城镇类社区往往作为区域旅游集散地承担了世界自然遗产地旅游服务的重要功能。该类社区集聚了交通、住宿、餐饮等重要旅游服务设施，首先应优化这类设施在城镇社区的布局，避免旅游人群和当地居民在设施使用上发生冲突，从而对自然环境造成破坏；其次应对旅游接待设施的规模进行控制，如遵循“山上住、山下游”的原则，对涉及个人和家庭经营的接待设施，通过规划对接待规模进行控制，对超出控制的部分通过征收税费的方式予以完善。由于临时旅游人口可能产生大量污水废物，应对污水处理设施和环卫设施进行完善，避免污染周边环境。乡村类社区应在完善污水处理和环卫设施的基础上，强化对建筑风貌的管控。在规划管理中应有明确的引导内容，通过细化条款引导村镇建筑风貌朝本土化、特色化、低环境影响化的方向发展。同时应提出有效的管控政策，避免外来人口迁入造成的旅游服务设施无序扩张。

（四）非法活动驱动影响型

该类乡村社区的特征是存在非法狩猎、非法采集化石等遗产价值载体等活动，用于黑市交易、获取非法利益。总体而言，此类社区在诸多世界自然遗产地都存在，但由于监管趋严、社区发展转型等，该类社区的影响较小。

对于非法活动驱动影响型社区，首先应完善分区控制要求，明确非法活动的定义、空间分布，作为执法机构的管理依据。其次应加强执法人员设备配置，提高执法能力。最后应完善科普设施，推动警示标识体系的建设，加强对社区居民的宣传教育，通过持续的入户宣传教育、发放宣传手册等方式提高居民对遗产保护的认识，自觉降低违法行为发生的频率，形成相互监督的良好氛围。

四 结语

2019 年 6 月，中共中央办公厅、国务院办公厅印发《关于建立以国家公园为主体的自然保护地体系的指导意见》，强调自然保护地要“探索公益治理、社区治理、共同治理等保护方式”“扶持和规范原住居民从事环境友好型经营活动，践行公民生态环境行为规范，支持和传承传统文化及人地和谐的生态产业模式”“推行参与式社区管理，按照生态保护需求设立生态管护岗位并优先安排原住居民”“依法界定各类自然资源资产产权主体的权利和义务，保护原住居民权益，实现各产权主体共建保护地、共享资源收益”。这些意见为自然保护地乡村社区的管理指明了方向。

社区生态影响是由社会经济、社会结构、社会治理能力、社区自然生态特征等多方面、多层次的因素决定的，其有着较为复杂的社会和环境关系。因此，解决社区生态影响问题不可一蹴而就，需要多管齐下，从不同层面予以应对。未来，世界自然遗产地一方面应加强公平的利益分配机制建设，确保社区在遗产保护中获得收益；另一方面应建立公开的社区参与机制，便于乡村社区真正参与世界自然遗产地的保护和发展，强化保护意识。只有这样，才能真正使世界自然遗产地乡村社区与世界自然遗产地成为命运共同体，形成可持续发展的局面。

G.3

基于 HLC 的自然保护地地域性文化景观特征评估方法与管控建议

王怡霖　张婧雅*

摘　要： 随着自然保护地文化景观保护热潮的兴起，关于文化景观如何在未来的自然保护地体系中得到精准保护，以及如何在技术和实践层面对自然保护地文化景观进行高效整合及管理等问题日益受到学界关注。本报告以富有地域文化特色及代表性的地域性文化景观为理论媒介，基于历史景观特征评估（HLC）体系，通过相关概念内涵解析及资料查阅整理等方式，选取分类分级评估指标并构建自然保护地地域性文化景观特征评估体系，为地域性文化景观整体性监测、管理及保护提供有效参考。

关键词： 自然保护地　地域性文化景观　历史景观特征评估体系

随着人类与自然环境的不断交互，纯粹荒野的自然已不多见①，自然保护地的保护与管理并非单一的自然科学问题②。全球自然保护事业已从对单

---

* 王怡霖，华中农业大学在读研究生，主要研究方向为自然保护地人地耦合规划；张婧雅（通讯作者），北京林业大学风景园林学博士，华中农业大学园艺林学学院副教授，主要研究方向为风景资源保护、自然保护地规划。

① Jianguo, L., et al, "Complexity of Coupled Human and Natural Systems," *Science* 5844 (2007): 1513-1516; Donohue, I., et al, "Navigating the Complexity of Ecological Stability," *Ecology Letters* 19 (2016): 1172-1185.

② 侯鹏等：《国家公园：中国自然保护地发展的传承和创新》，《环境生态学》2019 年第 7 期，第 1~7 页。

一生物群落要素的保护和自然修复的抢救式保护，逐渐转变为倡导人与自然和谐共生的自然人文生态系统综合保护[①]，从对自然本体特征的研究转向对区域所承载的地域性文化要素的探索[②]，人类与自然环境相互依存、和谐共生的人地耦合思想逐渐在自然保护地管理中得到重视[③]。中国自然保护地生态文明建设强调自然人文生态系统整体性保护[④]，对文化特征的保护和传承是中国自然保护行动不可缺失的一部分[⑤]。国内已有研究从我国自然保护地文化景观价值[③]、文化基因及文化遗产保护[⑥]等方面入手展开相关理论研究，多从思想认知层面为自然保护地文化景观保护与管理提供科学参考，自然保护地文化景观评估管理技术层面的相关研究探讨较少。在自然保护地规划评估的前期阶段，整体、客观地识别自然生态系统及其附着的典型地域文化特征，是自然保护地实现系统性管护的重要基础。

本报告在自然保护地地域性文化景观内涵解析的基础上，借鉴景观特征评估（Landscape Character Assessment，LCA）体系和历史景观特征评估（Historic Landscape Characterisation，HLC）体系，构建适用于自然保护地地域性文化景观特征识别和评估的方法体系，并提出相应的整体性管护策略，为自然保护地地域性文化景观空间区划、资源管护及中国自然保护地文化保护传承发展提供参考。

---

① 魏钰、雷光春：《从生物群落到生态系统综合保护：国家公园生态系统完整性保护的理论演变》，《自然资源学报》2019年第9期，第1820~1832页。

② 张婧雅、张玉钧：《自然保护地的文化景观价值演变与识别——以泰山为例》，《自然资源学报》2019年第9期，第1833~1849页；龚道德：《国家文化公园概念的缘起与特质解读》，《中国园林》2021年第6期，第38~42页。

③ Bazilian, M., et al, "Considering the Energy, Water and Food Nexus: Towards an Integrated Modelling Approach," *Energy Policy* 12 (2011): 7896-7906；吴承照：《保护地与国家公园的全球共识——2014IUCN世界公园大会综述》，《中国园林》2015年第11期，第69~72页。

④ 韩锋：《文化景观保护的环境哲学溯源》，《中国园林》2020年第10期，第6~10页。

⑤ 谢冶凤、吴必虎、张玉钧：《东西方自然保护地文化特征比较研究》，《风景园林》2020年第3期，第24~28页。

⑥ 刘社军、吴必虎：《非物质文化遗产的基因差异及旅游发展转型》，《地域研究与开发》2015年第1期，第76~80页；王兴斌：《中国自然文化遗产管理模式的改革》，《旅游学刊》2002年第5期，第15~21页。

一 自然保护地地域性文化景观的内涵

(一)自然保护地文化景观的重要意义

1. 国际保护事业关注地域性文化知识

自然保护地实践起源于19世纪的美国，实践之初，以美国为主导的保护理念以单一性的自然生态保护和环境治理为重，倡导纯净、自然至上的保护，将人文要素与自然要素对立，并将人文要素排斥于自然保护地之外①，这种孤立式的荒野保护模式，不但没有在本质上解决人与自然的冲突，反而引发了人与自然的激烈对抗。之后，随着国际政治环境的改变和多元保护思潮的涌现，这一观念逐渐被挑战，保护展现出文化转向②，开始注重以文化景观为代表的自然人文生态系统的整体性保护。

1994年，世界自然保护联盟（IUCN）专门设立第V类保护区，用以保护具有环境和文化价值、人与自然相互作用的地区③。在同年召开的世界自然保护大会上，IUCN正式定义自然保护地为“为了保护生物多样性、自然和相关的文化资源而特别划出的区域”。2008年，IUCN更新的自然保护地定义进一步凸显了自然保护地的文化价值及文化景观的重要性。2009年，知名自然保护专家哈维·洛克（Harvey Locke）在第九届世界荒野大会（WILD9）中首次明确提出“自然需要一半”（Nature Needs Half，NNH）倡议，强调了自然保护应将人文与自然视为一个不可割裂的整体，保护中应充

---

① 张朝枝、吴辉、杜杰：《自然原真性内涵演变及其在中国自然保护地的实践》，《自然资源学报》2023年第4期，第874~884页。

② Phillips，A.，*Cultural Landscapes：IUCN's Changing Vision of Protected Areas*，Paris：UNESCO World Heritage Centre，2003，pp. 40-49.

③ Phillips，A.，*Management Guidelines for IUCN Category V Protected Areas：Protected Landscapes/Seascapes*，Gland：IUCN，2002，pp. 9-12.

分考虑自然保护地的传统地域性文化知识[①]，关于自然保护地文化景观的理论与实践研究逐渐展开[②]。

2. 中国自然保护地承载典型地域文化特征

我国自然保护地众多，大多分布于高山、峡谷、河流、湿地等独特的地质地貌区，这些地区往往具有独特的地域性环境。但与美国追求的“荒野”环境不同，我国的自然保护地几乎不存在无人类活动痕迹的荒野，其更多为融合了地域性文化、可体现国家代表性的综合性人文生态景观[③]。这些独特的地域性环境孕育了典型的地域性文化，所形成的文化景观特征因各个地域自然及人文的不同而存在明显的地域性差异。在中国地理信息系统公布的中国十大地域性文化区域中，自然保护地分布广泛、地域特征各异，不同地域的自然保护地在地域性文化及自然环境的共同作用下，体现出不同的地域性文化特征，且呈现明显的空间分异。以聚落文化景观这一典型的地域空间分异特征呈现为例：以黄土高原地域性文化为主导的自然保护地形成了其特有的拱形穴居式聚落文化景观；江南水乡的自然保护地则形成了江南水乡特有的“小桥、流水、人家”的聚落文化景观；等等。因此，在对自然保护地文化景观进行识别的过程中，地域性因素是在文化景观识别的各个维度都贯穿始末的关键因素。

（二）自然保护地地域性文化景观的内涵

1. 相关概念基础

20 世纪上半叶，美国地理学家索尔首次明确定义了“文化景观”，他在《景观的形态》一文中指出“文化景观是任何特定时期内形成的，构成某一地域特征的自然与人文因素的综合体，它随人类活动的作用而不断变化”，

---

① 曹越、杨锐、万斯·马丁：《自然需要一半：全球自然保护地新愿景》，《风景园林》2019 年第 4 期，第 39~44 页。

② Saviano, M., et al, “Managing Protected Areas as Cultural Landscapes: The Case of the Alta Murgia National Park in Italy,” *Land Use Policy* 76 (2018): 290-299.

③ 宋峰等：《国家保护地体系建设：西方标准反思与中国路径探讨》，《自然资源学报》2019 年第 9 期，第 1807~1819 页。

并认为对于文化景观来讲，文化是催化剂，自然是媒介，文化景观是结果。本报告结合前人论述及研究核心，将文化景观定义为某一地域内以自然为基底、文化为驱动的整体人文生态系统在时空变化中相互作用，进而积淀形成的作用于自然材料或人文材料之上的特定文化现象，该现象具有动态性，反映了一个地区的人文生态地理特征。

地域性文化是指在特定区域内独具特色、带有特殊的地方感和认同感属性且流传至今的文化传统，是在特定区域内经过漫长的历史演进而形成的特有生产生活方式、社会习俗、聚落模式、历史遗迹、宗教信仰等物质及非物质文化形态。这些形态与其自然演变及历史环境相呼应，存在时间和空间的双重维度。无论是自然的地域，还是文化的地域，不同地域间都有着不同的人文生态特征，地域性文化所在的每一个区域都有着深层次的文化差异，且由于自然历史的演进和社会文化的变迁，地域整体特性及其特征范围边界都可能发生变化，这种地域作用不是简单机械式的线性作用，而是在不同地域的空间结构中展开的复杂非线性过程，故地域特征除在特定的历史时段及空间内具有相对稳定性之外，也是一个动态演进、形成与发展的过程。

2. 地域性文化景观概念及构成要素

本报告将地域性文化景观定义为一定地域范围内，自然要素与人文要素在历史演进中相互作用形成的独具特色，具有空间分异特征、历时性及延续性的自然人文综合体，是人与自然互动关系的重要资源。地域性文化景观是自然要素与人文要素相互作用的总和，是自然基底和人类活动共同影响的结果，其构成要素可以分为自然要素和人文要素。

自然要素是地域性文化景观形成和发展的基础，各要素共同构成了人类生存和发展的环境载体，主要包括地形地貌、水文、土地覆盖（半自然）等。其中地形地貌是地域空间的构成主体，作为最直观的一个影响因素，它可以直接影响地域内的人类活动，决定场地的用途和表现，决定地域性文化景观特征的基调。

人文要素是自然要素的外延，是以自然要素为基础、在人类影响下形成的要素类型，包括人类利用自然、改造自然，以及自然作用于人类而形成的物质文化要素和非物质文化要素两种类型。其中，物质文化要素主要包括土地利用、不可移动文物、农田分布、聚落模式、历史建筑等；非物质文化要素主要包括传统游艺、节庆习俗、信仰崇拜、传统生产生活方式等。

二　自然保护地地域性文化景观特征评估

（一）理论基础与方法体系

1. LCA 体系

LCA 体系采取自然与人文、客观与主观信息相结合的综合方法，本质上是理解、描述景观及其特征，更关注不同景观空间的差异性，重视当下和未来的景观分析，主张在发展进程中保护、改进和强化地方特色，具有如下特点。一是强调全尺度覆盖，其弹性框架体系适用于国域、地域及地方尺度；二是秉持价值中立态度，要求客观识别并描述对现有景观特征具有强烈影响的元素，为进一步的评估识别及决策提供客观基础资料；三是将利益相关者纳入评价过程，在调研评估中通过咨询并征求当地居民、学者及执法者等利益相关者的建议丰富基础资料。

2. HLC 体系

HLC 体系通过对时间维度的划分，综合场地历史自然与人文相关资料，以地图处理、描述和图示的方法识别和解释当代景观历史维度，定义整个区域中不同地块的历史景观类型①。该体系更关注同一景观空间内部的相似性，尝试解析历史维度上景观的整体性，具有如下特点。一是在中小尺度上更有优势，对景观特征动态变化的理解更深入；二是强调景观的历史维度，注重景观在时间维度和空间维度上的连续性，主要探索景观从过去到现在的

① 李和平、杨宁：《城市历史景观的管理工具——城镇历史景观特征评估方法研究》，《中国园林》2019 年第 5 期，第 54～58 页。

动态变化，剖析对象的突出特征和驱动力，从而达到评估的效力和管理的要求。

3. LCA 体系与 HLC 体系的结合

鉴于地域性文化景观具有历时性及动态变化的特性，本报告主要基于 HLC 体系，并针对各类场地的识别需求，以 LCA 体系为补充，以便更深层、全面地理解地域性文化景观的空间分布特征。一是在空间尺度上，HLC 体系在中小尺度上更有优势，缺乏全尺度视野，故在大尺度地域性文化景观识别中利用 LCA 体系全尺度覆盖的特性作为补充；二是在时间尺度上，HLC 体系更关注过去景观特征识别，在未来景观特征识别与动态管理上存在一定的局限性，且该体系成果无法直接提炼并形成指导规划，结合 LCA 体系的发展策略分区可以直观地表达未来景观管护策略与发展规划[①]；三是在具体识别要素上，HLC 体系侧重历史要素信息，LCA 体系可补充感知和美学上的特征要素，二者结合有利于实现景观整体特征属性的表达；四是在公众参与上，HLC 体系需借鉴 LCA 体系将利益相关者纳入评价过程的评估思路，结合公众建议的局部分析，进一步强化地域性情感链接及公众参与。

（二）分类体系构建

1. 指标选取

通过解析文化地理学中地域性文化景观区划的相关概念，主要借鉴 HLC 体系的文化景观分类识别理念，从地域性文化景观的定义和内涵出发，得到 3 类特征识别要素：自然基底、物质文化和非物质文化；根据地域性文化景观的内涵属性及可识别性，共筛选出地形地貌、水文、土地覆盖（半自然）、土地利用、不可移动文物等 12 类自然保护地地域性文化景观特征评估分类指标（见表 1）。

① 汪伦、张斌：《景观特征评估——LCA 体系与 HLC 体系比较研究与启示》，《风景园林》2018 年第 5 期，第 87~92 页。

表1　自然保护地地域性文化景观特征评估分类指标

特征识别要素	分类指标	内涵解析	指标参考来源
自然基底	地形地貌	地形地貌是地域重要的背景环境，对早期的聚落模式、农田分布以及土地利用等人文因素均具有决定性影响，是自然保护地文化形成、发展以及传承的基础	英国国家公园评价因子、《实施世界遗产保护的操作导则》、《景观特征评估——LCA体系与HLC体系比较研究与启示》①、“Cultural Landscapes and Attributes of ‘Culturalness’ in Protected Areas: An Exploratory Assessment in Greece”②、*An Approach to Landscape Character Assessment*③、*Historic Townscape Characterisation, The Lincoln Townscape Assessment: a Case Study*④、*Understanding and Managing the Landscape: The English Heritage Historic Landscape Characterisation Programme*⑤
	水文	水文对早期聚落的形成有着重要的影响，地域早期文明多傍水而生，该因素对文化的形成和发展有着至关重要的作用	
	土地覆盖（半自然）	土地覆盖是指自然保护地受自然和人为影响所形成的覆盖物，反映了地表的自然状态，其构成要素有森林、草场、农田、土壤、冰川、湖泊、沼泽湿地及道路等，其空间分布规律在一定程度上反映了文化景观的分布特征	
物质文化	土地利用	土地利用表示土地在人类活动影响下产生的不同利用方式，反映地域特有的社会和经济属性，是人类文化发展和文化景观特征形成的直接驱动因素	
	不可移动文物	不可移动文物作为地域性文化景观保护的重中之重，其分布特征决定了地域性文化景观保护的结构特征	
	农田分布	农田分布在一定程度上体现了该地生产文化的分布规律，是文化景观发展的重要驱动因素	
	聚落模式	“聚落”是文化景观的核心，聚落的规模、密度和空间分布形态反映了所在地的人口特征，映射了区域的文化特色	
	历史建筑	历史建筑作为中华优秀传统文化的重要载体之一，其风貌集中反映了地域性文化的精髓	
非物质文化	传统游艺	传统游艺包括民间舞乐、戏曲、文学、手工艺等，它是人类在具备物质生存条件的基础上，为满足精神需求而进行的文化创造，反映了地域性文化的多元特征和地方特色	《农业文化遗产的文化景观特征识别探索——以紫鹊界、上堡和联合梯田系统为例》⑥ 《汝城非物质文化遗产的景观基因识别——以香火龙为例》⑦
	节庆习俗	节庆习俗反映了人类生产生活过程中的某些特定环节、特定活动，是地域性文化传承的重要载体	

续表

特征识别要素	分类指标	内涵解析	指标参考来源
非物质文化	信仰崇拜	信仰崇拜反映了地域内原住居民对自然环境的敬畏,反映了自然保护地人与自然和谐共生的思想,是地域性生态文明思想的集中体现	《"文化生态"视野下的非物质文化遗产保护》[8] 《农业文化遗产中传统知识的概念与保护——以普洱古茶园与茶文化系统为例》[9]
	传统生产生活方式	传统生产生活方式指在中国传统的农耕自然经济的基础上产生、发展与传承的一种原始的特定地域内独有的生产生活方式,包括衣、食、住、行等	

注：①汪伦、张斌：《景观特征评估——LCA 体系与 HLC 体系比较研究与启示》，《风景园林》2018 年第 5 期，第 87 ~ 92 页。② Vlami，V.，et al，"Cultural Landscapes and Attributes of 'Culturalness' in Protected Areas：An Exploratory Assessment in Greece，" *Science of the Total Environment* 595（2017）：229 - 243. ③ Tudor，C.，*An Approach to Landscape Character Assessment*，Worcester：Natural England，2014. ④ Walsh，D.，*Historic Townscape Characterisation*，*The Lincoln Townscape Assessment*：*a Case Study*，Lincoln：City of Lincoln Council and English Heritage，2012. ⑤ Fairclough，G.，*Understanding and Managing the Landscape*：*The English Heritage Historic Landscape Characterisation Programme*，Wellingborough：Society for Landscape Studies，2002. ⑥胡最、闵庆文、刘沛林：《农业文化遗产的文化景观特征识别探索——以紫鹊界、上堡和联合梯田系统为例》，《经济地理》2018 年第 2 期，第 180~187 页。⑦胡最等：《汝城非物质文化遗产的景观基因识别——以香火龙为例》，《人文地理》2015 年第 1 期，第 64~69 页。⑧黄永林：《"文化生态"视野下的非物质文化遗产保护》，《文化遗产》2013 年第 5 期，第 1~12 页。⑨马楠、闵庆文、袁正：《农业文化遗产中传统知识的概念与保护——以普洱古茶园与茶文化系统为例》，《中国生态农业学报》2018 年第 5 期，第 771~779 页。

2. 技术路线

地域性文化景观特征识别分类主要基于 HLC 体系，并以 LCA 体系为补充，结合地域性文化景观的定义和内涵，分别得到自然基底、物质文化和非物质文化 3 类特征识别要素，通过客观的地理信息的量化和数字化处理等方式草拟地域性文化景观特征类型区划，并在此基础上进一步进行田野调查，结合场地地域性文化景观客观条件及主观感知对地域性文化景观特征进行进一步分类调整。在绘制地域性文化景观分类图这一环节，为在避免自然环境分类区域过度碎片化的同时保证对抽象和非物质性的地域性文化区域的精准识别，采用"聚类—叠合"的综合制图方法，以聚类方法对地域性自然环境景观特征进行识别，之后用叠合法将其与地域性文化景观特征分类图进行叠合，进行降噪及边界优化处理之后，得到最终的地域性文化景观特征分类图谱（见图 1）。

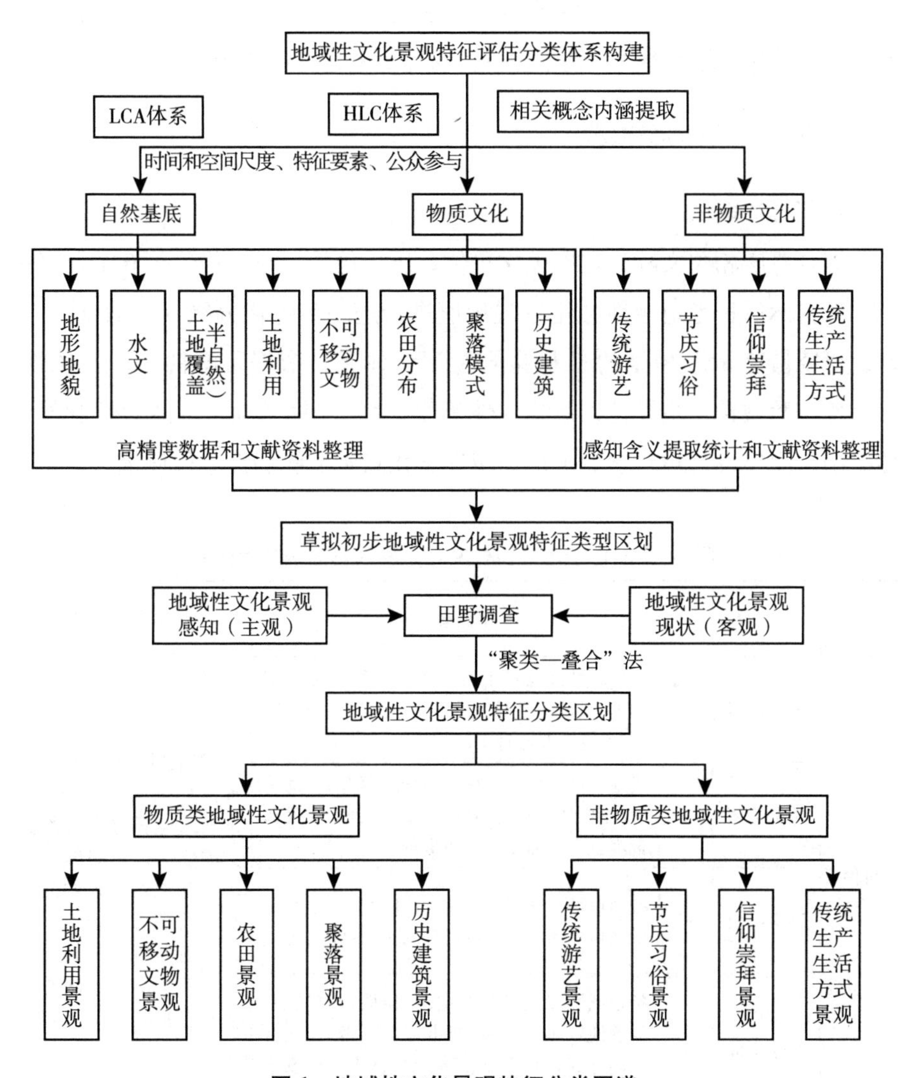

图 1　地域性文化景观特征分类图谱

最终的地域性文化景观类型按其存在形态可分为两大类：物质类地域性文化景观、非物质类地域性文化景观。其中，物质类地域性文化景观包括土地利用景观、不可移动文物景观、农田景观、聚落景观、历史建筑景观，非物质类地域性文化景观包括传统游艺景观、节庆习俗景观、信仰崇拜景观、传统生产生活方式景观。在具体实证研究中，一般要结合地域内的自然基底要素进行进一步分类，自然保护地自然基底要素众多，且不同自然保护地自然基底图谱存在较大差异，需根据具体研究对象特点展开划分。

（三）评价体系构建

1. 指标选取

综合参考相关文献，选取美学价值、历史价值、科学价值等 6 个评级指标，对自然保护地地域性文化景观价值进行进一步评估分级（见表 2）。同时，研究借鉴 VSD 模型的景观脆弱性评价体系，依据科学性、可操作性、综合性、地域性、主导性以及独立性等原则[①]，从敏感性、可持续性和暴露性 3 个层面出发，对自然保护地地域性文化景观的脆弱性进行评价。

表 2　自然保护地地域性文化景观评价分级指标体系

评级要素	评级指标	指标性质	指标解析	指标参考来源
价值评估	美学价值	正	指地域性文化景观所呈现的风貌特征与美感度，反映了评估对象给予人们的视觉、听觉、触觉以及心理上的感受	《风景名胜区总体规划标准》《中国文物古迹保护准则》《全国重点文物保护单位保护规划编制要求》《历史文化古城的非利用价值评估研究——以凤凰古城为例》[①]《明长城文化遗产整体性价值评估研究》[②]
	历史价值	正	指地域性文化景观见证历史、沉积历史的价值，主要从保存完整度、历史知名度、年代久远度三个方面衡量其历史价值	
	科学价值	正	指地域性文化景观具备的科学技术创新价值或地域性文物创造过程的实物见证价值	
	社会价值	正	指地域性文化景观在记录、传播地方知识，传承地域文化精神，产生社会凝聚力、社会认同感等方面的价值，是对整体人文生态系统发展的贡献程度的评价	

① Polsky, C., Neff, R., Yarnal, B., "Building Comparable Global Change Vulnerability Assessments: The Vulnerability Scoping Diagram," *Global Environmental Change* 3-4 (2007): 472-485.

续表

评级要素	评级指标	指标性质	指标解析	指标参考来源
价值评估	文化价值	正	指自然、景观、环境等多种要素在发展中相互作用进而赋予地域的特殊文化内涵，该内涵反映了地域特有的生产、生活、生态文明，在整体人文生态系统保护中具有不可忽视的价值	
	生态价值	正	指地域性文化景观在小气候调节、生物多样性维持上的重要价值	
脆弱性评估	敏感性	正	指客观环境条件下地域性文化景观受到灾害干扰时的敏感程度及发生损坏的难易程度	《三峡库区生态脆弱性评价》[③]、“Vulnerability to Environmental Hazards”[④]、*Un tema del desarrollo: la reducción de la vulnerabilidad frente a los desastres*[⑤]
	可持续性	负	指地域性文化景观在时空变化过程中的抗压力、恢复力以及在保持原有特征基础上的自我更新和发展的能力	
	暴露性	正	指客观环境条件下地域性文化景观在灾害影响范围中的暴露度、受干扰的程度及概率	

注：①许抄军等：《历史文化古城的非利用价值评估研究——以凤凰古城为例》，《经济地理》2005 年第 2 期，第 240~243 页。②王小玲：《明长城文化遗产整体性价值评估研究》，《中国民族博览》2019 年第 4 期，第 225~226 页。③马骏等：《三峡库区生态脆弱性评价》，《生态学报》2015 年第 21 期，第 7117~7129 页。④Cutter, S. L., “Vulnerability to Environmental Hazards,” *Progress in Human Geography* 4 (1996): 529-539. ⑤Rómulo, C., et al., *Un tema del desarrollo: la reducción de la vulnerabilidad frente a los desastres*, Nueva Orleans: Seminario “Enfrentando Desas tres Naturales: Una Cuestión del Desarrollo”, 2000.

2. 技术路线

如图 2 所示，地域性文化景观评价分级过程主要遵循如下技术路线：通过加权叠加，综合地域性文化景观价值评估及脆弱性评估结果，将自然保护地划分为高价值—低脆弱区、高价值—高脆弱区、低价值—低脆弱区、低价值—高脆弱区。从保护视角出发，将高价值—低脆弱区划为地域性文化景观核心保护区，将高价值—高脆弱区划为地域性文化景观核心修复区，将低价值—低脆弱区划为地域性文化景观缓冲区，将低价值—高脆弱区划为地域性文化景观一般控制区。

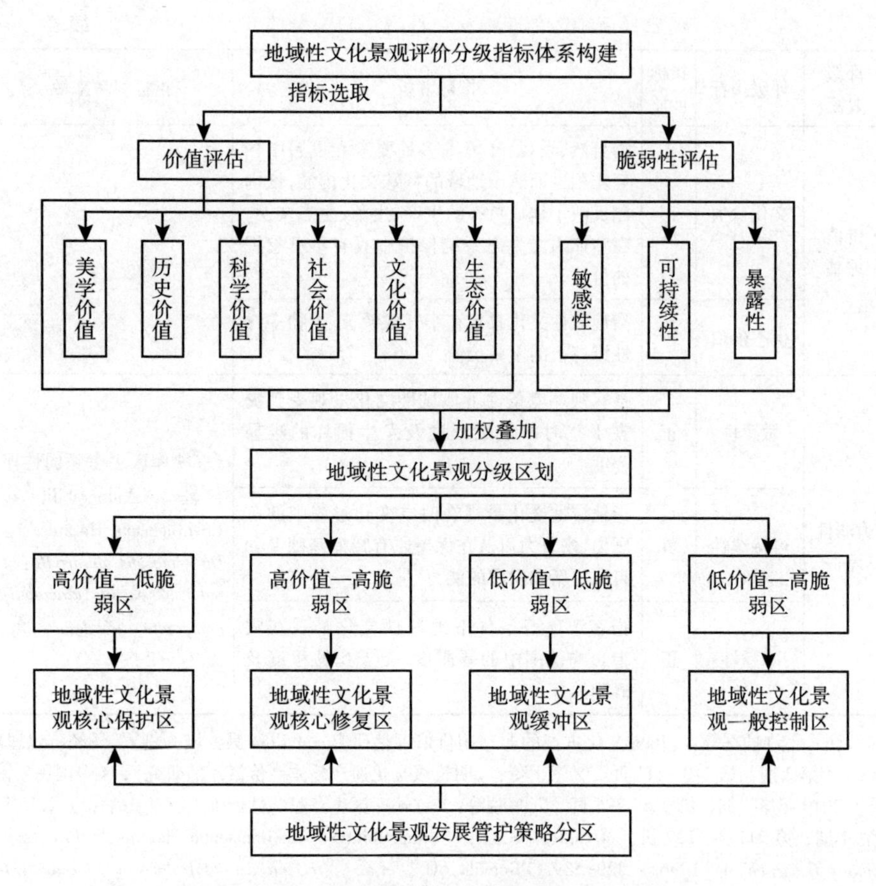

图 2 地域性文化景观评价分级指标体系技术路线

（四）自然保护地地域性文化景观“分类分级”空间分布

借助 ArcGIS 平台，将地域性文化景观分类图与保护区划图进行叠加和提取，分别得到地域性文化景观核心保护区、地域性文化景观核心修复区、地域性文化景观缓冲区及地域性文化景观一般控制区，通过这 4 个保护区划中的地域性文化景观类型，得到最终的自然保护地地域性文化景观“分类分级”空间分布（见表 3），为自然保护地地域性文化景观高效管理提供地理信息参考。

表 3　自然保护地地域性文化景观“分类分级”空间分布

主类	分类	A(地域性文化景观核心保护区)	B(地域性文化景观核心修复区)	C(地域性文化景观缓冲区)	D(地域性文化景观一般控制区)
物质类地域性文化景观	1(土地利用景观)	A1	B1	C1	D1
	2(不可移动文物景观)	A2	B2	C2	D2
	3(农田景观)	A3	B3	C3	D3
	4(聚落景观)	A4	B4	C4	D4
	5(历史建筑景观)	A5	B5	C5	D5
非物质类地域性文化景观	6(传统游艺景观)	A6	B6	C6	D6
	7(节庆习俗景观)	A7	B7	C7	D7
	8(信仰崇拜景观)	A8	B8	C8	D8
	9(传统生产生活方式景观)	A9	B9	C9	D9

三　自然保护地地域性文化景观管控策略与建议

当前我国自然保护地体系的顶层设计已基本完成，在新的自然保护地体系下，如何有效管控自然保护地地域性文化景观成为紧迫而重要的问题。本报告通过对自然保护地地域性文化景观相关概念及背景的深入解析，提出如下保护管理建议。

第一，在顶层设计层面，自然保护地应尽快开展基于地域性文化景观特征识别的普查与评估。实现自然保护地地域性文化景观的传承与保护，并尽可能避免管理和保护不当造成的文化同质化和消逝现象。进一步探索在评估识别具有中国特色及国家代表性的国土景观方面更具优势及先进性的重要技术手段，促进自然保护地地域性文化景观的高效管理。

第二，在具体操作层面，应在开展自然保护地地域性文化景观普查与评估的基础上，对各个保护区划的各类地域性文化景观进行专项保护。在实施保护的过程中可参考区划图谱，将地域性文化景观核心保护区内具有地域代表性、保护状况较好的物质类及非物质类地域性文化景观列为重点保护对象。

而对于地域性文化景观核心修复区内高价值、具有地域代表性但保护状况欠佳且比较脆弱的物质类及非物质类地域性文化景观，应结合其景观特征招募相关专业人员进行修复和进一步的维护管理，及时对影响地域性文化景观保护的设施、生产生活方式等进行管理。对于地域性文化景观缓冲区及一般控制区内文化价值较低且缺乏地域代表性的其他地域性文化景观，则应按照自然人文生态系统完整性、物种栖息地连通性、保护管理可操作性等原则进行管护。

第三，在人员配置方面，应基于自然保护地地域性文化景观保护需求，配备各类专业人才。由于自然保护地的自然资源管理和文化资源管理的内容差别较大，建议在自然保护地管理机构中专设地域性文化景观管理部门，负责自然保护地文化资源的识别分类、评估分级、动态监测、保护修缮及管理等工作。可基于自然保护地文化资源特点，吸收在地方文化、文物保护、风景规划设计、民族学或习惯法等方面具有专业素养的高级技术人员。

四　结语

自然保护地地域性文化景观是我国整体人文生态系统的代表，是自然保护地特有的人文印记，保留了地域内各个历史阶段独有的地域性文化形态和景观语言。本报告建立的自然保护地分级分类理论及框架体系为自然保护地地域性文化景观特征识别评估提供了方法借鉴，通过对自然保护地地域性文化景观特征进行评估并分析“分类分级”空间分布情况，在一定程度上反映了自然保护地整体人文生态系统的内生动力分布，以及地域特征的内在成因，进一步完善了自然保护地地域性文化景观地理信息数据库，为进一步促进自然保护地地域性文化景观高效、精准管理提供了科学参考。

在以国家公园为主体的自然保护地体制建设中，对于自然保护地地域性文化景观的保护研究是中国自然保护事业中富有民族特色和地域精神内涵的工作。在新的自然保护地体系中，应重视地域性文化景观保护，基于现有地域性文化景观管护经验和方法建立自然保护地体制下的高效管理技术体系和实践机制，这也是当今风景园林学科的重要研究议题之一，有待广大专家学者进一步关注。

G.4

2000~2020年湖北省自然保护地生态系统质量与服务演变

胡淞博　刘宇航　陈帅朋　俞培孟　张梦媛　刘文平*

摘　要： 近年来，湖北省的自然保护地建设在应对气候变化和人类活动等挑战时虽取得显著成绩，但仍然面临一系列新的挑战。本报告对湖北省2000~2020年自然保护地状况进行了全面评估，旨在揭示其生态系统质量和生态系统服务的变化。结果显示，在这段时间内，湖北省自然保护地的生态系统质量总体呈上升趋势，提升面积达5685.25km^2，但也出现了1013.25km^2的生态系统质量退化面积。六大生态系统服务中，产水服务、洪涝调蓄服务、生境保持服务、碳汇服务和土壤保持服务总量均增长，而授粉服务总量略有下降。在不同类型的保护地方面，国家公园的碳汇服务、生境保持服务和洪涝调蓄服务总量取得显著提升，而产水服务、土壤保持服务和授粉服务总量略有下降；自然保护区的土壤保持服务和产水服务总量有明显提升，但其他服务总量均呈下降趋势；自然公园在六大生态系统服务上的总量均呈增长趋势。对此，本报告提出了科学规划和可持续管理健康的自然保护地、自然恢复和人工修复退化的自然保护地、扩展保护区网络、建立实时监测系统等对策建议。

关键词： 自然保护地　生态系统质量　生态系统服务　湖北省

* 胡淞博、刘宇航、陈帅朋、俞培孟、张梦媛均为华中农业大学园艺林学学院硕士研究生，主要研究方向为地景规划与生态修复；刘文平，华中农业大学园艺林学学院教授、博士生导师，主要研究方向为国土空间生态保护修复规划、大数据与绿色基础设施规划、生态系统服务流/景观服务流。

一 引言

自然保护地是指通过法律或其他有效手段明确界定和管理的地理区域，其主要目的是长期保护具有生物多样性、重要自然资源或文化遗产价值的生态系统[①]。这些地理区域涵盖了多样的生态系统，包括森林、湿地、草原、河流、湖泊等，其存在对于维护生态系统的可持续性具有至关重要的意义。一方面，自然保护地扮演着保护濒危物种的重要角色，为野生动植物提供了一个相对安全和稳定的环境。另一方面，自然保护地有效减少了人类活动对生态系统的不适当干扰，有助于维持生态平衡，减轻生态灾害风险，保持生态系统的稳定与健康。此外，森林和湿地等自然保护地对气候调节也具有重要作用。

目前，越来越多的国家对自然保护地的重要性有了更深刻的认识，全球已设立包括自然保护区、国家公园在内的约 22 万个自然保护地[②]。中国作为一个重要的生物多样性热点地区，其自然保护地在过去几十年内也经历了显著的发展和变化。中国政府采取了一系列重要措施，如制定严格的自然保护法规、推动生态文明建设和实施生态补偿政策等，以维持自然保护地生物多样性并维护其生态系统，同时促进可持续的自然资源管理。截至 2019 年，中国的自然保护地数量达到 1.18 万个，保护覆盖范围约占国土陆域面积的 18%[③]。

尽管近年来全球对自然保护地的建设力度不断加大，但当前自然保护地仍然面临多重威胁和挑战，包括气候变化、城市化和人类活动、非法采伐、野生动物走私、污染等。有研究表明，全球约 32.8% 的保护区网络受到人

---

① IUCN, *Guidelines for applying protected area management categories* (Gland, Switzerland: IUCN, 2013).

② 《构建以国家公园为主体的自然保护地体系》，“陕西生态环境”澎湃号，2017 年 11 月 4 日，https://m.thepaper.cn/newsDetail_forward_1850429。

③ 《中国已建自然保护地 1.18 万处》，中国政府网，2019 年 10 月 31 日，https://www.gov.cn/xinwen/2019-10/31/content_5446931.htm。

类活动的严重干扰，而高达60%的生态系统服务已经严重退化①。更值得注意的是，有研究估计，到21世纪中期，受人类活动和气候变化的共同影响，全球6%~11%的物种将被迫离开保护区②。

中国政府已经采取了一系列积极措施恢复和修复受到破坏的生态系统，包括退耕还林还草、水土保持、湿地修复、野生动植物保护等。2019年6月，中共中央办公厅、国务院办公厅印发《关于建立以国家公园为主体的自然保护地体系的指导意见》，旨在覆盖更多的生态系统和生物多样性热点区域，进一步推动了中国自然保护地的建设和管理。根据Liu等人的研究，2000~2020年，超过80%的中国自然保护区生态系统服务呈正向发展趋势③。

截至2021年，湖北省已成功建立321个省级及以上自然保护地，覆盖了全省10.16%的面积。然而，尽管自然保护地的总面积显著扩大，但它们的保护有效性备受气候变化和人类活动等因素的挑战。有研究指出，2000~2020年，湖北省神农架国家公园的生态系统服务价值呈现先上升后下降的趋势④，表明自然保护地的保护成效仍然面临挑战。近年来，湖北省采取了一系列生态保护和修复措施，包括湿地修复、天然林修复以及野生动植物栖息地保护等，旨在修复受损的生态系统并减少周边环境对自然保护地的不利影响。然而，这些措施的实际成效目前尚不明晰，需要进一步的研究和监测来评估其影响。

---

① Lanzas, M., et al., "Designing a Network of Green Infrastructure to Enhance the Conservation Value of Protected Areas and Maintain Ecosystem Services," *Science of the Total Environment* 651 (2019): 541-550.

② Segurado, P., Araújo, M. B., "An Evaluation of Methods for Modelling Species Distributions," *Journal of Biogeogr* 31 (2004): 1555-1568.

③ Liu, Y, et al., "The Role of Nature Reserves in Conservation Effectiveness of Ecosystem Services in China," *Journal of Environmental Management* 342 (2023): 118-228.

④ Zhang, B., Li, L., "Evaluation of Ecosystem Service Value and Vulnerability Analysis of China National Nature Reserves: A Case Study of Shennongjia Forest Region," *Ecological Indicators* 149 (2023): 110-118.

为了全面了解湖北省自然保护地建设成效，本报告对 2000~2020 年湖北省全域范围内自然保护地的生态系统质量和服务进行了评估。通过这一研究，旨在揭示自然保护地在生态系统质量和服务方面的提升和退化情况，从而为湖北省自然保护地的未来发展提供重要的决策参考。

二　湖北省自然保护地发展历程与现状

（一）湖北省自然保护地发展历程

我国的自然保护区建设始于 1956 年，并在 1978 年以后取得迅速发展①。湖北省自然保护地的发展比较缓慢，直到 1982 年，湖北省才正式批准建立了第一个严格意义上的自然保护区，即神农架自然保护区②，标志着湖北省自然保护地建设的起步。随后，湖北省加快了自然保护地建设的步伐，于 1984 年建立了星斗山、九宫山、后河、木林子等自然保护区③。到 1989 年，湖北省的自然保护区已达 15 个，初步构成了湖北省自然资源保护的基底。到 20 世纪 90 年代中期，湖北省开始实施自然保护区分类管理，将自然保护区划分为不同类型，包括国家公园、自然保护区、风景名胜区、森林公园、湿地公园等④，进一步提升了自然保护地的多样性和管理有效性。截至 2000 年底，湖北省建成自然保护区 33 个，其中国家级 5 个，总面积为 59.79 万公顷，占全省总面积的 3.22%⑤。

---

① 蒋明康等：《我国自然保护区建设现状与发展设想》，《农村生态环境》1992 年第 2 期，第 18~22 页。

② 王茜茜等：《湖北省自然保护区建设现状及空缺分析》，《环境科学与技术》2010 年第 4 期，第 190~195 页。

③《70 年，刷新湖北“颜值”——全省生态环境建设全面提升》，《湖北日报》2019 年 9 月 17 日，第 8 版。

④ 葛继稳、张德春、高发祥：《湖北省林业系统自然保护区现状调查与评价》，《湖北林业科技》1998 年第 4 期，第 24~28 页。

⑤《70 年，刷新湖北“颜值”——全省生态环境建设全面提升》，《湖北日报》2019 年 9 月 17 日，第 8 版。

进入21世纪，湖北省持续加强自然保护地的建设和管理，在8年时间里新建了29个不同类型的自然保护区，逐步完善了自然保护地体系。然而，尽管湖北省自然保护地的建设成效显著，但仍然存在一些问题，如管理体制混乱和边界重叠等。为应对挑战，2018年湖北省人民政府办公厅发布《关于进一步加强全省自然保护区建设和管理工作的通知》，明确了自然保护区的管理机构和职责，并强调加强自然保护区规范管理[①]。2020年，湖北省人民政府办公厅发布《湖北省自然保护地整合优化实施方案》，进一步明确了整合后的自然保护地范围和管控措施。到2021年，湖北省已拥有321个省级及以上自然保护地，总面积相当于全省的10.16%，形成了相对完善的自然保护地体系。

（二）湖北省自然保护地现状

截至2021年，湖北省共设立了321个自然保护地，包括1个国家公园、43个自然保护区及277个自然公园，自然保护地总面积达到18876.36km^2，占湖北省总面积的10.16%。其中，自然公园总面积达10362.46km^2，约占湖北省自然保护地总面积的54.90%，是湖北省自然保护地中总面积最大的类型；其次是自然保护区，总面积达7344.68km^2，占全省自然保护地总面积的38.91%；最后是国家公园，总面积约为1169.22km^2，占全省自然保护地总面积的6.19%（见表1）。

截至2021年，湖北省拥有130个国家级自然保护地和191个省级自然保护地。国家级自然保护地在面积上遥遥领先，总面积达到11990.37km^2，占全省自然保护地总面积的63.52%。省级自然保护地的总面积为6885.99km^2，占全省自然保护地总面积的36.48%（见表2）。

① 《关于进一步加强全省自然保护区建设和管理工作的通知》，湖北省人民政府网，2018年8月29日，https：//www.hubei.gov.cn/zfwj/ezbf/201809/t20180910_1713548.shtml。

表1　2021年湖北省自然保护地概况

自然保护地类型	数量(个)	总面积(km^2)	占比(%)
国家公园	1	1169.22	6.19
自然保护区	43	7344.68	38.91
自然公园	277	10362.46	54.90
总计	321	18876.36	100.00

资料来源：湖北省自然资源厅。

表2　2021年湖北省国家级、省级自然保护地概况

自然保护地级别	数量(个)	总面积(km^2)	占比(%)
国家级	130	11990.37	63.52
省级	191	6885.99	36.48
总计	321	18876.36	100.00

资料来源：湖北省自然资源厅。

三　研究方法及数据来源

（一）生态系统质量演变评估方法

依据生态环境部发布的《全国生态状况调查评估技术规范——生态系统质量评估》（HJ 1172—2021），本报告对生态系统质量的量化采用以下方法，包含6个步骤。

1.确定生态参数参照值

对2000年和2020年湖北省的植被覆盖度、叶面积指数和总初级生产力三类参数的分布特征进行研究，采用自然断点法将这些参数的数据值从低到高划分为10个级别。其中，级别1代表最低级，级别10代表最高级。以国内外相关研究为参考，选择了级别9的最大参数值作为最佳生态系统的参照值。最终确定的植被覆盖度、叶面积指数、总初级生产力三类参数的参照值（$F\text{max}$）分别为72%、6.5m^2/m^2、325kgC/m^2。

2.计算生态系统质量密度

根据生态系统参照值，计算各类型生态系统参数值与参照值的比值，获得生态系统的相对密度：

$$RVI_{LAI,FVC,GPP} = \frac{F_{LAI,FVC,GPP}}{F_{\max(LAI,FVC,GPP)}} \tag{1}$$

式中：$RVI_{LAI,FVC,GPP}$为叶面积指数、植被覆盖度、总初级生产力的相对密度，$F_{LAI,FVC,GPP}$为叶面积指数、植被覆盖度、总初级生产力的生态系统参数值，$F_{\max(LAI,FVC,GPP)}$为叶面积指数、植被覆盖度、总初级生产力的生态系统参照值。

3. 标准化生态系统参数相对密度

归一化叶面积指数、植被覆盖度、总初级生产力这三类生态系统参数的相对密度，值域为0~1。

4. 计算生态系统质量指数

使用叶面积指数、植被覆盖度和总初级生产力的相对密度来计算生态系统质量指数，计算公式如下：

$$EQI = \frac{RVI_{LAI} + RVI_{FVC} + RVI_{GPP}}{3} \times 100 \tag{2}$$

式中：EQI代表生态系统质量指数。

5. 生态系统质量分级

参考评估技术规范，本报告将生态系统质量划分为5个级别。当生态系统质量指数值>75时，被归为优等级；当55<生态系统质量指数值≤75时，被归为良等级；当35<生态系统质量指数值≤55时，被归为中等级；当20<生态系统质量指数值≤35时，被归为低等级；而当生态系统质量指数值≤20时，被归为差等级。

6. 生态系统质量演变分析

基于2000年和2020年生态系统质量等级的分布情况，本报告对2000~2020年生态系统质量等级的变化进行了统计。如果在这段时间内生态系统质量等级没有发生变化，将其定义为“无变化”；如果变化了1个等级，将其定义为“轻微变化”；如果变化了2个等级，将其定义为“中度变化”；如果变化了3个等级，将其定义为“明显变化”。

（二）生态系统服务演变评估方法

结合湖北省的生态安全实际，本报告对产水服务、洪涝调蓄服务、授粉服务、生境保持服务、碳汇服务、土壤保持服务这 6 项生态系统服务进行了评估。这些生态系统服务的量化评估主要基于 InVEST 模型进行。

1. 产水服务

利用 InVEST 模型中的 Water Yield 模块，对产水服务进行量化。这一过程涉及多个步骤，包括对研究区的气候、地形、土地利用类型、土壤等要素进行综合考量，以计算出每个栅格单元的产水量。计算公式如下：

$$WY_x = \left(1 - \frac{AET_x}{P_x}\right) \times P_x \times A \tag{3}$$

式中：WY_x 代表栅格 x 的产水量，AET_x 表示栅格 x 的年平均实际蒸散发量，P_x 为栅格 x 的年平均降水量，而 A 表示栅格像元面积。

2. 洪涝调蓄服务

洪涝调蓄服务的量化主要使用 InVEST 模型的 Urban Flood Risk Mitigation 模块，具体步骤是：根据研究区的气候和土地利用类型等要素，计算得出每个栅格单元的地表保留的径流量。计算公式如下：

$$FM_x = R_x \times P \times A \tag{4}$$

式中：FM_x 表示栅格 x 径流保留量；R_x 为栅格 x 径流保留率，由土地利用类型与土壤特征决定；P 为暴雨深度，A 为栅格像元面积。

3. 授粉服务

授粉服务的量化主要使用 InVEST 模型的 Crop Pollination 模块，具体步骤如下：首先，根据筑巢地和花蜜资源的可用性以及野生蜜蜂飞行距离范围，获得景观内每个栅格单元上蜜蜂筑巢的丰度值；其次，结合飞行距离信息，估算农业栅格单元内蜜蜂访问花卉的物种丰度值。计算公式如下：

$$P_{x\beta} = N_j \frac{\sum_{m=1}^{M} F_j e^{\frac{-D_{mx}}{\alpha_\beta}}}{\sum_{m=1}^{M} e^{\frac{-D_{mx}}{\alpha_\beta}}} \tag{5}$$

式中：$P_{x\beta}$代表传粉物种β在栅格x内的传粉供应量，N_j表示土地利用类型j的筑巢适用性，F_j则表示土地利用类型j产生的花蜜资源的相对量，D_{mx}表示栅格m和x之间的欧氏距离，α_β是传粉者β的预期觅食距离。

$$P_{ox\beta} = \frac{P_{x\beta} e^{\frac{-D_{ox}}{\alpha_\beta}}}{\sum_{x=1}^{M} e^{\frac{-D_{ox}}{\alpha_\beta}}} \tag{6}$$

式中：$P_{ox\beta}$代表每个农作物栅格上蜜蜂的相对丰度，$P_{x\beta}$则表示传粉物种β在栅格x内的传粉供应量，D_{ox}为物种β从源栅格x到农业栅格o的距离，而α_β则表示物种β的平均觅食距离。

4. 生境保持服务

生境保持服务的量化主要使用InVEST模型的Habitat Quaility模块，具体步骤为：建立土地利用类型与生物多样性胁迫因子之间的联系，以计算相应栅格内的生境质量。计算公式如下：

$$HQ_{xj} = H_j \times \left[1 - \left(\frac{D_{xj}^z}{D_{xj}^z + k^z}\right)\right] \tag{7}$$

式中：HQ_{xj}代表土地利用类型j的栅格x的生境保持服务，D_{xj}表示土地利用类型j的栅格x的生境退化度，H_j则表示土地利用类型j的生境适宜度，z表示归一化常量，其参数为模型默认值，k为半饱和参数，默认值为0.5。

5. 碳汇服务

碳汇服务的量化主要使用InVEST模型的Carbon Storage and Sequestration模块，具体步骤为：根据不同的土地利用类型数据及其所对应的四大碳库的碳密度数据，计算不同时期和不同土地类型的碳储量，计算公式如下：

$$C_z = C_{above} + C_{below} + C_{dead} + C_{soil} \tag{8}$$

式中：C_z表示总碳储量，C_{above}表示地上碳储量，C_{below}表示地下碳储量，

C_{dead}表示死亡有机质碳储量，C_{soil}表示土壤碳储量。每个碳储量的计算结果通过碳密度与相应面积相乘而得。

6. 土壤保持服务

土壤保持服务的量化主要使用 InVEST 模型的 Sediment Delivery Ratio 模块，具体步骤为：根据地形地貌和气候条件评估潜在土壤流失量，利用土壤通用流失方程（USLE）评估土壤的保持能力，计算公式如下：

$$SR = R \times K \times LS \times (1 - C \times P) \tag{9}$$

式中：SR 代表土壤保持量，R 代表降雨侵蚀力因子，K 代表土壤可蚀性因子，L 代表坡长因子，S 代表坡度因子，C 代表植被覆盖因子，P 代表水土保持措施因子。

7. 生态系统服务变化分析

本报告分析了 2000 年和 2020 年各类生态系统服务的变化，通过以下公式进行计算：

$$\Delta ES_i = ES_{i2} - ES_{i1} \tag{10}$$

$$RC_i = \frac{\Delta ES_i}{ES_{i1}} \tag{11}$$

式中：ES_{i1}代表第 i 种生态系统服务在初始时期（2000 年）的数值；ES_{i2}代表第 i 种生态系统服务最新时期（2020 年）的数值；ΔES_i 表示第 i 种生态系统服务的变化量；而 RC_i 则表示第 i 种生态系统服务的变化率。

（三）数据收集及处理

为满足上述分析需求，本报告收集了不同时期的土地利用数据、降水数据、实际蒸散发量数据、土壤数据、土壤水文数据、DEM 数据等多种数据。以下是各数据的来源、具体信息以及处理方法。

1. 土地利用数据

本报告所使用的土地利用数据来源于武汉大学杨杰、黄昕教授在 GEE

平台制作的源自 Landsat 的年度中国土地覆盖数据集（CLCD）[①]。该数据集的空间分辨率为 30m，时间跨度包括了 2000 年和 2020 年。在经 ArcGIS 10.8 的重分类处理后，得到用于生态系统服务计算的 6 种基础土地利用类型，包括耕地、林地、草地、水域、未利用地、建设用地。

2. 降水数据

年降雨量数据来源于英国国家大气科学中心（NCAS）制作的 CRU TS 气候数据集[②]。通过 ArcGIS 10.8 中的反距离权重法插值，获得了湖北省 2000 年和 2020 年的降水数据，这些数据在产水服务与土壤保持服务的量化计算中被使用。

3. 实际蒸散发量数据

年实际蒸散发量数据来源于美国国家航空航天局（NASA）平台 MODIS 数据集[③]中的 MOD16A3GF，空间分辨率为 500m。使用 ENVI 5.8 和 ArcGIS 10.8 对这些数据进行拼贴和裁剪处理后得到湖北省 2000 年和 2020 年的实际蒸散发量数据，这些数据用于产水服务的量化计算。

4. 土壤数据

土壤数据来源于联合国粮食及农业组织（FAO）的中国土壤数据集（1∶100 万），该数据集基于世界土壤数据库（HWSD）[④] 制作。这些数据用于产水服务与土壤保持服务的量化计算。

5. 土壤水文数据

土壤水文数据集来源于 EARTHDATA 的世界土壤水文数据[⑤]，空间分辨率为 250m，主要用于洪涝调蓄服务的量化计算。

---

① Jie，Y.，Xin，H.，*The 30m Annual Land Cover Datasets and Its Dynamics in China From 1990 to 2020*，28 August 2021，https：//zenodo.org/records/5210928#.Yo4GKqhBxPY.

② High-resolution Gridded Datasets（and Derived Products），https：//crudata.uea.ac.uk/cru/data/hrg/.

③ Moderate Resolution Imaging Spectroradiometer，https：//modis.gsfc.nasa.gov/.

④ Harmonized World Soil Database，https：//www.fao.org/soils-portal/soil-survey/soil-maps-and-databases/harmonized-world-soil-database-v12/en/.

⑤ Global Hydrologic Soil Groups（HYSOGs250m）for Curve Number-Based Runoff Modeling，https：//daac.ornl.gov/SOILS/guides/Global_Hydrologic_Soil_Group.html.

6. DEM 数据

DEM 数据来源于地理空间数据云①，空间分辨率为 30m，主要用于土壤保持服务的量化计算。

7. FVC、LAI、GPP 数据

2000 年和 2020 年的 FVC 和 LAI 数据来自美国国家航空航天局②，而 GPP 数据来自全球陆地表面卫星（GLASS）计划③。这些数据用于生态系统质量的量化计算。

四　湖北省自然保护地生态系统质量演变

（一）自然保护地生态系统质量等级

2000 年，湖北省自然保护地生态系统质量以良等级为主，总面积为 8644.50km^2，占自然保护地总面积的 55.27%；而差等级的面积最小，仅为 302.00km^2，占自然保护地总面积的 1.93%。从自然保护地类型来看，国家公园内的生态系统质量以优等级为主，面积为 713.50km^2，占国家公园总面积的 60.58%，而差等级的面积几乎可以忽略不计。自然保护区内的生态系统质量以良等级为主，面积达 3515.75km^2，占自然保护区总面积的 58.15%；差等级的面积为 110.75km^2，仅占自然保护区总面积的 1.83%。自然公园内的生态系统质量也以良等级为主，面积为 4734.75km^2，占自然公园总面积的 56.26%；差等级的面积为 191.25km^2，占自然公园总面积的 2.27%。

2020 年，湖北省自然保护地生态系统质量以良等级和优等级为主，面积分别为 8421.10km^2 和 8188.80km^2，共占自然保护地总面积的 88.01%。生态系统质量为低等级和差等级的面积较小，分别为 689.89km^2 和 273.25km^2，共占自然保护地总面积的 5.10%。从自然保护地类型来看，国家公园内的生态系统

① 地理空间数据云，https：//www.gscloud.cn/。

② Moderate Resolution Imaging Spectroradiometer，https：//modis.gsfc.nasa.gov/.

③ Global Land Surface Satellite，http：//www.glass.umd.edu/index.html.

统质量以优等级为主，面积为947.81km^2，占国家公园总面积的67.00%，而差等级的生态系统几乎没有。自然保护区内的生态系统质量以良等级和优等级为主，面积分别为3226.10km^{2}和3215.58km^2，共占自然保护区总面积的88.95%，而差等级的生态系统面积为129.56km^2，占自然保护区总面积的1.79%。自然公园内的生态系统质量也以良等级和优等级为主，面积分别为4748.90km^{2}和4025.41km^2，共占自然公园总面积的85.90%，而生态系统质量为差等级的面积为143.69km^2，占自然公园总面积的1.41%（见表3）。

表3　2000年与2020年湖北省不同类型自然保护地生态系统质量对比

单位：km^2

质量等级	年份及变化	国家公园面积	自然保护区面积	自然公园面积	总面积
优	2000	713.50	1449.00	1491.50	3654.00
	2020	947.81	3215.58	4025.41	8188.80
	变化	234.31	1766.58	2533.91	4534.80
良	2000	394.00	3515.75	4734.75	8644.50
	2020	446.10	3226.10	4748.90	8421.10
	变化	52.10	-289.65	14.15	-223.40
中	2000	66.75	739.00	1471.00	2276.75
	2020	20.74	351.41	926.77	1298.92
	变化	-46.01	-387.59	-544.23	-977.83
低	2000	3.50	231.50	527.25	762.25
	2020	0.00	319.54	370.35	689.89
	变化	-3.50	88.04	-156.90	-72.36
差	2000	0.00	110.75	191.25	302.00
	2020	0.00	129.56	143.69	273.25
	变化	0.00	18.81	-47.56	-28.75

注：变化指2020年相对于2000年的变化。

对比2000年和2020年的结果发现，湖北省自然保护地经过21年的发展，生态系统质量有明显提升。其中，生态系统质量为优等级的面积变化最大，共增加4534.80km^2。从不同类型的自然保护地来看，国家公园

中优等级生态系统的面积增加最为明显，增加面积达 234. 31km^2，良等级次之，增加面积为 52. 10km^2。自然保护区中优等级生态系统的面积增加最为显著，增加面积达 1766. 58km^2，而良等级生态系统的面积则减少了 289. 65km^2。自然公园中优等级生态系统的面积增加了 2533. 91km^2，良等级次之，增加面积为 14. 15km^2。

（二）自然保护地生态系统质量变化

2000~2020 年，湖北省自然保护地生态系统质量退化的总面积为 1013. 25km^2。其中，轻微退化面积最为显著，为 992. 75km^2，占总退化面积的 97. 98%；而中度退化面积较小，仅为 20. 50km^2。比较之下，湖北省自然保护地生态系统质量的提升面积远大于退化面积，总提升面积为 5685. 25km^2。其中，轻微提升面积最大，为 5491. 25km^2，占总提升面积的 96. 59%，而中度提升面积仅为 194. 00km^2。

在不同类型的自然保护地中，国家公园的生态系统质量提升以轻微提升为主，提升面积为 207. 25km^2，而中度提升面积仅为 4. 00km^2。值得注意的是，国家公园的轻微退化面积达 99. 25km^2。自然保护区的生态系统质量提升也以轻微提升为主，提升面积达 1962. 50km^2，而中度提升面积只有 40. 25km^2。在自然保护区生态系统质量退化面积中，轻微退化面积占主导，为 494. 50km^2。在自然公园生态系统质量提升面积中，轻微提升面积为 3321. 50km^2，退化面积中轻微退化面积为 399. 00km^2（见表 4）。

表 4　2000~2020 年湖北省自然保护地生态系统质量变化情况

单位：km^2

质量变化		国家公园面积	自然保护区面积	自然公园面积	总变化面积	
退化	中度退化	0. 00	14. 00	6. 50	20. 50	1013. 25
	轻微退化	99. 25	494. 50	399. 00	992. 75	
提升	轻微提升	207. 25	1962. 50	3321. 50	5491. 25	5685. 25
	中度提升	4. 00	40. 25	149. 75	194. 00	

2000~2020年湖北省生态系统质量变化面积排名前十的自然保护地见表5。

表5　2000~2020年湖北省生态系统质量变化面积排名前十的自然保护地

单位：km^2

序号	名称	提升面积	名称	退化面积
1	湖北星斗山国家级自然保护区	338.50	神农架国家公园	99.25
2	神农架国家公园	211.25	湖北清江国家森林公园	55.25
3	湖北堵河源国家级自然保护区	182.50	湖北巴东金丝猴国家级自然保护区	45.50
4	湖北丹江口库区湿地自然保护区	181.25	湖北三峡万朝山省级自然保护区	44.50
5	湖北南河国家级自然保护区	165.50	神农架国家公园天燕景区	44.00
6	湖北黄冈大别山世界地质公园	156.25	湖北大老岭国家级自然保护区	36.00
7	湖北丹江口五朵峰省级自然保护区	100.25	湖北十八里长峡国家级自然保护区	35.00
8	神农架国家公园天燕园区	98.25	长江新螺段白鱀豚国家级自然保护区	34.50
9	湖北九宫山国家级自然保护区	98.00	湖北堵河源国家级自然保护区	29.75
10	郧西天河省级地质自然公园	97.75	长江三峡国家地质公园（湖北）	28.50

五　湖北省自然保护地生态系统服务演变

（一）自然保护地生态系统服务特征

1.2000年生态系统服务特征

2000年，湖北省自然保护地中的产水服务总量为89.0857×10^8m^3。具体来看，数量众多的自然公园提供的产水服务总量最多，达49.8354×10^8m^3，占自然保护地产水服务总量的55.94%。自然保护区的产水服务总量次之，为32.9929×10^8m^3，占自然保护地产水服务总量的37.04%。国家公园提供的产水服务总量最少，仅为6.2574×10^8m^3，占自然保护地产水服务总量的

7.02%。但从平均产水服务能力来看，国家公园平均产水服务能力最强，为 0.5352m^3/m^2，高于湖北省自然保护地总平均产水服务能力（0.4719m^3/m^2）；自然公园平均产水服务能力次之，为 0.4809m^3/m^2；自然保护区平均产水服务能力略低于湖北省自然保护地总平均产水服务能力，为 0.4492m^3/m^2。

湖北省自然保护地也是洪涝调蓄服务显著的供应者，2000 年的洪涝调蓄服务总量为 23.8569×10^8m^3。与产水服务相似，自然公园的洪涝调蓄服务总量最多，达 13.2968×10^8m^3，占自然保护地洪涝调蓄服务总量的 55.74%；而国家公园的洪涝调蓄服务总量最少，仅为 1.1585×10^8m^3，占自然保护地洪涝调蓄服务总量的 4.86%。从平均洪涝调蓄服务能力来看，国家公园平均洪涝调蓄服务能力相对较弱，为 0.0990m^3/m^2；自然保护区和自然公园的平均洪涝调蓄服务能力相差不大，分别为 0.1280m^3/m^2和 0.1283m^3/m^2。

2000 年，湖北省自然保护地平均生境保持服务能力为 0.9327。其中，自然公园的平均生境保持服务能力最弱，为 0.8944；国家公园的平均生境保持服务能力最强，为 0.9906；自然保护区的平均生境保持服务能力居中，为 0.9130。

2000 年，湖北省自然保护地平均授粉服务能力为 0.6120。与生境保持服务相似，自然公园的平均授粉服务能力最弱，为 0.4831；国家公园的平均授粉服务能力最强，为 0.7792；自然保护区的平均授粉服务能力居中，为 0.5737。

2000 年，湖北省自然保护地碳汇服务总量为 2.6972×10^8t。其中，自然公园提供的碳汇服务最多，总量为 1.4548×10^8t，占自然保护地碳汇服务总量的 53.94%。自然保护区提供的碳汇服务次之，总量达 1.0438×10^8t，占自然保护地碳汇服务总量的 38.70%。国家公园提供的碳汇服务相对较少，总量为 0.1986×10^8t，占自然保护地碳汇服务总量的 7.36%。从平均碳汇服务能力来看，国家公园的平均碳汇服务能力最强，达 0.0170t/m^2；自然保护区和自然公园的平均碳汇服务能力相差不大，分别为 0.0142t/m^2和 0.0140t/m^2。

2000 年，湖北省自然保护地土壤保持服务总量为 67.2705×10^8t。其中，自然保护区提供的土壤保持服务总量最高，达 29.8668×10^8t，占自然保护地土壤保持服务总量的 44.40%；自然公园的土壤保持服务总量次之，为 28.5201×10⁸t，占自然保护地土壤保持服务总量的 42.40%；国家公园的土壤保持服务总量为 8.8836×10⁸t，占自然保护地土壤保持服务总量的 13.21%。从平均土壤保持服务能力来看，国家公园的平均土壤保持服务能力最强，为 0.7598t/m²；自然保护区的平均土壤保持服务能力次之，为 0.4066t/m²；自然公园的平均土壤保持服务能力最弱，为 0.2752t/m²（见表 6）。

表 6　2000 年湖北省自然保护地生态系统服务概况

生态系统服务	国家公园		自然保护区		自然公园		总计	
	总量	均值	总量	均值	总量	均值	总量	平均值
产水服务（m^3,m^3/m^2）	6.2574×10^8	0.5352	32.9929×10^8	0.4492	49.8354×10^8	0.4809	89.0857×10^8	0.4719
洪涝调蓄服务（m^3,m^3/m^2）	1.1585×10^8	0.0990	9.4016×10^8	0.1280	13.2968×10^8	0.1283	23.8569×10^8	0.1264
生境保持服务	—	0.9906	—	0.9130	—	0.8944	—	0.9327
授粉服务	—	0.7792	—	0.5737	—	0.4831	—	0.6120
碳汇服务（t,t/m^2）	0.1986×10^8	0.0170	1.0438×10^8	0.0142	1.4548×10^8	0.0140	2.6972×10^8	0.0143
土壤保持服务（t,t/m^2）	8.8836×10^8	0.7598	29.8668×10^8	0.4066	28.5201×10^8	0.2752	67.2705×10^8	0.3564

2. 2020年生态系统服务特征

2020 年，湖北省自然保护地的产水服务总量为 $92.6321\times10^8m^3$。其中，数量众多的自然公园提供的产水服务总量最多，达 $52.4352\times10^8m^3$，占自然保护地产水服务总量的 56.61%。自然保护区的产水服务总量次之，为 $34.5524\times10^8m^3$，占自然保护地产水服务总量的 37.30%。国家公园提供的产水服务总量最少，仅为 $5.6445\times10^8m^3$，占自然保护地产水服务总量的 6.09%。从平均产水服务能力来看，自然公园的平均产水服务能力最强，为 $0.5060m^3/m^2$。国家公园和自然保护区的平均产水服务能力分别为 $0.4828m^3/m^2$ 和

$0.4704m^3/m^2$，略低于自然公园。

2020年，湖北省自然保护地提供的洪涝调蓄服务总量为$24.2081\times10^8m^3$。与产水服务相似，自然公园的洪涝调蓄服务总量最多，达$13.6552\times10^8m^3$，占自然保护地洪涝调蓄服务总量的56.41%；国家公园的洪涝调蓄服务总量最少，为$1.1585\times10^8m^3$，占自然保护地洪涝调蓄服务总量的4.79%。从平均洪涝调蓄服务能力来看，自然公园和自然保护区的平均洪涝调蓄服务能力相对较强，分别为$0.1318m^3/m^2$和$0.1279m^3/m^2$；国家公园的平均洪涝调蓄服务能力相对较弱，为$0.0991m^3/m^2$。

2020年，湖北省自然保护地的平均生境保持服务能力为0.9356。其中，国家公园的平均生境保持服务能力最强，达0.9924；自然保护区和自然公园的平均生境保持服务能力相对较弱，分别为0.9090和0.9054。

2020年，湖北省自然保护地的平均授粉服务能力为0.6111。其中，国家公园的平均授粉服务能力最强，达0.7758；自然保护区的授粉服务能力次之，为0.5697；自然公园的平均授粉服务能力最弱，为0.4879。

2020年，湖北省自然保护地碳汇服务总量为2.6977×10^8t。其中，自然公园提供的碳汇服务总量最高，为1.4559×10^8t，占自然保护地碳汇服务总量的53.97%。自然保护区提供的碳汇服务总量次之，达1.0425×10^8t，占自然保护地碳汇服务总量的38.64%。国家公园提供的碳汇服务总量相对较低，为0.1993×10^8t，占自然保护地碳汇服务总量的7.39%。从平均碳汇服务能力来看，国家公园的平均碳汇服务能力最强，为$0.0170t/m^2$；自然保护区和自然公园的平均碳汇服务能力相差不大，分别为$0.0142t/m^2$和$0.0140t/m^2$。

2020年，湖北省自然保护地土壤保持服务总量为75.6889×10^8t。其中，自然公园和自然保护区提供的土壤保持服务总量较多，分别为34.0408×10^8t和32.7816×10^8t，分别占自然保护地土壤保持服务总量的44.97%和43.31%；国家公园的土壤保持服务总量相对较少，为8.8665×10^8t，占自然保护地土壤保持服务总量的11.71%。从平均土壤保持服务能力来看，国家公园的平均土壤保持服务能力最强，为$0.7583t/m^2$；自然保护区的平均土壤保持服务能力次之，为$0.4463t/m^2$；自然公园的平均土壤保持服务能力最弱，为$0.3285t/m^2$（见表7）。

表 7　2020 年湖北省自然保护地生态系统服务概况

生态系统服务	国家公园		自然保护区		自然公园		总值	
	总量	均值	总量	均值	总量	均值	总量	均值
产水服务（m^3,m^3/m^2）	5.6445×10^8	0.4828	34.5524×10^8	0.4704	52.4352×10^8	0.5060	92.6321×10^8	0.4907
洪涝调蓄服务（m^3,m^3/m^2）	1.1585×10^8	0.0991	9.3944×10^8	0.1279	13.6552×10^8	0.1318	24.2081×10^8	0.1282
生境保持服务	—	0.9924	—	0.9090	—	0.9054	—	0.9356
授粉服务	—	0.7758	—	0.5697	—	0.4879	—	0.6111
碳汇服务（t,t/m^2）	0.1993×10^8	0.0170	1.0425×10^8	0.0142	1.4559×10^8	0.0140	2.6977×10^8	0.0143
土壤保持服务（t,t/m^2）	8.8665×10^8	0.7583	32.7816×10^8	0.4463	34.0408×10^8	0.3285	75.6889×10^8	0.4010

（二）自然保护地生态系统服务变化

2000~2020 年，湖北省自然保护地产水服务总量整体呈增长趋势，总增加量为 $3.5464\times10^8m^3$。其中，自然保护区的产水服务总量增加 $1.5595\times10^8m^3$，自然公园的产水服务总量增加了 $2.5998\times10^8m^3$，但值得注意的是，国家公园的产水服务总量减少了 $0.6129\times10^8m^3$。从平均产水服务能力来看，自然保护区和自然公园的平均产水服务能力分别提升了 $0.0211m^3/m^2$ 和 $0.0251m^3/m^2$，而国家公园的平均产水服务能力则降低了 $0.0524m^3/m^2$。

2000~2020 年，湖北省自然保护地洪涝调蓄服务总量整体呈略微增长趋势，总增加量为 $0.3673\times10^8m^3$。其中，自然公园的洪涝调蓄服务总量增加明显，达 $0.3584\times10^8m^3$；国家公园次之，洪涝调蓄服务总量增加 $0.0161\times10^8m^3$；自然保护区的洪涝调蓄服务总量降低了 $0.0072\times10^8m^3$。从平均洪涝调蓄服务能力看，自然保护区的平均洪涝调蓄服务能力降低了 $0.0001m^3/m^2$；自然公园的平均洪涝调蓄服务能力提升了 $0.0035m^3/m^2$；国家公园无变化。

2000~2020年，湖北省自然保护地平均生境保持服务能力整体呈略微提升趋势，提升了0.0089。其中，自然公园的平均生境保持服务能力有明显提升，提升了0.0110；国家公园的平均生境保持服务能力提升了0.0018；自然保护区的平均生境保持服务能力则有所降低，降低了0.0039。

2000~2020年，湖北省自然保护地平均授粉服务能力整体呈略微降低趋势，下降了0.0026。其中，国家公园和自然保护区的平均授粉服务能力分别降低0.0034和0.0040；自然公园的平均授粉服务能力有所提升，提升了0.0048。

2000~2020年，湖北省自然保护地碳汇服务总量整体呈增长趋势，达0.0005×10^8t。其中，自然公园的碳汇服务总量增加了0.0011×10^8t，国家公园的碳汇服务总量增加了0.0007×10^8t；自然保护区的碳汇服务总量则降低了0.0013×10^8t。从平均碳汇服务能力变化看，国家公园的平均碳汇服务能力提升了$0.0001t/m^2$，自然公园和自然保护区的平均碳汇服务能力保持不变。

2000~2020年，湖北省自然保护地土壤保持服务总量增加了8.4184×10^8t。其中，自然保护区的土壤保持服务总量增加了2.9148×10^8t；自然公园的土壤保持服务总量增加了5.5207×10^8t；但国家公园的土壤保持服务总量有所降低，下降了0.0171×10^8t。从平均土壤保持服务能力变化看，国家公园的平均土壤保持服务能力降低了$0.0015t/m^2$；自然保护区和自然公园的平均土壤保持服务能力则分别提升了$0.0397t/m^2$和$0.0533t/m^2$（见表8）。

表8　2000~2020年湖北省自然保护地生态系统服务变化

生态系统服务	国家公园		自然保护区		自然公园		总变化	
	总量	均值	总量	均值	总量	均值	总量	均值
产水服务（m^3,m^3/m^2）	-0.6129×10^8	-0.0524	1.5595×10^8	0.0211	2.5998×10^8	0.0251	3.5464×10^8	0.0188
洪涝调蓄服务（m^3,m^3/m^2）	0.0161×10^8	0.0000	-0.0072×10^8	-0.0001	0.3584×10^8	0.0035	0.3673×10^8	0.0019
生境保持服务	—	0.0018	—	-0.0039	—	0.0110	—	0.0089

续表

生态系统服务	国家公园		自然保护区		自然公园		总变化	
	总量	均值	总量	均值	总量	均值	总量	均值
授粉服务	—	-0.0034	—	-0.0040	—	0.0048	—	-0.0026
碳汇服务（t,t/m²）	0.0007×10⁸	0.0001	-0.0013×10⁸	0.0000	0.0011×10⁸	0.0000	0.0005×10⁸	0.0000
土壤保持服务（t,t/m²）	-0.0171×10⁸	-0.0015	2.9148×10⁸	0.0397	5.5207×10⁸	0.0533	8.4184×10⁸	0.0446

2000~2020年湖北省生态系统服务变化总量排名前10的自然保护地见表9。

表9　2000~2020年湖北省生态系统服务变化总量排名前10的自然保护地

生态系统服务	提升总量排名前十的自然保护地	退化总量排名前十的自然保护地
产水服务	湖北黄冈大别山世界地质公园、湖北清江国家森林自然公园、湖北九宫山国家级自然保护区、湖北七姊妹山国家级自然保护区、湖北大别山国家级自然保护区、湖北梁子湖省级湿地自然保护区、湖北木林子国家级自然保护区、长江新螺段白鱀豚国家级自然保护区、黄石市网湖湿地自然保护区、湖北龙感湖国家级自然保护区	湖北丹江口库区湿地自然保护区、神农架国家公园、湖北堵河源国家级自然保护区、湖北丹江口五朵峰省级自然保护区、武当山国家地质公园、湖北赛武当国家级自然保护区、湖北十八里长峡国家级自然保护区、湖北五龙河省级自然保护区、湖北丹江口国家森林公园、神农架国家公园天燕园区
洪涝调蓄服务	湖北丹江口库区湿地自然保护区、长江三峡国家地质自然公园（湖北）、湖北襄阳汉江国家湿地公园、湖北竹山圣水湖国家湿地公园、湖北黄冈白莲河国家湿地公园、湖北浮桥河国家湿地公园、湖北十堰郧阳湖国家湿地公园、湖北汉川汈汊湖国家湿地公园、巴东三峡库区水生生物湿地公园、湖北房县古南河国家湿地公园	西凉湖省级湿地自然公园、湖北宜城万洋洲国家湿地公园、湖北钟祥汉江省级湿地自然公园、湖北公安崇湖国家湿地公园、湖北武汉涨渡湖湿地公园、湖北返湾湖国家湿地公园、湖北武汉后官湖国家湿地公园、湖北咸宁向阳湖国家湿地公园、湖北天门张家湖国家湿地公园、湖北广水徐家河国家湿地公园

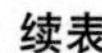
续表

生态系统服务	提升总量排名前十的自然保护地	退化总量排名前十的自然保护地
生境保持服务	湖北十堰郧阳湖国家湿地公园、湖北襄阳汉江国家湿地公园、湖北竹山圣水湖国家湿地公园、湖北老河口百花山省级森林公园、湖北武汉杜公湖国家湿地公园、湖北黄冈孔子河湿地公园、湖北房县古南河国家湿地公园、湖北八岭山国家森林公园、湖北潜江省级森林公园、巴东三峡库区水生生物湿地公园	湖北返湾湖国家湿地公园、湖北公安崇湖国家湿地公园、湖北监利锦沙湖省级湿地公园、湖北黄州滨江省级湿地公园、湖北宜城万洋洲国家湿地公园、湖北沙洋借梁湖省级湿地公园、长江天鹅洲白鱀豚国家级自然保护区、湖北借粮湖省级湿地自然公园、湖北环荆州古城国家湿地公园、湖北天门张家湖国家湿地公园
授粉服务	湖北老河口百花山省级森林公园、湖北黄冈孔子河湿地公园、湖北将军山森林公园、湖北八岭山国家森林公园、古架山森林自然公园、道观河湿地自然公园、湖北竹溪龙湖国家湿地公园、湖北潜江省级森林公园、湖北武汉大雾山森林公园、湖北麻城明山省级湿地公园	青龙山恐龙蛋化石群国家级自然保护区、湖北京山八字门省级湿地公园、湖北枣阳熊河省级湿地公园、湖北随州七尖峰省级森林公园、湖北十堰泗河国家湿地公园、湖北通山富水湖国家湿地公园、湖北枣阳青峰岭省级自然保护区、湖北荆门钱河省级湿地公园、湖北宜都天龙湾国家湿地公园、湖北咸丰二仙岩湿地省级自然保护区
碳汇服务	神农架国家公园、湖北星斗山国家级自然保护区、神农架国家公园天燕园区、湖北堵河源国家级自然保护区、湖北清江国家森林公园、湖北黄冈大别山国家地质自然公园、湖北七姊妹山国家级自然保护区、长江三峡国家地质自然公园、湖北野人谷省级自然保护区、湖北十八里长峡国家级自然保护区	—
土壤保持服务	湖北清江国家森林自然公园、湖北黄冈大别山世界地质公园、长江三峡国家地质公园(湖北)、湖北七姊妹山国家级自然保护区、湖北九宫山国家级自然保护区、湖北大别山国家级自然保护区、湖北长阳崩尖子国家级自然保护区、湖北木林子国家级自然保护区、湖北星斗山国家级自然保护区、湖北五峰后河国家级自然保护区	湖北堵河源国家级自然保护区、湖北十八里长峡国家级自然保护区、湖北八卦山省级自然保护区、湖北上龛省级森林自然公园、湖北赛武当国家级自然保护区、湖北野人谷省级自然保护区、湖北沧浪山国家森林公园、湖北丹江口五朵峰省级自然保护区、湖北九女峰国家森林公园、湖北五龙河省级自然保护区

六　推动湖北省自然保护地发展的对策建议

（一）科学规划和可持续管理健康的自然保护地

科学规划在自然保护地管理中发挥着至关重要的作用，它包括确定边界、设定目标、制定管理计划、管理采伐、控制污染等。这一过程有助于明确自然保护地的发展目标和区域划定，以确保资源管理和生态系统保护的最佳实践。依据自然保护地不同的生态状况和承载力，对生态系统质量和服务能力均提升的自然保护地，如神农架国家公园、湖北星斗山国家级自然保护区、湖北丹江口库区湿地自然保护区等进行分区、分时的动态规划和弹性管理，并采用可持续的生态旅游和自然资源开发方式，以确保自然资源的可持续利用，避免过度开发，从而实现长期可持续发展。对于那些健康、重要且近年来保持稳定的自然生态空间，通过科学规划纳入自然保护地体系。对于保护价值低、原住居民和民生设施分布密集的区域，通过科学规划自然保护地范围，以更好地满足不同区域的保护需求。

（二）自然恢复和人工修复退化的自然保护地

自然保护地的恢复和修复是至关重要的，可以通过减少或停止不必要的人为干扰如伐木、放牧、土地开发和污染等，促使自然过程修复生态系统。对于生境保持服务能力下降的自然保护地，如湖北返湾湖国家湿地公园、湖北公安崇湖国家湿地公园、湖北监利锦沙湖省级湿地公园等，可通过植树造林项目引入适合当地生长条件的树木和植被，有助于恢复栖息地并提高生态系统的健康水平。在必要时，引入野生动植物种群以恢复濒危物种或重要的食物链成员。对于土壤保持服务明显退化的自然保护地，如湖北堵河源国家级自然保护区、湖北十八里长峡国家级自然保护区、湖北八卦山省级自然保护区等，可利用生态工程如水土保持工程修复退化的生态系统。此外，重新设计自然保护地以满足栖息地和生物多样性需求也是必要的。

（三）扩展保护区网络，完善自然保护地保护体系

摸排保护空缺区域，对各级各类自然保护地进行优化整合，确保生态系统的完整性。例如，湖北省鄂西北地区具有较强的生物多样性，但自然保护地数量相对较少，存在较大的保护空缺。可以借助泛神农架国家公园的建设，将鄂西北地区的一些生物多样性热点区纳入自然保护地网络，以完善自然保护地保护体系。此外，应增强生态连通性，保持不同自然保护地之间的生态联系，这对于维护物种迁徙和生态系统的稳定至关重要。可以通过识别生境服务高值区、建设线性生态廊道和点状踏脚石斑块来增强自然保护地保护体系的稳定性。

（四）建立实时监测系统，及时应对威胁与挑战

建立实时监测系统有助于定期追踪自然保护地生态系统的健康状况，同时能确保管理计划的有效性，以有效应对气候变化、非法采伐、污染和栖息地破坏等威胁，确保自然保护地的健康和生态系统的完整性。因此，在重要自然保护地部署数据收集和监测基础设施，加强对自然保护地生物多样性、水质、植被、土壤、动植物等状况的实时监测，有助于更好地保护和管理自然保护地。对于退化严重的区域，还需要加强种群调查和监测。

（五）探索积极的政策支持和经济激励机制

探索积极的政策支持和经济激励机制以获得当地社区对自然保护地的支持、鼓励公众参与保护工作是至关重要的。可以通过激励措施如税收减免或优惠吸引企业和社区捐赠。同时，通过可持续生态旅游项目的发展，自然保护地可以吸引游客、创造就业机会，并提供保护资金。探索生态补偿和生态系统服务权益交易机制，可以为生态系统服务的提供者提供经济回报，从而鼓励公众和当地居民积极参与自然保护地的管理。此外，创新自然资源使用制度、规范资源利用方式、建立社区共管模式有助于促进自然保护地的可持续发展。

（六）加强宣传教育，增强生态保护意识

鼓励公众参与、增强生态保护意识是确保自然保护地健康不可或缺的一环。可以通过举办宣传活动传播生态保护信息，突出自然保护地的生态价值，提高公众对自然保护地重要性的认知，增强生态保护意识。此外，以多种形式开展生态教育活动，如工作坊、讲座和生态旅游科普等，也有助于提升公众对自然保护的理解和认识。这些举措可以促使更多人积极参与和支持自然保护工作，实现生态平衡和社区参与的长期目标。

G.5
神农架国家公园木鱼镇民宿多情景空间布局规划

唐佳乐　王 上　沈周舟　张婧雅　钟 乐*

摘　要： 在全域旅游和乡村振兴的背景下，民宿产业能够带动当地经济发展、促进农民增收。神农架林区人民政府提出把民宿产业培育成林区乡村振兴的重要产业板块、全域旅游的重要内容和农村经济新的增长点。木鱼镇是神农架最大的游客集散中心，本报告以木鱼镇民宿为研究对象，根据巴特勒旅游地生命周期理论曲线，设定木鱼镇旅游业发展阶段中期、发展阶段后期和稳固阶段前期3个不同情景，通过数学模型预测不同情景下2032年的木鱼镇民宿需求量。运用ArcGIS软件中的最邻近指数分析、核密度估计、标准差椭圆分析、缓冲区分析等工具对木鱼镇民宿空间分布、演变特征及影响因素进行分析，并构建木鱼镇民宿选址适宜性评价模型，通过层次分析法确定各指标权重，再运用ArcGIS软件加权叠加分析，结合现有木鱼镇居民点分布和现状条件，模拟出2032年3个不同情景下木鱼镇民宿的空间布局，以期为木鱼镇民宿选址和空间布局提供借鉴。

关键词： 国家公园　情景规划　民宿空间布局　选址适宜性

---

* 唐佳乐，华中农业大学园艺林学学院在读硕士生，主要研究方向为国家公园与自然保护地；王上，华中农业大学园艺林学学院在读硕士生，主要研究方向为风景园林与公共健康；沈周舟，华中农业大学园艺林学学院在读本科生，主要研究方向为风景园林规划设计；张婧雅，北京林业大学风景园林学博士，华中农业大学园艺林学学院副教授，主要研究方向为风景资源保护、自然保护地规划；钟乐，华中农业大学园艺林学学院副教授、硕士生导师，主要研究方向为国家公园与自然保护地、城市生物多样性与绿色基础设施、风景园林与公共健康。

一　研究背景

中国是一个拥有丰富自然资源和多样生态系统的国家。然而，随着经济的快速发展，中国的自然资源受到了严重的破坏，面临巨大的压力。为保护珍稀物种、维护生态平衡和提升生态环境质量，建设国家公园成为中国生态文明建设的重要组成部分①。国家公园体系的建立并不意味着自然和风景保护级别的降低，而是在保护地的管理目标中增加“为公众提供旅游、休闲服务功能，为公众提供享受自然和接受自然教育的机会”。高质量推进国家公园建设，是推进生态文明和美丽中国建设的需要，也是加强国土空间治理和维护国土生态安全的需要。

旅游业不仅可以为当地带来直接和间接的经济效益，还可以促进文化交流并增进公众对自然保护的认识。旅游作为国家公园的重要功能之一，具有促进经济增长、改善当地居民生活和增强公众对自然保护的认识的潜力，国家公园的建设将进一步提升中国旅游业的发展水平。社区作为国家公园的重要组成部分，应该参与国家公园的规划、管理。通过提供就业机会、改善基础设施和社会福利，国家公园建设可以促进当地社区的发展并改善居民生活质量②。

在全域旅游和乡村振兴的背景下，民宿产业能够带动当地经济发展、促进农民增收。国家公园民宿产业主要在国家公园内兴建和经营民宿，为游客提供住宿服务③。随着人们对自然环境和生态旅游愈加关注，国家公园民宿产业逐渐兴起并得到发展。神农架国家公园的旅游业近年来呈现快速增长的趋势，游客数量逐年增加，旅游收入也不断提升。为满足游客的住宿需求，

---

① 王鹏、马婷、李楠：《我国国家公园生态系统管理的社区参与研究》，《世界林业研究》2023年第3期，第69~74页。

② 苏盼盼：《亚洲国家公园的建设实践及其启示》，《世界地理研究》2023年第7期，第160~168页。

③ 吴宜夏、田禹：《“民宿+”模式推动乡村振兴发展路径研究——以北京门头沟区百花山社民宿为例》，《中国园林》2022年第6期，第13~17页。

民宿产业在该地区得到迅猛发展。神农架林区人民政府提出把民宿产业培育成林区乡村振兴的重要产业板块、全域旅游的重要内容和农村经济新的增长点。

然而，由于神农架国家公园民宿产业存在开发时间较晚、开发程度不高、资源有限等问题，民宿供应量不足，这一现象在旅游旺季时更为明显。为促进神农架国家公园旅游和民宿产业的发展，神农架林区人民政府出台相关支持政策，坚持以“绿水青山就是金山银山”的发展理念为指导，大力发展民宿生态产业，着力培育一批具有地方特色的精品民宿，发展民宿及民宿集群，带动民宿产业规范化、品牌化发展，形成布局合理、结构优化、特色明显、绿色高效的现代民宿产业新格局。

多解规划是一种决策问题求解方法，用于处理具有多个可能解的情况，其可以帮助决策者更全面地了解问题，并在不同的解决方案之间进行权衡和选择。多解规划应用于诸多领域，如城市规划、交通规划、资源分配、项目管理等，其可以帮助决策者更好地理解问题的复杂性，并提供更多的选择①。在此基础上，本报告对木鱼镇未来情景进行模拟，通过情景分析的方法模拟、设定神农架旅游业 2022~2032 年的发展阶段，从而根据不同的发展规律预测 2032 年木鱼镇的游客量，模拟、分析不同情景下木鱼镇民宿未来发展情况，并规划木鱼镇民宿未来可能的空间布局。

合理预测木鱼镇民宿未来的空间布局可以减少对自然环境的破坏，保护神农架国家公园的生态资源，实现可持续发展。木鱼镇是神农架最大的游客接待地，本报告通过对其现有民宿的调查和分析，找出其目前空间布局存在的问题，如不合理的民宿定位、公共区域利用率低、生态环境遭破坏等。研究多情景空间布局的概念和原则，进而根据木鱼镇的自然环境和文化特色，提出适应性强、与当地特点相契合的多情景空间

① 俞孔坚、周年兴、李迪华：《不确定目标的多解规划研究——以北京大环文化产业园的预景规划为例》，《城市规划》2004 年第 3 期，第 57~61 页。

布局方案。研究表明，游客量预测是决定民宿需求量的关键，而游客量预测与巴特勒旅游地生命周期理论曲线息息相关。根据民宿需求量与民宿空间分布形成的影响因素可以模拟不同情景下木鱼镇未来的民宿空间布局。通过预测未来木鱼镇游客量增长情况，对民宿进行合理的空间布局规划，为游客提供更好的住宿环境和服务设施，提升游客满意度和体验感，进而推动旅游业的发展，增加当地的经济收入。本报告的研究结果可以为其他地区的民宿设计提供参考和指导，通过合理的空间布局，实现游客满意度的提升、旅游业的发展、自然环境的保护以及文化的传承。

二　研究区域概况与研究方法

神农架国家公园位于湖北省神农架林区（31°2′24.223″~31°36′27.317″N，109°56′3.347″~110°36′26.779″E），总面积为1315平方千米，占林区总面积的40.73%。神农架国家公园是中国首批10个国家公园体制试点之一，主要包括大九湖园区、神农顶园区、官门山园区、天燕园区、老君山园区五大园区，森林覆盖率高达96%以上，有珙桐、红豆杉等国家重点保护野生植物36种，有金丝猴、金雕等国家重点保护野生动物75种，是全球生物多样性保护示范基地和名副其实的“物种基因库”[①]。神农架国家公园自然生态系统的完整性、原真性、不可再生性和不可复制性，以及其生态产品价值呈现的多样性、稀缺性、普惠性、约束性等特点，为其发展“生态+旅游”提供了重要的资源基础。

木鱼镇隶属于神农架林区，是神农架自然保护区管理机构所在地，也是湖北省主要的旅游新镇、经济重镇和茶叶大镇，镇区交通便捷。木鱼镇东南与兴山县、西南与巴东县接壤，西与下谷坪土家族乡相连，西北与红坪镇、

① 陈东军等：《国家公园建设背景下区域生态—经济—社会耦合协调发展评价——以神农架林区为例》，《资源科学》2023年第2期，第417~427页。

东北与宋洛乡毗邻。管辖 3 个社区 8 个行政村，区域总面积为 464.07 平方千米。木鱼镇地处大巴山东端的神农架山脉南麓，地势西北高、东南低，最高峰神农顶海拔为 3105.4 米，有“华中第一峰”之誉；最低点位于九冲村卢院，海拔为 570 米[①]。木鱼镇作为神农架最大的游客集散中心，交通、生活、住宿等方面均较完备，其游客接待量占林区游客接待总量的 80% 以上[②]，镇域内分布了香溪源、神农坛、老君山、神农顶等主要景区。2021 年 11 月，木鱼镇依托丰富的茶产业资源和悠久的茶文化历史被农业农村部认定为第十一批全国“一村一品”示范村镇。

（一）数据来源与处理

1. 数据来源

研究数据包括木鱼镇民宿点数据、DEM 数据、道路数据、景源数据、居民点数据等空间数据，以及游客量等属性数据。其中，属性数据来源于神农架林区人民政府发布的 2004~2021 年统计年鉴。空间数据的来源如下。

（1）民宿点数据来源

根据《旅游民宿基本要求与评价》中对民宿的定义，确定本报告中的民宿是指“利用当地民居等相关闲置资源，为游客提供体验当地自然、文化与生产生活方式的小型住宿设施”。通过携程旅行、美团等网络渠道搜索，统计木鱼镇民宿相关信息，涵盖民宿名称、地理位置、开业时间、市场均价，剔除与定义不符的酒店、快捷宾馆等无效数据，筛选数据缺失的民宿，最后共获得 180 家民宿。通过高德地图移位确定各民宿的 POI 信息，以此为基础绘制神农架木鱼镇民宿点数据空间分布图。

① 汪樱、李江风：《基于生态服务价值的乡镇土地利用功能分区——以湖北省神农架木鱼镇为例》，《国土资源科技管理》2013 年第 6 期，第 20~27 页。

② 陈婷婷、陆月圆：《旅游小城镇公共资源配置的矛盾与优化——以神农架林区木鱼镇为例》，《建筑与文化》2017 年第 10 期，第 41~43 页。

（2）DEM 数据来源

DEM 数据来源于地理空间数据云[1]，分辨率为 30m。

（3）道路数据、景源数据、居民点数据来源

根据 bigemap 下载的神农架林区木鱼镇高清卫星地图，结合百度实景地图，筛选符合要求的数据进行整合。

2. 数据处理

根据研究所需的数据特征，数据处理包括对空间数据和属性数据的处理。

对于空间数据，主要进行以下方面的处理：自然条件分析中，采用 ArcGIS 软件空间分析，基于 DEM 数据，对其进行高程、坡度等方面的分析；交通条件分析中，采用 ArcGIS 软件缓冲区分析，利用卫星地图中的道路信息，基于道路的 500 米缓冲区和 1000 米缓冲区，分析道路的可达性或可进入性；旅游资源分布分析中，采用 ArcGIS 软件缓冲区分析，利用卫星地图中筛选的旅游资源点信息，基于景源点的 1000 米缓冲区，分析景源分布情况；居民点分布分析中，采用 ArcGIS 软件核密度分析，利用筛选的居民点信息，分析居民点的分布情况；民宿空间分布及演化特征分析中，根据民宿的 POI 点信息，将各民宿点分为 2016 年前开业的民宿点、2019 年前开业的民宿点以及 2022 年前开业的民宿点，将其置于其他分析图中，通过 ArcGIS 软件分析不同条件与民宿点的关联。

对于属性数据，统计 2004～2021 年神农架国家公园游客量，并根据游客量换算公式，将全区游客量乘以 80%，最终得到木鱼镇游客量。

（二）研究方法

1. 民宿空间分布及演化特征分析

（1）最邻近指数分析

最邻近指数（Average Nearest Neighbor，ANN）是分析点状要素在地理

---

① 地理空间数据云，http：//www. gscloud. cn/。

空间中相互邻近程度的地理指标，能够很好地反映点状要素的地理空间分布特征①。点状要素的空间分布情况一般被划分为集聚分布、随机分布和均匀分布 3 种类型。计算公式为：

$$R = \bar{r}_1 / \bar{r}_E \tag{1}$$

$$r_E = \frac{1}{2\sqrt{n/A}} \tag{2}$$

式中：R 表示最邻近指数；$\bar{r}_1$ 表示实际最邻近点之间的平均距离；$\bar{r}_E$ 表示理论最邻近点之间的平均距离；A 表示研究区域的面积；n 表示研究区域内点状要素的个体数量。根据 R 的数值可以判断区域内研究样本的空间分布等级，当 $0<R<1$ 时，说明点状要素在空间上集聚分布；当 $R=1$ 时，说明点状要素在空间上随机分布；当 $R>1$ 时，说明点状要素在空间上均匀分布。

（2）核密度估计

核密度估计（Kernel Density Estimation，KDE）是地理要素空间分布模式的一种非参数估计方法，通过核函数赋予研究区域内样本点不同的权重，呈现更加平滑的密度图以揭示研究未知区域的密度属性，可直观地反映研究对象的集聚程度②。计算公式为：

$$f_n(x) = \frac{1}{nh}\sum_{i=1}^{n} k\left(\frac{x - x_i}{h}\right) \tag{3}$$

式中：f_n（x）表示核密度估计值；h 表示宽带（$h>0$）；n 表示宽带范围内点状要素的个体数量；k（$\frac{x-x_i}{h}$）表示核密度函数，其中（$x-x_i$）表示估计值点 x 到中心点x_i的距离。

① 程海峰、胡文海：《池州市 A 级旅游景区空间结构》，《地理科学》2014 年第 10 期，第 1275~1280 页。

② 张海洲等：《环莫干山民宿的时空分布特征与成因》，《地理研究》2019 年第 11 期，第 2695~2715 页。

（3）标准差椭圆分析

标准差椭圆（Standard Deviational Ellipse，SDE）是分析点状要素空间分布特征的重要方法，其均值中心表示点状要素在空间分布上的相对位置，其方位角表示点状要素在空间分布上的主要方向，椭圆的大小反映点状要素在空间分布上的集中程度①。计算公式为：

$$M(\overline{X},\overline{Y}) = \left| \sum_{i=1}^{n} x_i/n, \sum_{i=1}^{n} y_i/n \right| \tag{4}$$

$$\tan\theta = \frac{A+B}{C} \tag{5}$$

$$A = \sum_{i=1}^{n} \tilde{x}_i^2 - \sum_{i=1}^{n} \tilde{y}_i^2 \tag{6}$$

$$B = \sqrt{\left(\sum_{i=1}^{n} \tilde{x}_i^2 - \sum_{i=1}^{n} \tilde{y}_i^2\right)^2 + 4\left(\sum_{i=1}^{n} \tilde{x}_i\tilde{y}_i\right)^2} \tag{7}$$

$$C = 2\sum_{i=1}^{n} \tilde{x}_i\tilde{y}_i \tag{8}$$

式中：M（$\overline{X}$，$\overline{Y}$）为均值中心坐标；θ 为椭圆方位角；x_i和y_i为点状要素的空间坐标；$\tilde{x}_i$和$\tilde{y}_i$是平均中心和 X、Y 坐标的差。

（4）缓冲区分析

缓冲区分析（Buffer Analysis）是探索某一地理实体对其周围地物的影响，并确定不同地理要素空间邻近性或接近程度的空间分析方法②。缓冲区具体指在点、线、面实体的周围自动建立的一定宽度的多边。计算公式为：

$$B = \{x \mid d(x,O) \leq L\} \tag{9}$$

式中：B 为缓冲区；d 为 x 与 O 之间的距离；L 为缓冲距。

2. 民宿选址适宜性评价

国家公园民宿的选址布局应是综合考虑多种因素的结果。首先，根据已

① 汤国安等编著《ArcGIS 地理信息系统空间分析实验教程》，科学出版社，2012。

② Price M，*Mastering ArcGIS 5th Ed*，New York：McGraw Hill Press，2012.

有的民宿空间分布影响因素研究成果①，以及木鱼镇民宿产业发展实际情况，同时考虑数据可获得性和可操作性等原则，选取高程、坡度、景源分布、居民点分布、交通条件和生态敏感性6个指标。其次，通过专家咨询问卷调查，对指标的重要性进行比较，以1~9为量度，1表示“前者非常重要”，9表示“后者非常重要”，5表示“两者一样重要”。再次，运用层次分析法，将收集的问卷数据导入 yaahp V12.10 软件，以确定各指标权重，构建木鱼镇民宿选址适宜性评价模型。最后，利用 ArcGIS 软件对各指标进行加权叠加，得到木鱼镇民宿选址适宜性分布图。

3. 未来情景构建

巴特勒旅游地生命周期理论曲线是由旅游学者巴特勒提出的一种描述旅游目的地发展过程的模型。该理论认为，一个旅游目的地的发展可以分为探索、起步、发展、稳固、停滞、衰落或复兴6个阶段，每个阶段都有不同的特征和挑战（见图1）②。然而，不是所有的旅游目的地都会经历完整的生命周期，有些旅游目的地可能会在某个阶段停滞或跳过某些阶段。这个理论对于旅游目的地的规划和管理具有一定的指导意义。

新冠疫情的发生改变了神农架原有的生命周期理论曲线（见图2）。本报告设定未来神农架国家公园旅游业发展阶段的3种情景：一是发展阶段中期，游客数量增长率逐渐降低；二是发展阶段后期，游客数量增长率逐渐降低；三是稳固阶段前期，游客数量增长率逐渐降低。

根据不同情景的发展趋势，预估木鱼镇2032年新增民宿数量后，结合木鱼镇民宿选址适宜性分布图，以及木鱼镇民宿空间分布及演变特征，

---

① 曹凯等：《鹰潭龙虎山风景名胜区民宿分布特征和影响因素》，《资源开发与市场》2021年第2期，第246~250页；周伟伟、胡春丽、荣培君：《秦岭陕西段乡村民宿旅游空间分布及影响因素研究》，《中国农业资源与区划》2024年第4期；侯玉霞、胡宏猛：《阳朔县精品民宿空间分布特征及驱动力分析》，《桂林理工大学学报》2023年第2期，第333~342页；昌杰、卢松：《黄山市民宿时空演化与影响因素研究》，《旅游科学》2022年第3期，第147~159页；孙华贞等：《世界遗产地武夷山乡村民宿空间分布特征及影响因素》，《西安建筑科技大学学报》（社会科学版）2022年第6期，第93~100页。

② 杨东辉、张丽莎：《中俄跨境旅游视角下廊道旅游地投入分析——基于巴特勒旅游地理论生命周期的探讨》，《北方经贸》2021年第1期，第146~148页。

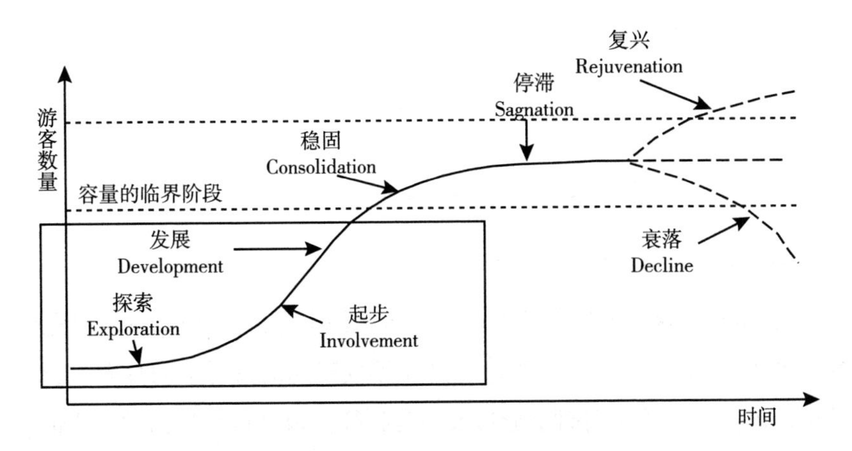

图 1　巴特勒旅游地生命周期理论曲线示意

资料来源：杨东辉、张丽莎：《中俄跨境旅游视角下廊道旅游地投入分析——基于巴特勒旅游地理论生命周期的探讨》，《北方经贸》2021 年第 1 期，第 146~148 页。

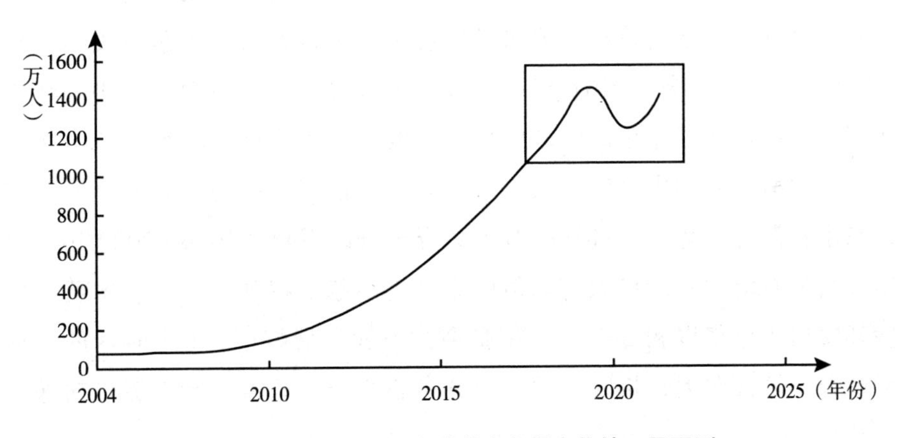

图 2　2004~2025 年木鱼镇游客数量变化情况及预测

通过实地考察与百度实景地图分析进行民宿选址筛选，同时参考以下依据：一是特色文化或产业型，在具有地方文化（茶文化等）或产业特色的地点周围进行民宿选址；二是民宿集群型，在原民宿集聚点处进行民宿选址；三是便利生活型，在商场、便民点附近进行民宿选址。

三　结果分析

（一）木鱼镇民宿空间分布及演变特征

1. 木鱼镇民宿时空格局演变特征

借助 ArcGIS 软件中的最邻近指数分析、核密度估计和标准差椭圆分析，对木鱼镇 2016 年、2019 年、2022 年 3 个不同时期的民宿空间分布进行可视化呈现，揭示木鱼镇民宿时空分布及演变特征。根据最邻近指数分析的计算结果（见表 1），发现木鱼镇民宿空间分布在 3 个不同时期的 R 值均小于 1，说明木鱼镇民宿空间分布均为集聚状态，且 p 值均小于 0.01，Z 值均小于 -2.58，可以认为该集聚特征具有显著性。2016～2022 年，木鱼镇民宿平均最邻近距离由 782.24 米减少到 109.90 米，民宿的集聚程度呈现由简单集聚到强烈集聚的特征。通过核密度估计可以发现，木鱼镇民宿呈现“双核”的分布特征，2016 年以木鱼镇客运站（木鱼商圈）为中心形成主要集聚区，在红花小镇内形成小型集聚区，之后向外扩散，2022 年以红花小镇为中心的集聚区显著扩大，以木鱼镇客运站为中心的集聚区有向东南扩散的趋势。通过标准差椭圆分析可以看出，2016～2022 年木鱼镇民宿分布范围不断扩大，均值中心发生小范围移动，体现了木鱼镇民宿环绕居民点集聚和逐渐向外围扩散的空间发展特征，3 个时期的标准椭圆长半轴方向大致相同，此空间分布趋势与木鱼镇主要干道走向保持一致。

表 1　2016 年、2019 年、2022 年木鱼镇民宿的集聚变化

民宿	2016 年			2019 年			2022 年		
	R 值	p 值	Z 值	R 值	p 值	Z 值	R 值	p 值	Z 值
民宿整体	0.2878	0.00	-6.09	0.1288	0.00	-15.37	0.1107	0.00	-20.84

注：R 值小于 1 表示集聚；Z 值小于-2.58 表示集聚；p 值小于 0.01 表示结果显著。

2. 木鱼镇民宿空间集聚特征

木鱼镇民宿空间集聚具有一定的规律性，与地势地貌、交通条件、景源分布和居民点分布这些地理空间要素有着密切的联系，呈现如下特征。

（1）民宿整体向低海拔平缓地势集聚

地势地貌是民宿选址参照的重要属性。地势变化导致气候环境、生活环境的差异，进而又影响民宿空间形态、功能特征和外部的环境品质。采用ArcGIS软件空间分析工具箱的表面分析和提取分析，基于DEM数据提取各民宿的高程信息，分析不同高程的民宿数量分布。可以发现，木鱼镇民宿整体向低海拔平缓地势集聚。

（2）民宿整体沿交通干道分布

可进入性或可达性是影响民宿经营发展的关键因素，交通便利是影响消费者选择住宿位置的重要因素。交通区位因素是指客源地到民宿的空间距离及可达程度，交通区位集聚是指民宿沿着交通便利的地区形成集聚现象。木鱼镇民宿整体沿交通干道分布，大部分位于道路500米缓冲区内，且表现出以交通道路为中心的距离衰减定律，省道和国道在民宿集聚的过程当中起到了较为重要的作用。

（3）民宿毗邻高等级旅游资源

旅游景区与民宿产业具有紧密的互动关系，丰富的旅游资源为民宿提供了基本保障。旅游资源的等级、规模与类型对民宿产业空间集聚的影响十分明显，旅游资源吸引力越大，相应的游客市场为民宿产业提供的可能性就越大。以木鱼镇客运站为中心的民宿集聚区大部分位于景区3000米缓冲范围内，以红花小镇为中心的民宿集聚区与景区分布关系不大。

（4）民宿与居民点高度重合

民宿是指利用当地民居等相关闲置资源为游客提供体验当地自然、文化与生产生活方式的小型住宿设施，因此居民点的分布与民宿的分布关系密切。通过分析可以看出，木鱼镇民宿的集聚空间分布与居民点的核密度分布高度重合。

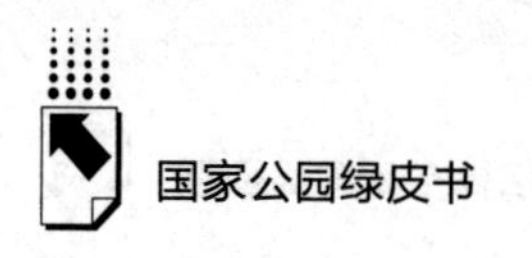

（二）木鱼镇民宿选址适宜性评价结果

通过层次分析法，本报告构建了以高程、坡度、景源分布、居民点分布、交通条件和生态敏感性 6 个因素为指标的木鱼镇民宿选址适宜性评价模型（见表 2），并通过 ArcGIS 软件加权叠加分析，得到了木鱼镇民宿选址适宜性分布图，以此作为木鱼镇未来民宿空间布局的重要依据和参考。

表 2　木鱼镇民宿选址评价指标分级标准及权重

评价指标	分级依据	适宜性	分值	权重
高程	561~1066.4 米(不含)	高	5	0.0666
	1066.4~1571.8 米(不含)	较高	4	
	1571.8~2077.2 米(不含)	中	3	
	2077.2~2582.6 米(不含)	较低	2	
	2582.6~3088 米	低	1	
坡度	0~15.34818°(不含)	高	5	0.0799
	15.34818~30.696359°(不含)	较高	4	
	30.696359~46.044539°(不含)	中	3	
	46.044539~61.392719°(不含)	较低	2	
	61.392719~76.740898°	低	1	
景源分布	<300 米	高	5	0.0940
	300~500 米	中	3	
	>500 米	低	1	
居民点分布	0~350392.3(不含)	低	1	0.1791
	350392.3~700784.6(不含)	较低	2	
	700784.6~1051176.9(不含)	中	3	
	1051176.9~1401569.2(不含)	较高	4	
	1401569.2~1751961.5	高	5	
交通条件	<500 米	高	5	0.2298
	500~1000 米	中	3	
	>1000 米	低	1	
生态敏感性	1.0192~1.83456(不含)	高	5	0.3506
	1.83456~2.64992(不含)	较高	4	
	2.64992~3.46528(不含)	中	3	
	3.46528~4.28064(不含)	较低	2	
	4.28064~5.096	低	1	

（三）未来情景模拟结果

根据巴特勒旅游地生命周期理论曲线，模拟出情景1“发展阶段中期”的游客数量增长率为10%~15%，木鱼镇年新增游客数量为3308.6726万人；情景2“发展阶段后期”的游客数量增长率为5%~10%，木鱼镇年新增游客数量为1581.2899万人；情景3“稳固阶段前期”的游客数量增长率为0%~5%，木鱼镇年新增游客数量为443.1094万人。通过预测得到3种情景下木鱼镇2032年的游客接待数量，进而推测木鱼镇的日新增游客数量。

根据携程旅行、美团等网络渠道搜索结果（见表3），得到木鱼镇各类住宿形式的比例为“酒店公寓：客栈：酒店：农家乐：民宿=1∶8∶12∶15∶23”，结合文化和旅游部对各类住宿形式日平均接待量的标准要求，得到3种情景下木鱼镇2032年的新增民宿数量（见表4）。

表3　木鱼镇各类住宿形式情况统计

单位：人，个

住宿类型	接待能力		数量		
	日接待数量	平均接待数量	美团	携程旅行	总量
酒店	10~20	15	35	60	95
民宿	20~40	30	78	102	180
客栈	50~100	75	23	43	66
农家乐	100~200	150	50	67	117
酒店公寓	10~20	15	4	4	8

表4　2032年木鱼镇住宿设施预测情况统计

单位：万人，个

情景	新增游客数量		新增住宿设施数量				
	年增量	日增量	酒店	民宿	客栈	农家乐	酒店公寓
发展阶段中期	3308.67	9.06	264	506	176	330	22
发展阶段后期	1581.29	4.33	120	230	80	150	10
稳固阶段前期	443.11	1.21	36	69	24	45	3

1. 发展阶段中期

发展阶段中期的游客数量增长率为10%~15%，新增民宿506个。该情景下的木鱼镇民宿形成了“三核一带”的空间集聚分布特征，3个民宿集聚区分别为木鱼商圈集聚区、红花小镇集聚区和九冲村集聚区。

2. 发展阶段后期

发展阶段后期的游客数量增长率为5%~10%，新增民宿230个。该情景下木鱼镇民宿的空间集聚分布特征与情景1基本一致，形成了“三核一带”的空间集聚分布特征，3个民宿集聚区分别为木鱼商圈集聚区、红花小镇集聚区和九冲村集聚区。

3. 稳固阶段前期

稳固阶段前期的游客数量增长率为0%~5%，新增民宿69个。该情景下的木鱼镇民宿形成了“两核一带”的空间集聚分布特征，2个民宿集聚区分别为木鱼商圈集聚区和红花小镇集聚区。

4. 情景对比

总体来说，2032年，不同情景下的木鱼镇民宿分布范围相对于2022年均有所扩大，情景1、情景2、情景3的分布范围依次减小。均值中心差别较小，3个情景下的标准椭圆长半轴方向大致相同，此空间分布趋势与木鱼镇主要干道走向保持一致。在不同情景下，民宿集聚区均包含木鱼商圈集聚区和红花小镇集聚区，在发展阶段中期或后期，还形成了九冲村集聚区。

四　结语

民宿是在乡村振兴和旅游业转型升级过程中涌现的新兴业态和空间利用方式，在国家公园社区建设和生态旅游发展的背景下，民宿产业呈现良好的发展态势，探讨民宿的空间布局规划显得尤为重要。本报告运用最邻近指数分析、核密度估计、标准差椭圆分析和缓冲区分析等空间分析工具对2016~2022年木鱼镇民宿的空间分布及演变特征进行了分析，在时空格局演变方面，发现木鱼镇民宿空间分布呈现明显的集聚状态，并以木鱼镇客运站和红花小镇为中心形成主要集聚区。2016~2022 年，集聚程度由简单集聚变为强烈集聚，具有环绕居民点集聚和逐渐向外围扩散的空间发展特征，扩散方向与木鱼镇主要干道走向保持一致。在空间集聚特征方面，木鱼镇民宿的空间集聚具有如下 4 个特征：一是整体向低海拔平缓地势集聚；二是整体沿交通干道分布；三是毗邻高等级旅游资源；四是与居民点高度重合。根据巴特勒旅游地生命周期理论曲线，设定木鱼镇旅游业位于发展阶段中期、发展阶段后期和稳固阶段前期 3 个不同情景，通过数学模型预测不同情景下 2032 年木鱼镇民宿需求量，并通过层次分析法构建木鱼镇民宿选址适宜性评价模型，再运用 ArcGIS 软件加权叠加分析，结合现有木鱼镇居民点分布和现状条件，模拟了 3 个不同情景下 2032 年木鱼镇民宿的空间布局，为木鱼镇民宿选址和空间布局提供借鉴。

G.6

杭州西溪国家湿地公园旅游发展现状问题与解决策略研究

李卅　苏航　刘小妹　朱诗荟　张浩然*

摘　要： 杭州西溪国家湿地公园是我国首个国家湿地公园，其建设过程代表了我国湿地公园的发展历程。本报告在分析杭州西溪国家湿地公园的环境特点、发展潜力与趋势、保护要求与开发条件的基础上，提出杭州西溪国家湿地公园在资源利用方面存在保护与利用范围存在空间矛盾、基于湿地资源衍生的体验项目单一等问题，从管理条例、管理体制、游客体验、区域发展等层面提出解决策略，以期为湿地公园的科学保护与利用提供参考。

关键词： 杭州西溪国家湿地公园　旅游发展　湿地保护

一　引言

杭州西溪国家湿地公园（以下简称“西溪湿地”）是我国首个国家湿

* 李卅，博士，中国城市规划设计研究院城市规划师，主要研究方向为风景园林规划与设计、旅游规划；苏航，中国城市规划设计研究院高级城市规划师，中国城市规划设计研究院文旅所主任规划师，中国旅游景区协会旅游标准化专业委员会秘书长，主要研究方向为旅游区规划设计、文化遗产活化利用、城乡文旅休闲；刘小妹，中国城市规划设计研究院高级工程师，中国城市规划设计研究院文旅所主任规划师，主要研究方向为城乡规划、旅游区规划设计；朱诗荟，中国城市规划设计研究院城市规划师，主要研究方向为旅游规划、旅游者行为；张浩然，中国城市规划设计研究院工程师，主要研究方向为城乡规划方法与技术、旅游规划与开发。

地公园，于2005年建成并对公众开放。在西溪湿地建立之初，我国尚未有成熟的湿地公园保护管理办法，杭州市政府参考其他保护地管理办法对西溪湿地进行保护，并于2011年发布了《杭州西溪国家湿地公园保护管理条例》，杭州成为国内第一个建立湿地保护管理地方性法规的地区。随后，国家陆续出台了《国家湿地公园管理办法》《中华人民共和国湿地保护法》，西溪湿地也在各类新政策与法规的指导下不断发展。2009年，西溪湿地被列入国际重要湿地名录，2012年被评为国家5A级旅游景区，2015年成为国家生态旅游示范区，2020年启动“西湖西溪一体化发展”。西溪湿地的建设过程代表了我国湿地公园的发展历程。

西溪湿地已发展成我国最热门的湿地公园之一，被评为中国十大魅力湿地。2005~2022年，西溪湿地入园游客量达5900万人次。然而，随着公园内部游憩功能的完善与游客量的不断增长，公园利用与生态环保的矛盾开始凸显。本报告尝试讨论西溪湿地发展面临的问题，并分析解决策略，为湿地公园的科学保护与利用提供参考。

二　西溪湿地特征分析

（一）环境特点

西溪湿地原是以西溪与东苕为主体形成的水网平原，南宋以前为原生湿地，据记载当时面积为600平方千米以上。之后，在人类农业生产活动的影响下，逐渐演变为由农耕湿地占主导的次生湿地。面积虽有缩小，不过直到20世纪20~30年代，西溪湿地仍保存有较为完整的湿地景观，且由于人类生产生活活动的介入，湿地水网与生活场景融为一体，呈现“曲水弯环，群山四绕，名园古刹前后踵接，又多芦汀沙溆”的景象①。但到20世纪80年代之后，随着城市化与工业化进程不断加快，西溪湿地生态环境受到严重

① 周膺著、吴晶：《西溪湿地的文化与历史》，中国社会科学出版社，2013。

破坏，成为生活污水与工业废水的排放地，湿地范围缩减到原本的10%左右，湿地自我净化功能已基本丧失。在此背景下，西溪湿地的保护工作正式提上日程。

（二）发展潜力与趋势

西溪湿地具有较大的旅游发展潜力，目前已经发展成一个较为完备的旅游综合体，可为游客提供包括吃、住、行、游、购、娱在内的多元化、个性化服务。杭州“旅游西进”战略的实施与2006年杭州世界休闲博览会的召开，成功将西溪湿地的游客量推向一个高峰，旅游市场需求旺盛。2023年春节假日期间，杭州接待游客937.1万人，较上年同期增长566.5%；“五一”假日期间，全市接待外地来杭游客635.52万人，较上年同期增长289.89%，日均接待游客量达127.11万人，比2019年增长20.8%。

在发展趋势方面，杭州旅游业表现出年轻化、国际化、微度假、高消费的特征。长三角客源占主导地位，23~45岁的中青年是旅游市场主力军（见图1），

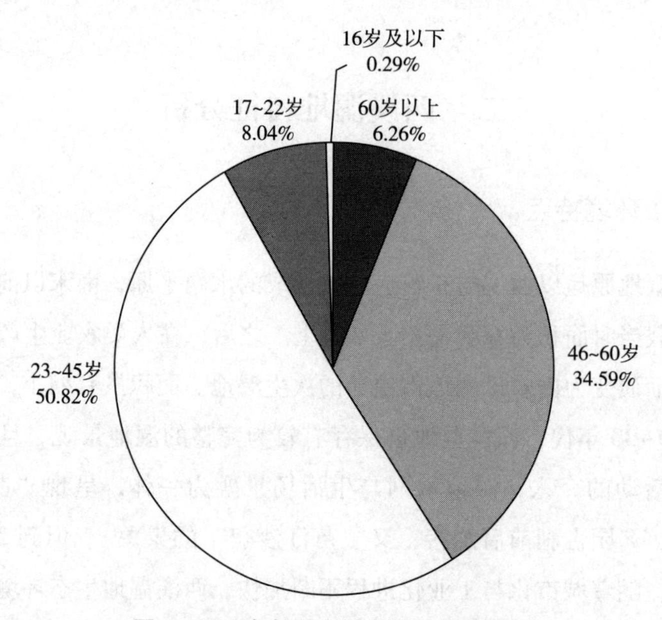

图1　2021年杭州市国内游客年龄构成

资料来源：《2021年杭州旅游概览》，杭州市文化广电旅游局，2022。

入境游客主要来自欧美、日韩等国家。过夜游客占比高达67.2%，中短程微度假市场备受追捧。人均旅游消费水平较高，购物、餐饮、住宿、文化娱乐消费占比突出（见图2）。该类需求与西溪湿地可提供的旅游产品十分契合，西溪湿地未来仍然具有较大的旅游发展潜力。

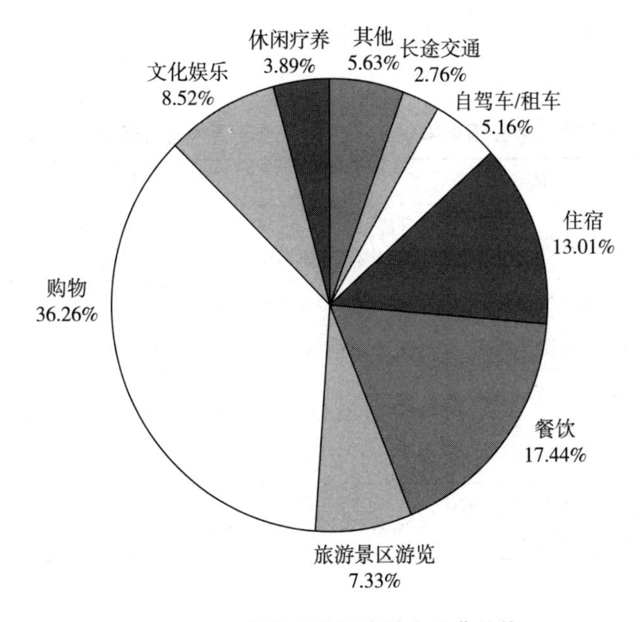

图2　2021年杭州市国内游客消费结构

资料来源：《2021年杭州旅游概览》，杭州市文化广电旅游局，2022。

（三）保护要求与开发条件

2010年，在西溪湿地试点对外开放5年后，国家林业局印发了《国家湿地公园保护管理办法（试行）》与《国家湿地公园总体规划导则》，将湿地公园划分为生态保育区、恢复重建区、宣教展示区、合理利用区、管理服务区五区，其中宣教展示区、合理利用区、管理服务区三区原则上可对外开放，开展宣教活动，且合理利用区可以开展生态旅游、生态养殖以及其他不损害湿地生态系统的利用活动（见表1）。2018年，国家林业和草原局更新了湿地公园的保护要求，将五区降为三区，分别是生态保育区、恢复重建区、合理利用区。新版规划导则中只有合理利用区可以有条件地对外开放，去掉了旅游、利用等用词，可开展的活动类型只提到了宣教活动以及不损害湿地生态系统功能的生态体验及管理服务活动（见表2）。在活动类型上收紧，整体更偏向公共科普服务，强调游客的生态体验。可见，随着湿地公园建设实践的开展，保护要求也在不断变严格。

表1　《国家湿地公园总体规划导则》中分区要求与管理规定（2010年）

分区	功能	保护要求
生态保育区	保护湿地生态系统	可开展保护、监测、科学研究等必需的保护管理活动，不得进行任何与湿地生态系统保护和管理无关的活动
恢复重建区	恢复湿地生态系统	可开展退化湿地的恢复重建和培育活动
宣教展示区	展示湿地服务功能	可开展湿地服务功能展示、宣传教育活动
合理利用区	了解湿地文化、体验民俗风情、生态旅游、休闲娱乐	可开展生态旅游、生态养殖以及其他不损害湿地生态系统的利用活动
管理服务区	游客服务和集散、湿地管理和后勤服务	可供湿地公园管理者开展管理和服务活动

表2　《国家湿地公园总体规划导则》中分区要求与管理规定（2018年）

分区	功能	保护要求
生态保育区	保护湿地生态系统	除开展保护、监测、科学研究等必需的保护管理活动外，不得进行任何与湿地生态系统保护和管理无关的活动
恢复重建区	恢复湿地生态系统	可开展培育和恢复湿地的相关活动
合理利用区	科普展示、环境教育、生态旅游、游客服务和集散	可开展以生态展示、科普教育为主的宣教活动以及不损害湿地生态系统功能的生态体验及管理服务活动

除了受到《国家湿地公园保护管理办法（试行）》的约束，西溪湿地作为国际重要湿地名单成员，还受到《关于特别是作为水禽栖息地的国际重要湿地公约》保护要求的约束。其中较为重要的保护要求如下：每块湿地的边界应在地图上精确标明和划定，同时应制定和执行规划，以促进对列

入《具有国际意义的湿地目录》的湿地的保护，并尽可能地合理使用其领土内的湿地；每个缔约国应在湿地建立自然保护区，以促进对湿地和水禽的保护，并采取充分措施加强管理。

三 西溪湿地资源利用存在的问题

（一）保护与利用范围存在空间矛盾

西溪湿地既是国家湿地公园，也是国际重要湿地。通过叠加分析，目前西溪湿地部分合理利用区位于国际重要湿地保护范围内，不同保护区划存在空间交叠的问题。交叠部分的合理利用区主要包括周家村组团与民宿体验组团，是目前承载旅游功能的主要区域，其内的人流量与建设规模较大。国际重要湿地的保护要求为保护水禽及其湿地生境，国家湿地公园内合理利用区保护要求与国际重要湿地保护要求存在差异，从区划层面也形成了西溪湿地保护与利用之间的矛盾。

此外，由于西溪湿地开放时间早于《国家湿地公园保护管理办法（试行）》的出台时间，当时还没有对国家湿地公园的分区做出明确的管理规定。杭州在 2004 年正式开启西溪湿地综合项目时，目标是发展为西溪国际旅游综合体，西溪创意产业园是西溪国际旅游综合体的一个重要组成部分。影视剧在西溪湿地拍摄取景，大大提高了西溪湿地的知名度，西溪创意产业园也定位为以影视与文学艺术产业为核心的高端影片、电视剧制作基地，并成功吸引多家影视基地入驻。由于以上原因，最新一版西溪湿地保护规划分区中，东北部合理利用区现有多家影视文化产业公司。

（二）基于湿地资源衍生的体验项目单一

分析西溪湿地内提供的旅游产品可以发现，首先，具有可参与性的生态体验类项目偏少，主要集中在观鸟与湿地风景欣赏两个项目上。其次，西溪湿地内业态类型相对单一，主要为住宿、餐饮、茶社、艺术馆，餐饮的人均消费基本在百元以上，住宿价格较高的可达数千元。西溪湿地合理利用区内业态类型如表3所示。旅游产品单一与旅游体验感差的问题，从游客的整体评价中也明显体现。游客评价词云中最突出的三个词为“就是湿地”“没有体验”“门票太贵”。许多游客抱怨公园内景色单一，除了看树就是看水。此外，由于园内面积很大，景点与景点之间距离较远，虽设置有观光摆渡车接驳，但只在景区大路上停靠，从停靠点到景点仍须步行，不喜徒步的游客也会抱怨游览过程太累。另有游客认为西溪湿地的景色与其他免费公园差别不大，专门花费门票游玩并不值得。

表3　西溪湿地合理利用区内业态类型

合理利用区	特征	业态类型
区1	以影视文化产业公司为主	西溪创意产业园，杭州古雅文化创意有限公司、东海电影集团、杭州泰尔花晟文化传媒有限公司、浙江长城传奇影业有限公司、浙江雀之恋文化艺术发展有限公司、杭州小沩科技有限公司、西湖影响促进会、浙江德纳影视传媒有限公司、浙江影视集团、杨澜工作室、中文奇迹、浙江省现代炁脉健康研究院
区2	以餐饮为主、中档消费、蒋村组团	天堂硅谷金融研究院、蒋村集市、西溪庄园餐厅、十月西溪餐厅、绿草地艺术馆、春暖花开创意中餐厅、神马公社、汝拉西溪哩传统私房菜、西溪禧堤KFC、杭州凡云西溪酒店、杭州所见西溪度假酒店、溪上·咖啡、河渚茶社、茶飘香、西溪鱼干干果铺、西隐·私房、杭州西溪国家湿地公园生态研究中心
区3	以民宿文化体验为主	西溪拓展园、酿酒坊、西溪老船茶坞、大隐于市临水轩、西溪人家、桑蚕丝绸故事馆、梨涡小影院、石榴屋、豆花屋、杭州青筑酒店、今样小酒馆、柿子屋
区4	周家村组团	十里芳菲主题度假村落·宴会厅、茶墅·晓荷茶吧、老树茶馆、杭州西溪度假酒店、瀚石资产
区5	餐饮茶水、洪氏家族文化组团、五常民俗文化体验村	破嘘茶庄、半怡·家宴、幽玄良品(极有家极选店)、吾庐有闲、儒可墨可轩(Rimoco)展览馆、印月文化传媒、甲骨文驿居、善缘居餐饮、半冷西溪·私厨宴、五九批示纪念馆、森森花境.清水茶空间、溪有餐厅、聚禾工作室、乳山牡蛎文化馆、钱塘望族杭州洪氏家族文化展馆、钱塘茶室、洪园酒家、方塘面馆、嘻嘻玩具店、西溪五常民俗文化体验村、杭州西溪·无远弗届酒店
区6	以艺术类美术馆为主	西溪艺术集合村、青石餐厅、浙江国泉生态环境有限公司院士工作站、消失的建筑A1(住宅区)、Rokid总部、省人才之家、丰熙投资、莲美术馆、西溪蜗牛房车营地、赛泽投资集团、访溪上酒店、火石能量商店

续表

合理利用区	特征	业态类型
区 7	以餐饮为主、高档消费	杭州西溪花间堂、若水居茶吧、太极禅苑中餐巴、杭州木守西溪酒店、木守西溪溪隐餐厅
区 8	以生态体验为主	茭芦田庄生态酒店、且留下便利店、九阳健康厨房体验馆

（三）湿地资源存在过度商业化开发倾向

早期，西溪湿地在属地管理上分为杭州西湖区和余杭区两个部分，导致西溪湿地的管理机构分为两个管理主体。在开展管理的过程中，各个部门基本只顾及自己范围内的工作，部门间信息不共享、缺乏交流，且政策制度不统一，存在管理权责不明确的问题。西溪湿地建设初期以西溪国际旅游综合体为总体定位，以实现生态效益、社会效益、经济效益为发展目标，提出“以人文生态为精髓，以休闲度假功能为主，集观光、会展、美食、演艺、购物、艺术、创意、培训、总部、居住等多种功能于一体”的发展思路。该定位中合理利用区内的功能不仅局限于科普宣教类与生态体验类项目，可以看出杭州当时在一定程度上对西溪湿地进行了商业化开发。凭借西溪湿地的人气，当即吸引了大量外部商业组织、机构参与开发，获得了西溪湿地的使用权，让原本权责不明确的管理机构内部成分变得更为复杂。受利益驱使，各个使用权所有者势必会最大限度地发挥自己的权利以获得盈利，出现“公地悲剧”现象，过度商业化的问题不可避免。该问题同样引起了上级管理部门的注意，2020 年 3 月 31 日，习近平总书记在杭州西溪湿地考察时指出，原生态是旅游的资本，发展旅游不能牺牲生态环境，不能搞过度商业化开发[①]。

① 《保护优先，留住自然生态之美》，映象新闻网，2020 年 4 月 7 日，http：//news. hnr. cn/202004/07/109160. html。

（四）“双西”发展不平衡、融合不充分

目前，杭州旅游发展存在西湖“过载”而西溪“不足”的问题，多年来两地游客量差距较大。为解决该问题，2020年，杭州推进“两山”理念，启动西湖西溪一体化保护提升工程，致力于实现“双西合璧、精彩蝶变”。学习西湖免费开放的做法，西溪湿地将绿堤免费对外开放，免费对外开放区域由原来的2平方公里增加到5.79平方公里。同时，西溪湿地努力实现“双西”游线上一体化，从票、船、路、车等多方面入手，实现了“一张票通游、一艘船通航、一条路线通行、一辆电瓶车通达和一路数字公交通联”5项一体化成果。在其他规划方面，杭州推进“三环三线”建设，其中环西溪绿道、“双西”慢行通道、“双西”人行绿道等项目的完工均有助于将游客从西湖引流到西溪。但从2022年的西湖与西溪游客量分布数据来看，“双西”还处于融合发展的初级阶段。2022年“十一”假日期间，西湖和西溪共接待游客180.35万人次，其中西湖景区接待游客162.13万人次、西溪景区接待游客18.22万人次，游客量相差近9倍。

四　解决策略

西溪湿地暴露的问题的主要原因是公园建设之初国家并未出台相关管理规定，当时的管理要求与架构尚不成熟。而在初版规划出台、发展目标确定之后，多个利益相关方加入西溪湿地建设，进一步增加了公园管理的难度。加之后续管理与保护要求的两次更改，出现了已建设的区域与现行管理要求相互矛盾的问题，致使西溪湿地保护与利用间的冲突不断凸显。

（一）依据新版管理条例，协调空间管控要求

根据新版《国家湿地公园保护管理办法》，西溪湿地目前已经提交了更新的规划方案。在新版规划中，为了最大限度地保留现有建筑，前期在一至三级保护区中建设密度较大的区域被划定为合理利用区。因此，合理利用区

的分区划定不以湿地保护为主要依据，而是主要考虑湿地内的已建成建筑，这就导致生态保育区内的斑块破碎。

已有研究指出，西溪湿地仍存在面积缩减①、旅游商业用地等的不透水地面面积扩大等问题，这些问题导致产水量、营养物输出量增长。潜在的生态系统服务冲突区域以公园内外的不透水地面区域为主②。如果现有建筑必须保留，可考虑提高硬质地面的透水性，同时在建筑群内部设置植物或水系廊道，将被打破的斑块连通，以此提高园内合理利用区中旅游商业用地的生态服务功能。同时，由于《国家湿地公园保护管理办法》要求合理利用区开展宣教与生态体验活动，可将承担其他功能服务的建筑转变为承担科普宣教与生态体验功能的建筑，以丰富园区内生态体验类旅游产品。

（二）完善湿地管理体制，捋顺管理架构

西溪湿地地跨西湖区与余杭区，原本实行的是“属地管理、两区分治”。不在同一个区，两边机构下设部门并不相同，导致工作对接困难，引发了园区管理混乱的问题。目前，随着国家自然保护地体系的建立与《中华人民共和国湿地保护法》的颁布施行，西溪湿地已优化了管理体制，尝试改变“多头管理”的问题。以“一个湿地公园、一个主体管理”为原则，设立了作为市委、市政府直接派出机构的杭州西溪国家湿地公园管理局（见图3），下设四科一个办公室，委托西湖区委、区政府管理，力求实现西溪湿地公园保护、管理、经营、研究一体化。

在新的管理体系下，西溪湿地由西湖区管理，形成了单一的管理主体。但西溪湿地范围内的资产权属仍归西湖区、余杭区所有，运营管理公司由西湖区、余杭区共同组建，仍存在多头管理的隐患。建议上级部门尽早建立责权明确的运营管理制度，让两区工作人员开展运营管理工作时有法可依。同

---

① 李维维等：《生态型城市旅游综合体土地利用时空演化机制研究——以西溪湿地为例》，《旅游学刊》2023年第4期，第133~148页。

② 潘明欣等：《城市湿地生态系统服务动态演化及其权衡关系——以杭州西溪湿地为例》，《北京师范大学学报》（自然科学版）2022年第6期，第893~900页。

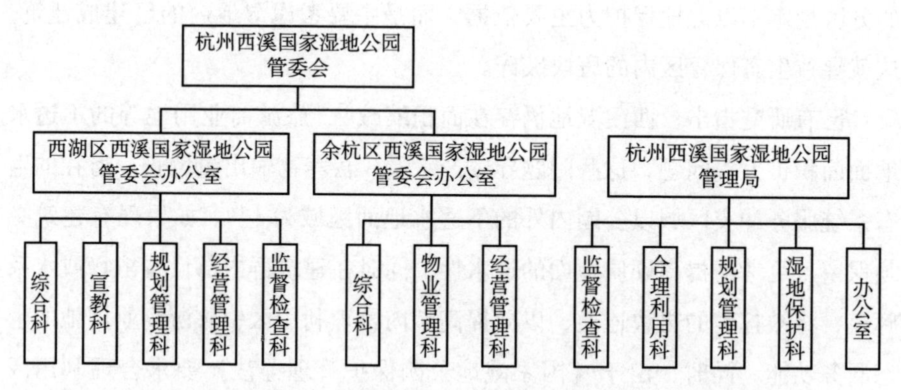

图 3 杭州西溪国家湿地公园管委会与杭州西溪国家湿地公园管理局管理架构

资料来源：笔者根据杭州市西湖区人民政府网站公开资料整理，http：//www.hzxh.gov.cn/col/col1229720489/index.html。

时，两区应明确园内产权归属，相关监管机构应严格限制公园资产所有权与使用权的界限，严防拥有公园使用权的所属机构出现过度用权的现象。

（三）从视觉与业态两方面入手，改善商业化观感

“商业化”一词其实体现了游客的一种综合观感，从游客体验的角度出发，西溪湿地过度商业化的问题主要表现在视觉与业态两个层面。运用中国城市规划设计研究院城市数字信息系统分析园区内商业建筑分布，发现主要出入口处以及原本免费开放的区域沿线是建筑分布密度最大的地带。同时，通过高德地图兴趣点数据抓取发现，这些主要建筑内商业服务业态占比较高（见图 4），且部分功能与湿地公园关联不大。

主要出入口与主游线的高密度建筑分布，从空间上将游客与湿地环境分隔，游客视线所及之处不见湿地景观。加之高密度建筑区域内的业态大多数也与湿地体验无关，即游客在其他区域也可见到类似业态，这就会让游客在游览消费时产生一种错位感，认为自己不是在游览湿地公园，进而产生商业化观感。与之形成对比的是，东门片区 2020 年开放的“绿堤”由于建筑密度低，较好地保留了湿地景观，备受游客好评。针对该问题，应从视觉与业态两方面入手，摸排高密度建筑区域现存空地，适当拆除房屋，将其改造为

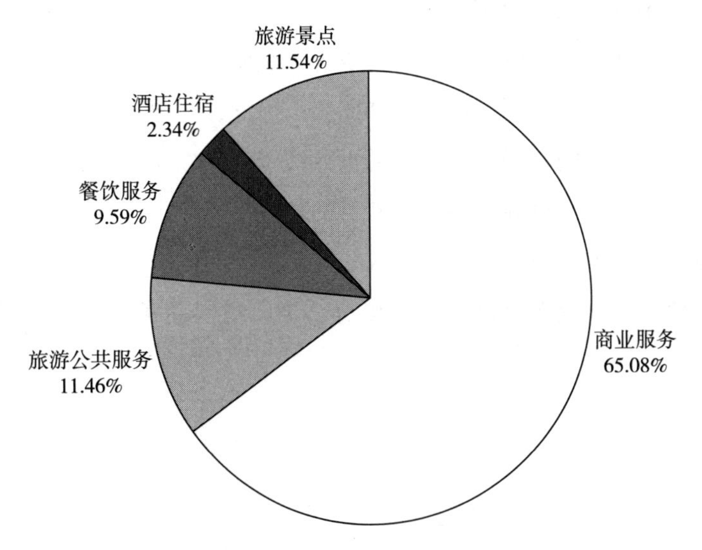

图 4　西溪湿地公园内各业态比例

资料来源：笔者根据高德地图兴趣点数据抓取信息整理。

绿地水域，营造与湿地景色类似的景观，同时在建筑内部植入与湿地体验相关的业态，如销售西溪湿地文创产品、科普书籍等，还可以将商业化观感强的高密度建筑区域改造为湿地公园内部的休闲趣味街区。

（四）引导“双西”一体化发展，助力“双西合璧”

为缓解“双西”发展不平衡、融合不充分的问题，可从交通、品牌、区域三个层面引导“双西”一体化发展。

在交通层面，实现环线互联，打通“三环三线”，与“一张票通游、一艘船通航、一条路线通行、一辆电瓶车通达和一路数字公交通联”5 项一体化成果配合，形成客源互送网络。

在品牌层面，西湖作为世界文化遗产，体现了中国山水美学的理想；西溪是国际重要湿地，在湿地生态系统和生物多样性保护等方面发挥着重要作用。两者开发的旅游产品应各有侧重，实现优势互补。因此，西溪必须紧扣生态旅游主线，构建世界一流的生态旅游产品体系，与西湖共同铸成杭州国际化都市旅游的两张“金名片”。

在区域层面，单单依靠景区自身发力无法实现一体化发展。西湖与西溪的一体化发展势必会与周围城市发展同步。因此，需要在城市尺度上统筹生产、生活、生态空间布局，依托两处世界级景区，以景区作为吸引物、城区作为服务支撑，构建世界级城市旅游目的地，形成文、旅、商、学、创、研等多产业协同发展合力。在助力景区一体化发展的同时，推进城市更新，以景融城，把杭州建设成更富魅力、更有活力、更具竞争力的世界旅游休闲城市。

国家公园社区可持续发展

Sustainable Development of National Park Community

G.7 国家公园社区可持续发展演进机理研究

——以神农架国家公园为例

王雨喆　龚箭*

摘　要： 社区居民是国家公园建设的重要主体，其旅游支持意愿关系到新设立国家公园可持续发展的成效。本文基于旅游可持续棱镜模型，拓展了可持续旅游感知、居民满意度与旅游支持度的关联研究，以神农架国家公园四个门户社区的居民为研究对象，采用混合研究中的发展阐述法，即以定量数据为主，运用结构方程模型和 Bootstrap 法进行检验，并结合半结构式深度访谈的质性数据对定量分析的结果进行辅助说明和机理分析。研究发现：可持续

* 王雨喆，华中师范大学城市与环境科学学院硕士研究生，主要研究方向为旅游心理；龚箭，华中师范大学中国旅游研究院武汉分院常务副院长，华中师范大学与科罗拉多州立大学联合自然旅游与生态保护硕士项目（MPPM）中方主任，主要研究方向为国家公园休憩与可持续旅游。

旅游感知四维度中，环境可持续旅游感知最显著，制度可持续旅游感知最弱；可持续旅游感知四维度中，除社会文化可持续旅游感知外，其余维度都可直接影响居民满意度；居民满意度在经济可持续旅游感知与旅游支持度中起到了完全中介作用，在制度可持续旅游感知和旅游支持度中起到了部分抑制作用。

关键词： 国家公园　可持续旅游感知　居民满意度　旅游支持度　发展阐述法

一　引言

2016年，习近平总书记在推动长江经济带发展座谈会上指出，“当前和今后相当长一个时期，要把修复长江生态环境摆在压倒性位置，共抓大保护，不搞大开发”①。长江流域生态环境改善成为区域发展战略调整中一项重大而紧迫的任务。神农架作为我国唯一以“林区”命名的行政区域，是三峡水库、南水北调中线工程的重要水源涵养地，也是我国唯一获得联合国教科文组织人与生物圈保护区、世界地质公园、世界自然遗产三项殊荣的地区。2021年，神农架国家公园体制试点成功获得验收，有望成为我国长江流域中段的第一家国家公园。在国家公园建设过程中，如何有效推进生态修复与居民绿色旅游生计转型，成为摆在神农架林区面前的新课题。

国家公园作为我国最高保护等级的保护地类型，在生态系统修复、生态资源有序利用、游憩权利保障等方面发挥着重要作用。国家公园制度的实施在生物多样性保护和绿色发展方面取得了显著成效。国家公园域内居民作为

① 《深入推进大保护 打造引领高质量发展生力军——推动长江经济带发展座谈会召开四年间》，中国政府网，2020年1月4日，https：//www.gov.cn/xin wen/2020-01/04/content_5466498.htm。

参与国家公园建设的主体，其生产、生活与生态的空间演化在很大程度上被嵌入国家公园发展历程。在生态保护优先的大背景下，适度的旅游开发已成为国家公园居民实现从传统生计向绿色可持续生计转型的突破口之一。因此，探究国家公园居民可持续旅游感知对推进新时代国家公园建设和生态修复具有重要意义。

与西方国家不同，中国正在推进以国家公园为主体的自然保护地体系建设。国家公园内生态修复政策与生态旅游开发导致园区社区各利益群体的潜在冲突加剧，居民的可持续旅游感知存在差异，部分对国家公园及旅游发展不满意的居民会持不支持的意愿，这将不利于新的国家公园可持续发展的进程，因此，提升居民旅游支持度是新时代国家公园建设成功的关键。探究居民的可持续旅游感知、居民满意度与旅游支持度的影响机理已成为当前旅游地理学研究的热点。本文基于旅游可持续棱镜模型，以求厘清可持续旅游感知四维度、居民满意度与旅游支持度的影响机理。

二　文献回顾

（一）居民满意度和旅游支持度

社区居民的态度对国家公园可持续发展至关重要。现有研究多关注社区旅游发展的变化，在居民利益和社区旅游发展中寻找契合点。居民满意度与旅游支持度在概念及内涵等方面具有显著差异，满意度是社会心理学的概念，涉及社会参照，是人们用来衡量对事物、品质等方面看法的研究工具。Hample 认为，个体满意取决于个体与社会参照进行比较后所预期产品或服务的实现程度①，当个体感知高于社会参照和预期时，才能产生满意，反之则会产生社会剥夺和不满意。而支持度是以旅游地发展为导向的，是居民基

① Hample, D. J., "Consumer Satisfaction with the Home Buying Process: Conceptualization and Measurement", Conceptualization and Measurement of Consumer Satisfaction and Dissatisfaction: Proceedings of Conference Conducted by Marketing Science Institute with Support of National Science Foundation, Cambridge: Marketing Science Institute, 1977, p. 7.

于满意度而产生的具体态度和行为指向①。

居民满意度和旅游支持度在概念上虽有所不同，但都是影响可持续旅游发展的重要因素。有许多研究指出，可持续旅游感知会正向影响居民满意度和对旅游发展的支持度。白玲等人通过对自然保护区进行实证研究发现，居民满意度与旅游支持度的方向是一致的②。王咏、陆林研究发现，在旅游地的早期阶段，可持续旅游感知和旅游支持度有显著正相关性③。

与西方国家公园相比，中国自然保护区及周边社区居民对土地没有所有权，土地多为国有或集体产权。为了生态修复或旅游业发展，地方政府会将居民安置到周边新建的社区里，这导致居民对自然保护区的旅游开发政策不满意、主客冲突等情况出现。但是，现有研究中对中国国家公园的案例研究较少，在国家公园建设背景下居民可持续旅游感知、居民满意度与旅游支持度的研究存在学术鸿沟。

（二）可持续旅游感知

可持续旅游是基于可持续发展的概念而提出的，在以往的研究中，可持续旅游发展的理论模型主要聚焦于经济、社会文化和环境三个方面。20 世纪 90 年代后期，旅游学者发现仅从这三个方面阐述可持续旅游发展的理论模型存在较大局限性。2002 年，Spangenberg 将制度因素纳入可持续旅游感知中，并将旅游可持续棱镜模型应用于旅游地发展的研究中④。此后，众多学者不断完善评价可持续旅游发展的制度、经济、社会文化和环境维度的测量量表，学术界也日益重视居民对可持续旅游发展态度

---

① 许振晓等：《居民地方感对区域旅游发展支持度影响——以九寨沟旅游核心社区为例》，《地理学报》2009 年第 6 期。

② 白玲等：《农户对旅游的影响认知、满意度与支持度研究——以北京市自然保护区为例》，《干旱区资源与环境》2018 年第 1 期。

③ 王咏、陆林：《基于社会交换理论的社区旅游支持度模型及应用——以黄山风景区门户社区为例》，《地理学报》2014 年第 10 期。

④ Spangenberg, J.,“Environmental Space and the Prism of Sustainability: Frameworks for Indicators Measuring Sustainable Development,” *Ecological Indicators* 57 (2002): 115.

的研究。Cottrell 和 Vaske 以荷兰国家公园附近的居民为研究对象，发现经济可持续旅游感知是影响居民满意度的最重要因素①。Huayhuaca 等人对保加利亚国家公园附近的居民展开研究，结果表明制度可持续旅游感知是影响居民满意度的最重要因素②。Puhakka 等人对芬兰国家公园附近居民的研究显示，居民对旅游发展的态度与社会文化可持续旅游感知最为相关③。国内外学者对伊朗、中国台湾和埃塞俄比亚社区居民的可持续旅游感知研究都证实了旅游可持续棱镜模型框架的有效性。Shen 和 Cottrell 以栾川重渡沟自然风景区社区居民为研究对象，强调制度可持续旅游感知对居民满意度的重要作用④。龚箭等对神农架国家公园居民的研究表明，经济可持续旅游感知比制度可持续旅游感知更能影响居民满意度⑤。

在对可持续旅游感知的研究中，中国国家公园情境下的居民可持续旅游感知与居民满意度的研究成果较少，但中国国家公园正在蓬勃发展，居民对国家公园建设的支持尤为重要。以往的研究通常以居民满意度或旅游支持度来衡量旅游可持续棱镜模型各维度与居民对旅游态度的直接关系，本文以旅游可持续棱镜模型为基础、以居民满意度为中介变量探究可持续旅游感知四维度和旅游支持度三者的关系（见图 1），以期完善可持续旅游感知的测量，为促进国家公园社区居民参与旅游和实现国家公园可持续发展提供启示。

---

① Cottrell, S. P., Vaske, J. J., "A Framework for Monitoring and Modeling Sustainable Tourism," *E-Review of Tourism Research* 4 (2006): 74-84.

② Huayhuaca, C. et al., "Resident Perceptions of Sustainable Tourism Development: Frankenwald Nature Park, Germany," *International Journal of Tourism Policy* 3 (2010): 125-141.

③ Puhakka, R., Cottrell, S. P., Siikamki, P. A., "Sustainability Perspectives on Oulanka National Park, Finland: Mixed Methods in Tourism Research," *Journal of Sustainable Tourism* 22 (2013): 480-505.

④ Shen, F., Cottrell, S. P., "A Sustainable Tourism Framework for Monitoring Residents' Satisfaction with Agritourism in Chongdugou Village, China," *International Journal of Tourism Policy* 1 (2008): 368-375.

⑤ 龚箭、刘畅、David Knight：《神农架国家公园居民可持续旅游感知空间分异及影响机理研究》，《长江流域资源与环境》2021 年第 12 期。

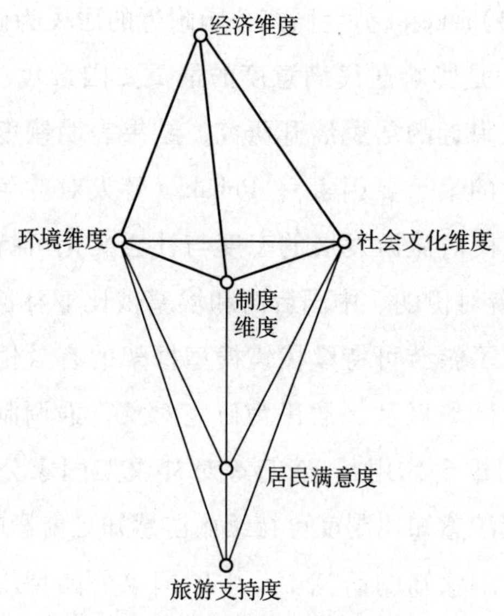

图1　旅游可持续棱镜模型框架的扩展

资料来源：笔者根据 Spangenberg，J.，“Environmental Space and the Prism of Sustainability: Frameworks for Indicators Measuring Sustainable Development，” *Ecological Indicators* 57（2002）：115 和 Cottrell，S. P.，Vaske，J. J.，“A Framework for Monitoring and Modeling Sustainable Tourism，” *E-Review of Tourism Research* 4（2006）：74-84 绘制。

三　研究设计

（一）研究区概况

神农架国家公园位于湖北省神农架林区西南部，是中国巨蜥、金丝猴、云豹和亚洲黑熊等珍稀动物的栖息地。神农架国家公园于 2016 年 7 月被正式列入世界自然遗产名录，荣膺“世界自然遗产地”称号，成为中国第 11 项、湖北省第 1 项世界自然遗产；于同年 11 月被纳入首批国家公园体制试点区域，正式进入体制试点实施阶段。神农架国家公园体制区总面积为 1170 平方千米，占神农架林区总面积的 36%，试点区主要分为四个功能区，分别是严格保护区（53.5%）、生态保育区（39.6%）、游憩展示区（3.5%）和传统利用区（3.4%）。神农架国家公园体制试点的建立给当地旅游业的发展带来了更多的机遇和挑战，社区居民作为参与建设国家公园的主体，如何平衡国家公园可持续旅游发展和社区居民利益是政府、居民和学者一直关心的问题，因此以神农架国家公园为案例探讨可持续旅游感知四维度和旅游支持度之间的关系具有重要意义。

本研究选择神农架国家公园四个门户社区作为调研地，分别是木鱼镇、下谷坪镇、红坪镇和大九湖—坪阡镇（见表1）。木鱼镇靠近神农架国家公园主要入口，是最主要的旅游集散地。社区居民大部分从事旅游等相关工作，旅游收入是社区主要经济来源，旅游旺季主要在夏季和冬季；下谷坪镇位于国家公园主要交通通道上，距离核心景点较远，居民以农业、林业、畜牧业等传统生计为主，只有夏季一个旅游旺季；红坪镇靠近红坪机场，海拔较高，夏季较为凉爽，居民以农业和旅游业的混合生计为主；大九湖—坪阡镇靠近神农架大九湖国家湿地公园主要入口，居民是2015年从大九湖搬迁出来的，经济收入完全来源于旅游业，旅游旺季只在夏季的7~8月。

表1　神农架国家公园四个门户社区概况

特征	木鱼镇	下谷坪镇	红坪镇	大九湖—坪阡镇
旅游开启年份	2001年	2011年	2013年	2015年
社区人口(人)	10439	5989	6435	1132
2019年游客人数(人)	500000	35000	10000	250000
民族构成	90%为汉族	78%为少数民族（土家族）	90%为汉族	90%为汉族
生计方式	以旅游业为主	农业、林业和畜牧业	农业和旅游业	完全旅游业
旅游旺季	6~8月；12~次年2月	6~8月	7~8月；12月至次年2月	7~8月
与国家公园的距离(千米)	8.6	44.1	58.6	21.0
平均海拔(米)	2401	1833	2691	2220
竞争优势	靠近神农架国家公园主要入口，拥有80%的神农架国家公园核心景点	位于主要交通通道上	靠近红坪机场，海拔较高，夏季凉爽	靠近神农架大九湖国家湿地公园主要入口，拥有高山湖泊

资料来源：笔者根据实地调研及神农架国家公园官方网站公开资料整理。

（二）研究假设与模型构建

可持续旅游感知、居民满意度及旅游支持度是国家公园可持续发展的重要观测变量，许多学者已通过结构方程模型验证了可持续旅游感知与旅游态度的关系，论证了积极的可持续旅游感知对居民满意度和旅游支持度的促进作用。因此，本研究基于以往研究，建立了关于神农架国家公园可持续旅游感知四维度、居民满意度和旅游支持度之间关系的理论模型（见图2），并提出了如下13个基本假设。H1：经济可持续旅游感知对居民满意度有正向影响。H2：社会文化可持续旅游感知对居民满意度有正向影响。H3：环境可持续旅游感知对居民满意度有正向影响。H4：制度可持续旅游感知对居民满意度有正向影响。H5：经济可持续旅游感知对旅游支持度有正向影响。H6：社会文化可持续旅游感知对旅游支持度有正向影响。H7：环境可持续旅游感知对旅游支持度有正向影响。H8：制度可持续旅游感知对旅游支持度有正向影响。H9：居民满意度对旅游支持度有正向影响。H10：居民满意度在经济可持续旅游感知和旅游支持度中起中介作用。H11：居民满意度在社会文化可持续旅游感知和旅游支持度中起中介作用。H12：居民满意度在环境可持续旅游感知和旅游支持度中起中介作用。H13：居民满意度在制度可持续旅游感知和旅游支持度中起中介作用。可持续旅游感知的各维度测量

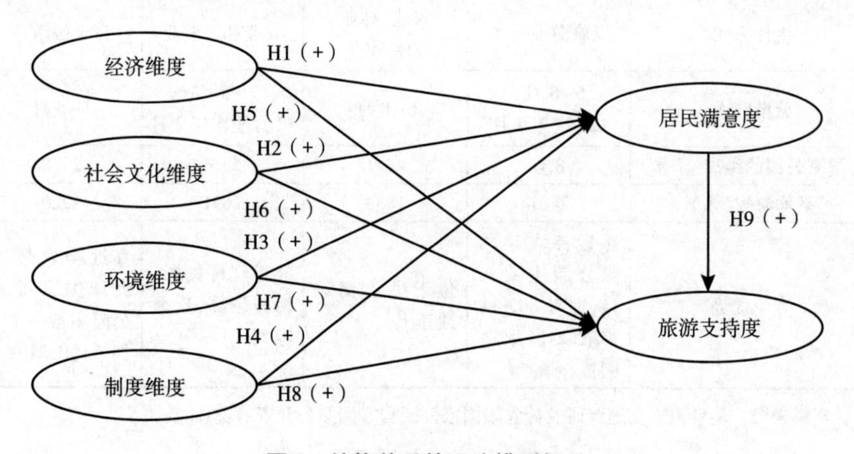

图2　结构关系的理论模型假设

量表主要借鉴了之前旅游可持续棱镜模型框架研究中使用的量表①，具体测量指标见表2。

表2　居民可持续旅游感知的验证性因子分析结果

量表题项	*M*	*SD*	SL*	AVE	C. R.	Cronbach's α
经济可持续旅游感知	3.84	—	—	0.501	0.855	0.754
Q1 旅游能给我们当地人带来更多收入	3.98	0.76	0.763	—	—	—
Q2 旅游的发展，让我们的家庭收入来源更多了	3.78	0.82	0.686	—	—	—
Q3 旅游能给本地人带来更多工作机会	4.00	0.80	0.735	—	—	—
Q6 由于旅游，我们可以买到的吃的、玩的、用的品种更多了	3.87	0.81	0.576	—	—	—
Q7 由于旅游，当地产品有了新的市场	3.79	0.84	0.611	—	—	—
Q9 旅游给我们本地经济发展带来好处	4.10	0.66	0.840	—	—	—
社会文化可持续旅游感知	3.86	—	—	0.511	0.757	0.661
Q15 旅游发展后，妇女得到很大的好处（更自由、更多收入）	3.82	0.87	0.669	—		—
Q16 由于旅游的发展，我们的生活方式越来越好	3.95	0.72	0.758	—	—	—
Q18 我的生活质量由于旅游提高了	3.93	0.79	0.714	—	—	—
环境可持续旅游感知	3.92	—	—	0.544	0.777	0.654
Q23 由于旅游发展，当地人的环境保护意识增强了	4.12	0.62	0.652	—	—	
Q24 旅游发展使周边景观变得更有吸引力	4.02	0.70	0.631	—	—	—
Q25 神农架的旅游促进了环境保护	4.01	0.77	0.899	—	—	—

① Cottrell, S. P., Vaske, J. J., Roemer J. M., "Resident Satisfaction with Sustainable Tourism: The Case of Frankenwald Nature Park, Germany," *Tourism Management Perspectives* 8 (2013): 42-48.

续表

量表题项	*M*	*SD*	SL*	AVE	C. R.	Cronbach's α
制度可持续旅游感知	3. 34	—	—	0. 511	0. 901	0. 868
Q26 旅游的发展决策中，当地人能很好地参与	3. 14	1. 14	0. 791	—	—	—
Q27 旅游的发展决策中，我能与政府等相关人进行良好的沟通协商	3. 10	1. 10	0. 840	—	—	—
Q28 神农架旅游发展决策中，政府、旅游开发商与村民等沟通良好	3. 14	1. 07	0. 907	—	—	—
Q29 当地人从事农家乐等旅游活动能得到地方政府的鼓励	3. 68	1. 02	0. 528	—	—	—
Q30 我可以通过参与决策来影响神农架旅游发展	2. 64	1. 07	0. 761	—	—	—
Q31 当地政府在神农架旅游长期发展方面做得很好	3. 49	0. 98	0. 624	—	—	
Q32 我们当地人参与旅游设施的规划和修建	3. 36	1. 02	0. 673	—	—	—
Q33 我们当地人参与旅游服务的提供	3. 87	0. 76	0. 552	—	—	—
Q17 旅游发展后，我有了更多受教育的机会（如职业培训）	3. 61	1. 08	0. 665	—	—	—
居民满意度	3. 88	—	—	0. 534	0. 821	0. 730
Q34 我很享受游客来我们这里玩	4. 27	0. 64	0. 780	—	—	—
Q35 我对旅游发展很满意	3. 80	0. 85	0. 761	—	—	—
Q36 我对建立神农架国家公园很满意	3. 87	0. 87	0. 685	—	—	—
Q37 我对我从旅游中获得的收益感到满意	3. 57	0. 96	0. 693	—	—	—
旅游支持度	4. 21	—	—	0. 534	0. 820	0. 758
Q38 我支持可持续旅游发展	3. 86	0. 80	0. 623	—	—	—
Q39 我对我们当地（镇）的旅游发展进程表示赞赏	4. 15	0. 71	0. 778	—	—	—

续表

量表题项	*M*	*SD*	SL*	AVE	C. R.	Cronbach's α
Q40 我支持神农架国家公园的创建	4. 42	0. 61	0. 768	—	—	—
Q41 我希望有更多游客来我们这里旅游	4. 25	0. 66	0. 744	—	—	—

注：* 表示 $p\leq 0.001$；"—" 表示此处无数据。

（三）调查方法及问卷设计

本文采用 Creswell 等人提出的混合研究法中的发展阐述法①，即定性数据用来补充和在某些情况下跟进未能预计到的量化结果，目的是解释和说明变量之间的关系。研究过程是首先收集和分析定量数据来研究变量之间的关系，然后收集和分析定性数据，对变量进行机理分析，用以补充之前定量分析得出的研究结果。因此，本研究以 403 份抽样调查的定量数据为主，运用结构方程模型和 Bootstrap 法进行检验，探究可持续旅游感知四维度、居民满意度和旅游支持度之间的关系，并结合 151 份半结构式深度访谈的质性数据对定量分析的结果进行辅助说明和机理分析，进一步探讨三个变量之间的关系。

因此，本文的数据收集主要有两个过程。一是在 2019 年 3 月，由第一作者带领 7 名旅游管理专业研究生前往四个门户社区进行问卷调查，共发放 403 份有效问卷（回收率为 89.56%），其中木鱼镇（$n=159$）、下谷坪镇（$n=84$）、红坪镇（$n=83$）和大九湖—坪阡镇（$n=77$）。

二是在进行问卷调查时询问每位受访者是否同意进行进一步访谈。约 37%的受访者表示同意，在木鱼镇（$n=38$）、下谷坪镇（$n=37$）、红坪镇（$n=35$）和大九湖—坪阡镇（$n=41$）进行了 151 次半结构式深度访谈。访谈平均持续 20 分钟，问题主要围绕居民对当地旅游发展的影响、满意度和

① Creswell, J. W., Clark, V. L. P., "Designing and Conducting Mixed Methods Research," *Australian and New Zealand Journal of Public Health* 4 (2007): 388.

对旅游发展的支持度方面的看法。

问卷调查的内容主要包括三大部分：第一部分内容为居民对本地旅游发展可持续感知；第二部分内容为受访者基本信息，包括性别、年龄、受教育程度等；第三部分为居民对本地旅游发展的满意度及其对本地旅游发展的支持度，采用 Likert 五级量表形式，要求居民按 1 级~5 级对潜在变量进行选择表态，1 级~5 级分别代表“非常不赞同”“不赞同”“中立”“赞同”“非常赞同”。为了便于分析和理解，研究者对题项中消极影响感知的表述，如“发展旅游抬高了本地物价”等进行了反向编码处理。

四　结果与分析

（一）验证性因子分析

对假设模型的内在结构适配度进行检验，为提高量表信度，本研究删除了低因子载荷的题项。最终模型中的潜在变量包括经济可持续旅游感知（6 个题项）、社会文化可持续旅游感知（3 个题项）、环境可持续旅游感知（3 个题项）、制度可持续旅游感知（9 个题项）、居民满意度（4 个题项）和旅游支持度（4 个题项）。各维度的 Cronbach's α 信度都在 0.6 以上，表明量表内部信度较高。潜变量的组合信度（C. R.）是模型内部可靠性的判断标准，而平均方差提取值（AVE）则可以解释潜变量所解释的变异量中有多少来自指标变量。验证性因子分析结果显示，6 个潜变量的组合信度在 0.7 以上，反映出变量内部有较好的一致性；平均方差提取值均在 0.5 以上，反映出指标变量可以解释较多的潜变量。

本研究根据验证性因子分析结果对制度框架进行了部分调整。之前的研究表明，教育和培训作为政府与社区居民沟通的一种形式，可以归入制度维度。因此，将社会文化可持续旅游感知中的 Q17“旅游发展后，我有了更多受教育的机会（如职业培训）”放入制度可持续旅游感知中。在最终结构方程模型中构成可持续旅游感知的 4 个潜在变量中，居民满意度最高的是环境可持续旅游感知（$M=3.92$），其次是社会文化可持续旅游感知（$M=3.86$）、经济可持续旅游感知（$M=3.84$）和制度可持续旅游感知（$M=3.34$）。在所有题项中，居民对“我可以通过参与决策来影响神农架旅游发展”这一观点持消极态度（$M=2.64$）。居民满意度（$M=3.88$）的潜在变量显著低于旅游支持度（$M=4.21$）的潜在变量。

（二）结构模型验证

在上述6对观测变量的残差之间加入相关路径，得到了最终的模型结果。虽然一些拟合优度指数，如NFI（0.827）和CFI（0.888）略低于Hair等人提出的界限（0.90）[①]，但其他有关支持度的研究表明，这些值均在可接受范围内[②]。最终的模型结果显示，在9个结构路径系数中，只有5条路径在$p<0.05$置信水平上显著正相关（见图3和表3）。

研究结果表明经济可持续旅游感知（$\beta=0.418$，$p<0.01$）、环境可持续旅游感知（$\beta=0.194$，$p<0.05$）、制度可持续旅游感知（$\beta=0.316$，$p<0.001$）和居民满意度有显著正向影响；环境可持续旅游感知（$\beta=0.246$，$p<0.01$）和居民满意度（$\beta=0.919$，$p<0.001$）对旅游支持度有显著积极影响；制度可持续旅游感知对旅游支持度是显著负向影响（$\beta=-0.203$，$p<0.01$）。

因此，居民对经济、环境和制度影响的积极看法越多，居民满意度就越高，这分别证实了假设H1、H3和H4。此外，居民对环境影响的正面评价越多，旅游支持度就越高，这证实了假设H7。旅游支持度与经济可持续旅游感知（H5）、社会文化可持续旅游感知（H6）和制度可持续旅游感知（H8）之间的假设关系没有得到证实。

① Hair, J. et al., *Multivariate Data Analysis: A Global Perspective*, London: Pearson, 2010, p. 21.

② Boley, B. B. et al., "Empowerment and Resident Attitudes toward Tourism: Strengthening the Theoretical Foundation Through a Weberian Lens," *Annals of Tourism Research* 49 (2014): 33-50.

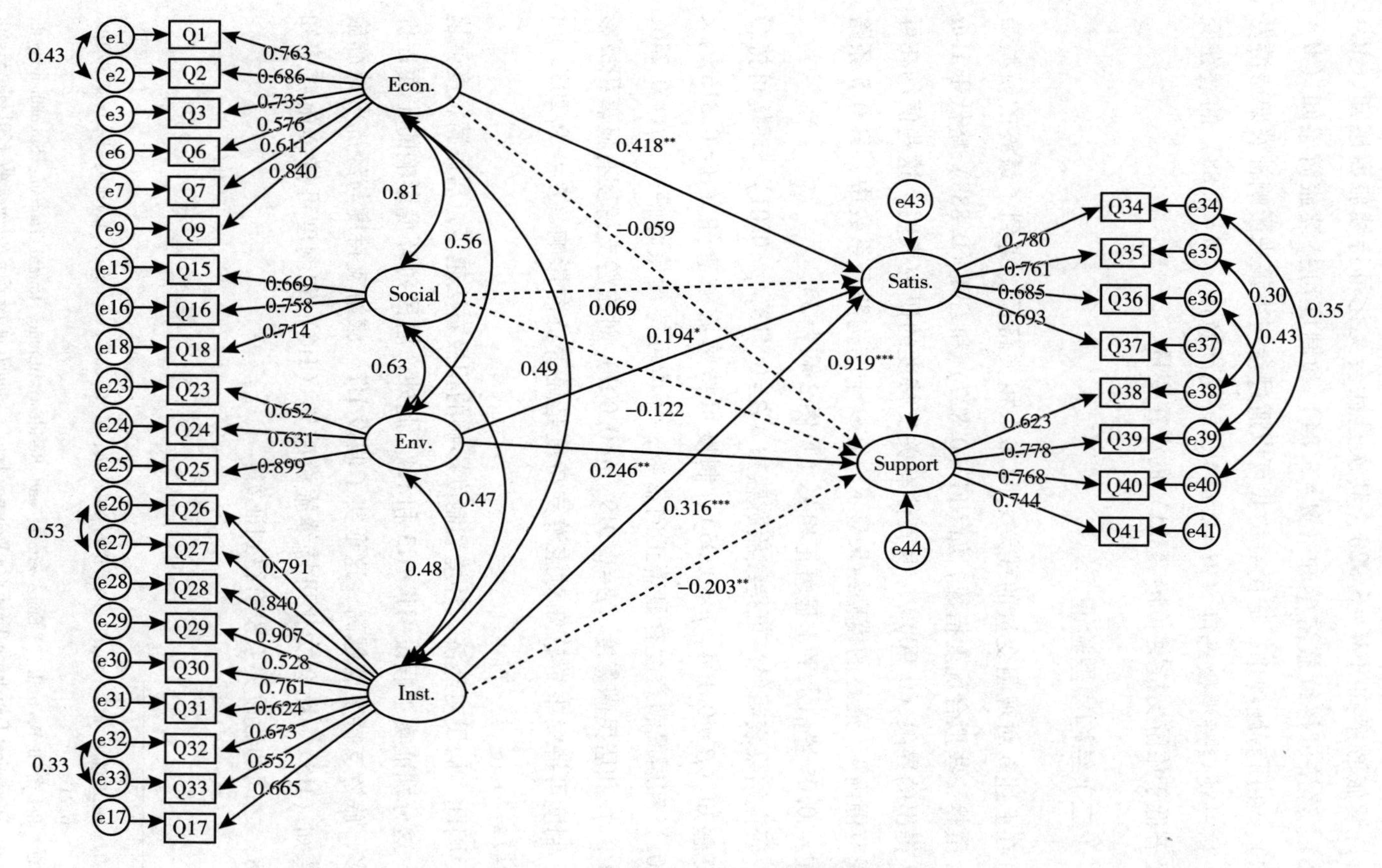

图 3　验证性因子分析和结构方程模型假设结果

表 3 SEM[a] 假设路径系数

假设路径	标准化路径系数[b](β)	T 值	P 值	是否证实假设
H1. 经济→满意度	0.418**	3.127	0.002	是
H2. 社会文化→满意度	0.069	0.504	0.614	否
H3. 环境→满意度	0.194*	2.267	0.023	是
H4. 制度→满意度	0.316***	4.947	<0.001	是
H5. 经济→支持度	−0.059	−0.427	0.670	否
H6. 社会文化→支持度	−0.122	−0.921	0.357	否
H7. 环境→支持度	0.246**	2.705	0.007	是
H8. 制度→支持度	−0.203**	−2.789	0.005	否
H9. 满意度→支持度	0.919***	5.700	<0.001	是

注：a. 模型拟合指标，$\chi2/df=2.484$、RMSEA=0.061、GFI=0.863、NFI=0.827、CFI=0.888、PGFI=0.706、PNFI=0.725；b. * 表示 $p<0.05$，** 表示 $p<0.01$，*** 表示 $p<0.001$。

（三）中介效应检验

为进一步研究可持续旅游感知四维度影响居民满意度和旅游支持度的机理，本研究运用 Bootstrap 法、使用 Amos 22.0 软件在 95%置信区间下以居民满意度为中介变量进行中介效应检验。首先，从表 4 的检验结果可以看出，居民满意度（标准化间接效应值=0.384，$p<0.05$）在经济可持续旅游感知和旅游支持度模型路径中间接效应显著（0.098<95%，BC<1.036），同时，居民满意度在制度可持续旅游感知和旅游支持度模型路径中间接效应同样显著（0.138<95%，BC<0.569）。但在社会文化可持续旅游感知和环境可持续旅游感知与旅游支持度模型路径中间接效应不显著。其次，从表 5 的检验结果可以看出，居民满意度完全中介经济可持续旅游感知和旅游支持度，但在一定程度上抑制了制度可持续旅游感知和旅游支持度之间的关系。

表 4　居民满意度中介效应的假设结果

假设路径	标准化间接效应	95%的置信区间		p 值	是否证实假设
		下限	上限		
H10. 经济→满意度→支持度	0.384	0.098	1.036	0.013	是
H11. 社会文化→满意度→支持度	0.063	-0.451	0.421	0.730	否
H12. 环境→满意度→支持度	0.179	-0.014	0.431	0.068	否
H13. 制度→满意度→支持度	0.290	0.138	0.569	<0.001	是

表 5　居民满意度中介效应的作用

假设路径	关系指向	p<0.05	直接路径	关系指向	p<0.05	作用
H10. 经济→满意度→支持度	+	是	经济→支持度	-	否	完全中介
H11. 社会文化→满意度→支持度	+	否	社会→支持度	-	否	无
H12. 环境→满意度→支持度	+	否	环境→支持度	+	是	无
H13. 制度→满意度→支持度	+	是	制度→支持度	-	是	部分抑制

（四）访谈结果分析

1. 居民满意度

调查者对社区居民进行访谈，解释和佐证了结构方程模型和中介效应的检验结果。本研究主要从居民对可持续旅游感知四维度进行分析。

就经济可持续旅游感知而言，许多居民较为满意国家公园旅游带来的经济收益。例如，木鱼镇的一位家禽养殖户说，他对旅游的发展感到满意，他可以将 80%的散养鸡和羔羊卖给游客或旅游餐馆——其他社区的居民同样满意国家公园旅游发展带来的经济收益。社区的银行工作人员和政府职员大多对国家投入资金建设神农架国家公园感到高兴，他们认为这些资金为当地的发展提供了支持。一位银行的男职员讲：

“因为国家公园的建立，国家公园管委会在我们银行开了一个账户，存入了一大笔钱。现在，国家公园管委会正在建设他们的新管理大楼和停车场，这为当地居民提供了许多工作机会。”

然而，一些居民对较高的生活成本和旅游季节性导致他们经济收益的不稳定表示不满。例如，大九湖—坪阡镇的一位酒店工作人员提到，过度依赖旅游业的特性和某些突发事件导致了他们经济收益的脆弱性：

“2015 年，我们的社区从大九湖搬迁出来。现在的我们没有土地，除了旅游没有其他收入，旅游旺季只有夏季的 7~8 月，但是我们也没有其他的办法。2017 年下了场大暴雨，整个大九湖被淹了，我们几乎一整年都没有收入。”

如果没有采访者的提示，很少有居民会主动提及社会文化可持续旅游感知或环境可持续旅游感知。但当被问到对这两个维度的看法时，居民表示很高兴旅游发展为女性提供了更多的就业机会：

“我们为下谷坪镇的旅游业感到自豪。两年前，神旅集团在这里开了一家新酒店，我们就在酒店里工作。今年，我的大女儿（18 岁）进入神旅集团作为演职人员为游客提供舞台表演。”

但是，部分居民对旅游季节性造成的社会单调性表示担忧。木鱼镇的一些居民表示，由于乡村生活比较单调，年轻人在旅游淡季都搬离社区，到其他城市生活，这造成社区内年轻劳动力匮乏、社会服务资源不全，因此他们担心在旅游旺季时缺乏社会服务（医疗、教育等）。

尽管一些居民满意国家公园更加集中化的治理方式，但仍有部分居民不满意当前国家公园的政策制度。居民表示，国家公园管委会或外来企业在制定旅游开发决策时通常不会考虑他们的意见。

2. 旅游支持度

在可持续旅游感知四维度上，居民对国家公园旅游支持度也具有可比性。与居民满意度一样，居民对国家公园旅游支持度的评论集中在经济可持续旅游感知和制度可持续旅游感知上，并因受访者和社区特征的不同而有所不同。

例如，习惯传统生活方式的居民不支持国家公园发展旅游。木鱼镇的一位男性农场主评论道：

“我不支持国家公园发展旅游，因为这样就有了更多的限制，并且（政府）对我们没有任何的补偿。在国家公园里，即使野生动物下山咬死了我几百只鸡，我也不能杀掉它们，而且当地政府不提供任何补偿，只是告诉我，我不能杀死这些野生动物，如果我杀了它们，我就得坐牢。”

不支持国家公园发展旅游的居民大多是担忧成立国家公园后更严格的环境保护制度所带来的生活成本的增加。许多人抱怨当地政府关闭了神农架的13座水电站和10家水泥/石料厂，使得居民不得不开车外出购买沙子或木材等建筑材料。

同时，有少部分从事旅游工作的居民不支持国家公园发展旅游。例如，下谷坪镇一位餐馆的女老板表示，她不支持国家公园发展旅游是因为社区之间经济收益不平等，她说：

“如今，大多数游客不在下谷坪镇停留，我们生意惨淡。游客都开车去了大九湖—坪阡镇或木鱼镇，所以我们只有在7~8月的中午有生意。当然，我的家庭收入与以前相比是增加了，但是比起木鱼镇或者大九湖—坪阡镇，就太少了！”

2015年，神农架国家公园制定了一项新的门票政策，游客可以享受团体门票价格和淡季优惠价格。许多从事旅游工作的受访居民表示支持，他们认为这项政策可以增加游客数量和旅游收入。

五　结论与建议

（一）结论

本研究基于旅游可持续棱镜模型，通过结构方程模型探讨了可持续旅游感知、居民满意度对旅游支持度的影响以及居民满意度的中介作用，得出以下主要结论。

1. 可持续旅游感知中环境可持续旅游感知最显著，制度可持续旅游感知最弱

可持续旅游感知涉及经济、社会文化、制度和环境四维度，其中居民感知最强烈的是环境可持续旅游感知，其次是社会文化可持续旅游感知和经济

可持续旅游感知，感知最弱的是制度可持续旅游感知。这说明当地居民对发展旅游带来的环境变化感知最为明显，但是在访谈中发现，当地居民更加关注的是国家公园发展旅游带来的经济收益。此外，四维度中只有环境可持续旅游感知对旅游支持度有显著的正向直接影响。

2. 居民可持续旅游感知四维度中除社会文化可持续旅游感知外，其余维度都可直接影响居民满意度

可持续旅游感知对居民满意度的影响关系中，经济、环境和制度可持续旅游感知对居民满意度具有显著的正向作用。其中，经济可持续旅游感知影响最为显著，“旅游给我们本地经济发展带来好处”是对经济可持续旅游感知影响最大的观测变量，如访谈中居民表示：“因为国家公园的建立……国家公园管委会正在建设他们的新管理大楼和停车场，这为当地居民提供了许多工作机会。”此外，居民满意度对旅游支持度有显著的正向直接影响，即当居民满意度越高时，居民对国家公园发展旅游的支持度越高。

3. 居民满意度在经济可持续旅游感知与旅游支持度中起到了完全中介作用，在制度可持续旅游感知和旅游支持度中起到了部分抑制作用

居民满意度在可持续旅游感知与旅游支持度的四条路径中只有在经济和制度方面存在中介作用，访谈中也发现居民对国家公园旅游支持度的评论集中在经济可持续旅游感知和制度可持续旅游感知上。其中，在经济可持续旅游感知方面起完全中介作用，说明居民只有对国家公园发展旅游带来的经济收益满意后才会产生支持行为。制度可持续旅游感知对旅游支持度有负向的直接影响，但居民满意度在制度可持续旅游感知和旅游支持度中起正向中介作用，使制度可持续旅游感知对旅游支持度的总效应是正向影响。其原因可能是，虽然当地居民参与了旅游开发决策的制定，但是旅游发展给其生活带来了不便或造成了其他负面影响，进而导致旅游支持度降低。当居民满意度得到提高时，居民对国家公园发展旅游的支持度也会提高。

（二）建议

根据可持续旅游感知与旅游支持度的研究结论，结合神农架国家公园旅游发展情况，本研究对中国国家公园可持续旅游发展提出以下三个方面的建议。

首先，在可持续旅游感知与旅游支持度的直接关系的研究中，只有环境可持续旅游感知与旅游支持度之间有显著正向影响，因此在国家公园的建设中，要想在短期内提升居民的旅游支持度，应当继续重视国家公园自然生态环境保护和宣传，适当组织一些国家公园旅游与生态效益协调发展的宣讲会，广泛开展环境影响认知教育，引导居民认识国家公园可持续旅游发展对当地生态环境和居住环境的改善促进作用，同时建立自然环境准入机制，注重建立长效环境保护机制，以此提升居民对环境可持续旅游感知的认同感，强调旅游发展对环境改善的正面影响，直接提升居民对发展旅游的支持度。

其次，经济可持续旅游感知与旅游支持度之间没有显著影响，但经济可持续旅游感知可以通过居民满意度对旅游支持度产生显著正向影响。可见，当地方政府、国家公园的管理者，若单纯地强调国家公园发展旅游带来的经济收益，并不能使居民产生支持行为。因此，除了关注旅游带来的绝对经济增长，即实现当地社区收入增加、实现旅游脱贫和增加工作机会外，还应当关注社区居民经济获益的公平分配和缓解社区间收入的不均衡等状况，建立合理的利益分配机制，加强与社区居民的沟通，了解居民的利益诉求，削弱居民的不公平感，从而提升居民满意度，实现居民的旅游支持行为。

最后，在居民满意度的中介效应中，居民满意度对制度可持续旅游感知和旅游支持度有部分抑制作用。为符合国家公园减贫和环境保护的管理目标，当地政府制订了“生态补偿”计划，重新安置社区居民，使居民改变了原有的生计方式。因此，应当减少国家公园建设对居民生计的影响，制定生计补偿制度，加大对农业、畜牧业与旅游业等混合生计的支持力度，从而放宽国家公园建设带来的制度限制，考虑居民的综合诉求，重视居民的社区参与，统筹国家公园社区联动开发，建立社区居民与国家公园利益共享机制，提高居民满意度，进而提升旅游支持度。

本研究也存在一定的局限性，在大九湖—坪阡镇居民定性研究中发现，居民如果对自我旅游发展收益感知与参照群体相比，有较大差别时，就会产生不公平感（不满意），进而导致负面的情感和行为等。因此，未来的研究可以引入社会比较、社会剥夺理论来丰富可持续旅游感知、居民满意度与旅游支持度的社会影响机理（例如，“旅游业给我带来的经济收益与我的邻居相比，是否让我满意”“旅游发展带来的收益分配是否公平”等），进一步丰富可持续旅游感知的测量。

G.8
钱江源国家公园建设的社区参与研究

林晨雨　刘思佳　李　健*

摘　要： 有效实现国家公园建设中的社区参与，是落实人与自然生命共同体理念的根本要求。本文采用大数据分析法、文献回顾法和归纳法，对钱江源国家公园社区参与进行研究。研究表明，钱江源国家公园在社区参与体制中改革创新，在役权改革、网络社区参与、生态管护、特许经营、乡村整治、技能培训上均有所突破，同时发现存在社区参与主体单一、社区参与法律与相关规定缺失、社区参与深度与广度不够、社区参与动力不足等问题。通过对国内其他试点的考察以及域外经验的合理借鉴，本文建议尽快构建协同治理模式、规范社区参与法律机制、加强社区参与能力建设，以及建立合理的利益分配机制，从而进一步加强社区参与，实现公园与社区共赢。

关键词： 国家公园建设　社区参与　钱江源

一　钱江源国家公园概况

钱江源国家公园位于浙江省开化县，是钱塘江的发源地，面积为252平

---

* 林晨雨，浙江农林大学风景园林与建筑学院硕士研究生，主要研究方向为生态规划与景观设计；刘思佳，浙江农林大学风景园林与建筑学院硕士研究生，主要研究方向为乡村休闲旅游规划与管理；李健（通讯作者），浙江农林大学风景园林与建筑学院教授，博士生导师，主要研究方向为国家公园游憩管理。

方千米，国有土地面积占比为20.4%，集体土地面积占比为79.6%；地势较高，有丰富的森林资源和自然景观。钱江源国家公园拥有广泛的自然景观，包括山脉、森林、河流、瀑布等，钱江源地区的山脉起伏，有许多壮丽的峰峦和山谷，能够给游客带来壮观的山水风景，森林覆盖范围广，物种丰富，是许多野生动植物的栖息地。

对钱江源国家公园的调查研究发现，2000年以来，钱江源国家公园的土地利用空间格局的演变显著，本文提取演变过程中4个阶段，结合多种方法分析出钱江源国家公园的土地利用时间、空间变化的规律。近20年，钱江源国家公园的土地利用以林地为主，植被覆盖率一直保持在70%以上；林地的面积逐渐增加，其中灌木和草地、裸地的面积有所减少。同时，耕地和建设用地面积有所增加，但生态用地的扩张更为显著，所以钱江源国家公园总体生态质量稳步提高。在钱江源国家公园内，各种类型的灌木、草地逐年被转化为林地，并且裸地经过改造变成耕地和林地等多种不同的类型，这种变化不仅发挥了钱江源国家公园的土地生产潜力，还增加了钱江源国家公园的生态价值，提高了土地利用的可持续性。另外，钱江源国家公园的土地利用综合程度目前处于中等水平，随着社会的不断发展，其会逐渐提高①。这些研究结果为钱江源国家公园建立社区参与体制奠定了基础。社区参与体制的建立在解决自然资源保护和公园社区发展关系中起到了重要作用。

二　钱江源国家公园社区概况

钱江源国家公园包含了苏庄镇、长虹乡、何田乡、齐溪镇部分区域（含19个行政村、74个自然村，9744人），原住居民集体权属占比为80%。钱江源国家公园原属《开化县主体功能区规划实施试点方案》中的禁止开发区，因长时间受到限制，该地区的发展水平远低于全省平均水平，甚至在

① 洪媛琳：《钱江源国家公园试点区建设及其影响机制研究》，硕士学位论文，苏州大学，2020。

整个县区以内也是经济较为落后的，钱江源国家公园是中国东部发达区域中生态安全重要性程度较高但整体社会经济水平不高的典型范例区域①。

社区中居住的居民不同，他们的生计也有所不同，大部分的家庭生计都以多种活动类型组合的形式出现。其中，外出打工在家庭主要生计活动和家庭生计活动中占比最高，其次是个体经营活动。家庭生计活动中种植业虽然占比高达19.93%，但仅有7.64%的家庭将种植业作为主要的收入来源；养殖业作为家庭主要生计活动的占比为0.67%；外出打工是钱江源国家公园居民的家庭生计活动，占比为61.46%；家庭生计活动中个体经营的占比为23.25%，工资性工作的占比为15.28%；2.99%的老人年迈且子女无力赡养，日常生活仅依靠土地保险或低保来维持（见表1）。

表1 钱江源国家公园居民的生计策略

单位：%

生计活动类型	主要生计活动类型占比*	农业生计活动占比*		非农生计活动占比*			
		种植业	养殖业	外出打工	工资性工作	个体经营	土地保险或低保
个体经营	20.93	7.14	4.29	27.14	12.86	—	0.00
非个体经营	79.07	23.81	3.90	71.86	16.02	—	3.90
家庭主要生计活动	—	7.64	0.67	54.15	13.95	20.93	2.66
家庭生计活动	—	19.93	3.98	61.46	15.28	23.25	2.99

注：*为有该项生计活动的农户数与其所处行业的农户总数的比值；“—”表示此处无数据。

资料来源：王含含、张婧怡、王娇《国家公园居民生计资本评价及生计策略研究——以钱江源国家公园体制试点区为例》，《东南大学学报》（哲学社会科学版）2021年第S2期。

综上可以看出，钱江源国家公园的社区参与度不高，且社区参与的深度和广度也不够，可以采取针对性措施提高其参与度，这不仅有利于提高钱江源国家公园的经济水平，还能提高社区居民的收入及改善其他便利条件。

① 钟林生、周睿：《国家公园社区旅游发展的空间适宜性评价与引导途径研究——以钱江源国家公园体制试点区为例》，《旅游科学》2017年第3期。

在统计了不同农牧户对生活水平及其提高途径的认知发现，不同生计方式的家庭对援助方案的需要有较大差别（见表2）。社区居民大部分希望得到完善的基础设施以及提供补贴的援助。个体经营的家庭大多更希望能引进项目、提供致富信息，改善当地的旅游现状，提高居民的收入水平，提供技术指导让当地的个体经营户在管理上更加高效。其他的家庭主要希望能进行资金贷款以及提供一些致富信息，为当地人提供更多更好地提高生计水平的新途径。

表2　不同农牧户对生活水平及其提高途径的认知

农户类型	生活满意度			生活压力	提高途径	政府帮助
	满意	一般	不满意			
仅个体经营	0.7	0.25	0.05	看病贵和看病难、劳动力不足、物价高	打工、个体经营、种植业	资金贷款、基础设施建设、提供资金补贴、无
个体经营+	0.42	0.35	0.23	贷款压力、抚养子女、劳动力不足、文化技术不足、物价高	打工、个体经营、固定工资	资金贷款、提供致富信息、提供技术指导、引进项目、基础设施建设、提供资金补贴、无
固定工作+	0.66	0.23	0.11	子女抚养、文化技术不足	个体经营、种植业、固定工作	提供致富信息、引进项目、基础设施建设、提供资金补贴、无
外出打工+	0.19	0.38	0.43	医疗压力;父母外出打工,子女无人抚养;家庭内劳动力不足;物价高	打工、个体经营、固定工作	资金贷款、提供致富信息、基础设施建设、提供资金补贴、无
纯农业	0.08	0.35	0.57	看病贵、劳动力不足、物价高	种植业、打工、个体经营、固定工作	资金贷款、基础设施建设、提供资金补贴、无
总计	0.32	0.34	0.34	—	—	—

注："—"表示此处无数据，"+"表示附加其他副业工作。

资料来源：王含含、张婧怡、王娇《国家公园居民生计资本评价及生计策略研究——以钱江源国家公园体制试点区为例》，《东南大学学报》（哲学社会科学版）2021年第S2期。

三　钱江源国家公园社区参与现状

（一）役权改革

为了提高钱江源国家公园社区居民的参与度，政府制定了一系列政策，包含处罚盗罚行为、共同保护资源、垃圾无害化处理等，其中最为显著的一项是在钱江源国家公园实施役权改革政策，并在2018年全面完成。所谓的役权改革，就是在权属不变的前提下，通过一纸协议、一套管理方式，界定钱江源国家公园体制试点范围内部的集体林地生产经营活动，进而运用生态补偿的方式，实现对国家公园自然生态资源的统一监督、管理。根据公开数据，截至2020年9月，钱江源国家公园管理局落实了保护地的役权登记发证工作，总共为居住者发放了2753本“林地保护地役权证”，这些役权证书的发放覆盖了4个乡镇21个行政村64个自然村，覆盖范围广，让村民享受了生态带来的红利，其中共计3199户人家10644人受益，保护地的社区居民每年获得补偿资金2000多万元，平均每户居民增收达2000元以上。钱江源国家公园实施的役权改革政策，不仅给社区居住者带来了红利，也让保护地的主要农产品产值大大提高。其中，最为显著的是开化县的茶田、油茶、中药材、蜂蜜，公开数据表明，截至2021年，各农产品的产量都明显提高，产值也大大提高，包括茶叶产量3221吨，产值13.02亿元；现有油茶基地面积21.94万亩，年产量1355吨，产值3.02亿元；中药材种植面积2.59万亩，年产量2900吨，产值1.36亿元；蜂蜜年产量300吨以上，产值8000万元。这一政策的成功实施，不仅提高了保护地的经济水平，还让保护地成为周边地区的典范，役权改革政策已向周边省份进行役权延伸试点。[①] 钱江源国家公园集体林地地役权改革实施方案流程如图1所示。

---

① 钱江源国家公园管理局于2020年发布《钱江源国家公园体制试点创新案例（整套）》。

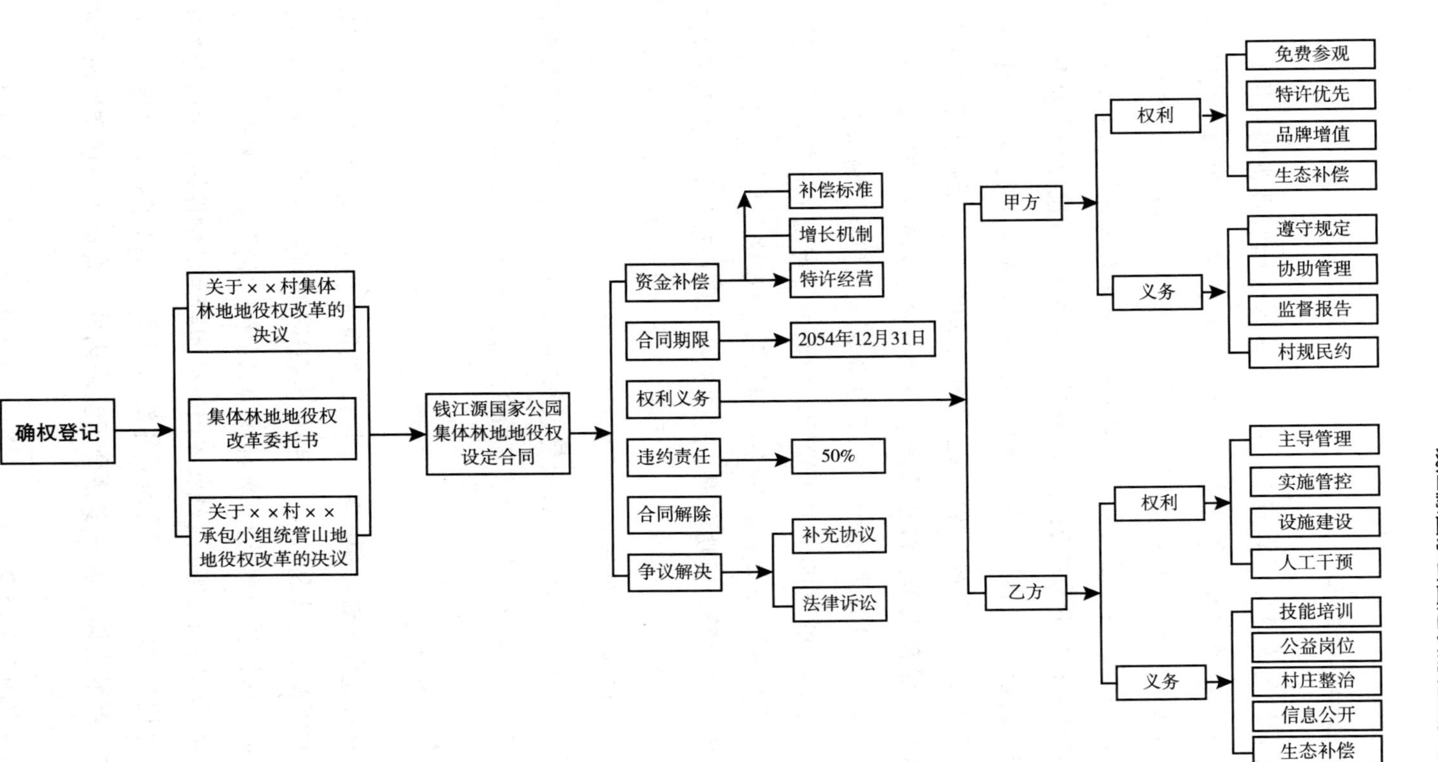

图 1　钱江源国家公园集体林地地役权改革实施方案流程

（二）网络社区参与

为了保护地的信息传播和宣传，钱江源国家公园管理机构利用社交媒体、官方网站、电视频道、微信公众号等途径来传播钱江源国家公园的信息。为了创造更为良好的舆论宣传环境，增强社区居民的环境保护意识，钱江源国家公园频道开通，成为开化县电视台三个主频道之一，于2019年4月18日正式开播；公开数据表明，该频道开播以来，《国家公园播报》已播出133期、《悦览钱江源》已播出497期，并且收视人群覆盖了全县14个乡镇，大大提高了居民对钱江源国家公园的认知度。为了增强钱江源国家公园的植物科普和保育工作，钱江源国家公园与“自然标本馆”和“形色”App合作，精选了200万张植物照片，用于培训人工智能植物识别引擎。针对钱江源国家公园内的2000种常见植物，他们专门定制了一款名为“钱江源国家公园植物识别”的安卓应用程序。最终，通过这个专门针对钱江源国家公园的植物识别引擎，成功实现了对常见植物的准确识别，准确率达到95%。考虑到游客作为公园观光的一大客群，对公园的服务与保护水平的提升也十分重要。为此，钱江源国家公园融入公众参与和反馈，建立在线平台，让游客分享他们的游览体验，并提出建议和问题，这有助于钱江源国家公园管理机构更好地了解游客需求，对服务做出改进，进而提高游客满意度①。

（三）生态管护

为了更有效地保护钱江源国家公园的自然资源和生态环境，以及及时监测人类活动和资源变化情况，进一步强化生态巡护管理，《关于建立全县域生态环境保护协作机制的意见》《钱江源国家公园“清源”五号暨打击非法侵占林地专项行动实施方案》《钱江源国家公园野生动物保护举报救助奖励暂行办法》等相关文件出台，明确了各部门职责，打破了行政边界、力量边界和夯实了制度支撑，进一步整合了县域内的生态执法力量和生态管护

① 钱江源国家公园管理局于2020年发布《钱江源国家公园体制试点创新案例（整套）》。

力量，充分发挥了村社网格力量，使生态环境保护工作从“一家事”变为“百家事”。开发钱江源生态保护联合执法集成应用，整合各部门1258个前端感知硬件设施，涵盖地表火感知、无人机、红外监控感知和视频监控等，实现现场随时可视、事件处置“一屏掌控”、指令“一键智达”的闭环管理。在重点入口植入人脸识别算法，实现夜间闯入和重点人员闯入自动预警，着力解决原先监控设备使用成效不高、网格巡护发现和排查能力不足等问题。公开资料显示，通过对夜间闯入和重点人员闯入自动预警，初步实现问题精准发现，问题发现率从40%提升至75%。在实施了一系列保护措施后，共保护救助一级保护动物3只、二级保护动物84只，省重点保护野生动物96只，“三有”保护野生动物286只，总计奖励86600元；共接待处理野生动物案件30起，举报奖励9000元[①]。依托国家公园领域生态保护机制，不仅让日常巡逻更加高效，并且能更加及时地处理与破坏自然生态环境等情况有关的报告，增强了广大人民群众保护野生动物的意识，调动了群众积极性，保护了钱江源国家公园自然生态的完整性，促进了人与动物和谐共生。

（四）特许经营

所谓特许经营，通常需要经过合同和许可的程序，确保经营者遵守相关法律法规，并且承担责任，以维护国家公园的可持续性和生态完整性。这样可以平衡保护自然环境与提供公共服务和设施之间的需求。钱江源国家公园管理局于2023年6月27日与浙江森古生物科技有限公司、开化云台居民宿有限公司正式签订特许经营协议，这份国家公园特许经营协议也是全国首发。该协议规定，该管理局将特许经营权（铁皮石斛、民宿经营）和国家公园品牌及国家公园IP使用权授予两家公司，同时允许适度开展自然教育研学、产品营销展示等活动，并且两家公司应履行相应的义务，包括不得对国家公园生态功能造成破坏，既要遵守国家公园的相关法律法规，也要符合国家公园总体规划的管控要求。有公开数据表明，浙江森古生物科技有限公

① 钱江源国家公园管理局于2020年发布《钱江源国家公园体制试点创新案例（整套）》。

司已在钱江源—百山祖国家公园候选区钱江源园区一般控制区范围内种植中草药1000余亩，提供村民就业岗位200余个，带动村集体增收300余万元。有了“钱江源国家公园”品牌的加持，产品市场认可度会更高，有利于公司进一步打开销路，同时能带动更多附近农户增收致富。另外，钱江源国家公园何田片区的当地居民有效利用山泉水养鱼这一已有600多年历史的老传统，为钱江源国家公园管理局提供了一条非常好的扶贫路径，即将传统产业与国家公园品牌相结合。相关资料表明，目前何田乡拥有清水鱼塘总面积7.3万余平方米，清水鱼塘总数2500余口，年清水鱼产量80余万斤，年养殖收入2000余万元，全年接待游客8.2万人，实现休闲渔业经营收入1000余万元，山泉流水养鱼产业贡献率占全乡的45%以上，全乡7个集体经济薄弱村中有6个通过发展集体经营清水鱼塘实现脱贫摘帽；传统产业与国家公园品牌相结合，不仅提高了当地的经济水平、增加了社区居民收入，还推广了当地的清水鱼塘，吸引了更多游客前来①。

（五）乡村整治

钱江源国家公园范围内的21个行政村，9所小学、4所卫生院，在基础设施、设备硬件、卫生状况等方面都有待提升。为此，钱江源国家公园管理局协同苏庄、齐溪、长虹、何田4个乡镇政府，连续3年集中资源开展“乡村整治、风貌提升”行动。2018~2020年，共计投入6000万元用于“乡村整治、风貌提升”建设工程项目，其中下拨专项资金750万元用于国家公园范围内3所卫生院和6所小学的基础设施改造，下拨专项资金2080万元用于乡镇环境综合整治。2018年，国家公园4个乡镇已完成工程项目数51个，下达资金合计1790.05万元。2019年，已完成工程项目数40个，下达资金合计2174.95万元②。遵循“原住居民为本”的理念，在钱江源国家公园管理局的统筹及支持下，拓宽农村道路、建设生态停车场、修建桥梁、治

① 钱江源国家公园管理局于2020年发布《钱江源国家公园体制试点创新案例（整套）》。

② 钱江源国家公园管理局于2020年发布《钱江源国家公园体制试点创新案例（整套）》。

理河道环境、处理垃圾和污水、修缮文化礼堂和古祠堂、改造村民活动中心、新建公墓、美化村庄庭院，切实改善国家公园范围内的社区医疗、教育环境，显著提升居民生活水平。这种“改革红利反哺社区”的做法，也进一步增强了社区参与的信心，激发了社区参与的动力。

（六）技能培训

钱江源国家公园森林涵盖了中亚热带常绿阔叶林、常绿落叶阔叶混交林、针阔叶混交林、针叶林、亚高山湿地 5 种类型，有高等植物 244 科 897 属 1991 种，其中，国家一级重点保护植物 1 种，国家二级重点保护植物 5 种，国家三级重点保护植物 12 种，省级珍稀濒危植物 14 种。为更好地监测研究数据，同时增加原住居民的就业机会，钱江源国家公园管理局邀请专家对原住居民进行生物多样性日常动植物监测和科研能力培训，让原住居民变身“科学家”，参与红外相机安装、粪便采集、标本采集等科研工作，为钱江源国家公园的科研项目助力，培训提升了原住居民的红外相机监测野生动物能力、植物识别能力、麂类粪便识别能力。目前已经组建 27 人农民科学家队伍，其中，中国科学院植物研究所古田山站长期聘用 4 人参与钱江源国家公园科研工作。该项培训开展以来，已为原住居民提供约 100 个科研岗位，每年可为原住居民增收近 300 万元，同时为钱江源国家公园的科研项目提供巨大助力。

四　钱江源国家公园社区参与存在的问题

（一）社区参与主体单一，以政府为主导

钱江源国家公园的社区参与属于政府主导式，政府既是发起者又是执行者，社区参与的形式主要由政府决定，政府具有绝对的控制权和领导权，居民往往都是在政府的宣传下被动参与和浅表参与。例如，国家公园管理机构通过行政指令招聘生态管护员执行生态保护任务，社区居民被动加入生态保

护行列，根据指令开展相关工作。此外，研究区内相关公益组织少，大部分社区居民较多地关注权利，而对增强责任意识和参与公共事务的积极性不高，参与程度有限。政府作为主导，在管理与执行方面存在以下几个方面的问题。

1. 法规依据位阶低

总体来看，目前钱江源国家公园主要依据《中华人民共和国自然保护区条例》《风景名胜区条例》《国家级森林公园管理办法》等法规以及开化县和钱江源国家公园管委会层面出台的相关办法等开展相关工作。然而像《中华人民共和国自然保护区条例》中的一些约束性或限制性规定已经难以适应现实需求，会对在国家公园体制试点区内系统整合各类保护地管理体制产生一定程度的掣肘[①]。而《钱江源国家公园体制试点区试点实施方案》《钱江源国家公园体制试点区总体规划（2016—2025）》等地方性法规则存在效力位阶低的问题。有关法规依据存在位阶低、重叠化、碎片化，甚至相互冲突的现象，极易造成国家公园在实际管理中面临多种多样的问题。

2. 管理机构级别低

钱江源国家公园工作委员会、管委会目前属于衢州市委、市政府的派出机构（正处级），机构级别低，不符合《建立国家公园体制总体方案》里的“省级政府垂直管理”的要求。由于职能、级别的限制，错综复杂的自然资源产权和利益关系以及部门间的博弈，在处理上确实存在一定难度，而由此产生的内耗与低效，长久下去会影响国家公园管理的实效。目前，这种所谓的“区政合一、合署办公”模式更多是宣示性与名义性的，管理目标和管理机构职能、权限也存在不少偏差，需要省人大专门立法或省政府牵头予以解决[②]。

---

① 钱江源国家公园管理局于 2020 年发布《钱江源国家公园体制试点创新案例（整套）》。

② 黄宝荣等：《我国国家公园体制试点的进展、问题与对策建议》，《中国科学院院刊》2018 年第 1 期。

3. 执法派驻工作不到位

钱江源国家公园至少涉及林业、环保、国土、水利、旅游、文化等10余个管理部门，相关执法权也分散于各个部门，没有真正交由钱江源国家公园管委会统筹管理。由此产生的多头管理、管理权限分配混乱的局面也对钱江源国家公园的管理实效产生一定的消极影响。钱江源国家公园管委会缺乏政策法规科室，执法派驻工作不到位，难以实现真正的、独立的综合执法。应遵循《建立国家公园体制总体方案》的指导，尽快完善部门构建，将有效解决交叉重叠、多头管理的碎片化问题作为国家公园建设的主要目标①。

（二）社区参与法律与相关规定缺失

综观钱江源国家公园各类法规条例，其中并无涉及规范社区参与国家公园建设的主体、方式、途径等的条例规定。没有明确的制度支持社区参与国家公园建设，在一定程度上造成了利益相关者的参与意识缺失②。例如，目前钱江源国家公园体制试点区内尚未形成一套相对成熟、规范的针对特许经营和协议保护的制度，缺乏法律制度的指导，出现了经营主体不明确、程序模糊、融资机制不完善等一系列问题，导致政府与企业均不能发挥最大效力，社区参与被限制，使得本可以在旅游业发展中为国家公园建设提供宝贵经验以及为社区参与保驾护航的优质方案难以真正有效落地。

（三）社区参与深度与广度不够

社区参与的内容十分广泛，涉及国家公园管理与运行的方方面面。具体可以归纳为五个方面：决策参与、开发与规划参与、管理与经营参与、社区

① 陈真亮、诸瑞琦：《钱江源国家公园体制试点现状、问题与对策建议》，中国法学会环境资源法学研究会，海口，2019年10月。

② 罗丹丹：《国家公园建设中的社区参与机制构建》，《青岛农业大学学报》（社会科学版）2019年第4期。

服务参与和利益分配参与。根据美国学者谢里·安斯坦提出的公众参与阶梯理论，居民参与的程度从低到高分为3个层次，即非参与、象征性参与和实质性参与。目前，钱江源国家公园的社区参与仅仅停留在管理与经营参与以及社区服务参与上，且几乎均为工具性参与模式，如覆盖面最广泛的地役权改革，由政府制定好规划方案、补偿标准、保险金标准，居民被动接受，这实质上是最低限度地参与。在此过程中，管委会往往只是将社区参与看作目标，通过告知和宣传，希望居民能减少自然资源的利用而参与生态环保，但是给予的经济补偿较少，且较少地顾及和考虑当地居民的各种利益，故社区参与仍然停留在象征性参与和服从阶段，居民通常只是被动接受，并且仅仅是在生态保护的方式或采用的手段、实施周期等方面进行象征性的讨论参与，参与信息流动基本上是从政府机构向居民单向流动，居民缺乏反馈的渠道和不具有谈判的权力，属于象征性参与。此外，钱江源国家公园所处地理位置的社区居民的生活环境相对闭塞，受教育程度不高，综合知识技能水平较低，并且地理环境等客观因素的影响造成大部分劳动者选择外出打工，尤其是高素质人才流失严重，进一步加剧了社区参与深度与广度不够的问题。

（四）社区参与动力不足

社区参与除了在国家公园的规划、实施、经营管理等阶段的参与，更重要的是在利益分配阶段尊重各方的利益诉求，尤其是对于社区居民而言，他们已经是生态环境建设的最大牺牲者，那么在利益分配阶段就要首先考虑他们的利益分配参与[①]。但目前，钱江源国家公园建设利益分配存在以下两个突出问题。一是社区居民在参与利益分配中没有足够的话语权，没法为自己发声，以政府为主导，社区居民被动接受。二是生态补偿金额过低，不足以弥补利益损失，缺乏利益共享机制。补偿金主要包括森林保护的显性成本，

① 李惠梅等：《国家公园建设的社区参与现状——以三江源国家公园为例》，《热带生物学报》2022年第2期。

并没有考虑社区居民失去森林资源利用权产生的隐性成本。对于社区居民而言，当预期成本和收益不对等时，很可能出现配合意愿低、因个人利益而损害集体利益的行为，长期而言，社区参与动力日渐不足。相比之下，三江源国家公园的社区参与度就比较高，利益分配较为均衡。在社区生态管理上，按照“一户一岗”制度共聘用 1.72 万名生态管护员持证上岗，户均年收入增加 2.16 万元，生态管护参与率达 100%，参与率为最高，并且政府每月给生态管护员发放 1200~1800 元工资，有了对等的补偿金额，社区居民的参与度就会大大提升，生态资源的保护也更加有保障；在自然教育上，三江源国家公园为社区牧民提供关于生态环境保护认知的教育，增强了社区牧民的生态保护意识，让社区牧民更加重视当地的环境且知晓政策带来福利的不易，社区牧民的参与意愿和热情较高，达 83%；在特许经营上，三江源国家公园内已组建 48 个生态畜牧业专业合作社，其中入社户数 6245 户，占公园内总户数的 37.19%，不仅提高了当地的经济水平，也提高了社区牧民的经济收入，且有效保护了国家公园的生态环境，达到了“三赢”的状态，社区牧民的参与动力较强。

五　钱江源国家公园加强社区参与的路径

（一）构建协同治理模式

要实现实质性的社区参与，需从国家公园的决策、开发与规划、管理与经营、社区服务和利益分配的全过程搭建桥梁。政府作为主导力量，可通过进一步提升钱江源国家公园管理机构行政级别，促进集中、统一、高效的执法。政府高度重视社区居民的参与权、分享权。在制定重大决策时，尤其是关系到社区居民利益的决策时，应举行听证会并主动邀请社区居民参与，积极听取和认真采纳社区居民合理的意见和建议，决策制定后必须公示以便社区居民了解并提出修改意见，建立与社区的有效沟通渠道。同时重视公益组织的力量，明确公益组织参与国家公园建设与管理的法律地位及可参与的建

设与管理工作范围，发挥公益组织在推动国家公园社区发展和自然教育方面的作用，构建中央政府、地方政府、社区、行业协会、公益组织等多方参与理事会、委员会等形式的决策机制，形成“地方政府—社区共管委员会—社区居民”协同治理模式。

（二）规范社区参与法律机制

国家公园法律体系是国家公园管理的基本依据，建议尽快集合有关专家启动“浙江省钱江源国家公园保护条例”的立法起草工作。明确国家公园在管理体制、综合行政执法等各方面的内容，解决部分法规重叠化、碎片化的问题。同时，将社区参与国家公园建设的各个阶段的目的、主体、方式、权利与义务等明确编入条例。通过法律条款增强各方利益相关者的“主人翁”意识，增加公众对国家公园体制建设工作的了解和信心，同时为国家公园如何进行高质量社区参与提供科学指导。

（三）加强社区参与能力

居民素质的提高是增强社区参与能力的关键。目前，钱江源国家公园社区群众参与公园管理活动并从中受益的意愿较为迫切，但是参与能力普遍不强，因此加强社区能力建设迫在眉睫。社区能力建设包括知识建设、意识建设与技能建设①。第一，知识建设首先要了解什么是国家公园、什么是社区参与以及为什么要进行国家公园建设和社区参与等基础问题，其次是学习了解公园内相关法律条例以及规定，明晰可为与不可为。第二，在知识建设的基础上，进行意识层面的教育，通过开办讲座、网络媒体正向宣传、优秀典型表彰等方式，增强利益相关者的主体能动性和参与意识。第三，技能建设则是对居民参与国家公园建设的各个薄弱环节进行技能上的培训，比如聘请专家对原住居民进行生物多样性日常动植物监测和科研能力培训，让原住居

① 陈真亮、诸瑞琦：《钱江源国家公园体制试点现状、问题与对策建议》，中国法学会环境资源法学研究会，海口，2019 年 10 月。

民变身“科学家”，参与红外相机安装、粪便采集、标本采集等科研工作，从而获得就业机会。

（四）建立合理的利益分配机制

既要做大蛋糕也要分配好蛋糕，建立公平合理的利益分配机制，是激励社区居民参与公园发展与环境保护的有效途径。在此过程中，要兼顾各相关利益群体的利益，特别是要照顾到核心社区居民的利益，只有保障他们的利益不受损，才能充分调动他们保护生态环境、参与公园发展的主动性、积极性，实现公园与社区的可持续发展[①]。例如，可通过特许经营和合同外包的鼓励政策充分调动市场力量，构建多元化资金投入机制，培育新型的生态产业化经营主体，将蛋糕做大。对优先录取社区居民、社区居民人数占企业总人数一定比重的企业给予一定优惠政策，为社区居民提供更多的就业机会，满足其不断增长的物质文化需求，分配好蛋糕。使社区居民充分感受到保护地建设对社区居民和社区就业、平等经营权、收入分配等各个方面产生的积极正面影响，增强社区居民的“主人翁”意识，进一步产生扩散效应和极化效应，从而实现诱致性和主动性的良性社区参与。

六　结语

综上所述，钱江源国家公园已取得了一定的社区参与制度和实践成果，但社区参与制度多表现在广泛的生态保护和产业培训等方面，社区居民的思想参与度较低。例如，召开社区居民讨论会、听证会，有助于提高居民参与公园规划决策率，使问题解决落实更加到位；钱江源国家公园保护生态系统虽取得了一定的成就，但一些区域仍然可能受到人为干扰和破坏，需要更强有力的监测和执法措施，以应对非法砍伐、野生动植物走私和其他破坏环境的行为。此外，需要加强生态修复工作，特别是针对已受

---

① 周正明：《普达措国家公园社区参与问题研究》，《经济研究导刊》2013 年第 15 期。

损的生态系统。随着钱江源国家公园的知名度不断提高，游客数量也会逐渐增加，因此需要更加有效的游客管理措施，以保护自然环境，减少游客对生态系统的影响，包括限制游客数量、建立游客中心、制定游览路线和引导规定等。此外，进一步加强科学研究和监测工作，以更好地了解该地区的生态系统和野生动植物群体，这将有助于制定更有效的保护策略和制订更有效的管理计划。

G.9
价值视角下三江源国家公园的社会化参与机制研究*

施佳伟　旦增加措　李燕琴**

摘　要： 国家公园是为保护和利用自然资源而建立的特定区域，是我国自然保护地体系建设的重要实践。在追求生态保护与共建共享和谐关系的背景下，有效推进社会化参与成为国家公园建设的重要支撑。本文基于三江源国家公园建设的关键事件和社会化参与典型案例，以主客价值协同模型剖析促进社会化参与价值生成的技术、公平、情境和制度逻辑，以及共振、共创、共生的价值协同机制。本文认为，三江源国家公园管理局应扮演好“搭台者”、“裁判员”和“中间人”角色，通过促进多元资源整合、明确利益共享机制和营造良好的参与环境，优化国家公园社会化参与的价值创造过程。

关键词： 社会化参与　价值协同　国家公园社区　社会组织　三江源国家公园

一　国家公园建设与社会化参与

促进人与自然的和谐共生是加强生态文明建设和构建现代环境治理体

---

* 本文得到国家自然科学基金项目“旅游扶贫社区居民生活满意度演变过程与驱动机理研究”（项目编号：41871145）资助。

** 施佳伟，中央民族大学管理学院博士研究生，主要研究方向为乡村旅游与乡村振兴；旦增加措，中央民族大学管理学院本科生，现就职于国家税务总局青海省税务局，主要研究方向为节事旅游及民族地区旅游发展；李燕琴（通讯作者），中央民族大学管理学院教授、博士生导师，主要研究方向为民族旅游、乡村旅游和可持续旅游。

系的重要目标。作为我国自然保护地体系的主体，国家公园以人民为中心，坚持“全民共有、全民共建、全民共享”的发展原则，国家公园建设是在结合自然保护地建设经验与现实国情基础上的重要实践[①]。在共享发展理念指导下，《建立国家公园体制总体方案》《关于建立以国家公园为主体的自然保护地体系的指导意见》等政策文件均要求吸纳和鼓励社会力量参与自然保护与修复、社会治理等工作，以社会化参与的形式实现资源保护与利用的协调统一。社会化参与以共同目标为导向，吸引、整合多元社会资源，在参与主体良性互动的基础上实现社会治理水平、能力的提升[②]。国家公园是社会化参与的重要实践场域，社会各界力量已在环境保护、科普教育、生态移民及旅游扶贫等方面积累了大量实践经验，并发展出社区共管、特许经营和 PPP 模式（Public-Private-Partnership，政府与社会资本合作）等诸多参与形式[③]。然而，当前主要从利益相关者价值交换的角度剖析国家公园建设中的主客关系，对社会化参与主体之间的关系、内涵及价值共创关注不足，如何进一步增强参与主体的能动性有待探究。“构建社区协调发展制度，完善社会参与机制”是国家公园体制建设的题中之义，从价值角度探索社会化参与机制中的价值协同功能，既有助于稳步推进国家公园建设，也有助于回答“谁来建设国家公园、如何建设国家公园、建设国家公园为谁服务”等原则性问题。因此，本文基于三江源国家公园建设的社会化参与实践，通过分析参与活动的价值生成逻辑及主客协同路径，以期为国家公园的可持续发展及区域内社会化参与的优化提供决策依据。

---

① 田世政、杨桂华：《中国国家公园发展的路径选择：国际经验与案例研究》，《中国软科学》2011 年第 12 期。

② 孟耀等：《丹霞山科普教育社会化参与的探索与实践》，《自然保护地》2021 年第 4 期。

③ 李笑兰：《推动国家公园模式与社会组织的实践案例》，《旅游学刊》2018 年第 8 期。

二 三江源国家公园的社会化参与概况

三江源国家公园位于我国西部的青藏高原腹地，拥有“中华水塔”的美誉，并设有长江源、黄河源和澜沧江源三个园区，在我国首批国家公园中面积最大。自 2005 年成立三江源国家级自然保护区至今，已有中国科学院、世界自然基金会（WWF）等权威机构以及众多企业、民间环保组织和志愿者参与三江源地区的生态保护与可持续利用事业，并在“九个一”三江源模式下吸引了越来越多的社会力量关注和加入①。同时，受政策号召、公民责任以及“神山圣水”信仰影响，该地区居民保护自然生态环境的意识强烈，对与社会力量相关的环保与公益行为也有较强的情感认同和参与意愿②。因此，对三江源国家公园建设过程中的社会化参与活动进行研究，具有较强的典型性和较大的实践指导意义。

（一）关键事件梳理

关键事件是指实践中影响大、效果好的关键性事实。本文以三江源国家公园官方网站记录的 2005~2021 年大事记为分析材料，运用三角互证法对涉及社会化参与的材料进行关键事件提取，旨在把握社会化参与的发展特征和趋势。依照社会化参与的概念、内涵及相关研究对社会化参与主体的分类③，确定了科研院所、新闻媒体、社会组织及社区居民四大社会化参与主体，并梳理了 74 项关键事件，各参与主体的社会化参与事件占比、参与目的、参与形式及关键事件举例如表 1 所示。

① 《开创中国国家公园体制建设之先河——三江源国家公园体制建设经验》，载张玉钧主编《国家公园绿皮书：中国国家公园建设发展报告（2022）》，社会科学文献出版社，2022。

② 李世铭、张再生：《神山圣湖间的文化记忆——仪式空间对社区参与三江源国家公园生态保护的作用》，《青海社会科学》2021 年第 2 期。

③ 姚小兰、LI Larry、任明迅：《海南热带雨林国家公园高速公路穿越段的生态修复社会化参与方式》，《自然保护地》2023 年第 1 期。

表 1　三江源国家公园的社会化参与概况

参与主体	参与事件占比(%)	参与目的	参与形式	关键事件举例
科研院所	33.78	·开展科学研究 ·挖掘和提升自然保护地资源价值 ·传播及分享知识	·实地考察 ·项目共建与合作 ·联合成立研究院	青海大学与清华大学成立三江源高寒草地生态环境野外监测站(2010)、三江源国家公园管理局与中国空间技术研究院签署战略合作框架协议(2016)、中国科学院三江源国家公园研究院揭牌成立(2018)等
新闻媒体	31.08	·报道新闻事实 ·提高新闻对象的知名度及关注度	·典型人物事迹及建设成就报道 ·实地采访调查 ·影视艺术作品创作	新华社播发《三江源头:6 名牧民与 6 年变迁——三江源生态保护和建设见闻录》(2011)、青海日报社等组成联合采访组开展实地采访报道(2012)、新华网刊播“百位三江源生态保护典型人物”专栏(2015)、三江源专题纪录片《中华水塔》《绿色江源》开机(2015)等
社会组织	25.68	·开展社会公益活动 ·履行企业社会责任 ·宣传推广企业	·成立社会组织 ·举办公益活动 ·开展网络直播活动	青海省三江源生态环境保护协会成立(2008)、三江源生态保护基金会成立(2012)、三江源国家公园管理局与世界自然基金会和广州汽车集团乘用车有限公司启动“诞生在三江源——国家公园创行”项目(2016)、守护斑头雁网络直播活动(2019)等
社区居民	9.46	·履行公民义务 ·践行信仰要求 ·提升技能 ·获得补贴	·响应政府号召 ·从事一线环保工作 ·参加技能培训	签订退牧还草与生态移民责任书(2005)、首批生态管护员上岗巡护(2016)、村级生态保护协会负责人参加培训(2020)等

资料来源：根据三江源国家公园官方网站公开资料整理，http://sjy.qinghai.gov.cn/about/dsj/。

（二）社会化参与情况分析

基于关键事件的文本分析发现，在高质量推进国家公园建设的目标导向下，三江源国家公园的社会化参与以“生态”“保护”“建设”为核心，并存在多类型的参与主体及多样化的参与目的和参与形式。就参与主体的类型而言，科研院所对三江源国家公园的自然保护和资源利用具有重要且特殊的作用，其参与事件的占比最高，主要表现为通过开展实地考察、项目共建与合作等形式实现对国家公园建设的人才和技术支持；新闻媒体以典型人物事迹及建设成就报道等形式，向外界有效传播国家公园建设进展，并发挥舆论监督和引导功能；社会组织的参与随区域内自然保护活动的兴起而增多，在参与形式上呈现百花齐放的发展态势；以社区居民为主体的参与事件占比虽然较小，但涉及价值观、道德规范、个人技能发展、生态补偿获取等多个方面，参与活动的覆盖面较广，较好地践行了国家公园建设重要参与者的使命。

从时间维度来看，处于不同发展阶段的社会化参与主体的参与程度存在差异。涉及新闻媒体的事件集中在 2016 年之前，主要是对国家公园体制试点前期的宣传报道，试点建设开始后逐渐减少。科研院所和社会组织的相关活动伴随三江源国家公园的建设过程，但社会组织规模小、社会服务质量参差不齐，且以独立开展活动为主，尚未形成网络化合作的局面。2017 年以后，随着国家公园建设的规范化管理，当地政府对民间组织的管理也逐渐体系化，并对民间组织的资质和具体参与活动进行有效监管①。此外，特许经营是三江源国家公园社会化参与的重要形式②，三江源国家公园无论是在政策指导、学术探讨层面还是在实践层面都十分重视特许经营活动，因此需要将典型案例纳入社会化参与的价值协同分析中。

三　三江源国家公园社会参与的价值生成与协同路径

从国家公园制度的总体要求和科学内涵出发，吸纳各方力量参与国家公园建设，是实现可持续发展的重要保证，也是国家治理体系现代化探索与实践的重要体现。本文以主客价值协同模型为分析框架，以 2016 年三江源国

① 张婧雅、张玉钧：《论国家公园建设的公众参与》，《生物多样性》2017 年第 1 期。

② 夏保国、邓毅、万旭生：《国家公园特许经营机制的地方性实践：三江源的案例》，载张玉钧主编《国家公园绿皮书：中国国家公园建设发展报告（2022）》，社会科学文献出版社，2022，第 337~350 页。

家公园试点建设后社会化参与的典型案例为依据，构建三江源国家公园社会化参与实践中的价值生成逻辑与价值协同路径。

（一）分析框架

主客价值协同模型是解释多元主体价值创造的分析工具，从基于技术逻辑的价值共振出发，以公平逻辑为核心实现价值共创，并最终通过制度逻辑和情境逻辑实现与促进价值协同循环（见图 1）。该模型与国家公园的社会化参与具有较强的适配性。就整体模型而言，价值是主客体之间良性互动的关键，三江源国家公园的社会化参与成效和价值取决于生态保护及资源利用的有机协调，共同价值对生态、社会和经济发展发挥的积极作用。从技术逻辑、公平逻辑、情境逻辑和制度逻辑来探究社会化参与的价值生成，是夯实社会化参与价值的关键点。就价值协同路径而言，社会化参与的价值增值是共同目标指引下多元参与主体共同努力的结果，从参与主体的相互区隔到相融共生，符合从共振走向共创并实现共生的价值协同路径[①]。

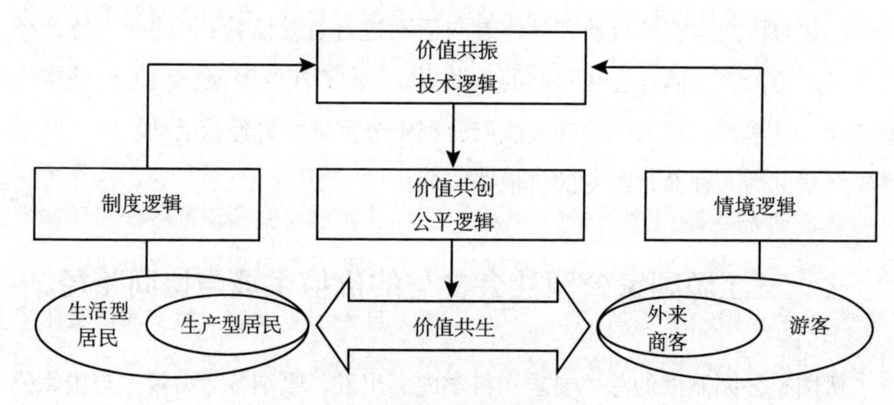

图 1　主客价值协同模型

资料来源：根据李燕琴、秦如雪、于文浩《主人满意还是客人满意？——旅游开发助推乡村振兴的主客价值协同机制》，《西北民族研究》2022 年第 6 期绘制。

---

① Aksoy，L. et al.，“The Role of Service Firms in Societal Health：The Case for Symbiotic Value，” *Journal of Service Management* 5（2020）：1041-1058.

就价值协同的主客体而言，相互包容的主客体身份是价值共振的前提，也是价值协同路径的起点。在三江源国家公园的社会化参与实践中，社会组织逐渐实现在地化和本土化，社区居民也逐渐参与多元化的生态保护与资源利用，因此将社会组织及企业作为价值共创的客体，将社区居民作为价值共创的主体，科研院所及新闻媒体则主要扮演支持者和协助者的角色。由于当前三江源地区涉及环保的社会组织仍在发展阶段，官方注册并正常运营的机构较少，且国家公园的特许经营仍处于尝试和试点阶段，故本文选取三江源生态环境保护协会（以下简称为“三江源保护协会”）、三江源生态保护基金会（以下简称为“三江源基金会”）以及玛多云享自然文旅有限公司（以下简称为“云享自然”）作为社会组织及企业参与国家公园建设的典型案例。三家机构分别代表社会组织中的社会团体（协会）、基金会和特许经营企业，在理念愿景、运营内容、实践成效和多主体协同等方面具有典型性，有助于归纳三江源国家公园建设社会化参与的价值生成逻辑与价值协同路径。

（二）价值生成逻辑

1. 技术逻辑

资源丰度决定了价值生成的规模，其效果以资源有效整合为前提。主客价值协同模型的技术逻辑认为，不同主体可以通过协同运作的方式整合资源，达到有效弥补个体资源缺口和凸显集体优势的目的。在三江源国家公园的社会化参与实践中，既包括硬件、人力、资金等物质资源，也包括情感、精神、信仰等非物质资源，两者共同构成社会化参与主体价值生成的“基本盘”。在价值生成效果方面，社会化参与以项目为抓手，将多方资源汇聚在三江源国家公园区域内的社区中，并从对内和对外两个方面有效整合资源。例如，三江源保护协会对外通过社区保护地项目吸纳志愿者成为驻地工作人员，对内利用“本土出身”优势，联合社区成立甘达生态马帮、帕卓巴游牧民专业合作社等生态服务项目，将人力、资金等外部资源与村民朴素的环保意愿和信仰有机结合。三江源基金会对外凭借社会资本优势，联合其

他基金会、企业及保险金融服务机构共同开展水源保护、生态巡护等活动，如蔚来启动三江源国家公园绿色生态共建计划等；对内则举办村级生态保护协会负责人培训班，增强生态意识和提升管理能力。特许经营组织的代表案例——云享自然以开展“有限定条件”的生态旅游服务项目，对外吸引具有知识储备的生态访客，对内招募和培训牧民成为生态导赏员，构建“游客—服务组织—村民”共建共享参与机制。此外，三江源国家公园管理局也积极发挥桥梁作用，吸引资金、技术、人才等资源向国家公园内部的项目和社区集中，为公园发展积累公共资源池。

2. 公平逻辑

公平是价值交换的原则，也是价值生成效率的重要保证。遵循公平逻辑的价值交换既可以激发主客体的合作意愿，又可以形成互利氛围以产生共同价值，并能够有效防止主客体的共同利益受损。主客价值协同模型的公平逻辑认为，主客体的公平感知能够激发互利合作。人们对公平的主观判断取决于分配、程序和互动三种公平形式。以三江源保护协会的实践为例，在分配公平方面，通过协调牧民利益实现首个自愿拆除草场围栏的社区，促进自然资源利用权的公平分配；激励当地居民自发成立牧业、手工业合作组织，并鼓励妇女、老年人等弱势群体从事生产及生态旅游服务工作，通过创造经济价值实现参与机会公平；通过“三江源环保人网络”项目及邀请专家等途径，采取小额捐赠和专题培训等方式促进知识的公平分配。程序公平则体现在相关社会组织签订乡村社区保护协议、项目合作协议，切实保护村民及其他社会组织的正当权益。互动公平的一个重要表现是在合作中给予当地社区居民平等对话的机会，倾听居民意愿和诉求，并保证信息有效传播和传播渠道畅通。

3. 情境逻辑

市场化的优势在于能够满足人民群众物质与精神多元化的需要，国家公园的社会化价值由参与主体塑造，不同的社会情境对资源评估、价值感知和价值生成过程皆会产生不同影响。情境逻辑体现了场景建构对价值生成的重要作用，对于服务主体来说，作为非营利的社会组织，通过提供基于自身经营特点和以特定的公益服务实现自然资源的价值增值。然而，社会活动需要基于具体的实践情景，对于服务客体来说，不同文化层次的人对价值有不同的体验，个人需求、偏好、习惯和价值观也会影响价值共振结果及价值共创过程。

相应的社会化参与实践是三江源保护协会以传承藏族传统信仰习俗为契机，在国家公园范围内的社区开展零废弃社区建设、水祭祀文化习俗恢复及环保经幡推广等活动，获得了社区居民的广泛支持；中华环境保护基金会通过举办“三江源·沁源行动”主题公益活动，以社区为项目地开展以服务民生、改善生活、提高生计能力等为目的的一系列实践活动，赢得了社区居民的广泛赞誉和认同；云享自然作为授权开展特许经营活动的社会企业，其生态旅游服务等专项的开展主要以三江源地区的自然资源、生态资源为核心吸引物，通过旅游路线产品提高国家公园的生态价值，并对生态旅游者进行游前测试和教育，起到普及生态知识、传播生态理念的作用，在生产端和消费端均产生一定的社会价值。

4. 制度逻辑

制度逻辑旨在明确价值共创的边界，是国家公园社会化参与的底线要求和规则体现，对主客体双方的参与行为起规范约束和帮助指导作用。2015年国家发展和改革委员会通过《三江源国家公园体制试点方案》以来，国家和地方层面都出台了一系列涉及国家公园社会参与的管理制度和指导意见，随着社会组织不断发展壮大，其管理模式逐渐走向规范化，如三江源保护协会已从藏区第一家民间环保组织发展为三江源国家公园管理局的下辖业务组织。

相较于社会组织，制度逻辑对社区居民的社会化参与更偏向于指导实践。2004 年以来，三江源地区牧民积极配合退牧还草及生态移民等生态工程政策措施的实施，实现地理空间和社群空间的保护优化；在政府引导下参加文化技能、草原生态保护与建设技术培训，努力转变生计来源，依靠劳动致富；响应国家公园建设号召，参加生态管护工作，履行生态巡护职责；自发成立村级生态保护协会，充分发挥模范带头作用，吸纳和引导有较强保护意识和意愿的社区居民广泛参与国家公园建设。

（三）价值协同路径

1.价值共振：协调社会化参与的价值主张与行为

协同共振关系是凸显生态、社会价值的前提①，并为良好的价值共创提供方向②。参与主体遵循共同的生态和服务价值理念，在动机、情感等方面形成共同对话频道，并在实践中形成共同的价值主张和行为，进而实现主客体双方的共振状态。研究表明，共振关系的形成包括主体、资源和约束条件三大要素，良好的共振关系取决于要素的有效协同③。在共振主体方面，社会组织、特许经营机构与社区居民形成基本的主客关系，并在空间上形成共存格局，扎根当地，提供有地方特色的服务，是实现主客价值协同共振的形式特征。在共振资源方面，相关社会组织和特许经营机构以共享利用，服务社区为原则，将外部资源以项目形式汇聚到共享网络，并作为共享网络中的关键节点对资源进行整合，以产生资源的涓滴效应和规模效应。社区是资源发挥效用的受体，也是拓展价值创造网络的桥梁，只有外部资源在节点和桥梁之间有效流动，才能形成稳定的价值协同网络。此外，资源的丰度和质量是价值共振效果的约束条件，资源与价值创造的需求越匹配，价值共振就越强烈。

2.价值共创：社会化参与的价值合作与分配

传统价值理论的价值由生产者定义，但单方面的价值创造容易造成价值边际效用递减、价值匹配错位等现象。价值共创理论将主体间协作视为价值产生和增值的过程④，并包含参与、互动、体验、反馈等核心维度⑤。将交

① 张伟坤：《协同共生：基层社会治理理念的传承逻辑与时代趋向》，《华南师范大学学报》（社会科学版）2022年第4期。

② Pietro, L. D. et al., “A Scaling up Framework for Innovative Service Ecosystems: Lessons from Eataly and KidZania,” *Journal of Service Management* 1 (2018): 146-175.

③ 张学昌：《乡村文化振兴的社会参与机制——基于协同治理的视角》，《新疆社会科学》2022年第4期。

④ Rajala, R., Gallouj, F., Toivonen, M., “Introduction to the Special Issue on Multiactor Value Creation in Service Innovation: Collaborative Value Creation in Service,” *Service Science* 3 (2016): iii-viii.

⑤ 刘经涛、朱立冬：《共享经济情境下的价值共创内涵、维度与研究展望》，《安阳师范学院学报》2019年第1期。

换关系转化为合作关系，有利于在共同的目标下满足生产者和消费者的双向需求[①]。在三江源国家公园的社会化参与实践中，相关社会组织和特许经营机构在一系列项目和公益活动中都注重社区及其居民的体验感，居民的参与满意度较高。遵循公平逻辑，通过互相参与对方的价值创造过程满足各自诉求，并在参与中寻找契合双方的利益和认知共同点，实现价值增值，构建良好的互动关系。此外，合理的利益分配是良性反馈的前提，将创造的大部分利益留在当地，按劳取酬，既有利于相关社会组织和特许经营机构顺利开展项目，优化资源投入分配，也有利于充分发挥居民的主观能动性，并确保居民的收益公平和地位平等。在国家公园区域内开发建设和组织活动，充分尊重居民、牧民的态度和意见，将有助于构建更好的利益联结机制[②]，提高价值共创质量。

3. 价值共生：社会化参与的协同目标与结果

价值共生是共创的行动目标，是主客良性互动下的理想状态。经过多元主体的价值共创，三江源国家公园的社会化参与成效体现在社区及社区居民两个层面。在社区层面，在相关社会组织及特许经营机构的帮扶下，一批扎根于当地的村级保护协会和生态社区逐渐建立和成长起来；在社区居民层面，当地居民在与相关社会组织及特许经营机构的长期互动中进一步增强了环保意识和提升了环保技能，并拓展了多元生计能力。此外，价值共生下的实践效果需要借助更高层级的管理力量，将经验和进一步发展的资源需求反馈给价值创造主体，从而形成价值创造的良性循环。在国家公园的具体情境下，三江源国家公园管理局是实现价值共生反馈的重要推手，通过国家赋予的行政权力，肩负起构建社会参与情境和完善参与制度的责任与使命。

综上，三江源国家公园的社会化参与以技术逻辑约束下的主客协同共振为起点，以项目为主要载体，社会各界力量与社区居民形成空间共存、资源

① 梁凤苗：《基于居民视角文化遗产地多主体共生对价值共创的影响研究——以平遥古城为例》，硕士学位论文，陕西师范大学，2020。

② 张艳楠、邓海雯、王磊：《多元参与主体视角下生态脆弱区旅游开发的利益联结机理与价值共创机制研究》，《旅游科学》2022 年第 4 期。

共享、主张共融的协同共振。从共振到共创，是各主体秉持公平逻辑进行合作与分配，并在互动、体验、反馈中创造价值的过程。作为价值共振与共创的结果，社区层面与社区居民层面的价值共创成效是重要检验标准，主要通过培育社区主体的能动性实现。同时，管理部门对社会化参与的激励、引导和监管作用也十分必要，需要在情境逻辑下营造和提供良好的价值创造氛围与机会，在制度逻辑下规范并引导参与主体的价值创造行为。此外，还要根据参与主体的需要加强外部资源的引入，形成价值创造的畅通循环。因此，基于上述分析，本文梳理了三江源国家公园社会化参与的价值生成逻辑与价值协同路径，如图 2 所示。

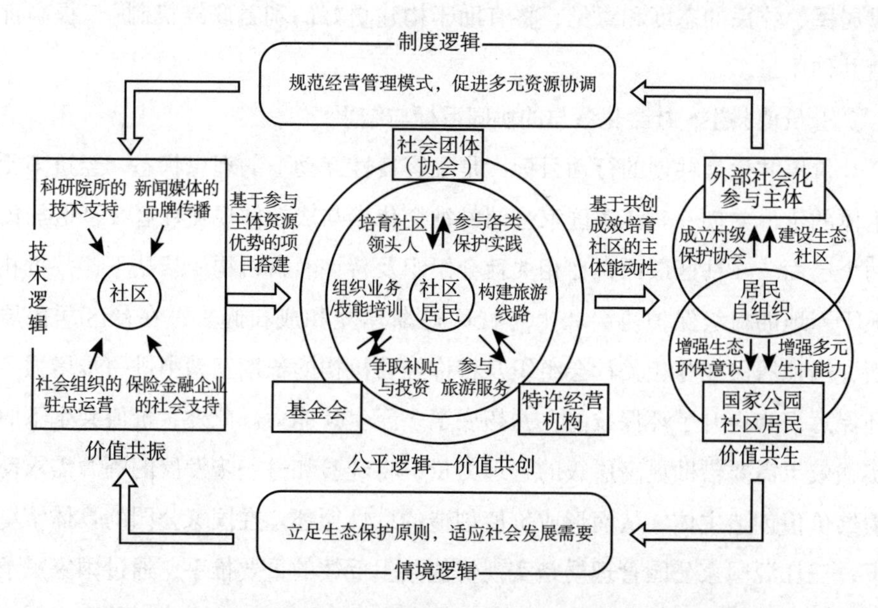

图 2　三江源国家公园社会化参与的价值生成逻辑与价值协同路径

四　促进国家公园建设社会化参与的对策建议

在社会化参与的价值生成逻辑及共振、共创、共生的价值协同路径下，提出促进社会力量有效参与国家公园建设的对策建议。本文认为，三江源国家公园管理局应扮演好“搭台者”、“裁判员”和“中间人”三个角色，为社会化参与活动提供政策和管理服务支持。

（一）促进多元资源整合，夯实价值共振基础

国家公园建设涉及资金支持及人才供给，作为外部输入动能，是支撑国家公园建设社会化参与的重要动力①。基于整合逻辑及价值共振要求，管理部门应扮演好“搭台者”的角色，以项目为抓手，从资源引入、整合与管理方面，筑牢社会化参与价值生成的根基。首先，通过项目搭台，创新资源整合及管理方式，积聚价值共振的要素基础，争取最广泛的力量建设和发展国家公园；其次，在多元主体参与背景下，促进管理机构、地方社区、科研院所与民间社会组织的相互沟通与交流；最后，坚持“放管服”改革，为社会化参与提供必要的制度条件。

（二）明确利益共享机制，提高价值共创质量

在国家公园建设统一事权的体制下，国家公园管理局具有资源保护、利用以及管理协调的职责。然而，作为国家公园建设社会化参与的管理主体，三江源国家公园管理局应在“指导者”身份的基础上增加“裁判员”的身份，对社会化参与情况进行有效监督。一方面，明确社会组织及企业和社区村民是价值创造的主体，管理部门应当制定好参与原则和限制条件，为参与活动设置规则与底线，并对具体参与项目进行及时跟进；另一方面，在共同目标指引下，管理部门应当明确利益共享机制②，充分利用自我监督、双向监督、第三方监督等监管方式，保障社会化参与主体的切身利益和参与机会。

---

① 苏海红、李婧梅：《三江源国家公园体制试点中社区共建的路径研究》，《青海社会科学》2019 年第 3 期。

② 燕连福：《共享发展理念的深刻内涵及理论贡献》，《经济日报》2021 年 10 月 27 日，第 10 版。

（三）营造良好的参与环境，畅通价值共生循环

价值共生既是价值共创的目标，也是优化和促进协同共生形成的重要保证。各国家公园管理机构应当利用国家公园的品牌优势，引导社会资源流向国家公园的建设实践。利用好官方话语权权威、可信的特点，扮演好“中间人”的角色。一是广泛动员社区居民，营造参加生态环境保护的良好社会氛围；二是吸纳社会各界力量参与国家公园建设，为居民的积极参与提供广阔的平台和窗口；三是充分发挥官方新闻媒体及自媒体的信息传播效应，对社会化参与中的典型案例进行整理和宣传；四是逐渐完善社会参与机制和政策措施，为主客体双方创造良好的参与契机。

五 结语

国家公园建设是一项涉及多主体协同和价值互动的系统性工程。促进社会化参与主体之间的共建、共享，实现国家公园人与自然的和谐相处与可持续发展，既是国家对治理现代化的具体要求，也是人民群众和各界舆论对社会“善治”的殷切期盼。

本文通过三江源国家公园的社会参与关键事件和相关社会组织的具体实践，基于主客价值协同模型，阐明了价值视角下国家公园建设中社会参与的价值生成逻辑和价值协同路径。在国家公园范围内，各社会力量结成价值共同体，从利益相关向价值协同转变，在多主体价值协同的创造过程中实现价值共振、共创和共生的良性循环。同时，“无人区”和“游乐场”都非我国国家公园的建设目标，当地居民仍旧是国家公园自然生态资源保护的重要参与者。因此，国家公园管理机构、社会组织与居民应当构成三方共治体系，充分重视社区居民的态度和意见，为国家公园的可持续发展凝聚“最大公约数”。

G.10

国家公园社区研究动态、热点与前沿

——基于 CiteSpace 的数据可视化分析

何梦冉　顾丹丹　王佳红　石金莲*

摘　要： 正确处理国家公园与社区的关系是国家公园建设与管理的关键内容。本文以 CNKI 和"Web of Science 核心合集"为数据库，聚焦国家公园社区研究主题，对该领域内国内外文献进行可视化分析，明确国家公园社区的研究动态、热点及前沿。研究显示：第一，国内外有关国家公园社区的研究重点都经历了从纯粹的自然保护转变为生态保护与经济协同发展的过程，研究主题逐渐从生态保护演进为居民福祉；第二，大多数研究集中关注国家公园社区感知与态度、国家公园与社区生态旅游、社区参与、社区管理模式等内容；第三，国家公园建设对社区居民的影响、特许经营、社区居民生计以及社区福祉等仍旧是未来重要的研究议题。

关键词： 国家公园　国家公园社区　CiteSpace　数据可视化分析

建立以国家公园为主体的自然保护地体系是我国生态文明建设的重

---

* 何梦冉，北京工商大学商学院 2023 级旅游管理博士研究生，主要研究方向为国家公园游憩管理；顾丹丹，北京工商大学经济学院应用经济学博士后，主要研究方向为文旅融合研究、国家公园发展研究；王佳红，北京工商大学商学院 2022 级旅游管理硕士研究生，主要研究方向为生态旅游；石金莲，北京工商大学商学院教授，博士生导师，主要研究方向为国家公园游憩管理、生态旅游。

大制度创新，是贯彻习近平生态文明思想的重大举措。我国建设国家公园的目的是保持生态系统的原真性和完整性，保护生物多样性、筑牢生态安全屏障，为后代留下珍贵的自然资产。国家公园作为自然保护地的一种建设形式，与社区的关系相对复杂。一方面，国家公园建设能够给社区带来诸多益处，如优化生计资源结构、增加教育与游憩机会、提供就业机会、提高经济收入、改善社区基础设施等。另一方面，国家公园建设会带来更加复杂的人地矛盾，如受国家公园建设实施“最严格保护”政策的影响，社区居民被严厉禁止砍伐、捕鱼、狩猎等破坏生态的行为，并遵守禁牧、休牧政策等。这对入口社区居民的生计资本和生计方式产生显著影响。因此，如何处理好国家公园与社区之间的关系，在建设国家公园的同时如何满足与保障社区居民的需求和发展权益是我国国家公园建设亟须解决的问题。有鉴于此，本文对国内外国家公园社区相关研究成果进行系统梳理，明确本领域研究的热点问题和重要议题，以期为促进我国国家公园社区建设和发展提供理论支撑与经验借鉴。

一　数据来源与研究方法

（一）数据来源

国内研究以中国知网（CNKI）为数据来源，2013 年党的十八届三中全会提出“建立国家公园体制”，随后进一步明确建立国家公园体制的具体要求，强调要“加强对重要生态系统的保护和永续利用，改革各部门分头设置自然保护区、风景名胜区、文化自然遗产、地质公园、森林公园等的体制”①。值得一提的是，我国各类自然保护地社区发展、风景名胜区发展等具备丰富的理论与实践经验，对国家公园社区研究具有一定

①《中共中央　国务院印发〈生态文明体制改革总体方案〉》，中国政府网，2015 年 9 月 21 日，https：//www.gov.cn/guowuyuan/2015-09/21/content_2936327.htm。

的借鉴作用。因此，为确保研究内容检索的科学性与实践性相统一，本文分别对主题“国家公园”并含主题“社区”、主题“自然保护区”并含主题“社区”、主题“风景名胜区”并含主题“社区”进行检索。为确保研究数据的质量，本文仅选取 CSSCI、CSCD 和北大核心作为来源期刊，时间跨度设定为 2013 年 1 月 1 日至 2023 年 6 月 24 日。为确保检索文献数据的精确度，本文对检索结果进行人工阅读筛选，得到有效国内研究文献303 篇。

国外研究以“Web of Science 核心合集”为来源数据库，以“标题 = National Park”“主题 = Community”，时间截至 2023 年 7 月 12 日进行检索，共得到国外研究文献信息 1012 条。本文辅以文献阅读法筛选出休闲与旅游学、管理学、生态学、环境科学、社会学等领域的相关文献共计 186 篇，并以此作为国外研究国家公园社区的分析样本。

（二）研究方法

本文采用信息可视化软件 CiteSpace 进行分析，挖掘出抽象数据的潜在联系，帮助科研人员准确、科学和快速地把握研究领域的特征[①]。在研究过程中，以关键词共现、关键词时区分布、关键词突现等为基点，呈现国内外该领域的研究现状、动态发展特征、科研热点及其趋势。

二　国内外文献可视化分析

（一）研究主题识别

研究主题的分布能够体现不同时间段的热点领域、研究方法等的变化。关键词作为学术论文研究主题的精炼表达，其关联性在一定程度上可以解释学科领域中知识的内在联系。有鉴于此，本文通过关键词共现分析和关键词

① 陈悦等：《CiteSpace 知识图谱的方法论功能》，《科学学研究》2015 年第 2 期。

时区分析来鉴别国家公园社区的主要研究主题和研究热点。

1. 研究主题辨识

关键词中心度反映了该关键词在共现网络中的重要性，代表了一定时期内核心的研究主题，节点大小代表某一时期的学者对该关键词研究频次的高低。根据图 1 和图 2，本文对国内外国家公园社区研究关键词共现图谱中的关键词进行筛选，列出了节点较大的前十个关键词，如表 1 和表 2 所示。需要明确的是，由于本文在检索文章时以“国家公园”“社区”“自然保护区”为关键词进行检索，因此，将不再对图 1 中的关键词“国家公园”和“社区”进行分析。

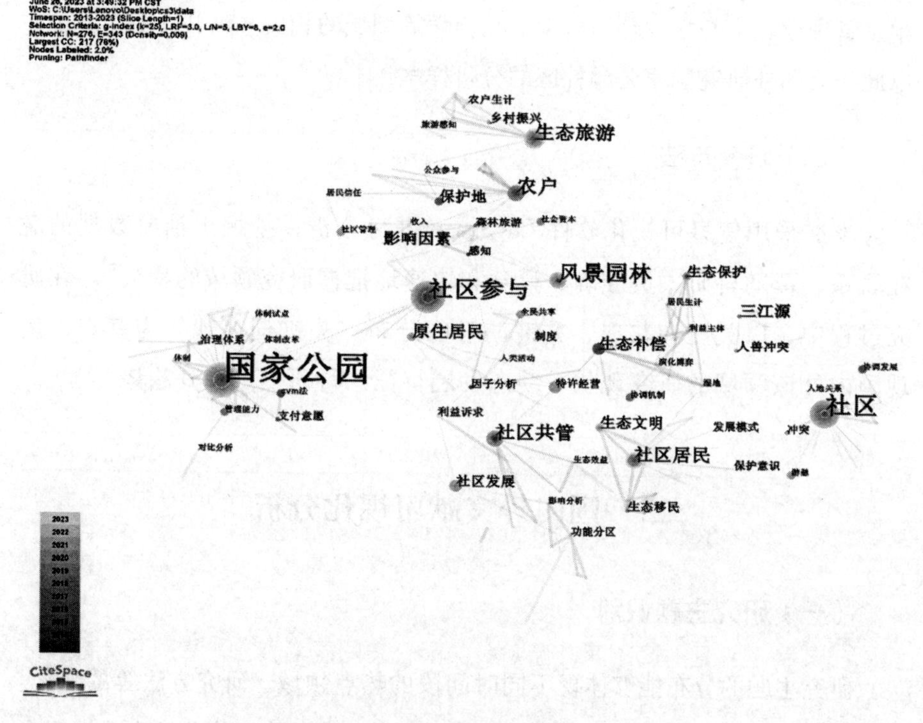

图 1　国内国家公园社区研究关键词共现图谱

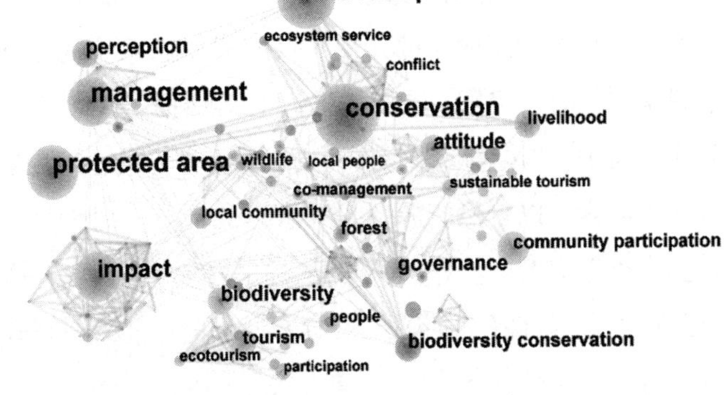

图 2　国外国家公园社区研究关键词共现图谱

表 1　国内国家公园社区研究关键词中心度

年份	关键词	中心度	年份	关键词	中心度
2013	国家公园	1. 24	2021	人兽冲突	0. 03
2013	社区	0. 25	2013	社区共管	0. 04
2013	社区参与	0. 09	2017	特许经营	0. 01
2015	风景园林	0. 12	2013	生态补偿	0. 14
2013	农户	0. 05	2016	生态保护	0. 11

表 2　国外国家公园社区研究关键词中心度

年份	关键词	中心度	年份	关键词	中心度
2009	impact	0. 37	2009	biodiversity	0. 43
2010	attitude	0. 20	2012	ecotourism	0. 14
2006	national park	0. 09	2012	livelihood	0. 06
2010	local people	0. 14	2007	conflict	0. 14
2010	co-management	0. 15	2010	governance	0. 05

2013年，我国首次提出“建立国家公园体制”，初期研究主题集中在这之后的社区居民参与、社区管治、生态补偿等领域。“生态补偿”、“风景园林”和“生态保护”三个关键词呈现较高的中心度，是整个研究领域的核心节点，这与建立国家公园体制的目的是保护大规模生态系统的完整性，并为人们的精神、科学、教育、娱乐、旅游等方面的活动提供一个环境、文化兼容的基地相符合。其中，“风景园林”作为关键词，涉及的主要内容是通过合理安排自然和人工因素，以自然资源保护和管理为原则，对土地进行设计、规划和管理，为人类创造安全、舒适、健康、高效的人居环境，这对国家公园社区研究产生理论参考价值。随着国家公园建设和发展的不断深化，一些新情况相继出现。因此，“特许经营”“人兽冲突”等成为研究重点，同时在“国家公园”节点附近分布着“治理体系”“体制改革”“体制试点”等关键词，在“社区”节点附近分布着“冲突”“人地关系”等关键词。以“社区”节点为例，其冲突包含了“土地问题引起的冲突”、“生态保育政策引起的冲突”、“开发利用引起的社区冲突”、“利益分配机制导致的社区冲突”以及“人兽冲突”。

国外国家公园社区研究关键词共现图谱显著显示“biodiversity”（生物多样性）、“co-management”（共同管理）、“impact”（影响）、“attitude”（态度）、“local people”（社区居民）、“conflict”（冲突）、“governance”（政府）等，都围绕国家公园语境下国家公园周边社区管理政策、发展模式与社区参与保护等内容展开。其中“biodiversity”（生物多样性）、“impact”（影响）、“attitude”（态度）三个关键词有较高的中心度，是关于国家公园社区研究领域的核心节点。建立国家公园的首要目的是保护当地的生态环境和物种的多样性，同时国家公园社区居民是保护生物多样性的重要参与者，其认知、态度等对国家公园建设具有重要意义。因为，国家公园社区居民是国家公园发展的核心利益相关者①，国家公园对社区的影响②以及居民对国家公园的看

① Woo, E., Uysal, M., Sirgy, M., “Tourism Impact and Stakeholders Quality of Life,” *Journal of Hospitality & Tourism Research* 42 (2016): 260-286.

② Fortin, M., Gagnon, C., “An Assessment of Social Impacts of National Parks on Communities in Quebec,” *Environmental Conservation* 26 (1999): 200-211.

法十分重要[①]。研究多着重强调社区居民意识和参与意愿对国家公园的生态保护和高质量发展至关重要，对此有必要予以承认和遵守[②]。同时，社区居民心理因素对其生态保护行为具有显著影响。譬如，对陕西秦巴生态功能区居民的调查研究显示，心理因素对生态保护意向和行为有显著的正向影响，可以通过周围人物和社区组织所产生的积极影响来影响主观规范，从而增强他们的生态保育意愿[③]。总之，从国外国家公园社区研究关键词共现图谱可以看出，“biodiversity”（生物多样性）、“impact”（影响）、“attitude”（态度）等关键词贯穿于国家公园社区研究，将保护生态和注重地方社区发展统一起来，与此同时，衍生出社区管理政策、发展模式、社区参与保护等内容。

2. 研究主题变化辨识

本文在关键词共现图谱的基础上按照时间序列刻画出国内外国家公园社区研究关键词时区图谱（见图 3、图 4）。时区图谱是从时间维度上表示知识演进的视图，帮助从时间维度上把握国家公园社区研究的热点主题及其演化过程[④]。

就国内研究而言，我国提出“建立国家公园体制”以来，农户、社区参与、社区共管等成为我国国家公园社区研究永恒不变的热点主题。国家公园社区研究的演化过程可以概括为平衡人和地的关系，根据文献内容大致分为三个阶段。

第一个阶段为 2013~2016 年。国家公园体制试点之初，国家公园体制试点区普遍存在历史遗留问题，生态保护与社区的经济发展和民生改善存在矛盾

① Allendorf, T. D., Smith, J. L. D., Anderson, D. H., "Residents' Perceptions of Royal Bardia National Park, Nepal," *Landscape and Urban Planning* 82 (2007): 33-40.

② Digun-Aweto, O. P., Ayodele, I. A., "Attitude of Local Dwellers towards Ecotourism in the Okomu National Park, Edo State Nigeria," *Czech Journal of Tourism* 4 (2017): 103-115.

③ Zhang, W. B., Hua, C. Y., Zhang, Y. S., "Ecological Compensation, Resident Psychology and Ecological Conservation-a Study Based on Research Data from the Qinba Ecological Function Area," *Journal of Management* 31 (2018): 24-35.

④ 李杰等：《我国电子商务物流配送研究热点与趋势分析》，《商业经济研究》2017 年第 17 期。

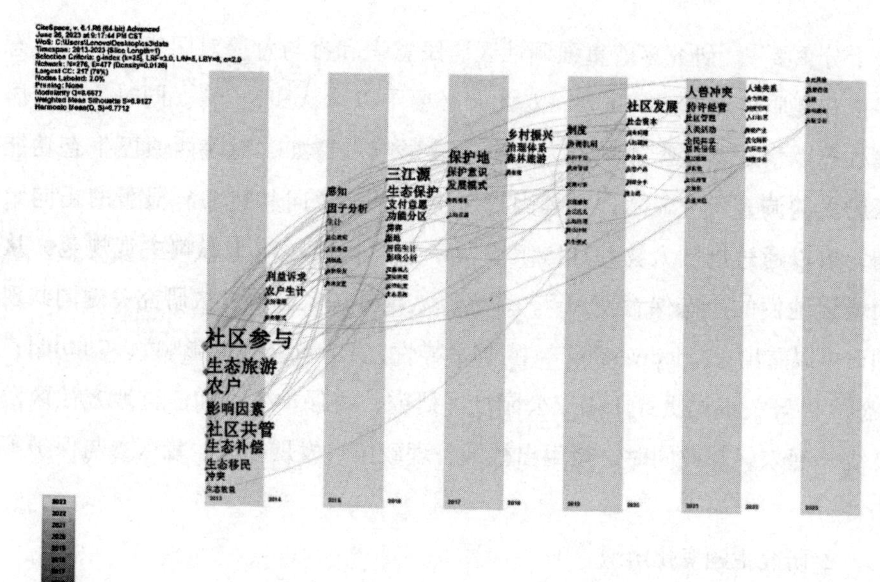

图3　国内国家公园社区研究关键词时区图谱

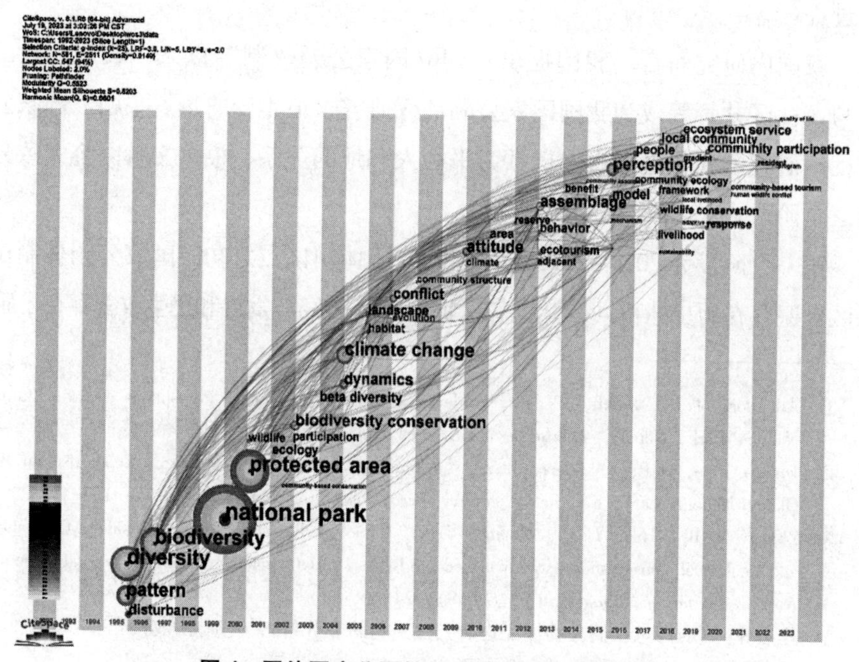

图4　国外国家公园社区研究关键词时区图谱

冲突。这一时间段内关于生态补偿、生态移民、易地搬迁、居民生计以及利益相关者之间的冲突是学者研究的热点议题。研究多认为国家公园周边社区应基于国家公园良好的生态环境，适当发展生态旅游业，使当地居民从国家公园建设中享受生态保护所带来的福祉。此外，学者对生态补偿政策与农户可持续生计各方面的关系展开广泛讨论。谢旭轩等以贵州和宁夏退耕还林工程项目为研究对象，测算了其对生计资本、策略以及生计输出等的影响[①]。刘红等提出以生计资本累计促进阿拉善盟生态移民家庭收入增加的对策建议[②]。还有研究发现在国家公园的相关政策背景下，生计资本的积累促进了居民可持续生计，而且保护区政策以及生计资本均正向影响可持续生计。

第二个阶段为2017~2020年。2017年，党的十九大报告提出“实施乡村振兴战略”，随后如何在乡村振兴背景下促进国家公园社区发展成为研究的重点。该阶段主要针对当地社区发展模式、社区生态产品价值、社区生态旅游等内容进行探索性研究分析。一是社区发展模式研究。需要明确的是，为了使国家公园建设与社区发展同步，该阶段国家鼓励社区参与管理。一方面，社区共管模式已在多个自然保护区得到实践，为社区居民提供了参与国家公园决策与管理的参考；另一方面，社区参与的方式多样化，居民不仅参与国家公园的管理，也参与国家公园生态旅游发展，从而获得经济利益。二是社区生态产品价值研究。实现生态产品价值是解决环境外部问题和保护生态环境的重要途径[③]。国家公园生态产品供需存在矛盾，将国家公园的生态产品价值转化成周边社区经济发展优势，需要利益相关者找到生态产品价值实现途径，在明确国家公园内生态产品经济价值的基础上，为社区提供经济收入，缓解保护与发展的矛盾。三是社

① 谢旭轩、张世秋、朱山涛：《退耕还林对农户可持续生计的影响》，《北京大学学报》（自然科学版）2010年第3期。

② 刘红、马博、王润球：《基于可持续生计视角的阿拉善生态移民研究》，《中央民族大学学报》（哲学社会科学版）2014年第5期。

③ 沈辉、李宁：《生态产品的内涵阐释及其价值实现》，《改革》2021年第9期。

区生态旅游研究。研究认为，生态旅游可以替代生计活动，为社区居民提供大量的就业机会，被认为是消除贫困和将人类活动维持在健康限度内的一种有益方法，为社区创建替代生计活动可以有效减少居民对动物和植被资源的依赖。

值得一提的是，该阶段有关政府在国家公园社区发展中的作用研究日益增多，多聚焦国家公园社区管理与发展中的政府干预、政府治理等。必须承认的是，鉴于我国国家治理制度特征，政府治理的范畴囊括了我国各类自然保护地。政府部门、管理机构和社区是国家公园管理最关键的行动者①。因此，政府机构在国家公园社区管理中发挥积极重要的作用，对其研究不可或缺。例如，三江源国家公园管理局与地方政府共同进行企业审查和产品审查，并委托当地村委会或合规环保公益组织作为甲方并承担产品监督责任，与企业签订经营合同，实现各项经营管理的预期目标。

第三个阶段为 2021 年至今。有关国家公园社区研究的视角更加微观和多元化。一是人兽冲突、人地关系成为主要的研究领域。国家公园社区与野生动物保护之间的冲突现已成为一个全球现象，在许多人类需求与野生动物需求重叠的功能区中时有发生，如食草动物对农作物的破坏、食肉动物对牲畜或人类的攻击伤害等。随着国家公园保护初见成效，野生动物种群增多，人兽冲突事件频发，人兽冲突必然会成为国家公园社区研究的重要方面②。二是研究趋向关注当地社区的发展与居民感知态度。该类研究主要聚焦居民的信任度、感知与态度，以及国家公园所体现的全民公益性和全民共享。研究认为，社区居民作为国家公园生态系统的生活主体，是国家公园建设利益相关者之一，是推动生态保护政策落地的关键所在。比如，政府信任是原住

① 王昌海、谢梦玲：《以国家公园为主体的自然保护地治理：历程、挑战以及体系优化》，《中国农村经济》2023 年第 5 期。

② 袁婉潼等：《资源机会成本视角下如何健全生态补偿机制——以国有林区停伐补偿中的福利倒挂问题为例》，《中国农村观察》2022 年第 2 期。

居民对国家公园管理政策所持有的信心，反映出原住居民对国家公园建设的态度①，互信有助于缓和彼此间的利益冲突②。对政府信任度高，原住居民就容易站在政府角度看待问题。相反，原住居民会降低对国家公园建设的支持意愿。此外，原住居民在国家公园建设这一背景下，会在生产、生活以及心理等方面做出相应的生态保护行为响应。因此，保护地生态修复的效果受到生态补偿政策、社区居民态度、游客旅游行为、社会影响力等因素的影响③。

需要强调的是，在平衡国家公园建设、生态保护与当地经济发展、社区居民等多要素关系中，特许经营也是研究的关注点。有研究认为，特许经营体制、特许经营制度是协调自然保护地公益目的和原住居民权益冲突的纽带④。例如，三江源国家公园对园区内及园区毗邻区生产的绿色和有机农畜产品、中藏药开发利用产品、文化创意产品等实行国家公园产品许可，以用好国家公园公信力和影响力实现产品增值，促进国家公园生态产品价值实现，落实国家公园保护和社区发展目标。当前，我国国家公园特许经营制度要注意规范特许经营程序，建立对特许经营内容定期审查的机制⑤。当然，必须承认的是，目前关于特许经营运营模式等的研究较少，在实践层面仍旧缺乏相关理论的指导。

就国外研究而言，由于国外国家公园实践起步早，相关理论与实践研究均早于我国。本文根据研究主题时序性分化将国外有关国家公园社区的研究大致分为以下两个阶段。

第一个阶段为 2005 年之前。该阶段研究多关注国家公园、自然保护

① 者荣娜、刘华：《我国国家公园建设中社区权利新探》，《世界林业研究》2019 年第 5 期。

② 苏杨、王蕾：《中国国家公园体制试点的相关概念、政策背景和技术难点》，《环境保护》2015 年第 14 期。

③ 杨立国、彭梓洺：《传统村落文化景观基因传承与旅游发展融合度评价——以首批侗族传统村落为例》，《湖南师范大学自然科学学报》2022 年第 2 期。

④ 刘超、邓琼：《自然保护地特许经营制度的逻辑与构造》，《中国地质大学学报》（社会科学版）2023 年第 4 期。

⑤ 陆建城等：《国家公园特许经营管理制度构建策略》，《规划师》2019 年第 17 期。

区、生态保护等建设与社区的关系，这一关系通过生态环境、环境承载力、空间分布、社区发展、公众娱乐等研究内容呈现。主要研究在于，实现生物多样性保护和为公众提供娱乐设施是建立保护区的两个驱动目标①。学者对国家公园社区的研究最早体现在社区的生态环境方面，通过测算入口社区的环境承载力，对其进行生态系统评估②。Gude 等通过调查分析多个国家公园的周边地区，探究了国家公园保护区周边生态的受威胁程度③。Wade 利用大提顿国家公园周边社区的住房建设增长率数据，探讨了当地住房的空间布局变化影响因素④。尽管保护是一个优先事项，但人们普遍认识到如果不首先解决保护区周围社区的发展问题，就不可能实现和维持积极的保护成果。

第二阶段为 2006 年至今。该阶段的研究内容逐渐多元化，偏向关注人与社区发展问题。例如，当地社区、社区居民、态度、冲突等。长期以来，学者一直在研究居民对旅游影响的感知与其支持水平之间的相互关系。例如，在旅游开发的早期阶段，居民往往会忽视负面的环境影响，而更多地关注经济效益，并且居民对社区旅游的态度随着社区旅游及其生命周期的发展而变化，居民感知利益与支持之间存在显著的非线性关系。当国家公园所带来的好处不足以抵消野生动物袭击对居民农作物产生的负面影响时，居民对国家公园的积极态度被削弱。有研究以越南巴贝国家公园为例，认为该国家公园居民对旅游发展的态度并不取决于他们对经济影响的负面感知，而是取决于他们对负面社会影响的看法。居民对旅游开发的看法更取决于他们的调

---

① Black, R., Cobbinah, P. B., "Local Attitudes towards Tourism and Conservation in Rural Botswana and Rwanda," *Journal of Ecotourism* 17 (2018): 79-105.

② Wade, A. A., Theobald, D. M., Laituri, M. J., "A Multi-scale Assessment of Local and Contextual Threats to Existing and Potential U. S. Protected Areas," *Landscape and Urban Planning* 101 (2011): 215-227.

③ Gude, P. H. et al., "Rates and Drivers of Rural Residential Development in the Greater Yellowstone," *Landscape and Urban Planning* 77 (2006): 151.

④ Wade, A. A., Theobald, D. M., Laituri, M. J., "A Multi-scale Assessment of Local and Contextual Threats to Existing and Potential U. S. Protected Areas," *Landscape and Urban Planning* 101 (2011): 215-227.

整和反应能力，因此更加多变。他们感知旅游业影响的意愿以及支持水平可能与旅游业如何影响居民生计和人口特征密切相关，反之亦然。同时，他们对旅游的看法可能会受到知识、教育背景、经济依赖、金融资本以及其他社会人口特征的影响。尽管关于居民对旅游发展态度的研究激增，但关于旅游目的地开发早期阶段的研究，特别是来自发展中国家的研究，仍然对其缺乏探索①。

3. 研究主题演化路径

综合国内外研究主题及其时序性发展变化可以发现，国内外在研究重点上虽呈现不同的分布特征，但在国家公园社区研究中，涉及重点关系、关键冲突以及发展等方面的内容呈现大致相同的特征，呈现相似的研究演化路径特征。国家公园社区研究主题路径如图 5 所示。

虽然在国家公园早期研究中，社区居民的利益诉求和态度并未得到应有的重视，但随着国家公园建设实践的深入，社区及其居民作为国家公园重要的利益相关者，不可避免地进入研究视野。对社区诉求的合理解决是缓和国家公园管理机构与社区之间矛盾冲突，实现国家公园—社区协同发展的有效途径②。因此，研究者逐渐开始关注社区发展对国家公园的影响、社区感知公平以及社区利益分配与保护机制等议题③。目前，国家公园社区研究主要围绕促进“生态保护和社区的均衡发展”这一主线展开，并从中衍生出社区居民感知与态度、社区参与、社区冲突与协调等一系列研究议题。

（二）研究前沿辨识

本文基于关键词突现进行研究前沿辨识，关键词突现是某时段内相关领域的关键词突然增加，某时段内“爆发”的关键词在一定程度上呈现不同

① Hunt, C., Stronza, A., “Stage-based Tourism Models and Resident Attitudes towards Tourism in an Emerging Destination in the Developing World,” *Journal of Sustainable Tourism* 22 (2014): 279-298.

② 宋增明等：《国家公园体系规划的国际经验及对中国的启示》，《中国园林》2017 年第 8 期。

③ 何思源等：《保障国家公园体制试点区社区居民利益分享的公平与可持续性：基于社会—生态系统意义认知的研究》，《生态学报》2020 年第 7 期。

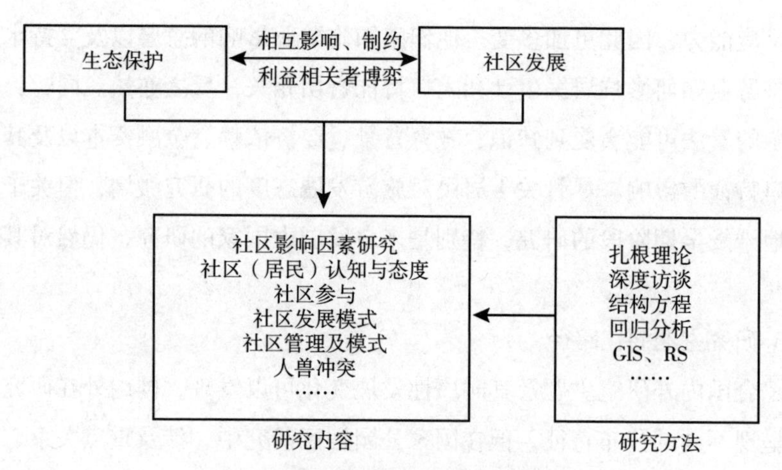

图 5　国家公园社区研究主题路径

时段内的研究重点，确定研究领域的前沿内容。本文利用 CiteSpace 软件对样本文献的关键词进行突发性探索，分别获取国内外国家公园社区研究关键词突现图谱（见图 6、图 7）。

关键词	年份	突现度	初始年	结束年	2013~2023年
生态补偿	2013	2.52	2013	2017	
因子分析	2015	1.32	2015	2017	
生计	2015	1.11	2015	2016	
支付意愿	2016	1.52	2016	2017	
保护地	2017	2.29	2017	2018	
森林旅游	2018	1.45	2018	2019	
风景园林	2015	4.17	2020	2023	
社区发展	2020	2.17	2020	2021	
原住居民	2013	1.37	2020	2021	
人兽冲突	2021	1.47	2021	2023	

图 6　国内国家公园社区研究关键词突现图谱

关键词	年份	突现度	初始年	结束年	2001~2023年
biodiversity conservation	2003	1.97	2012	2017	
lesson	2014	1.7	2014	2016	
people	2016	2.2	2016	2017	
land use	2018	2.54	2018	2019	
governance	2010	1.8	2018	2020	
ecosystem service	2012	2.45	2019	2020	
wildlife	2001	2.7	2020	2021	
participation	2020	2.42	2020	2023	
community-based tourism	2020	1.81	2020	2021	
ecotourism	2012	1.61	2021	2023	

图7　国外国家公园社区研究关键词突现图谱

1. 国内关键词突现分析

国内研究的突现关键词为“生态补偿”、“支付意愿”、“保护地”、“森林旅游”、“社区发展”、“原住居民”和“人兽冲突”等。相应的突发性和突发年份，基本上代表了近十年国家公园社区研究热点和研究前沿。

生态补偿方面的研究伴随国家公园体制试点建设而不断发展，尤其是在2013~2017年关于生态补偿方面的研究大量涌现。在国家公园建设过程中，随着自然资源所有权及使用权的转让，当地居民因丧失这些权利而失去发展的条件，为了解决保护工作开展后出现的各种矛盾，调整各利益相关者之间的利益分配关系，我国在国家公园体制试点区建立了生态补偿制度。例如，生态环境补偿费政策，退耕还林（草）工程、退牧还草工程的经济补助政策，通过这些补偿手段增加当地居民收入。我国生态补偿实践已开展多年，在不断地实践过程中形成了生态补偿技术标准体系。但目前有关生态补偿机制的理论尚不完善，如补偿对象、补偿客体以及补偿标准还有待探讨[1]。生计作为关键词突现的初始年份为2015年，生计是人们建立在能力、资产和活动基础上的谋生方式，社区居民从事的产业活动是实现社区生计的重要路径[2]。建立国家公园不可避免地会对周边社区的生态环境、资源配置、传统生计活动、生活方式等造成影响[3]。研究表明，国家公园的建立往往因实施“最严格保护”政策而降低与减少周边居民资源利用的可能性及其收入和工作机会[4]，但当地政府、企业、非政府组织等为社区生计提供了机会，如提供生态管护岗位、生态体验服务供给等[5]，以促进当地居民生计的可持续发展。南岭国家公园受生态保护约束，将生态敏感区域的茶园退出，公园内只保留初级种植环节和茶叶加工、仓储等建设用地，需求高、生产强度高的工序逐步移至镇域产业区，形成了园区内外联动发展的模式。目前，对国家公园社区居民生计问题的分析主要围绕制度增权和生态补偿机制等方面。社区转化为国家公园体制的受益方，社区作为利益共同体积极参与国家公园的建设，从而实现合作共赢。

原住居民是国家公园建设的首要利益主体，国家公园与原住居民的关系是国家公园建设面临的核心问题。如何协调国家公园内部及周边原住居民的关系一直是学界的研究热点。目前，国内相关研究成果丰硕，如国家公园建设对原住居民的影响、原住居民对国家公园的认知与态度、生态移民政策的制定[6]、国家公园中的土地权属问题、国家公园管理模式等。同时发现，国

---

① 袁婉潼等：《资源机会成本视角下如何健全生态补偿机制——以国有林区停伐补偿中的福利倒挂问题为例》，《中国农村观察》2022年第2期。

② 陈传明、侯雨峰、吴丽媛：《自然保护区建立对区内居民生计影响研究——基于福建武夷山国家级自然保护区272户区内居民调研》，《中国农业资源与区划》2018年第1期。

③ 崔晓明、陈佳、杨新军：《乡村旅游影响下的农户可持续生计研究——以秦巴山区安康市为例》，《山地学报》2017年第1期。

④ 宋文飞、李国平、韩先锋：《自然保护区生态保护与农民发展意向的冲突分析——基于陕西国家级自然保护区周边660户农民的调研数据》，《中国人口·资源与环境》2015年第10期。

⑤ 赵翔等：《社区为主体的保护：对三江源国家公园生态管护公益岗位的思考》，《生物多样性》2018年第2期。

⑥ 张壮、赵红艳：《祁连山国家公园试点区生态移民的有效路径探讨》，《环境保护》2019年第22期。

家公园的建设虽然有利于生态环境的保护，但会造成多利益主体间权力的不对称，要想解决这种冲突就要对国家公园管理制度进行变革。

值得注意的是，人兽冲突也成为学界研究的热点和重点议题。我国国家公园具有居民众多、物种保护与社区生存空间交叉重叠的特点，国家公园体制试点评估组对国家公园体制试点经验、成效和问题进行评估，发现国家公园内人兽冲突问题严峻①。若无法有效减少人与野生动物的冲突，将会制约国家公园社区参与保护目标的实现，同时不利于社区发展②。国家公园内人与野生动物的冲突主要类型包括破坏农作物、袭击牲畜、伤害人身安全等。人与野生动物的冲突很难完全消除，但可通过采取经济干预措施实现人与野生动物共生。

2. 国外关键词突现分析

国外关于国家公园社区研究领域的突现词分别为“biodiversity conservation”（生物多样性保护）、“lesson”（经验）、“people”（人类）、“land use”（土地使用）、“governance”（政府）、“ecosystem service”（生态系统服务）、“wildlife”（野生动物）、“participation”（公众参与）、“community-based tourism”（社区旅游）和“ecotourism”（生态旅游）。国外国家公园社区研究的前十个突现关键词大致可以分为三个阶段。

第一个阶段包括“biodiversity conservation”（生物多样性保护）、“lesson”（经验）、“people”（人类），这三个关键词突现时间较早。一方面，早期生活在国家公园内部以及周边的居民时常出现偷猎行为，如坦桑尼亚塞伦盖蒂国家公园周边的偷猎者多达6万人，导致当地野生动物数量急剧下降③；另一方面，出于保护生态环境和物种多样性的目的，国家公园管理制度对传统

---

① 臧振华等：《中国首批国家公园体制试点的经验与成效、问题与建议》，《生态学报》2020年第24期。

② 代云川等：《三江源国家公园长江源园区人熊冲突现状与牧民态度认知研究》，《生态学报》2019年第22期。

③ Kaltenborn, B. P., Nyahongo, J. W., Tingstad, K. M., “The Nature of Hunting Around the Western Corridor of Serengeti National Park, Tanzania,” *European Journal of Wildlife Research* 51 (2005): 213-222.

的自然资源利用、居民进入国家公园权利的限制，使得当地社区权利丧失，如乌干达将4500个家庭驱赶出姆布罗湖国家公园，这一做法在一定程度上保护了国家公园的生物多样性，但是割裂了社区与原生经济、社会的联系，导致当地居民无家可归[①]。在国家公园发展过程中，生态保护和人类利益的矛盾不断出现，只有不断解决矛盾，积累经验，吸取教训，才能促进国家公园的发展。

第二个阶段包括“land use”（土地使用）、“governance”（政府）、“ecosystem service”（生态系统服务）、“wildlife”（野生动物）等。许多国家围绕保护区开展的社区旅游是以归还当地社区的土地权利为基础的，归还土地权利被认为是变更殖民政策的一种方式，这种政策倾向于剥夺当地人的土地，并促进边缘社区的发展。在这种情况下，起草保护区的公共土地政策，以可持续利用为条件，为社区提供可再生自然资源（包括野生动物和旅游景点）的使用权。但目前在国家公园内外，社区仍然没有安全的土地所有权。缺乏安全的土地所有权阻碍了社区旅游为当地社区做贡献，这主要是因为土地和旅游资源的公共所有权增强了社区在其土地上的旅游规划和管理的议价能力[②]。国家公园内和周围的土地被认为是国家领土，公共土地保有政策的缺失也威胁社区旅游项目的可持续发展。“生产性使用”原则允许在公共领域内重新分配土地，以确保领土开发与国家和地方经济目标相一致。社区可以通过将土地转租给旅游部门的私人合作伙伴获得可观的特许费收入。Scheyvens 和 Russell 认为，公共土地所有制政策的存在或缺失会影响社区成员对旅游业的参与。因此，缺乏确保公共土地所有权的法律立法框架会阻碍社区的公平参与和旅游利益的分配[③]。越来越多的国家公园动员其周边社区担任公园大使的策略

① Mombeshora，S.，“Parks-people Conflicts：The Case of Go-narezhou National Park and the Chitsa Community in South-east Zimbabwe，” *Biodiversity and Conservation* 18（2009）：2601-2623.

② Ashley，C.，Jones，B.，“Joint Ventures between Communities and Tourism Investors：Experience in Southern Africa，” *International Journal of Tourism Research* 3（2001）：407-423.

③ Scheyvens，R.，Russell，M.，“Tourism，Land Tenure and Poverty Alleviation in Fiji，” *Tourism Geographies* 14（2012）：1-25.

有助于缓解这一矛盾[①]。同样，随着门户社区寻求发展，为实现各自的使命，区域合作为每个社区提供了机会，利用公园的资产促进旅游业的可持续发展。公园和保护区还提供各种生态系统服务和娱乐机会，积极促进社区的发展和提高居民的生活质量。然而，旅游业也可能对门户社区的生活质量产生负面影响。例如，过度参观现象仍然是国家公园面临的一个重要问题[②]，附近社区面临交通拥挤和基础设施压力大的挑战[③]。此外，美国西部的许多农村地区尽管从旅游业中获得的经济收益比采掘业更多[④]，但在提供娱乐用地方面存在争议，反对者认为国家公园限制了可用于工业和创造就业机会的自然资源。这还涉及利益分配的合法问题，在社区内，当地居民可能难以从国家公园旅游发展中获益，甚至在发展过程中利益受损[⑤]。社区对国家公园的态度会对国家公园内部和周围的环境可持续性产生负面影响，包括非法狩猎、野生动物干扰以及缺乏对保护的政治支持[⑥]。

第三个阶段包括“participation”（公众参与）、“community-based tourism”（社区旅游）和“ecotourism”（生态旅游）。这三个关键词相互交织，是目前国家公园社区研究的热点以及未来一定时期内研究的重点。在社区管理研究领域不断扩大的过程中，如何参与是一个高度复杂的问题。公众参与是美国国家公园规划和管理的重要组成部分，美国国家公园管理局在制定各种法

---

① Slocum, S. L., “Operationalising both Sustainability and Neo-liberalism in Protected Areas: Implications from the USA's National Park Service's Evolving Experiences and Challenges,” *Journal of Sustainable Tourism* 25 (2017): 1848-1864.

② Timmons, A., “Too Much of a Good Thing: Overcrowding at America's National Parks,” *Notre Dame Law Review* 94 (2018): 985-1018.

③ Dunning, A. E., “Impacts of Transit in National Parks and Gateway Communities,” *Transportation Research Record* 1931 (2005): 129-136.

④ Lorah, P., Southwick, R., “Environmental Protection, Population Change, and Economic Development in the Rural Western United States,” *Population and Environment* 24 (2003): 255-272.

⑤ Mbaiwa, J. E., Stronza, A. L., “The Effects of Tourism Development on Rural Livelihoods in the Okavango Delta, Botswana,” *Journal of Sustainable Tourism* 18 (2010): 635-656.

⑥ Ward, B. M., Doney, E. D., Vodden, K., “The Importance of Beliefs in Predicting Support for a South Coast National Marine Conservation Area in Newfoundland and Labrador, Canada,” *Ocean & Coastal Management* 162 (2017): 6-12.

律、政策和董事命令（如美国国家公园管理局公布的《国家环境政策法手册》中所载的命令）时，依法要求与公众接触，以此加强公园和保护区管理者与当地社区之间的互利关系①。美国国家公园鼓励居民参与国家公园建设，并通过特许权、生态补偿、生态旅游以及产品和服务销售等方式参与公园的创建和发展。这种方法降低了当地居民面临的就业风险，改善了他们的可持续生计，并提高了经济效益②。公园内的旅游业被广泛认为是保护获得的政治和经济支持以及提高附近社区生活质量的重要工具③。也有学者认为，公园内及其周围管理不善的旅游业开发可能会威胁该地区的环境完整性，无法为当地社区带来预期的社会效益和经济效益。这种机会与威胁之间的细微差别强调了在国家公园社区中实施可持续旅游发展实践的必要性，这些实践涉及当地社区的直接和有意参与。当地居民通过从事旅游业增加了家庭收入，但仍然面临一些制约因素，如缺乏与旅游业相关的基本知识和技能。此外，由于可获得的工作是季节性的、兼职的、低工资的和低质量的，部分当地居民尚未参与旅游业。

在国家公园中，社区旅游已被推广为当地多样化生计战略的基础，同时通过社区旅游支持保护工作④。社区旅游在建立当地居民、游客和国家公园之间的互惠关系方面发挥着重要作用。旅游业的影响被认为是显著的，特别是对当地社区的影响⑤。整个欧洲和美国、加拿大、澳大利亚、新西兰的旅游业为应对农村地区的社会经济挑战提供了方法。当地社区的目标不是简单地、被动地接待成群的游客，而是对旅游活动施加高度控制，在这一过程中，获得可观的经济

---

① Pomeranz, E. F., Needham, M. D., Kruger, L. E., "Stakeholder Perceptions of Collaboration for Managing Nature-based Recreation in a Coastal Protected Area in Alaska," *Journal of Park and Recreation Administration* 31 (2013): 23-44.

② Adams, W., Infield, M., "Who is on the Gorilla's Payroll? Claims on Tourist Revenue from a Ugandan National Park," *World Development* 31 (2003): 177-190.

③ Bushell, R., Bricker, K., "Tourism in Protected Areas: Developing Meaningful Standards," *Journal of Hospitality & Tourism Research* 17 (2016): 106-120.

④ Bushell, R., Bricker, K., "Tourism in Protected Areas: Developing Meaningful Standards," *Tourism and Hospitality Research* 17 (2017): 106-120.

⑤ Jaafar, M., Rasoolimanesh, S. M., "Tourism Growth and Entrepreneurship: Empirical Analysis of Development of Rural Highlands," *Tourism Management Perspectives* 14 (2015): 17-24.

利益并减少负面影响。当地社区在旅游业发展中发挥着关键作用，通过提供住宿、信息、交通、基础设施和其他服务，为游客提供一个具有吸引力的环境①。此外，社区旅游将游客目的地管理的重点放在居民赋权、社区的积极参与、权力和空间的重新分配，以及在当地居民中公平分配旅游所获得的利益②。同时，旅游业有助于增加就业机会和提高收入，传播当地人的传统文化。相反，旅游活动也可能破坏社区生活环境，引发当地居民的冲突和犯罪③。

生态旅游是国家公园可持续发展的主要支柱，促使公园自我筹资，在保护区管理过程中更好地整合当地社区，并为社区居民制定替代生计战略，如对当地居民进行导游、潜水、木雕和手工艺制作方面的培训④。而基于社区的生态旅游管理通常被认为是社区对重要资源维持控制的一种重要手段，并被定义为“专注于前往自然景点（而不是城市地点）的旅游”，为了实现保护环境和减轻贫困的双重目标，生态旅游倡导当地居民参与旅游业生产，从而带动当地的经济发展，为当地社区提供一个可持续的未来，同时能够维系当地生态系统的完整性⑤。也有研究表明，生态旅游的收入往往无法到达当地社区，而且当地社区通常没有参与生态旅游景点的规划和管理。Tosun 认为，在许多生态旅游项目中，社区参与只是象征性的，对当地发展的贡献微乎其微⑥，特别是在具有“古典自然保护主义”的地方⑦。当地人被禁止进

① Getz, D., Carlsen, J., “Characteristics and Goals of Family and Owner-operated Businesses in the Rural Tourism and Hospitality Sectors,” *Tourism Management* 21 (2000): 547-560.

② Sirivongs, K., Tsuchiya, T., “Relationship between Local Residents' Perceptions, Attitudes and Participation towards National Protected Areas: A Case Study of Phou Khao Khouay National Protected Area, Central Lao PDR,” *Forest Policy and Economics* 21 (2012): 92-100.

③ Gursoy, D., Rutherford, D. G., “Host Attitudes toward Tourism,” *Annals of Tourism Research* 31 (2004): 495-516.

④ Cochrane, J., “Exit the Dragon? Collapse of Co-management at Komodo National Park, Indonesia,” *Tourism Recreation Research* 38 (2013): 127-143.

⑤ Scheyvens, R., “Ecotourism and the Empowerment of Local Communities,” *Tourism Management* 20 (1999): 45-249.

⑥ Tosun, C., “Expected Nature of Community Participation in Tourism Development,” *Tourism Management* 27 (2006): 493-504.

⑦ Cater, E., “Ecotourism as a Western Construct,” *Journal of Ecotourism* 5 (2006): 23-39.

入生态旅游景点，甚至被生态旅游开发所取代，替代生计很少提供可持续的结果①。

三　结论与展望

（一）结论

本文运用信息可视化软件 CiteSpace 对国内外学者在国家公园社区的相关研究进行梳理，通过绘制国家公园社区研究关键词共现图谱，识别出不同时期的研究主题；通过分析国家公园社区研究关键词突现图谱，识别当前国家公园社区的研究前沿。不难发现，国内外国家公园社区的研究都经历了从纯粹的自然保护到生态保护与经济协同发展的思想转变过程。大多数研究集中于社区参与研究，如社区如何参与生态环境的保护和国家公园的规划管理等。

值得一提的是，国家公园社区研究还呈现以下几个特征。

一是国家公园社区研究呈现区域化特点。我国建立的第一批国家公园正在积极探索社区的建设和发展，目前五个国家公园周边社区根据自身的地理位置和资源状况逐渐形成了“三江源特色小镇模式”、“三级贯通社区管理模式”、“四方联动建设社区模式”、“茶旅融合模式”以及“社区转型发展模式”等特色鲜明的社区发展模式②。而国外国家公园社区发展的模式主要为“内部社区与入口社区相互扶持发展模式”、“旅游业带动特色小镇发展模式”以及“产业小镇模式”。发展模式迥异与国情、国家公园建设发展所处的时间阶段不同以及国家公园周边资源禀赋不同有关。

---

① Carter, A. W., Thok, S., “Sustainable Tourism and Its Use as a Development Strategy in Cambodia: A Systematic Literature Review,” *Journal of Sustainable Tourism* 23 (2015): 797-818.

② 刘楠、魏云洁、石金莲：《国家公园入口社区旅游发展的美国经验与中国启示——以黄石—大提顿公园杰克逊小镇为例》，载张玉钧主编《国家公园绿皮书：中国国家公园建设发展报告（2022）》，社会科学文献出版社，2022，第169~183页。

二是国家公园社区研究多是就国家公园的某一个问题展开研究，并以案例研究为主，案例地空间分布、保护区类别等呈现一定的差异。国内研究的案例地多选取三江源国家公园、武夷山国家公园等，多集中于森林类自然保护区的社区。国外研究的案例地较为多样，集中于森林、海洋、地质公园等自然生态区的社区。但由于国内外政治基础、体制形态、文化价值等方面的差异，普适性研究成果受到限制。例如，对我国国家公园社区而言，当前的研究具有明确的政策导向性，兼顾国家公园类型多样化、地域多样化、经济阶段不同等前提，研究成果多服务于解决现实问题。

三是国家公园社区研究方法多样化。国家公园社区研究是包括自然、人文和社会科学在内的综合研究。当前研究融合了不同学科的知识体系和研究方法，比如社会学、生态学、管理学等学科，呈现多学科交叉融合的特征；研究多重视国家公园社区研究的理论运用和实证分析；研究逐渐应用“利益相关者”“社会交换理论”“可持续生计框架”等跨学科概念和理论，多运用深度访谈、问卷调查等方法，并融合 GIS、RS 等空间分析方法，这些研究尝试使国家公园社区研究方法从科学个性化走向一般化和综合化。

（二）展望

根据文献可视化梳理与分析，国家公园社区是国家公园发展的社会基础，要正确处理国家公园与社区的关系，充分发挥社区在国家公园建设中的积极作用。目前，我国已遴选出 49 个国家公园候选区（包含已经成立的 5 个国家公园），总面积约 110 万平方公里，保护面积居世界首位[①]。我国国家公园和候选区内部及其周边拥有数量较为庞大的社区，关于国家公园建设给当地居民生计带来的变化、如何平衡国家公园的“最严格保护”政策和社区发展将是新时期所面临的重要议题。

当前，国家公园社区发展实践依旧面临多重现实问题，例如，如何增进

① 《〈国家公园空间布局方案〉印发》，国家林业和草原局网站，2022 年 12 月 30 日，http：//www. forestry. gov. cn/main/5967/20230105/154219691610125. html。

原住居民、特许经营者、地方政府与国家公园管理机构的互信，不断探索国家公园与当地社区共享机制等。此外，国家公园社区经营性项目仍停留在观光体验、住宿、交通等初级产品开发阶段且业态单一，高度集中且高度雷同，而附加值较高的教育科普类、生态体验类、文化创意类等业态发展缓慢，产品质量和服务质量较低。

因此，我国国家公园建设正处于逐步深化发展的阶段，亟须系统明确社区在国家公园建设和发展过程中的地位与角色。要想建立具有中国特色的国家公园社区发展体制机制，就必须重视国家公园建设对社区居民的影响、特许经营、社区居民生计以及社区福祉等议题。

G.11

西藏自然保护地建设对社区发展的影响及国家公园建设应对

虞 虎 刘超逸*

摘 要： 自然保护地范围和分区不合理影响区域经济增长和社会福祉增进，国家公园建设是解决此类问题的重要契机。本文选取西藏自然保护地作为研究对象，分析了自然保护地对社区发展是否存在限制及影响，指出了如何应对西藏国家公园群建设滞后问题。研究发现：2000～2019年西藏自然保护地对人口、经济、土地利用等方面具有时空约束，范围分区不合理限制了城镇空间拓展和产业经济增长；自然保护地对内部社区的限制主要来源于自然保护地建设导致的生态移民、基础建设滞后、法律制度不完善等，部分地区依靠政府补贴及产业转型得到发展；以西藏国家公园群建设为契机对自然保护地范围进行优化调整，探索国家公园与毗邻区域社区协同发展新模式，促进生态保护和社会经济协同发展。

关键词： 自然保护地 国家公园 社区可持续发展 西藏

* 虞虎，中国科学院地理科学与资源研究所副研究员，中国科学院大学资源与环境学院博士、硕士生导师，主要研究方向为旅游地理与生态旅游；刘超逸，中国科学院大学资源与环境学硕士研究生，主要研究方向为旅游地理与生态旅游。

一　引言

如何协调人与自然之间的关系，是全球可持续发展需要面对的关键问题①，处理情况将直接影响所在区域社会经济发展和社会福祉增进。当今，大多数自然保护地存在生态保护管理与社区发展的矛盾，不仅表现为人类活动对保护地生态环境的影响②，也表现为自然保护地对内部社区发展的限制。究其原因，自然保护地早期划定范围和分区不合理，随着经济社会发展，这种不合理造成的约束越来越显著。社区往往早于自然保护地建立而存在，历经长期的自然适应，社区居民在自然资源和土地利用管理方面形成了一定的人地关系融合模式③。如果自然保护地划定不合理，保护地法律法规对资源的强制性保护较大地限制生态资源的合理利用，会导致社区居民失去自然资源的使用权和收益权，进而减少甚至永久性失去发展机会。受发展时代的影响，我国自然保护地建设长期存在范围划定不合理、面积过大的现象，导致许多城镇、村镇、居民点发展受限情况加剧，尤其是在西藏、青海、新疆、内蒙古等省（区）普遍存在。例如，1998 年、1999 年由于限制牧民对资源的利用，锡林郭勒生物圈保护区内发生了两起牧民与保护区的冲突事件④。这不是中国的个例，自然保护地与社区之间的冲突在全球广泛存在，如非洲卡拉哈里野生动物保护区曾驱逐其内的土著居民布须曼人，美国

---

① 阎安：《可持续发展的目标：人与自然的和谐发展》，《生态经济》2006 年第 11 期。

② 《中共中央办公厅　国务院办公厅印发〈关于建立以国家公园为主体的自然保护地体系的指导意见〉》，中国政府网，2019 年 6 月 26 日，http：//www. gov. cn/zhengce/2019-06/26/content_ 5403497. htm。

③ He，S. Y.，Yang，L. F.，Min，Q. W.，"Community Participation in Nature Conservation：The Chinese Experience and Implication to National Park Management，" *Sustainability* 12（2020）：4760；Kshettry，A. et al，"Looking beyond Protected Areas：Identifying Conservation Compatible Landscapes in Agro-forest Mosaics in North-eastern India，" *Global Ecology and Conservation* 22（2020）：e00905.

④ 蒋高明等：《内蒙古锡林郭勒生物圈保护区中城市（镇）的功能及其与保护区的相互关系》，《生态学报》2003 年第 6 期。

优胜美地国家公园曾驱逐居住其中的印第安部落。

自然保护地内外部的协调发展与生态保护息息相关，直接影响区域的可持续发展，在我国国家公园体制建设的重要时期，通过合理调整能够有效解决此类问题，形成新的政策探索与实践。从生态系统服务权衡视角下进行探讨可以更好地理解自然保护地与社区发展之间的关系，不同时代的社会经济发展需求不同，生态系统服务的类型和内容也有所变化[①]。自然保护地建设从开始完全以改变传统采伐模式为重点，发展为如今不仅要保护生态，还要通过旅游生态产品发展来满足当代消费的需求[②]。在研究自然保护地对社区发展的影响时，需要从时间和空间角度考虑不同生态系统服务之间的关系，满足当地区域可持续发展的需求。默认自然保护地有合理的范围边界会对社区生计产生巨大的限制和影响，那么在不合理的边界划定下，其对社区发展产生的负面效应会更为强烈。西藏自然保护地交叉重叠的现象明显且情况复杂，保护区域划分不明确，多数保护地划定范围过大[③]，导致对区域发展、社区生计水平提升产生较大约束[④]。在目前生态系统服务与代际需求变化的事实下，自然保护地与社区发展之间的矛盾所导致的问题并不是社区盲目和不合理地发展造成的，而是由自然保护地早划多划、先划后建、批而不建、建而不管的历史建设背景导致的，且这种情况在中国普遍存在[⑤]，如今已严重阻碍了自然保护地的社区发展、区域公平、可持续发展等目标的实现。

目前，学界对自然保护地和社区发展关系的研究主要聚焦在自然保护地与社区之间的冲突表现以及如何解决上。自然保护地与社区冲突的研究主要

---

① 王嘉丽、周伟奇：《生态系统服务流研究进展》，《生态学报》2019 年第 12 期。

② 王瑾、张玉钧、石玲：《可持续生计目标下的生态旅游发展模式——以河北白洋淀湿地自然保护区王家寨社区为例》，《生态学报》2014 年第 9 期。

③ 刘锋等：《西藏自然保护地建设及对策建议》，《林业建设》2021 年第 5 期。

④ Coria，J.，Calfucura，E.，“Ecotourism and the Development of Indigenous Communities：The Good，the Bad，and the Ugly，” *Ecological Economics* 73 (2012)：47-55.

⑤ 《国务院办公厅关于进一步加强自然保护区管理工作的通知》，生态环境部网站，1998 年 8 月 4 日，https：//www. mee. gov. cn/zcwj/gwywj/201811/t20181129_ 676363. shtml。

围绕冲突识别、冲突类型、冲突表现形式、冲突主体、冲突激烈程度等展开，目前对自然保护地与社区冲突已有较为详尽的研究，但冲突识别缺乏定量研究，且主观性较强，缺乏基于社会生态系统的分析[①]。国外国家公园与原住居民的关系经历了排斥驱逐、冲突竞争、谈判共管、发展巩固四个阶段，自然保护地与社区冲突解决的研究主要聚焦于整合保护地、发展可替代生计以及建立社区共管制度三个方面。对整合自然保护地的研究开展得较早，且已积累了较为丰富的研究成果。关于如何整合自然保护地，部分学者提出可从区域角度将森林公园、地质公园、湿地公园等纳入国家公园，从而在空间上形成较为完整的国家公园，也有部分学者认为可从生态系统角度整合出自然生态类国家公园和自然遗迹类公园[②]。近年来，自然保护地建设开始更多关注当地居民的权利保障，学者提出可以通过寻找可替代生计实现生计多样化来促进保护目标的实现[③]。2017 年发布的《建立国家公园体制总体方案》中，就已提出要“建立社区共管机制”，并将其作为解决自然保护地与社区冲突的主要途径。目前，我国关于自然保护地与社区共管问题的研究主要集中于个案研究、共管模式研究以及共管关系研究。随着自然保护地研究的深入，学界逐渐关注生态系统服务权衡视角下的自然保护地研究。总体来看，对自然保护地整合的研究尚未考虑到如何实现从自然保护地到国家公园的衔接，同时未从根本上解决地方多头管理的问题。已有的文献多局限于整理和总结国外研究经验，对于居民如何具体参与自然保护地管理未有实践设计。

在生态系统服务权衡视角下，不同时期对生态系统服务的需求不同，前期不合理的自然保护地被人为随意划分已成为现阶段人口经济社会发展的障碍。现阶段亟须评估自然保护地对其范围内社区发展的影响程度，以此来对现有自然保护地范围进行优化调整，为自然保护地与社区建设及其

---

① 张雅馨：《基于社会生态系统框架的国家级自然保护区与周边社区冲突治理研究——以陕西省为例》，博士学位论文，北京林业大学，2020。

② 周睿等：《中国国家公园体系构建方法研究——以自然保护区为例》，《资源科学》2016 年第 4 期。

③ 何思源等：《自然保护地社区生计转型与产业发展》，《生态学报》2021 年第 23 期。

协调发展制定合理有效的应对策略。本文以西藏自治区为研究区域，从人口、经济、土地利用三个方面展开分析，解析自然保护地内部基本变化趋势、外部变化趋势及内外对比，利用分析结果及相关文献讨论自然保护地内部限制的主要因素，以期为国家公园体制建设后促进社区可持续发展提供研究借鉴。

二　案例地、数据来源与模型方法

（一）案例地概况

西藏自治区位于中国的西南边陲，青藏高原的西南部，面积 122.84 万 km^2，约占中国总面积的 1/8。西藏的自然保护地建设对于保障中国生态安全和维护南亚及周边国家生态平衡、气候系统稳定具有重要作用，同时西藏经济社会发展对于维护边疆和平、增进居民生活福祉同等重要。因此，在西藏自然保护地体系建设中，必须处理好生态保护和社区发展之间的关系。在青藏公路建成之前，西藏经济活力有限，当地政府通过大面积的自然保护地划定来申请中央财政资金以实现地方发展。随着西藏经济社会发展增速加快，自然保护地获取的财政资金已经无法支撑快速的基础设施建设和满足公共服务发展的需要，并且大规模的城镇化、经济化建设需要较多的建设用地来支撑，此时自然保护地对当地发展的限制显现出来。2022 年，西藏自治区共有各类自然保护地 47 个（其中国家级 11 个），总面积 41.22 万 km^2，位居中国第一，占全区面积的 34.35%。部分建立时间较早的自然保护地将一些村镇、农田、工矿企业划入其中，加之自然保护地运行管理经费不足、支持资金分散，严重制约了所在地区的经济社会发展。自 2017 年开始，第二次青藏高原综合科学考察研究提出建设青藏高原国家公园群，其中西藏占主体部分，拟建羌塘、珠穆朗玛峰、雅鲁藏布大峡谷、冈仁波齐等国家公园，这是协调西藏自然保护地与社区发展之间关系的关键契机。

（二）数据来源

本文采用的主要数据及其来源包括：土地利用数据，来自中国科学院资源环境科学数据中心，多时期土地利用土地覆被遥感监测数据集（CNLUCC）数据来源于资源环境科学数据注册与出版系统，分辨率为 30m×30m；西藏自然保护地范围数据，来自西藏自治区林业和草原局；人口数据、乡镇数据，来源于《2000 年中国人口普查分乡、镇、街道资料》《2010 年中国人口普查分乡、镇、街道资料》《2019 年中国人口普查分乡、镇、街道资料》，中国人口空间分布公里网格数据集数据来源于资源环境科学数据注册与出版系统，分辨率为 1km×1km；经济数据，中国 GDP 空间分布公里网格数据集数据来源于资源环境科学数据注册与出版系统，分辨率为 1km×1km。

（三）模型方法

经济是用来衡量一个国家或地区经济状况和发展水平最直观的重要指标，人口与经济密切相关，尤其是中国近四十年经济持续增长的一大核心因素是人口红利转化为生产力，所以从经济和人口增长变化能够直观看出当地发展情况。土地是人类生存与发展的物质基础，土地利用反映了人类对土地开发利用和改造的形式，人类的生产生活、区域经济发展、城市化进程给土地利用/土地覆被带来不同程度的影响，在土地利用覆盖上表现为用地类型随着时间的推移发生不同程度和规模的变化。土地利用/土地覆被变化是反映人类活动程度的重要指标，可以通过对土地利用变化的研究，分析其时空变化规律，揭示社区人类活动程度。

本文以西藏自治区为研究区域，利用人口数据，结合社会数据、经济数据、土地利用数据等进行对比分析，从人口、经济、土地利用三个方面看自然保护地内部基本变化趋势、外部变化趋势及内外对比，探讨自然保护地对社区发展的约束情况，对比分析自然保护地范围内的指标是否滞后于周边地区及总体水平，根据分析结果及相关文献讨论自然保护地内部限制的主要因素。本文研究的分析框架如图 1 所示。

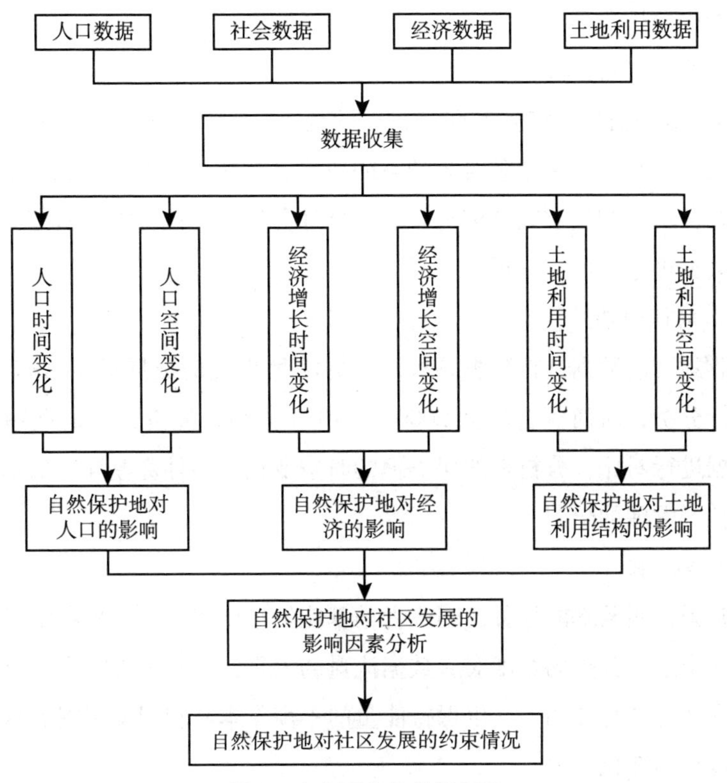

图 1　本文研究的分析框架

1. 对比空间确定

研究自然保护地对社区发展的影响，在分析自然保护地内人口、经济、土地利用等方面限制的同时，对自然保护地涉及的乡镇进行对比评估。本文基于自然环境异质性原理和自然保护地空间临近效应，拟定了“基于自然保护地内外部”和“基于自然保护地类型”两类对比空间确定视角，并相应地进行研究单元划分。“基于自然保护地内外部”的对比空间确定视角侧重自然保护地对社区的限制及影响因子分析。“基于自然保护地类型”的对比空间确定视角主要强调对拥有不同生态系统类型的自然保护地限制强度的比对。本文使用的自然保护地包括国家级自然保护区、自治区级自然保护区、国家森林公园、国家湿地公园，其中国家级自然保护区、自治区级自然保护区包括核心区、缓冲区、实验区。

2. 数据分析法

（1）GIS 空间分析

GIS（地理信息系统）空间分析指的是在 GIS 里实现分析空间数据，即从空间数据中获取有关地理对象的空间位置、分布、形态、形成和演变等信息并进行分析。利用空间查询与量算、叠加分析、统计分类分析等方法对地理信息数据进行提取、分析。

（2）对比分析

将收集到的数据进行数据预处理，并将处理过的数据运用 ArcGIS 软件进行统计分析，对西藏自治区 2000~2019 年人口、经济、土地利用三个方面的数据进行对比，分析自然保护地的时空变化、内外部差异，揭示自然保护地对社区发展的限制。

（3）桑基图

桑基图也叫桑基能量分流图或者桑基能量平衡图，是一种特定类型的流程图，图中延伸分支的宽度对应数据流量的大小，所有主支宽度的总和应与所有分支宽度的总和相等，以保持能量的平衡。本文利用桑基图展示自然保护地土地利用变化情况。

三 自然保护地与社区人口、经济和土地利用变化之间关系

（一）自然保护地与人口的关系

1. 人口时间变化

从表 1 可知，2000~2019 年，西藏自治区自然保护地及全域人口均出现较大幅度增长，自然保护地人口密度始终低于西藏自治区，部分地区人口密度不足西藏自治区的一半，自然保护地与西藏自治区的人口密度分别由 2000 年的 0.95 人/km^2、1.50 人/km^2增加至 2019 年的 1.22 人/km^2、1.95 人/km^2。自然保护地在一定程度上限制了其社区人口数量的增长，保护级别最高的国家级自然保护区人口增长率明显低于西藏自治区人口增长率，且人口增长率呈

表 1　2000～2019 年西藏自然保护地设计乡镇人口变化及对比

	国家级自然保护区				自治区级自然保护区				国家森林公园	国家湿地公园	自然保护地	西藏自治区
	核心区	缓冲区	实验区	合计	核心区	缓冲区	实验区	合计				
2000 年人口(人)	345763	385412	446512	543265	121196	109234	105396	124677	89146	94179	720161	1755400
2010 年人口(人)	369738	411634	512780	640958	162534	147182	141838	166445	124852	115243	873915	2156341
2019 年人口(人)	424936	478594	563926	688848	162994	146008	139211	167142	124092	124973	928035	2271460
2000 年人口密度(人/km^2)	0.73	0.75	0.75	0.86	0.83	0.83	0.79	0.84	0.63	1.21	0.95	1.50
2010 年人口密度(人/km^2)	0.78	0.80	0.86	1.01	1.12	1.11	1.07	1.12	0.88	1.49	1.15	1.85
2019 年人口密度(人/km^2)	0.90	0.93	0.95	1.09	1.12	1.10	1.05	1.13	0.88	1.61	1.22	1.95
人口增长率(%)	22.90	24.18	26.30	26.80	34.49	33.67	32.08	34.06	39.20	32.70	28.86	29.40
居民点数量(个)	295	679	1228	2202	70	40	198	308	380	58	2948	23388

现随保护级别提升而下降的趋势，核心区、缓冲区、实验区 2019 年人口密度分别为 0.90 人/km^2、0.93 人/km^2、0.95 人/km^2，人口增长率分别为 22.90%、24.18%、26.30%。自治区级自然保护区、国家森林公园和国家湿地公园的人口增长率高于西藏自治区人口增长率，但人口密度均低于西藏自治区。自然保护地内居民点数量整体较少，其中，国家级自然保护区居民点数量最多，共 2202 个，占西藏自治区总居民点的 9.42%，国家湿地公园居民点数量最少，仅 58 个。自然保护地面积占西藏自治区总面积的 1/3 以上，居民点数量仅占西藏自治区的 12.60%。

自然保护地人口增长明显受到自然保护地发展的限制，是因为自然保护地资源被实行强制性严格保护之后，禁止在自然保护地内进行砍伐、放牧、狩猎、捕捞、采药、开垦、烧荒、开矿、采石、挖沙等活动，在一定程度上限制了居民对资源的利用。自然保护地对生态资源保护严格，而当地居民对于经济发展的需求不断增长，自然资源保护与利用的矛盾如若无法解决，社区居民对资源过度索取将加剧生态破坏，而周边社区的发展也会被限制，陷入“越保护、越贫困”的困境，从而违背了设立自然保护地的初衷。

2. 人口空间变化

根据 2000 年、2010 年、2019 年的人口公里网数据，借助自然断点分级法将研究区内人口划分为极低、较低、中等、较高、极高五个等级。2000~2019 年，极低人口等级大部分分布在北部羌塘自然保护区及中部色林错自然保护区、西部玛旁雍错湿地及珠穆朗玛峰自然保护区，这些保护区均为国家级自然保护区。国家级自然保护区大部分区域处于极低人口等级，国家湿地公园面积较小，全部处于极低人口等级，自治区级自然保护区与国家森林公园处于较低人口等级的面积相对较大，但大部分区域仍处于极低人口等级，各自然保护地内 19 年来人口只出现小范围上升，区域内从未出现过中等及以上人口等级。2000~2010 年，西藏自治区高值区域主要集中在拉萨市，自然保护地人口几乎处于极低等级，仅雅鲁藏布江区域人口处于较低等级，自然保护地人口未出现大幅上升，

2010~2019 年仅林芝市境内部分国家森林公园、自治区级自然保护区人口出现上升，变为较低等级，大部分自然保护地一直人烟稀少。多数自然保护地，尤其是像羌塘、珠穆朗玛、色林错等国家级自然保护区，19 年间人口几乎未有上升。

（二）自然保护地与经济的关系

1. 经济时间变化

从表 2 可知，2000~2019 年，西藏自然保护地及全域 GDP 均出现较大幅度增长，2000 年自然保护地人均 GDP 始终低于西藏自治区，2010 年及之后出现反超，自然保护地与西藏自治区的单位 GDP 分别由 2000 年的 904.69 元/人、2421.71 元/人增加至 2019 年的 70198.61 元/人、53439.42 元/人。增长区域主要在藏东南地区的部分国家森林公园、自治区级自然保护区及国家级自然保护区内，其余自然保护地的人均 GDP 并未出现大幅上升。

生态系统服务管理可以通过生态补偿或生态系统服务付费实现，自然保护地和西藏自治区利用自身生态优势，结合各类生态保护政策与生态工程，通过政府购买服务等多种形式整合资金，实现生态脱贫。目前，雅鲁藏布江正在大力开发水力资源，雅鲁藏布江水力资源的开发带动了周边地区经济的发展和促进了交通的改善，同时推动了地区旅游业的发展。林芝市借助雅鲁藏布江流域的优势和雪域高原的气候特征，发展特色产业带动农民就近就业，大力发展林下经济，延伸产业链，提升附加值，以产业发展带动当地农民就业。由于政府补偿以及产业转型，部分自然保护地经济有所改善。分析 GDP 年均增长率可以发现，2000~2010 年自然保护地 GDP 年均增长率较高，达到了 41.15%，西藏自治区 GDP 年均增长率为 22.70%，2010~2019 年，自然保护地 GDP 年均增长率降至 15.31%，西藏自治区 GDP 年均增长率超过自然保护地，达到 16.50%。自然保护地 2010~2019 年 GDP 年均增长率较 2000~2010 年大幅下降，相比之下西藏自治区 GDP 年均增长率并未出现大幅下降，可见自然保护地在一定程度上限制了其内的经济发展。

表 2　2000~2019 年西藏自然保护地 GDP 变化及对比

	国家级自然保护区				自治区级自然保护区				国家森林公园	国家湿地公园	自然保护地	西藏自治区
	核心区	缓冲区	实验区	合计	核心区	缓冲区	实验区	合计				
2000 年 GDP（万元）	4368	5284	10557	20209	58	64	105	227	1044	182	21662	524662
2010 年 GDP（万元）	81203	95712	204075	380987	96183	39317	58457	193970	102179	2998	680134	4056594
2019 年 GDP（万元）	275155	255223	565969	1468817	308519	128940	186243	623769	348006	11312	2451904	16033884
2000 年人均 GDP（元/人）	1058.63	1288.06	1158.05	1165.15	31.42	80.30	87.17	59.00	411.49	846.91	904.69	2421.71
2010 年人均 GDP（元/人）	16306.81	19431.54	18961.50	18433.84	38791.29	36024.37	35274.56	37098.59	30778.66	12779.20	23093.98	15956.14
2019 年人均 GDP（元/人）	49584.62	46759.55	48158.97	64536.72	83073.67	83353.80	81904.66	82783.98	79130.04	47952.52	70198.61	53439.42
2000~2010 年 GDP 年均增长率(%)	33.95	33.60	34.47	34.13	109.88	90.04	88.18	96.41	58.15	32.34	41.15	22.70
2010~2019 年 GDP 年均增长率(%)	14.52	11.51	12.00	16.18	13.83	14.11	13.74	13.86	14.59	15.90	15.31	16.50

2. 经济空间变化

根据2000年、2010年、2019年的GDP公里网数据，借助自然断点分级法将研究区内GDP划分为极低、较低、中等、较高、极高五个等级。2000年，西藏自治区高值区域均集中在拉萨市，自然保护地全部处于GDP极低等级。2000~2010年，雅鲁藏布江区域经济状况有所改善，少部分变为GDP较高、中等等级，其余大部分均未出现上涨。2010~2019年，雅鲁藏布江区域极少部分边界GDP变为较高等级，包括林芝市境内部分国家森林公园、自治区级自然保护区及国家级自然保护区内南迦巴瓦峰，其余自然保护地一直处于GDP极低等级。在西藏自治区GDP不断攀升的同时，多数自然保护地尤其是羌塘、珠穆朗玛峰、色林错等国家级自然保护区GDP在19年间并未出现上升。对比人口空间变化可见，人口和GDP的空间变化大致相同，但自然保护地以外区域GDP的增长更为明显，相比之下自然保护地内的GDP上升幅度很小。国家级自然保护区内大部分区域依旧处于GDP极低等级，国家湿地公园全部处于GDP极低等级，自治区级自然保护区与国家森林公园GDP有所上升，但大部分区域尤其是国家级自然保护区仍处于GDP极低等级，各自然保护地内GDP 19年来只出现小幅上升。自然保护地内出现了小范围的经济增长，主要是因为政府生态补偿以及产业转型，如林芝市充分利用生态保护成果，因地制宜发展旅游业。

（三）自然保护地与土地利用的关系

1. 土地利用时间变化

基于遥感图像解译获取了西藏自治区1980年、1990年、2000年、2005年、2010年、2015年和2020年七年的土地利用数据并制作了土地利用转移矩阵。从2000~2020年的土地利用类型转移情况中发现，西藏自治区的耕地转入面积大于转出面积，转入和转出面积分别为6284.69km^2、3284.88km^2，在转入耕地中有68.24%为草地转化、有24.58%为林地转化、有3.62%为水域转化。林地面积净增加39566.77km^2，增幅为31.92%，主要为草地转化（76.96%）。草地面积有所减少，净转出面积为285633.19km^2，主要转化为未

利用土地（76%）、林地（14.95%）和水域（7.85%）。水域面积小幅度增加，净增加24494.56km²，其中68.3%为草地转化、28.58%为未利用土地转化。城乡工矿居民用地与未利用土地转入面积大于转出面积，其主要来源均为草地。

从不同类型自然保护地社区土地利用转移情况发现（见图2），除国家湿地公园耕地转入面积略有减少外，其余三类自然保护地耕地转入面积均大于转出面积，国家级自然保护区、自治区级自然保护区、国家森林公园耕地净转入面积分别为182.85km²、215.38km²、86.63km²。除自治区级自然保护区外，其余三类自然保护地草地面积均呈现一定幅度的减少，草地面积减少最多的为国家级自然保护区，共减少134329.62km²，占原有草地面积的44.34%，其中129518.35km²转化为未利用土地。各类自然保护地林地面积均有

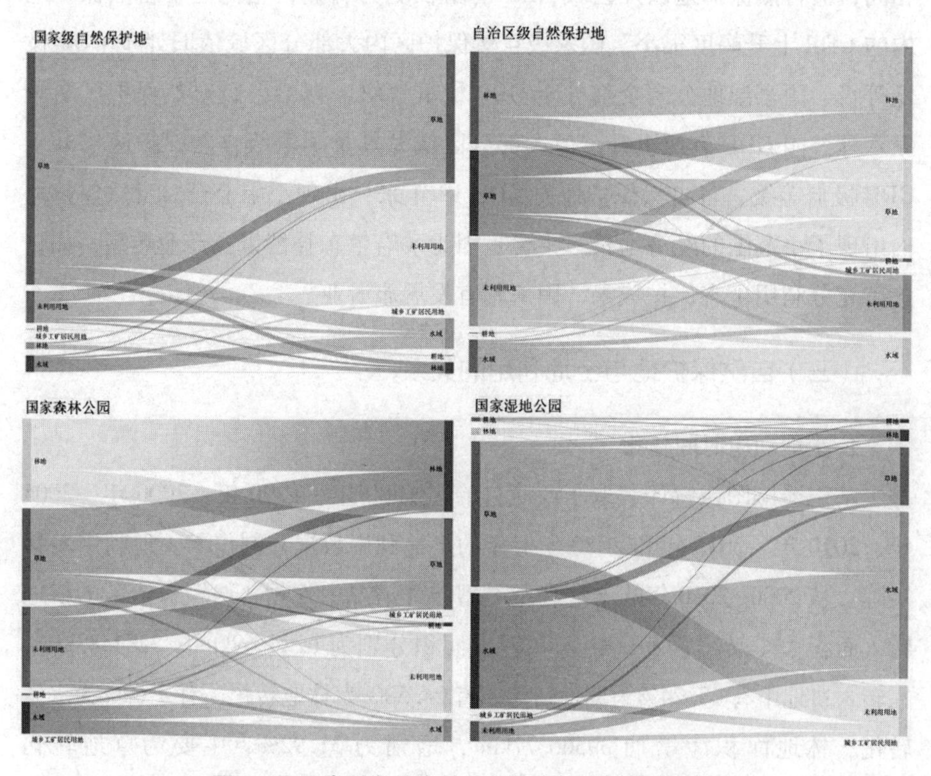

图2　不同类型自然保护地社区土地利用转移情况

所增加，国家级自然保护区、自治区级自然保护区、国家森林公园和国家湿地公园净转入面积分别为 6066.97km^2、1042.43km^2、359.85km^2、29.88km^2。除国家湿地公园外，其余三类自然保护地城乡工矿居民用地面积均有小幅增加，自治区级自然保护区净转入面积从无增加至 0.28km^2，国家级自然保护区、国家森林公园净转入面积分别为 18.71km^2、1.24km^2，增幅分别为 204.03%、101.64%。

总体来看，自然保护地内各类用地变化趋势大致与西藏自治区用地变化一致，耕地、林地、水域、城乡工矿居民用地及未利用土地面积增加，草地面积大幅度减少。各类用地转入面积均主要来自草地，这表明西藏自治区用地的扩张以减少草地为代价。西藏自治区林地面积大幅度增加，净增加 39566.77km^2，增幅为 31.92%，自然保护地内林地面积净增加 7499.16km^2，增幅为 39.18%，可见近年来为保护自然保护地所实施的一系列如封山育林等生态保护活动颇有成效。自然保护地内建设用地增幅明显较小，早期不合理的自然保护地划定范围和分区限制了人口经济发展，但对生态保护起到了促进作用。

自然保护地内用地变化也大致呈现此趋势，但自然保护地内社区发展明显较弱，自然保护地总面积为 411238.42km^2，占西藏自治区面积的 34.33%，但 2000 年自然保护地内城乡工矿居民用地面积仅为 10.64km^2，占西藏自治区该类用地面积的 8.44%，2020 年西藏自治区城乡工矿居民用地面积增加了 627km^2，自然保护地内面积为 30.77km^2，仅占西藏自治区该类用地面积的 4.91%。从各类自然保护地城乡工矿居民用地变化情况来看，自然保护地内部人为活动及基本扩张发展明显弱于外部，国家湿地公园城乡工矿居民用地面积出现减少，而对比西藏自治区城乡工矿居民用地面积增加了 501km^2，增幅为 397.62%。

2. 土地利用空间变化

根据 2000 年、2010 年、2020 年的土地利用数据，土地利用类型分为耕地、林地、草地、水域、城乡工矿居民用地和未利用土地 6 个一级类型。根据前文土地利用转移矩阵可知，西藏自治区耕地、林地、水域、城乡工矿居民用地及未利用土地面积增加，草地面积大幅度减少，分阶段看，变化主要出现在 2000~2010 年，2011~2020 年土地变化不大。2000~2020 年，西藏自治区城乡工矿居民用地面积增加几乎未出现在自然保护地内。西藏自治区林地和耕地主要位于东南部，自然保护地内主要为草地和水域，耕地和建设用地较少，20 年间也未有明显增长。国家湿地公园几乎为水域，20 年间无太大变化。国家森林公园内林地与耕地面积出现小幅度增加，草地面积稍有减少。2000~2010 年，国家级自然保护区内草地面积大幅度减少，主要体现在西北部羌塘国家级自然保护区、中部色林错国家级自然保护区、西南部珠穆朗玛峰国家级自然保护区等草地面积减少。2000~2020 年，西藏自治区西南部林地面积有所增加，自然保护地林地面积变化主要出现在林芝市境内部分国家森林公园、自治区级自然保护区及国家级自然保护区的核心区。

近年来，受全球气候变化影响，加之青藏高原生态脆弱，西藏自治区草地退化严重[①]。促进土地利用类型转型不仅能够提高土地利用效率，还能提升西藏自治区生态系统服务价值。西部大开发战略在促进西藏自治区经济社会发展的同时，对生态环境造成了一定的破坏，大面积草地退化为未利用土地，尤其是国家级自然保护区内草地面积大幅度减少。城镇建设用地主要与人口分布有关，拉萨等地区的城镇发展速度快，同时拥有较好的交通区位条件，城乡建设用地面积增加较快，而自然保护地内土地辽阔，交通不便，城镇发展速度慢，建设用地面积增加极慢。

四 西藏国家公园群建设后的社区可持续发展应对

（一）自然保护地限制社区可持续发展的主要表现

1. 自然保护地范围内生态移民导致人口数量下降显著

早期西藏自然保护地范围划定及分区是基于当期人口社会经济现状确定的，为了争取较多的林草补贴，自然保护地往往将范围尽量划大，对于城乡发展也未采取开天窗的形式将其剔除自然保护地范围，加之当时没有生态环

① 武爽等：《气候变化及人为干扰对西藏地区草地退化的影响研究》，《地理研究》2021 年第 5 期。

保监测和违法监测政策，并未考虑到后期经济社会大发展对于建设空间的诉求。西藏自然保护地内及其周边大量分布着以利用保护地自然资源为生的居民，其建设往往在生存权益、土地权益、生态补偿权益、环境权益等多方面带来矛盾冲突，由于对当地自然资源有依赖性以及受自然环境影响，当地居民认为自己与自然环境不可分割①，即使政府对搬离居民进行了一定补偿，但仍有部分居民认为原住地比迁出地更适合生产生活。

2. 自然保护地范围内城镇基础设施建设受限极大

城镇乡村建设区被不合理地划进自然保护地后，生产生活设施、基础和服务设施，如厂房、道路、房屋，乃至学校、医院、国防公路等的修建都无法实施，因为自然保护地法规定义这种做法是违法的，这极大影响了当地居民的经济收入与生活水平提高乃至边境安全。尽管政府投入资金用于社区发展，但受到制约的自然保护地的基础设施条件仍然较差。

3. 自然保护地范围内居民收入渠道减少

长久以来，当地居民与自然保护地之间具有高度的依存性②，当地居民收入渠道较少，谋生和发展手段单一。受自然保护地限制，当地居民无法发展大规模农业或工业，相较于非自然保护地居民，自然保护地内部居民只有两类生计策略可选择，分别是以自然资源为主的农业生产型策略，利用金融、信息等各类资本的商业经营型和复合型策略③。由于政府补贴以及生态生活方式转型，目前部分地区依靠自然资源寻求其他出路的方法得到实践，利用生态系统服务因地制宜发展生态旅游，实现了发展路径的适应性调整。但是，大部分地区对自然保护地的自然资源依赖性较强，还未找到合适的转型路径，仍然和当地生态保护存在一定的冲突。

---

① 陶广杰、潘善斌：《自然保护地原住居民权益保护问题探究》，《林业调查规划》2021 年第 5 期。

② 陈阳等：《国土空间规划视角下生态空间管制分区的理论思考》，《中国土地科学》2020 年第 8 期。

③ 杨彬如：《自然保护区居民生计资本与生计策略》，《水土保持通报》2017 年第 3 期。

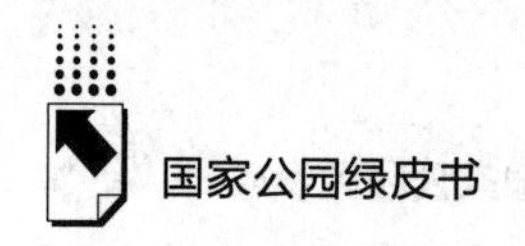

（二）西藏国家公园群建设带来的政策应对

1. 科学合理地确定国家公园范围及其与周边自然保护地之间的关系

以自然保护地体系优化为总体目标，探索在不同生态区域和典型生态片区的自然保护地分类和组合体系，确定以自然保护地群的方式来推动片区化的自然生态保护。其中，涉及国家公园建设区域时，要以国家公园高级别或较大面积的自然生态区域为核心，以若干个其他类型自然保护地为构成单元，在空间、结构、功能上形成组织有序、联系紧密、保护完整的自然保护地群，要尤其重视其中自然保护地范围调整和国家公园划定时社区发展的需要，给社区生计稳定增长预留足够空间。

2. 建立符合生态保护和社区可持续发展综合目标的分区模式

在西藏国家公园功能分区时，一方面要解决之前遗留的自然保护地划分范围和分区不合理的问题；另一方面要充分考虑社区传统生计延续、生态旅游发展的空间需求，尤其要重视毗邻国家公园或其他保护地的城市或小城镇，其是国家公园游憩系统的核心。根据美国杰克逊小镇和加拿大班夫小镇的建设经验，可考虑在国家公园外围入口处建设特色小镇，承接园内的搬迁人口，聚集发展要素开展特色旅游活动，尤其要注意生态环境与文化原真性保护，注重更加多元化的经济发展，争取将自身发展成为旅游目的地。

3. 针对不同类型的社区实施与国家公园协同发展的差异化调控措施

西藏国家公园群周边的社区表现出不同特征的空间耦合类型，可以根据社区与国家公园之间的交通区位关系、生态资源禀赋、文化历史传承、区域发展政策等因素，识别不同发展类型的社区来进行分类引导，如生态移民型、交通枢纽型、特色文化型、沿边发展型等耦合类型。根据不同耦合类型优化社区调控方式，切忌采取“一刀切”的方式或阻断社区生计资源，产生负面效应。

4. 建设并丰富西藏国家公园群社区发展的关联机制和产业网络

坚持贯彻资源保护，借助国内外国家公园社区及其旅游产业发展的经验，与政府、组织和企业构建良好的合作机制，构建国家公园社区发展效益和影响的促进与监督体系。将国家公园生态资源和绿色品牌优势转化为生态产品优势，促进生态价值发挥，包括建立多层次的生态旅游产品结构、多类型的社区生态农产品体系。制定国家公园空间范围内外的社区联合发展规划，与周边社区、城市等建立共通、共融和共同发展机制，由此形成社区产业多样化、绿色化、互补化局面，推动社区形成“资源—产业—治理”共赢局面。

5. 建立西藏国家公园群和社区可持续发展的利益协调机制

实现西藏自然保护地体系长期发展的关键在于资金收支平衡。国家公园所在地区要建立多元化的资金来源与补偿方式：一是政府拨款、门票收入等“输血式”的直接补偿；二是通过特许经营间接补偿方式实现长效、持续的“造血机制”，具体包括社区居民直接受雇于特许经营商、社区居民以个体工商户的形式参与特许经营、个人或集体举办企业参与特许经营三种模式。建立合理的反哺机制，主要以现金直补、教育基金，辅以教育培训的方式，增强社区居民生态保护意识、产业转型发展知识与技能以及文化认同感，推动建立社区共建共管共享机制。

五　结语

自然保护地不合理的范围和分区对当前人口、经济、土地利用等方面具有时空约束。2000~2019 年，西藏自然保护地及全域人口均出现较大幅度增长，但人口密度始终低于西藏自治区，部分地区单位面积人口密度不足西藏自治区的一半。自然保护地占西藏自治区总面积的 1/3 以上，居民点数量仅占西藏自治区的 12.60%。在西藏自治区 GDP 一直维持较高增长率的同时，自然保护地内 2010~2019 年 GDP 年均增长率出现大幅下降。自然保护地内主要为草地和水域，耕地和建设用地较少，19 年间也未有明显增长。

西藏国家级自然保护区与自治区级自然保护区人口密度远低于西藏自治区，人口增长率均随保护等级提高而降低，国家级自然保护区大部分区域处于极低人口等级，国家湿地公园范围全部处于极低人口等级，自治区级自然保护区与国家森林公园大部分区域仍处于极低人口等级。自治区级自然保护区 GDP 增长最快，国家级自然保护区大部分区域依旧处于极低等级，国家湿地公园增长最慢，全部处于极低等级。自然保护地内部人为活动及基本扩张发展明显弱于外部，国家湿地公园城乡工矿居民用地面积减少，自治区级自然保护区净转入面积从无增加至 0.28km^2，国家级自然保护区、国家森林公园净转入面积分别为 18.71km^2、1.24km^2，除自治区级自然保护区外，其余三类自然保护地草地面积均呈现一定幅度减少，草地面积减少最多的为国家级自然保护区。

西藏自然保护地内人口和建设用地受到的限制更大，经济方面由于政府补贴和当地部分地区成功转型放宽了保护地的限制。自然保护地内外人口和建设用地差距明显，相比之下自然保护地近年来经济发展较为良好，但自然保护地经济增长主要集中在小部分地区，大部分区域经济发展水平依旧较低。自然保护地对内部社区的限制主要包括自然保护地建设导致的生态移民、基础建设滞后、经济增收渠道减少等，生态移民就是使当地居民搬离原住地，导致自然保护地内居民减少，自然保护地的生态限制使内部及周边的大量居民的生计受到影响，自然保护地的生态脆弱性限制了基础设施修建，严重影响了当地居民的经济收入。因此，在本轮西藏自然保护地体系优化中，应加快形成以西藏国家公园群建设为主体的政策应对，科学合理地确定国家公园范围及其与周边自然保护地之间的关系，建立符合生态保护和社区可持续发展综合目标的分区模式，针对不同类型的社区实施与国家公园协同发展的差异化调控措施，建设并丰富西藏国家公园群社区发展的关联机制和产业网络，建立西藏国家公园群和社区可持续发展的利益协调机制。

与之前主要探讨居民点对自然保护地生态的影响不同，本文着眼于自然保护地对内部社区的影响。通过人口、经济、土地利用三个方面，从时间和空间两个维度对比自然保护地内外发展差异，分析自然保护地对内部社区发展的影响，评估自然保护地对内部社区发展的影响程度，进而对现有自然保护地范围进行优化调整，从而既能使自然保护地进行合理的保护，又能使社区发展得到“松绑”。目前的研究着重于对数据的分析，未能利用数据对影响自然保护地内社区发展的因素进行模型分析，在未来的研究中，应尝试用更多的方法处理数据，以得出更为细致、准确的结果，为放宽自然保护地对社区的限制提供更为有效的思路与方法。

G.12

国家公园社区增权对当地居民旅游参与意愿的影响机制研究

——以大熊猫国家公园唐家河片区为例*

高 云 徐姝瑶 洪静萱 余翩翩 张欣瑶 张玉钧**

摘 要： 国家公园强调全民所有和共建共享，但目前社区参与国家公园旅游的实践仍存在诸多困境。本文以大熊猫国家公园唐家河片区为例，总结国家公园社区旅游发展、居民旅游增权、居民旅游参与意愿等现状，分析国家公园社区居民在旅游增权感知与旅游参与意愿上的总体特征及群体差异。同时结合认知—情感—意向理论，探究“社区旅游增权—居民旅游发展满意度—居民生活质量—居民旅游参与意愿”的链式中介理论关系模型中各变量的相关关系及影响作用机制，并基于上述研究结果，提出了相应的社区增权路径，为国家公园周边社区提升居民生活质量、旅游发展满意度，激发居民参与动力提供指导，以期有效促进国家公园及周边社区的可持续发展。

* 本文系北京林业大学中央高校基本科研业务费专项资金项目（哲学社会科学高质量发展行动计划）“国家公园社区韧性发展研究”（项目编号：2023SKY19）的研究成果。

** 高云，北京林业大学园林学院2020级风景园林硕士，主要研究方向为自然保护地管理、生态旅游规划；徐姝瑶，北京林业大学园林学院2022级风景园林硕士研究生，主要研究方向为自然保护地游憩；洪静萱，北京林业大学园林学院2022级风景园林硕士研究生，主要研究方向为自然保护地游憩；余翩翩，北京林业大学园林学院2022级风景园林博士研究生，主要研究方向为自然保护地游憩；张欣瑶，北京林业大学园林学院2023级风景园林硕士研究生，主要研究方向为自然保护地游憩；张玉钧，北京林业大学园林学院教授，北京林业大学国家公园研究中心主任，博士生导师，主要研究方向为自然保护地生态旅游规划与管理。

关键词： 国家公园　社区增权　旅游参与意愿　唐家河

国家公园具有全民公益性①。构建国家公园全民共享机制，既要重视大众的游憩需要，也要重视社区居民的发展诉求。随着人与自然生命共同体理念的传播，全球范围内对社区参与国家公园建设的日益重视，社区居民的价值得到肯定和认同。社区居民是国家公园发展建设的核心主体之一，不仅可以为国家公园的保护做出贡献，还是国家公园可持续发展的重要参与者，如何让社区参与、利益共享，成为当前国家公园理论和实践探索的重要课题。

在国家公园内有条件地、科学合理地开展生态旅游和自然体验等活动，既可以为公众提供优质的游憩机会和生态产品，也可以为自然保护提供支持，更可以带动居民就业并增加其收入，在经济、文化、社会、政治等方面实现社区利益共享和可持续发展，因此社区居民渴望参与国家公园旅游的开发，并在旅游发展过程中获得权力和政策的倾斜与保障，实现自身利益的提升。但现实情况是，社区参与国家公园旅游面临多重挑战，包括复杂的社区背景、人地矛盾、资源权属争端、各利益相关者冲突等，使得社区参与国家公园旅游的程度普遍较低，社区居民处于弱势地位，旅游参与乏力。深究其理论根源，“社区参与”理念存在局限，其强调参与的经济过程而忽视权力博弈的本质，理论大多流于形式。

因此，国家公园旅游需要从社区参与走向社区增权，社区增权强调权利认识和权力考量，可以进一步深化社区参与的内涵，提升社区参与的效率，从根本上摆脱社区参与无力的困境。本文以大熊猫国家公园唐家河片区为例，结合认知（Cognition）—情感（Affection）—意向（Conation）理论，引入居民旅游发展满意度、居民生活质量作为中介变量，探究“社区旅游

① 陈君帜、唐小平：《中国国家公园保护制度体系构建研究》，《北京林业大学学报》（社会科学版）2020 年第 1 期。

增权—居民旅游发展满意度—居民生活质量—居民旅游参与意愿”的链式中介理论关系模型是否成立，以及各变量的相关关系及影响作用机制，主要是了解大熊猫国家公园唐家河片区周边社区居民的旅游参与现状，厘清居民的旅游增权、旅游发展满意度、生活质量以及旅游参与意愿的现状，并分析国家公园社区居民在以上各维度感知的总体特征及群体差异，为国家公园周边社区拓宽旅游增权路径、提升居民生活质量和旅游发展满意度、激发和提升居民旅游参与积极性提供建设性的参考。

在研究视角和分析方法方面，目前对国家公园社区居民的研究多以社区参与为主题，诸多研究并未涉及增权理论，也较少使用定量分析方法，本文的研究引入增权理论，同时采用结构方程模型分析方法实现对社区增权的定量分析，丰富了社区参与的研究视角和分析方法。此外，本文以认知—情感—意向理论为基础，创造性地选取居民的旅游发展满意度、生活质量、旅游参与意愿作为变量，扩充了理论研究的变量指标选取和模型测度构建。

一　理论基础与研究方法

（一）相关概念及研究进展

1. 社区旅游增权

“增权”是一种以外界干预为基础的方法，主要目的是帮助个人或组织获得更强的自主性和更多的权利与权力①。在旅游发展过程中，增权是在各利益相关者的协商、交流、博弈中达成的②，是赋予居民或给居民增加的“权”③。

① Zimmerman, M. A., “Taking Aim on Empowerment Research: On the Distinction between Individual and Psychological Conceptions,” *American Journal of Community Psychology* 18 (1990): 169-177.

② 张民巍：《社区制度的培育与规则的形成——从几个案例考察城市社区权力的形成方式》，《北京联合大学学报》（人文社会科学版）2004 年第 2 期。

③ Scheyvens, R., “Ecotourism and the Empowerment of Local Communities,” *Tourism Management* 20 (1999): 245-249.

本文将“社区旅游增权”定义为：通过旅游发展和外部利益相关者的干预，从经济利益、政治体制、社会互动、心理强化四个方面促进居民获得更多权力与权利，增加居民主动参与国家公园建设和旅游发展的权力与权利，并获得经济、政治、社会、心理多重效益。

2. 居民参与意愿

本文中的居民参与意愿是由社区参与这一概念拓展而来的。保继刚、孙九霞提出，社区参与需充分发挥社区在旅游决策、规划、管理、监督中的作用，推动旅游和社区的一体化可持续发展①。参与意愿是指社区居民对参与社区旅游活动的态度和观念②。本文中的居民参与意愿特指居民旅游参与意愿，即居民参与旅游发展的意愿，其受到旅游收入水平、设施条件、制度空间等间接因素和居民年龄、受教育水平及旅游感知等直接因素的影响。

（二）相关理论基础

1. 增权理论

增权理论（Empowerment Theory）强调通过外部干预来提升弱势群体的权力，削弱他们的无权感③。增权的目的是减少外部权力的限制，提升其获取资源、利用权力和享有权利的信心及能力④。然而，基于我国国情和社会现实，政府和企业资本在国家公园建设与发展中往往较为强势，社区居民处于弱势地位，难以享有自身应得的权利或权力。在本文中，增权理论主要用于判断国家公园社区居民对增权的感知情况和影响效应。

2. 社会交换理论

Blau 于 20 世纪 60 年代提出社会交换理论（Social Exchange Theory），该理论认为，在一种复杂的社会环境和关系下，人与人之间存在社会资源互换

---

① 保继刚、孙九霞：《社区参与旅游发展的中西差异》，《地理学报》2006 年第 4 期。

② 王会战：《文化遗产地社区旅游增权研究》，博士学位论文，西北大学，2015。

③ Simon, B. L., “Rethinking Empowerment,” *Journal of Progressive Human Services* 1 (1990): 27-39.

④ 杨舒悦：《文化遗产地居民旅游增权感知及其影响研究——以武当山为例》，硕士学位论文，华中师范大学，2018。

的交往行为。20 世纪 80 年代末，一些学者将该理论延伸至旅游研究领域，认为居民基于旅游发展获得的成本收益决定其对旅游发展的主观态度[①]。本文认为，增加居民在国家公园旅游发展中的参与机会和对应权利，能提高社区居民的实际获益程度，达成国家公园、社区、居民三者良性循环的长远愿景。

3. 认知—情感—意向理论

Hilgard 于 1980 年提出认知—情感—意向理论[②]，该理论有助于阐明意识的三个组成部分之间的顺序联系[③]，即在参与行为期间的认知、情感和意向。认知维度作为前因变量，包括环境意识、归因责任、价值感知等方面[④]；情感维度作为中介变量，包括满意度、忠诚度或地方联结等方面[⑤]；意向维度作为结果变量，一般反映在参与意向、重游意向等方面[⑥]。本文的研究变量也是基于该理论进行选取的。

（三）研究方法与数据收集

1. 研究区域

大熊猫国家公园唐家河片区周边涉及平武县的高村、木皮、木座和青

---

① Ap, J., Crompton, J. L., "Developing and Testing a Tourism Impact Scale," *Journal of Travel Research* 37 (1998): 120-130.

② Hilgard, E. R., "The Trilogy of Mind: Cognition, Affection, and Conation," *Journal of the History of the Behavioral Sciences* 16 (1980): 107-117.

③ Qin, H., Osatuyi, B., Xu, L., "How Mobile Augmented Reality Applications Affect Continuous Use and Purchase Intentions: A Cognition-affect-conation Perspective," *Journal of Retailing and Consumer Services* 63 (2021): 102680.

④ Klöckner, H., Langen, N., Hartmann, M., "COO Labeling as a Tool for Pepper Differentiation in Germany: Insights into the Taste Perception of Organic Food Shoppers," *British Food Journal* (2013): 1149 - 1168; Yuksel, A., Yuksel, F., Bilim, Y., "Destination Attachment: Effects on Customer Satisfaction and Cognitive, Affective and Conative Loyalty," *Tourism Management* 31 (2010): 274-284.

⑤ 顾雅青、崔凤军：《世界文化遗产地认知对游客满意度及忠诚度的影响——以杭州为例》，《世界地理研究》2023 年第 5 期；孙晓东、倪荣鑫：《中国邮轮游客的产品认知、情感表达与品牌形象感知——基于在线点评的内容分析》，《地理研究》2018 年第 6 期。

⑥ 韩剑磊等：《视频社交媒体用户的旅游行为意向影响因素分析——基于信任的中介效应》，《旅游研究》2021 年第 4 期。

川县的青溪、桥楼、三锅6个乡（镇）。社区以从事农林牧业生产、劳务输出、旅游业等为主，兼有少量的渔业收入。目前，传统单一的农作物耕种已逐步转换为以农、林、牧、副、茶为主的生产格局，周边居民收入和生活水平稳步提高。唐家河的管理与发展给周边社区居民带来了不同程度的惠益，周边村落通过种植雷竹和中药材、加工柿饼、开办农家乐等方式吸引游客。

根据大熊猫国家公园唐家河片区的地理位置，本文依次选取落衣沟村、阴平村、青溪镇这三个地点作为研究的主要区域。这三个地点均是当地具有一定旅游业基础的区域，且因为与国家公园地理位置存在一定差异，适合作为调研地点。

2. 分析框架

本文的研究假设主要是依据认知—情感—意向理论，该理论认为认知是意向产生的基础，情感是认知和意向的中介，意向是认知和情感的最终结果[①]。在本文中，社区旅游增权感知属于认知维度，是模型的前因变量；居民生活质量和居民旅游发展满意度属于情感维度，是模型的中介变量；居民旅游参与意愿属于意向维度，是模型的结果变量。居民旅游发展满意度和居民生活质量间的关系是依据自下而上的溢出理论得出的，该理论认为满意度包括生活关心满意度、生活维度满意度和总体生活满意度三个层次，各层次会产生溢出效应自下而上影响位于顶层的生活质量，而本文中的居民旅游发展满意度即属于第二层的生活维度满意度，居民生活质量属于第三层的总体生活满意度。

在上述研究假设基础上，本文构建了社区旅游增权对居民旅游参与意愿的影响机制理论模型（见图1），该模型为“社区旅游增权—居民旅游发展满意度—居民生活质量—居民旅游参与意愿”的链式中介理论关系

① Qin, H., Osatuyi, B., Xu, L., “How Mobile Augmented Reality Applications Affect Continuous Use and Purchase Intentions: A Cognition-affect-conation Perspective,” *Journal of Retailing and Consumer Services* 63 (2021): 102680.

模型，包含社区旅游增权、居民旅游发展满意度、居民生活质量、居民旅游参与意愿四个主变量，社区旅游增权是模型的前因变量，由旅游经济增权、旅游政治增权、旅游社会增权、旅游心理增权四个维度组成；居民旅游参与意愿是模型的结果变量，居民生活质量和居民旅游发展满意度是模型的中介变量。

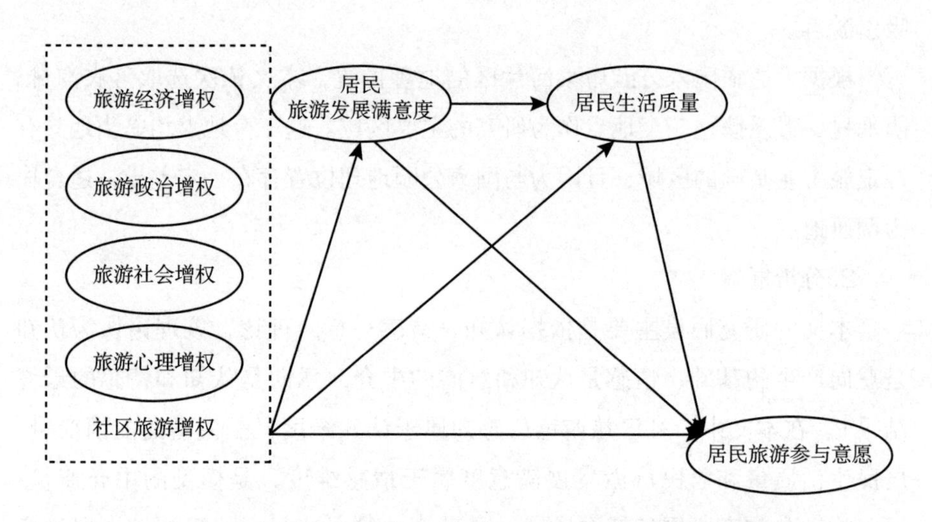

图1　社区旅游增权对居民旅游参与意愿的影响机制理论模型

3. 数据收集与处理

2022年9~10月，调研团队在大熊猫国家公园唐家河片区的落衣沟村、阴平村、青溪镇开展实地调研，包括问卷发放、实地访谈等。问卷内容包含社区居民旅游参与特征、社区旅游增权、居民生活质量、居民旅游参与意愿、居民权利意识与增权路径等多个部分，回收问卷后总计有效问卷319份。实地访谈在唐家河片区周边社区、管理处、景区等区域开展，访谈围绕旅游发展及参与现状、旅游增权、旅游发展满意度、旅游参与意愿、利益相关者诉求、所处困境等内容展开，整理后形成访谈文本，共计10.2万字。

二　唐家河周边社区的旅游发展与居民参与

（一）社区旅游发展情况

本文所选的落衣沟村、阴平村和青溪镇由于与国家公园的地理区位关系、社会经济条件、自然资源禀赋等存在差异，旅游发展的情况各不相同。

落衣沟村位于国家公园一般控制区范围内，自然禀赋十分优越，且因靠近山林而气候舒适宜人，主要发展自然教育、生态旅游、避暑康养度假，但落衣沟村的旅游发展会受到国家公园保护管理制度的制约以及社区面积和基础设施的限制。

阴平村位于国家公园范围外，邻近唐家河片区入口，既离优质的自然资源较近，又不受管理制度的制约，因此旅游发展的规模最大，有较好的旅游基础设施和较高的旅游知名度，主要发展精品乡村休闲旅游，开发了“一村一品”精品民宿，但阴平村内部旅游发展不平衡、同质化较严重，存在部分恶性竞争。

青溪镇位于国家公园范围外，交通便利、旅游基础设施完善，旅游配套条件优于其他两个区域，同时青溪古城是其另一旅游亮点，适合城市居民周末休闲娱乐。但青溪镇对游客的吸引力仍以唐家河自然观光体验为主，且与唐家河核心自然旅游资源存在一定距离，未受到自然旅游与体验以及避暑康养这两大主要游客群体的喜爱。

（二）社区居民旅游参与情况

根据国家公园社区居民参与旅游的时间序列、方式规模、内容等进行划分，三个社区的居民在参与旅游过程中经历了诱导自发式参与、主动积极式参与、组织规模式参与以及限制衰退式参与四个发展阶段（见图 2）。

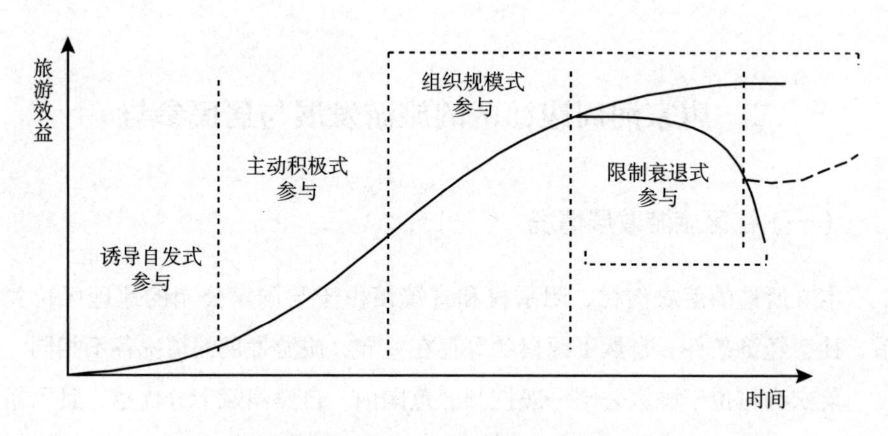

图 2　国家公园社区居民旅游参与的发展阶段

1. 诱导自发式参与阶段

诱导自发式参与出现在旅游发展的初期。2000 年前后，唐家河片区已经有了一定的旅游知名度和零散的旅游者，周边的落衣沟村、阴平村、青溪镇凭借地理位置与自然资源优势，受到旅游经济利益的驱使，自发式地进行不成规模的、松散的旅游经营活动。在这个阶段，青溪镇和阴平村居民的旅游参与意识较强，较早开始了旅游经营，而落衣沟村居民参与旅游较晚。社区居民以独立农户的身份参与旅游，多发展简易农家乐，旅游经营无序，易产生各种矛盾和纠纷，且易对生态环境造成破坏。

2. 主动积极式参与阶段

主动积极式参与是旅游发展有了一定基础，居民在感受到旅游带来的诸多效益之后，主动寻找旅游商机，积极地进行旅游经营活动。阴平村从 2006 年开始主动发展乡村旅游，出现了 6 家示范带头的农家乐。2008 年汶川地震后，得益于震后政策扶持，建筑物被修缮，落衣沟村、阴平村、青溪镇均有了发展旅游特别是农家乐的设施基础。三个社区的居民在这个阶段主动效仿已获得一定旅游效益的社区精英，积极发展接近旅游接待标准的农家乐，自此以农家乐为主的旅游经营方式得到快速发展。

3. 组织规模式参与阶段

组织规模式参与出现在旅游发展的中后期。在这个阶段，不成规模的、无组织的自发主动式参与旅游经营已经不能满足居民的利益诉求，由零散的、各自为营的按户旅游经营走向有专业引导和支持的合作社式或集体统一式旅游经营成为必然。2013 年，四川省唐家河国家级自然保护区管理处和阴平村共同建立了资源共管委员会，并成立“花果人间”乡村旅游专业合作社；2017 年以来，阴平村共有 156 家农家乐享受到政府 300 多万元的贷款贴息。与此同时，落衣沟村和青溪镇迎来了居民参与旅游经营的热潮，2016~2018 年正式挂牌成立了多家农家乐和酒店、民宿，落衣沟村实现了村集体统一领导旅游经营的模式，青溪镇也成立了农家乐协会用来指导和协调镇内的旅游经营活动。由于阴平村和青溪镇受国家公园管护制约较小，在国家公园和生态旅游的发展热潮下，可以预见这两个社区未来仍将处于组织规模式参与阶段，居民参与旅游进入到稳定阶段且可能达至鼎盛期。

4. 限制衰退式参与阶段

限制衰退式参与同样出现在旅游发展的中后期。在经历一段时间的组织规模式参与后，社区旅游发展到一定规模和拥有一定基础，但受到各方面因素影响，社区居民的旅游参与可能会面临困境，出现旅游竞争力衰退、参与规模和力度减小等问题，落衣沟村的居民正在面临限制衰退式参与的情况。2018 年后，国家公园体制进一步完善，国家公园范围内的保护管理政策和规范进一步严格与强化，如落衣沟村的建筑兴建和更新均需符合要求且较难通过审批，养殖种植产业也受到限制，居民参与意愿强烈却难以建设旅游设施和开展经营活动，这在一定程度上影响了其旅游发展。加之新冠疫情发生后，旅游行业受到较大影响，2022 年唐家河旅游开发公司和落衣沟村又存在旅游车辆进出限制的冲突，种种因素交织，导致落衣沟村的居民暂时进入限制衰退式参与阶段。未来，其旅游参与和发展是衰退加重还是重新走向组织规模式参与的蓬勃状态，还需要结合当地的规划建设、政策方针以及现实情况进行综合研判。

（三）社区旅游增权的利益相关者

国家公园社区旅游增权是在社区与当地的政府、企业以及其他利益相关者的协商、交流、博弈中达成的，本文梳理了社区旅游增权的利益相关者谱系，以探究各利益相关者之间的作用、关系（见图 3）。

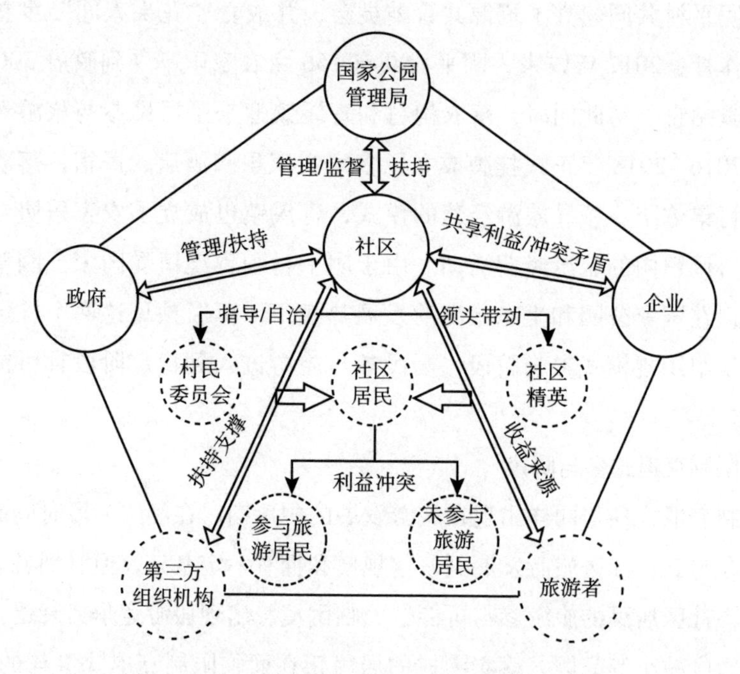

图 3　国家公园社区旅游增权的利益相关者谱系

三　社区居民在不同维度的感知水平与差异

社区居民的各维度感知水平包括旅游增权水平、旅游参与意愿水平、旅游发展满意度、生活质量水平四个方面，分为总体特征和群体差异两部分。在群体差异上，居民旅游参与程度和居民属性各分为了两类，其中，居民旅游参与程度选用“是否从事旅游”和“旅游从业年限”两个标准进行体现，居民属性选用“居住状态”和“居住位置”两个标准进行体现，共计四类居民群体。对于每类居民群体，若有两个分组变量，则采用独立样本 t 检验判断其差异显著性；若有三个及三个以上分组变量，则采用单因素方差分析判断其差异显著性。

（一）社区居民旅游增权的总体水平与群体差异

1. 居民整体社区旅游增权水平

研究结果表明，在社区旅游增权的四个维度中，居民的旅游心理增权、旅游经济增权处于中高水平，旅游社会增权处于中等水平，旅游政治增权处于低水平。可见，当地的旅游发展和居民的旅游参与增强了居民的自豪感、自尊心、自信心，带来了共享的、持续的经济收益，但是并未畅通渠道和方式以便居民表达看法与意见建议，政治诉求和权利缺位，对社区凝聚力的提升也较小。

2. 不同居民群体的社区旅游增权差异

（1）居民旅游参与程度对社区旅游增权水平的影响差异

从表 1 中可以得出，居民从事/未从事旅游在社区旅游增权各维度上均存在显著差异，从事旅游的居民增权感知普遍高于未从事旅游的居民。其中，旅游经济增权和旅游社会增权维度差异较大，旅游政治增权维度差异中等，旅游心理增权维度差异较小。

表 1　居民是否从事旅游对社区旅游增权的独立样本 t 检验

变量	是否从事旅游	样本量	平均值	标准差	t	显著性（双尾）p	Cohen's d 值
旅游经济增权	从事旅游	266	4.015	0.595	15.397	0.000***	2.316
	未从事旅游	53	2.426	1.032			
旅游政治增权	从事旅游	266	2.383	0.775	3.512	0.001***	0.528
	未从事旅游	53	1.958	0.932			
旅游社会增权	从事旅游	266	3.454	0.678	5.63	0.000***	0.847
	未从事旅游	53	2.845	0.899			

续表

变量	是否从事旅游	样本量	平均值	标准差	t	显著性（双尾）p	Cohen's d 值
旅游心理增权	从事旅游	266	3.900	0.698	2.085	0.038**	0.314
	未从事旅游	53	3.672	0.866			

注：***、**、*分别代表1%、5%、10%的显著性水平。

从表2中可以得出，居民旅游从业年限在社区旅游增权各维度上均存在显著差异。运用LSD法进行进一步事后比较，结果显示，旅游从业年限为0年的居民在旅游经济增权、旅游政治增权、旅游社会增权感知水平上显著低于有一定旅游从业年限的居民，在旅游心理增权感知水平上显著低于旅游从业年限1年以下、旅游从业年限10年及以上的居民。

表2 居民旅游从业年限对社区旅游增权的单因素方差分析

变量	旅游从业年限	0年	1年以下	1~3年	3~5年	5~10年	10年及以上	F	显著性（双尾）p	LSD
旅游经济增权	平均值	2.426	3.880	3.892	3.861	4.088	4.116	49.362	0.000***	1<2,3,4,5,6 6>4
	标准差	1.032	0.575	0.676	0.583	0.581	0.562			
旅游政治增权	平均值	1.959	2.500	2.467	2.174	2.342	2.445	3.421	0.005***	1<2,3,5,6
	标准差	0.932	0.998	0.916	0.644	0.679	0.770			
旅游社会增权	平均值	2.845	3.560	3.533	3.239	3.492	3.478	7.430	0.000***	1<2,3,4,5,6
	标准差	0.899	0.651	0.588	0.603	0.695	0.727			
旅游心理增权	平均值	3.672	4.110	3.913	3.644	3.861	3.992	2.754	0.019**	1,4<2,6
	标准差	0.866	0.438	0.709	0.698	0.669	0.727			

注：***、**、*分别代表1%、5%、10%的显著性水平。

（2）居民属性对社区旅游增权水平的影响差异

从表3中可以得出，本地居民和外地居民在旅游政治增权和旅游心理增权维度上存在显著差异，在旅游经济增权和旅游社会增权维度上不存在显著差异。这与居民的社区认同和依赖相关，外地居民的旅游政治增权感知水平略高于本地居民。这是由于外地居民来唐家河发展，更热衷和关心旅游政策，更希望通过一定的政治诉求来谋求自身旅游参与的积极发展；本地居民在旅游参与中的主体地位却在和政府、企业等利益相关者博弈的过程中被忽视，处于一种政治上的无权状态。

表 3　居民居住状态对社区旅游增权的独立样本 t 检验

变量	居住状态	样本量	平均值	标准差	t	显著性（双尾）p	Cohen's d 值
旅游经济增权	本地居民	297	3.758	0.892	0.469	0.639	0.104
	外地居民	22	3.664	1.087			
旅游政治增权	本地居民	297	2.277	0.79	-2.824	0.005***	0.624
	外地居民	22	2.782	1.029			
旅游社会增权	本地居民	297	3.338	0.758	-1.303	0.194	0.288
	外地居民	22	3.555	0.662			
旅游心理增权	本地居民	297	3.840	0.743	-2.013	0.045**	0.445
	外地居民	22	4.164	0.464			

注：***、**、* 分别代表 1%、5%、10%的显著性水平。

从表 4 中可以得出，居民居住位置仅在旅游经济增权维度上存在显著差异。运用 LSD 法进行进一步事后比较，结果显示，在旅游经济增权感知水平上，落衣沟村高于阴平村、青溪镇。结合唐家河社区和旅游发展的实际状况，这与所在村镇的经济基础和旅游所获收益相关，落衣沟村的经济基础弱于阴平村，阴平村的经济基础弱于青溪镇。落衣沟村属于大熊猫国家公园唐家河片区，在旅游未发展起来时，村民以务农和外出打工为生，村落经济基础差，居民经济收入少，因此在国家公园旅游发展之后，村民处于旅游发展的核心地区，获得了更多的就业机会和较高的经济收入，因此旅游经济增权感知水平显著高于其他两地。

表 4　居民居住位置对社区旅游增权的单因素方差分析

变量	居住位置	落衣沟村	阴平村	青溪镇	t	显著性（双尾）p	LSD
旅游经济增权	平均差	3.886	3.785	3.525	3.579	0.029**	1,2>3
	标准差	0.773	0.893	1.036			
旅游政治增权	平均差	2.262	2.329	2.338	0.246	0.782	—
	标准差	0.550	0.886	0.938			

续表

变量	居住位置	落衣沟村	阴平村	青溪镇	t	显著性（双尾）p	LSD
旅游社会增权	平均差	3.365	3.371	3.304	0.216	0.805	—
	标准差	0.680	0.794	0.758			
旅游心理增权	平均差	3.752	3.885	3.948	1.647	0.194	—
	标准差	0.701	0.733	0.757			

注：***、**、*分别代表1%、5%、10%的显著性水平；“—”表示此处无数据。

（二）社区居民旅游参与意愿的总体水平与群体差异

1. 居民整体旅游参与意愿水平

研究结果表明，居民旅游参与意愿整体都很强烈，体现了居民渴望参与当地旅游发展并从中获得效益。

2. 不同居民群体的旅游参与意愿差异

（1）居民旅游参与程度对旅游参与意愿的影响差异

从表5中可以得出，社区居民从事旅游与否对其旅游参与意愿存在显著差异，且差异较大，从事旅游的居民的旅游参与意愿普遍强于未从事旅游的居民。这是由于从事旅游的居民普遍从旅游中获得了较大的收益，因此更热衷于参与旅游；本身未从事旅游的居民并未从旅游中受益，因此旅游参与意愿没有前者强。

表5　居民是否从事旅游对其旅游参与意愿的独立样本 t 检验

变量	是否从事旅游	样本量	平均值	标准差	t	显著性（双尾）p	Cohen's d 值
居民旅游参与意愿	从事旅游	266	4.434	0.472	6.94	0.000***	1.044
	未从事旅游	53	3.912	0.620			

注：***、**、*分别代表1%、5%、10%的显著性水平。

居民旅游从业年限在其旅游参与意愿上存在显著差异，旅游从业年限为0年的居民的旅游参与意愿显著弱于有一定旅游从业年限的居民，特别是旅游从业年限为5~10年、10年及以上的居民，旅游参与意愿均显著强于从业5年以下的居民。这是因为居民的旅游从业年限越长，其从旅游中获得的收益越大，越愿意参与未来的旅游发展。

表6　居民旅游从业年限对其旅游参与意愿的单因素方差分析

变量	旅游从业年限	0年	1年以下	1~3年	3~5年	5~10年	10年及以上	F	显著性(双尾)p	LSD
居民旅游参与意愿	平均值	3.912	4.258	4.303	4.265	4.557	4.523	13.651	0.000***	1<2,3,4,5,6
	标准差	0.619	0.639	0.559	0.589	0.356	0.348			1,2,3,4<5,6

注：***、**、*分别代表1%、5%、10%的显著性水平。

（2）居民属性对旅游参与意愿的影响差异

不同居住状态和居住位置的居民在旅游参与意愿上不存在显著差异，其显著性均未通过检验，这是因为社区居民的旅游参与意愿整体都较为强烈。

（三）社区居民旅游发展满意度和居民生活质量总体水平与群体差异

1. 居民整体旅游发展满意度和生活质量水平

研究结果表明，居民旅游发展满意度的总均值处于中等偏低水平，数值为3.44。题项“我对本地的旅游发展现状感到满意”的均值最低，可见与其他发展旅游的地方相比，居民对本地的旅游发展满意度偏低，本地旅游发展和其他地区相比有一定差距，居民渴望本地旅游发展更好。

居民生活质量水平整体较高，总均值为3.96。当地居民对生活抱有信心，普遍认为在当地生活下去，未来的日子会越来越好。

2. 不同居民群体的旅游发展满意度和生活质量差异

（1）居民旅游参与程度对居民旅游发展满意度和居民生活质量的影响差异

居民从事/未从事旅游在居民旅游发展满意度上不存在显著差异，这与居民旅游发展满意度整体都处于中低水平有关。居民从事/未从事旅游在居民生活质量水平上存在显著差异，表明从事旅游的居民生活质量水平普遍高于未从事旅游的居民。

从表7中可以得出，居民旅游从业年限在居民旅游发展满意度和居民生活质量上均存在显著差异。在居民旅游发展满意度方面，旅游从业年限为0年的居民在旅游发展满意度感知水平上显著低于旅游从业年限为10年及以上的居民。

在居民生活质量方面，旅游从业年限为0年的居民在生活质量水平上显著低于其他旅游从业年限更久的居民，旅游从业年限为10年及以上的居民的生活质量水平显著高于旅游从业年限为3~5年的居民。

表7　居民旅游从业年限对居民生活质量和居民旅游发展满意度的单因素方差分析

变量	旅游从业年限	0年	1年以下	1~3年	3~5年	5~10年	10年及以上	F	显著性(双尾)p	LSD
居民生活质量	平均值	3.610	4.100	3.949	3.877	4.068	4.093	7.709	0.000***	1<2,3,4,5,6
	标准差	0.731	0.372	0.575	0.487	0.404	0.394			6>4
居民旅游发展满意度	平均值	3.327	3.625	3.483	3.203	3.393	3.585	2.655	0.023**	1<6
	标准差	0.855	0.604	0.614	0.682	0.708	0.622			2,6>4

注：***、**、*分别代表1%、5%、10%的显著性水平。

（2）居民属性对居民旅游发展满意度和居民生活质量的影响差异

本地/外地居民在居民生活质量上不存在显著差异，这是因为居民生活质量水平整体较高，没有本地与外地的区分。但本地/外地居民在居民旅游发展满意度上存在显著差异，且差异较小，外地居民的居民旅游发展满意度略高于本地居民。这是由于外地居民专门来唐家河发展，对唐家河旅游发展的期许较高，且从事旅游为其带来了比原住地更大的收益。

从表8中可以得出，居民居住位置在居民旅游发展满意度上存在显著差异，在居民生活质量上不存在显著差异。在居民旅游发展满意度上，阴平村、青溪镇高于落衣沟村，青溪镇高于阴平村，这可能与国家公园的保护和管理制度，以及当地的旅游发展政策和旅游扶持力度相关。落衣沟村属于大熊猫国家公园唐家河片区，受国家公园保护和管理制度的影响，虽有较优质的旅游资源，但旅游发展受限，因此居民旅游发展满意度较低。青溪镇交通便利，民宿、酒店林立，旅游基础设施条件较好，旅游发展集中，居民从旅游发展中获得了较大收益，而阴平村旅游发展不均衡，部分居民未获得较大收益，因此青溪镇的居民旅游发展满意度比阴平村高。

表 8　居民居住位置对居民生活质量和居民旅游发展满意度的单因素方差分析

<table>
<tr><th>变量</th><th>居住位置</th><th>落衣沟村</th><th>阴平村</th><th>青溪镇</th><th>F</th><th>显著性（双尾）p</th><th>LSD</th></tr>
<tr><td rowspan="2">居民生活质量</td><td>平均值</td><td>3.947</td><td>3.933</td><td>4.028</td><td rowspan="2">0.873</td><td rowspan="2">0.419</td><td rowspan="2">—</td></tr>
<tr><td>标准差</td><td>0.461</td><td>0.575</td><td>0.504</td></tr>
<tr><td rowspan="2">居民旅游发展满意度</td><td>平均值</td><td>3.154</td><td>3.465</td><td>3.736</td><td rowspan="2">16.077</td><td rowspan="2">0.000***</td><td>2,3>1</td></tr>
<tr><td>标准差</td><td>0.600</td><td>0.748</td><td>0.562</td><td>2<3</td></tr>
</table>

注：***、**、*分别代表 1%、5%、10%的显著性水平；“—”表示此处无数据。

四　社区旅游增权对居民旅游参与意愿的影响机制

（一）社区旅游增权对居民旅游参与意愿的直接效应影响

本文使用 SmartPLS 软件对结构模型进行检验，结构模型的路径检验结果如图 4 所示。其中，有 10 条影响路径显著、有 5 条影响路径不显著。

具体分析，旅游经济增权对居民旅游参与意愿起直接的正向影响作用。一方面，国家公园旅游处于初级发展阶段，和其他利益相关者相比，社区居民较看重旅游的经济效益；另一方面，居民的弱势地位导致其在获得一定旅游经济收益后，参与旅游发展的愿望被进一步激发。旅游心理增

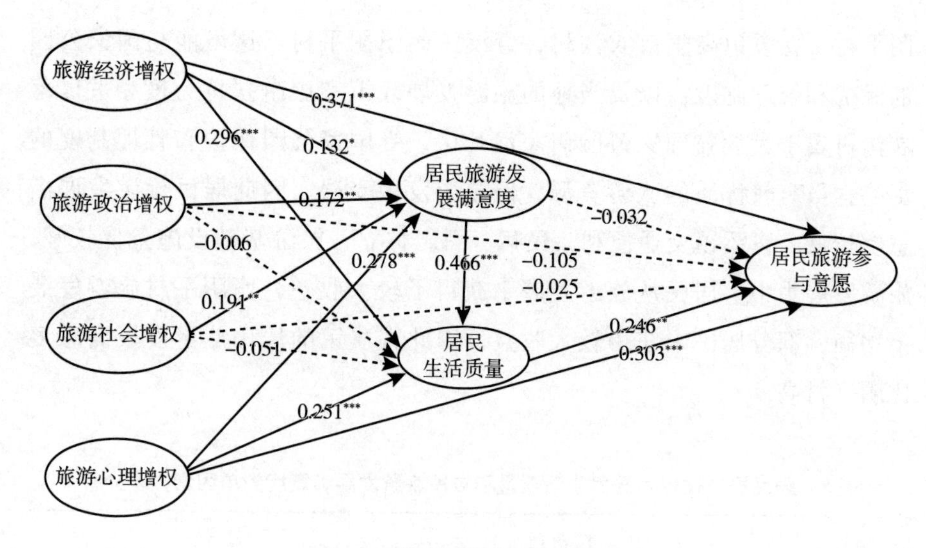

图4　结构模型的路径检验结果

权对居民旅游参与意愿起直接的正向影响作用，旅游心理增权门槛较低，容易实现。

旅游社会增权与居民旅游参与意愿的影响关系不直接，虽然在某种程度上参与旅游发展会加深社区联系和融合，但是受小农经济影响以及利益驱使，社区仍是单独参与，疏于合作。旅游政治增权与居民旅游参与意愿的影响关系不直接，基于我国的政治社会环境，社区居民的权利意识较为薄弱，难有旅游政治增权机会。

（二）居民旅游发展满意度和居民生活质量的中介效应影响

进一步对中介效应进行检验，分析居民旅游发展满意度和居民生活质量在社区旅游增权与居民旅游参与意愿之间的独立中介和链式中介作用。社区旅游增权感知会通过居民旅游发展满意度和居民生活质量的中介传导对居民旅游参与意愿产生间接影响，居民旅游发展满意度和居民生活质量越高，社区旅游增权对居民旅游参与意愿的正向影响越大。

居民旅游发展满意度不起独立中介作用。考虑到本文案例地是国家公园，与传统的旅游区相比较为特殊，居民旅游参与受国家公园保护管理制度和政策的影响较大，调查分析发现唐家河当地居民对旅游发展的满意度一般，但旅游参与意愿仍然十分强烈，导致居民旅游发展满意度在其中未起到独立中介作用。

居民旅游发展满意度与居民生活质量存在显著正相关关系，居民旅游发展满意度越高，居民生活质量感知水平越高。居民生活质量在旅游经济增权、旅游心理增权与居民旅游参与意愿之间起到独立中介作用，居民生活质量越高，旅游经济增权和旅游心理增权对居民旅游参与意愿的正向影响越大。

（三）不同社区居民的群组差异影响

位于国家公园一般控制区范围内的落衣沟村、位于国家公园范围外边缘入口附近的阴平村、位于国家公园范围外的青溪镇这三个社区的居民的路径检验结果存在差异。落衣沟村和阴平村的社区居民在旅游心理增权、旅游政治增权对居民旅游发展满意度，以及旅游政治增权对居民旅游参与意愿的影响上分别呈负向、正向的显著差异。这说明相较于国家公园范围外边缘入口附近的社区居民，国家公园一般控制区范围内的社区居民的旅游心理增权更容易促使其对旅游发展感到满意，旅游政治增权更容易催生且提高其旅游参与意愿；相较于国家公园一般控制区范围内的社区居民，国家公园范围外边缘入口附近的社区居民的旅游政治增权更容易促使其对旅游发展感到满意。

落衣沟村和青溪镇的社区居民在旅游经济增权对居民旅游参与意愿的影响路径中呈负向显著差异，说明相较于国家公园一般控制区范围内的社区居民，国家公园范围外的社区居民的旅游经济增权更容易催生且增强其旅游参与意愿。

阴平村和青溪镇的社区居民在旅游政治增权对居民旅游发展满意度、旅游社会增权对居民旅游参与意愿的影响路径中呈正向显著差异，说明相较于国家公园范围外的社区居民，国家公园范围外边缘入口附近的社区居民的旅游政治增权更容易促使其对旅游发展感到满意，旅游社会增权更容易催生且增强其旅游参与意愿。

五　社区居民旅游参与的权利困境和社区旅游增权的路径选择

（一）社区居民旅游参与的权利困境

由表9可知，分别有37.0%、37.3%、34.5%和37.3%的受访者认为自己拥有参与旅游决策、旅游规划与开发、旅游管理以及旅游监督的权利，75.2%的受访者认为自己拥有参与旅游经营与服务的权利，但有23.8%的受访者认为自己不享有以上任何参与国家公园旅游发展的权利。可见，当地居民对自身在国家公园旅游发展中的权利认识不到位，权利意识较弱。与现实的旅游参与情况比较发现，受访者中参与旅游经营与服务的人最多，其次是旅游监督，而参与旅游决策和旅游规划与开发的人数极少，并且有16.0%的受访者没有进行上述的任何旅游参与行为和活动。

造成社区居民旅游参与权利困境的原因包括，国家公园保护和管理制度的约束、地方政府治理决策的失衡、社区响应的滞后、居民意识能力的欠缺等。结合自身权利意识和现实参与情况，半数以上的受访者认为今后应增强自己的各项旅游参与权利，尤其是在涉及切身利益的旅游经营与服务、旅游决策、旅游规划与开发三大方面。

表9　社区居民旅游参与的权利意识

题项	旅游决策		旅游规划与开发		旅游管理		旅游监督		旅游经营与服务		无权利	
	频率	百分比（%）	频率	百分比（%）	频率	百分比（%）	频率	百分比（%）	频率	百分比（%）	频率	百分比（%）
认为自己拥有哪些权利	118	37.0	119	37.3	110	34.5	119	37.3	240	75.2	76	23.8
目前参与了哪些行为和活动	32	10.0	18	5.6	23	7.2	45	14.1	250	78.4	51	16.0

续表

题项	旅游决策		旅游规划与开发		旅游管理		旅游监督		旅游经营与服务		无权利	
	频率	百分比（%）	频率	百分比（%）	频率	百分比（%）	频率	百分比（%）	频率	百分比（%）	频率	百分比（%）
认为应增强自身哪方面的参与和权利	175	54.9	167	52.4	142	44.5	140	43.9	245	76.8	34	10.7

（二）社区旅游增权的路径选择

针对社区旅游增权的路径选择，他增权的平均值高于自增权（见表10），表明居民认为要想较好地参与本地旅游发展，主要依靠管理局/社区/政府的支持、第三方组织的帮助，当然，增加个人的参与权利也较为重要。

制度增权的平均值高于信息增权和教育增权，可见居民认为制度增权最为重要，是基础和抓手，可以帮助了解和获取旅游发展信息。而居民对教育增权的重视程度相对较低，可见居民的教育意识仍需进一步增强。

表10 居民旅游参与的权利意识

题项	样本量	平均值	标准差
制度增权：要想较好地参与本地旅游发展，需要管理局/社区/政府等管理部门制定公正合理的相关制度，如旅游法规条例、旅游收益分配制度、土地流转制度等	319	4.43	0.673
信息增权：要想较好地参与本地旅游发展，需要管理部门及时公开和传达与旅游发展相关的各种信息，如规划方案、发展政策信息等	319	4.23	0.616
教育增权：要想较好地参与本地旅游发展，需要管理部门加强对村民的教育培训，如旅游服务技能培训、法律教育培训、环境教育培训等	319	4.05	0.710
自增权：要想较好地参与本地旅游发展，需要增加个人的参与权利，主要依靠自身的努力和积极性	319	4.20	0.587
他增权：要想较好地参与本地旅游发展，需要增加集体/组织的参与权利，主要依靠管理局/社区/政府的支持、第三方组织的帮助	319	4.56	0.600

1. 增权主体：重视利益相关者，将自增权与他增权相结合

在重视利益相关者的基础上，国家公园的旅游发展与社区参与需要将自增权与他增权相结合。自增权需要依托相关政策和法律的制定，让居民有实质性的参与和民主决策的机会，同时需要通过教育、培训、宣传等手段提高居民的认知水平，使他们能够适应国家公园旅游的发展。当前，对于普遍处于失权状态的国家公园社区居民来说，来自政府、旅游企业和第三方的他增权是极为重要的。从政府角度看，发展国家公园旅游的使命应为保护国家公园和造福地方人民，适当地放权，让利于民[①]；从旅游企业角度看，应吸纳当地居民参与旅游项目经营建设，有助于增强居民对旅游发展的支持；从第三方角度看，要帮助弱势群体，平衡政府、企业、社区居民间的利益关系，维护正义公平；从居民角度看，不要放弃自增权的努力，增强自身的权利意识，积极参与旅游发展。总之，国家公园的可持续发展需要所有利益相关者共同努力，形成生态保护和社区发展的双赢模式。

2. 增权维度：差异化、重点化进行增权

社区旅游增权需要重点帮助居民实现旅游经济增权、旅游心理增权，重视提高居民生活质量和居民旅游发展满意度。重点帮助居民实现旅游经济增权的方法包括，支持居民创业和发展当地的旅游产业；为本地居民提供就业优惠政策，设置一定的岗位比例让本地居民优先选拔聘用，提供职业或技能培训；完善地方政府的基本公共设施，提高居民的生活质量。实现旅游心理增权的方法包括提供心理咨询服务、社会支持网络和社会活动等，以增强居民的心理健康和幸福感。同时，为了区域间平衡发展，可以将客流由旅游的密集区向边缘区引导。此外，可通过在国家公园管理机构建立旅游推广部门、组织节庆活动、建设配套设施等方法塑造国家公园的品牌形象，增强居民对国家公园的认同感。

3. 增权方式：多样化、多方式进行增权

制度增权，具有基础性作用，应加快推进国家公园自然资源资产、吸引

---

① 王会战：《旅游增权研究：进展与思考》，《社会科学家》2013 年第 8 期。

物权等的确权工作，依法确认和保障当地居民的物权，并建立相应的补偿机制；应加强行政互动机制，建立居民议事会、环保委员会等民主监督机制，让居民参与国家公园管理和决策，提高民主治理水平。信息增权，应完善信息的发布、公开与传播机制，确保旅游发展信息传达到位，使社区居民和旅游企业在相对对等的信息环境下进行竞争；通过建设信息中心、发放旅游宣传资料、开展社区沟通等方式，提高居民对旅游发展的参与度和支持度。教育增权，可通过举办座谈会、培训班、旅游知识和服务技能大赛等对居民进行旅游经营能力和服务技能的培训，打破居民参与旅游的实际障碍。总之，多样化、多方式的增权，既为居民提供了更多的自增权机会，也为国家公园的发展提供了更多的他增权途径，使社区公共利益和旅游产业朝着更为协调可持续的方向发展。

国家公园生态产品价值实现

Value Realization of Ecological Products in National Parks

G.13

供需视角下大熊猫国家公园生态产品体系构建研究

——以唐家河片区为例*

张娇娇　张玉钧**

摘　要： 国家公园作为自然保护地的主体，缓解其资源保护与利用的矛盾是学界的主要关注点，生态旅游者的消费促进与国家公园生态价值实现相辅相成，国家公园的游憩利用成为生态产品价值实现的有效路径。对大熊猫国家公园唐家河片区开展实地调研，分别面向当地居民、管理方了解生态产品供给体系，面向生态旅游者了解其对生态产品的需求情况，分析当地生态产品价值实现的环

* 本文系北京林业大学中央高校基本科研业务费专项资金项目（哲学社会科学高质量发展行动计划）“国家公园社区韧性发展研究”（项目编号：2023SKY19）的研究成果。

** 张娇娇，北京林业大学园林学院2020级风景园林学硕士研究生，中国城市建设研究院有限公司风景园林设计师，主要研究方向为自然保护地生态产品价值实现、生态旅游规划；张玉钧，北京林业大学园林学院教授，北京林业大学国家公园研究中心主任，博士生导师，主要研究方向为国家公园、自然保护地游憩规划与管理。

境。从供需视角出发，建议未来可通过丰富购买途径和产品多样性、进行产品多维分类和差异化发展、加强原创产品开发以提高产品附加值等策略进一步促进国家公园的生态产品价值实现。

关键词： 生态产品体系构建　生态产品价值实现　大熊猫国家公园　唐家河

“绿水青山就是金山银山”不仅指出了生态保护对经济、社会、环境可持续发展的重要意义，也指明了在保护优先的前提下，应当发掘生态资源中蕴含的巨大经济效益，在人类福祉促进过程中发挥关键作用。在“两山”理论指导下，2021 年 4 月中共中央办公厅、国务院办公厅印发《关于建立健全生态产品价值实现机制的意见》，提出要探索政府主导、企业和社会各界参与、市场化运作、可持续的生态产品价值实现路径。

国家公园作为自然生态系统最重要、自然景观最独特、自然遗产最精华、生物多样性最富集的区域，在探究生态产品价值实现问题上具有较强的典型性。国家公园生态资源保护与利用之间的矛盾实质上是实现区域内自然资源的生态效益与经济效益之间的平衡。生态旅游业是一种基于生态资源和市场机制的产业，可以将国家公园的资源优势转化为经济优势，助力生态产品价值实现。生态旅游者作为消费主体，同时是为国家公园优质生态系统服务的主要受益方，其在旅游过程中的消费实质上是为生态系统服务买单。生态旅游产业的发展依赖优越的生态环境与独特的生态产品，生态旅游者对生态系统服务的付费反哺国家公园生态保护，生态旅游者的消费促进与国家公园生态价值的实现相辅相成。

本文通过文献梳理发现，国内外学者已初步构建了生态产品分类和价值实现的理论体系①，但在生态产品体系构建和访客偏好特征方面缺乏实证研

① 刘伯恩：《生态产品价值实现机制的内涵、分类与制度框架》，《环境保护》2020 年第 13 期。

究，生态产品的供需错位问题尚未得到有效关注。本文通过实地走访、深度访谈、文本分析、描述统计等方法构建了大熊猫国家公园唐家河片区（以下简称“唐家河片区”）生态产品三级分类体系。通过面向生态旅游者的问卷调研了解受访者对六类生态产品的购买意愿、推荐意愿和溢价支付意愿特征，并进一步分析访谈文本，对唐家河片区生态产品价值实现的资源、政策、社会、市场环境进行了全面解读，指出了唐家河片区的生态产品存在供需错位的问题，并根据现实情况提出发展建议。

一　概念梳理、研究现状与研究方法

（一）概念梳理

“生态产品”是一个具有中国特色的名词，首次出现于《全国主体功能区规划》文件中，与国际研究中的“生态系统服务”（Ecosystem Service）概念较为接近但并不相同，同时，国家公园场景中的生态产品概念也应区别于传统的旅游产品和景区产品。表 1 为生态产品相近概念的内涵侧重，生态系统服务侧重生态系统提供服务的生态属性，旅游商品、旅游产品、景区产品侧重产品的经济属性。

图 1 为生态产品和生态系统服务的内容关联，总体而言，生态产品兼具生态和经济两种属性，根据呈现形式可分为生态物质产品、生态文化产品、生态服务产品和自然生态产品 4 类，根据产权特征可分为公共性生态产品、准公共性生态产品和经营性生态产品 3 类。结合国家公园案例地生态产品特征和研究目标，本文所提出的用于研究消费者行为的国家公园生态产品侧重于经营性生态产品，呈现形式包括物质产品和非物质产品，生态产品价值特指生态产品的使用价值，其通过货币化形式表现出来，是经济学意义上的市场价值。

表 1　生态产品相近概念的内涵侧重

相近概念	内涵侧重
生态系统服务	强调人类从生态系统中获得的益处，涵盖支持、供给、调节、文化四种类型①
旅游商品	强调旅游情境下面向旅游者的“有形商品”，在供给、需求和流通语境下分别连接不同主体②
旅游产品	强调景观服务、设施服务、人员服务有机组合而成的综合性服务③
景区产品	是一种特殊的旅游产品，是纳入旅游业发展规划的景区的统称，如世界遗产、风景名胜区等④

注：①Hassan, R., Scholes, R. J., Ash, N., *Ecosystems and Human Well-Being: Current State and Trends: Findings of the Condition and Trends Working Group* (*Millennium Ecosystem Assessment Series*) (Washington D. C.: Island Press, 2005). ②卢凯翔、保继刚：《旅游商品的概念辨析与研究框架》，《旅游学刊》2017 年第 5 期。③罗浩、冯润：《论旅游景区、旅游产品、旅游资源及若干相关概念的经济性质》，《旅游学刊》2019 年第 11 期。④史晓玲：《探析景区产品的市场化问题》，《旅游学刊》2003 年第 6 期。

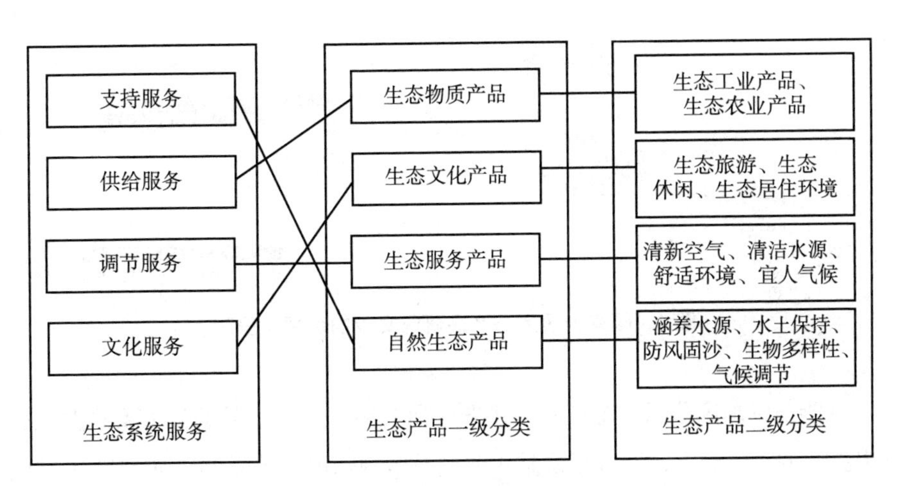

图 1　生态产品和生态系统服务的内容关联

资料来源：刘伯恩：《生态产品价值实现机制的内涵、分类与制度框架》，《环境保护》2020 年第 13 期。

（二）研究现状

近年来，随着世界各国自然保护地体系建设步伐加快，国家公园全民公益性实现问题和游憩活动开展问题走入科研视野，以游憩产品为代表的国家公园生态产品相关研究取得了较大进展。截至 2023 年 3 月 22 日，在中国知网以“国家公园”并含“生态产品”为主题检索北大核心、CSSCI、CSCD 的研究论文，得到 41 条文献数据，利用 VOSviewer1. 6. 16 软件对其进行可视化呈现（见图 2），从文献计量学角度来看，国家公园生态产品领域的研究内容较少，2018 年左右这一研究话题才逐渐兴起，属于新兴的研究主题，当前围绕国家公园生态产品的研究主题结构较松散，尚未形成体系。

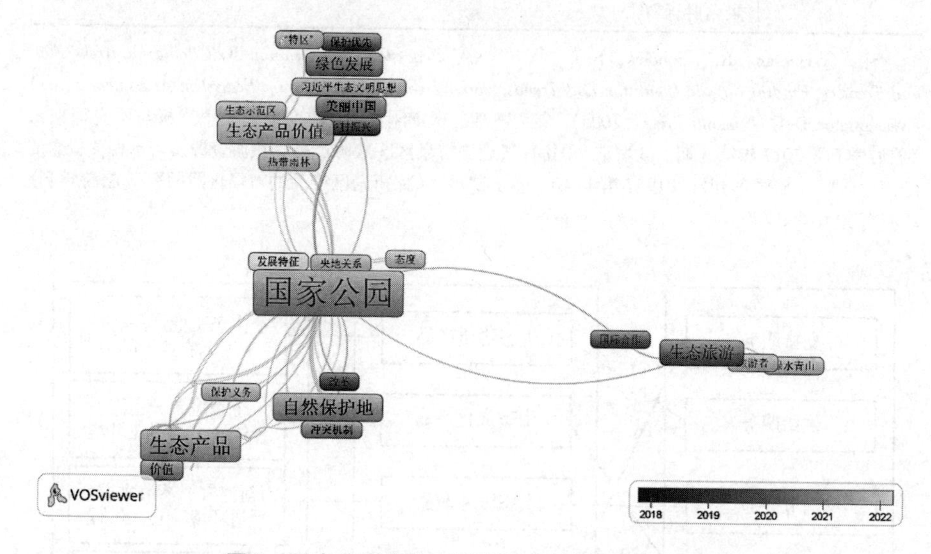

图 2　国家公园生态产品研究文献的可视化呈现

在当前以国家公园生态产品为主题的研究中，生态产品的价值实现路径是学者探讨的重心所在，但多数是基于宏观政策视角的经验总结，如刘峥延等①、臧振华等②的研究。张壮和赵红艳③、陈雅如等④通过梳理国内外生态保护补

① 刘峥延、李忠、张庆杰：《三江源国家公园生态产品价值的实现与启示》，《宏观经济管理》2019 年第 2 期。

② 臧振华、徐卫华、欧阳志云：《国家公园体制试点区生态产品价值实现探索》，《生物多样性》2021 年第 3 期。

③ 张壮、赵红艳：《以生态保护补偿打通“绿水青山”向“金山银山”的转换通道——以青海省为例》，《环境保护》2021 年第 11 期。

④ 陈雅如等：《国家公园特许经营制度在生态产品价值实现路径中的探索与实践》，《环境保护》2019 年第 21 期。

偿和特许经营制度的发展经验，提出建立完善的横向、纵向生态补偿制度和特许经营制度是促进国家公园从“绿水青山”有效转化为“金山银山”的重要路径。

一些学者探索将生态旅游、生态畜牧业等生态友好型产业作为国家公园生态产品价值实现的路径。以往研究提倡通过生态产业化和产业生态化协同发展谋求国家公园的经济增长与保护均衡发展，但当前我国的国家公园建设多处于起步阶段，当地的经济转型尚处于传统产业的改造阶段，与生态和经济的协同发展状态仍有一定距离，尤其是西部地区。[①] 环绍军提出，国家公园可采用“蓝海战略”提升生态旅游产品的体验感和附加值，实现生态旅游产业的可持续发展。[②] 李明等探讨了三江源国家公园地区传统畜牧业发展与生态保护之间的矛盾与协调路径，提出在国家公园通过“生态畜牧业特区”的制度设计推动生态产品价值转化。[③]

综上所述，国家公园生态产品类型研究是生态价值评估和生态价值实现路径研究的基础，当前理论上的生态产品分类和体系建构已具备一定的研究基础，但较多研究是围绕宏观政策展开的，缺少国家公园背景下的实证研究，多数国家公园及其试点尚未形成生态产品清单，国家公园尺度的生态产品体系尚未构建，导致生态价值实现路径难以明晰。

（三）研究方法

本文采用的研究方法包括深度访谈、问卷调查、文本分析、描述性统计分析等。首先收集、整理唐家河片区生态产品相关的年度工作报告、规划文本资料、网络公开新闻、官方发布资料等，并对片区管理处工作人员和社区居民开展关于生态产品现状和未来发展情况的半结构化深度访谈，筛选访谈

① 陈文烈、李生芳：《青海省产业生态化理论范式、框架体系与实践方略》，《青海民族研究》2022 年第 2 期。

② 环绍军：《自然生态旅游产品的蓝海战略研究——以普达措国家公园为例》，《特区经济》2011 年第 12 期。

③ 李明等：《在三江源国家公园设立生态畜牧业特区的可行性研究》，《青海民族大学学报》（社会科学版）2021 年第 1 期。

文本中生态产品相关部分，借助 ROST CM6 和 Net Draw 进行文本资料的词频统计和高频词网络构建，初步摸清案例地的生态产品内容构成，深度分析文字资料，提炼案例地生态产品特色，并构建生态产品分类体系。进而采用问卷调查法对唐家河片区生态旅游者的生态产品购买意愿、推荐意愿进行调查。针对唐家河片区的生态旅游者发放问卷，问卷内容包括生态旅游者的人口统计学信息、旅游学特征、对各类生态产品的态度等。对生态旅游者对唐家河片区不同类别典型生态产品的购买意愿、推荐意愿和溢价支付意愿的均值进行比较分析。

二　供给视角下唐家河片区生态产品体系构建

（一）研究设计与数据收集

2022 年 9 月 30 日至 10 月 1 日，研究人员在唐家河片区进行实地走访调研，主要面向片区的管理处工作人员、村委成员、驻村干部、特许经营方以及社区居民等生态产品供给相关主体，其中居民受访者涉及以农家乐、养殖和务工为生的人群，对其开展 30 分钟以上的深度访谈，并在征得受访者同意的前提下对访谈进行全程录音，以便后续进行文本分析和有效信息提取，共获取有效访谈样本 11 份（编号为 F01 ~ F11）。

为避免这些生态产品供给主体在访谈过程中提供信息的主观性和片面性，实地调研结束后，研究人员在微信“搜一搜”搜索引擎中以“唐家河生态产品”“唐家河生态旅游”“唐家河自然教育”为检索词进行文章检索，人工筛选补充官方媒体在网络公开发布的生态产品相关新闻稿件作为客观资料，稿件收集截止时间为 2023 年 1 月 10 日。

为保证数据的准确性和科学性，将访谈录音逐字转换为文本，并对访谈文本和新闻稿件进行内容筛选，保留与地方生态产品供给相关的内容，最终获取的文本资料包含访谈文本 11 篇、新闻稿件 49 篇，共计 9.67 万字。

（二）文本处理与分析

1. 文本预处理

首先，对文本资料进行同义词替换和含义相同词语的合并。如“扭角羚”“四川羚牛”“羚牛”统一为“四川羚牛”，“国家公园”和“大熊猫国家公园”统一为“大熊猫国家公园”，“吃住”替换为“餐饮住宿”，“村民”和“居民”统一为“居民”，“访客”和“游客”统一为“游客”，等等。

其次，将文本中的口语词、无意义词或意义过于宽泛的词剔除，如“那个”“然后”“我们”“可能”“这种”“比如说”等。完成文本预处理后将其输出为 ANSI 编码的 txt 格式文件。

2. 高频词分析

通过 ROST CM6 对处理后的文本数据资料进行分词和高频词统计，统计词频时利用软件的“词频统计过滤词表”工具过滤掉“发展”“建设”等意义过于宽泛或无具体含义的动词、形容词等，最终得到文本资料中排名前 90 的高频词名称及频次（见表 2）。

表 2　文本资料高频词名称及频次

单位：次

序号	高频词名称	频次	序号	高频词名称	频次	序号	高频词名称	频次
1	唐家河	690	12	国家	109	23	资源	57
2	保护	443	13	大熊猫	106	24	阴平村	56
3	自然	234	14	社区	97	25	唐家河旅游	56
4	自然教育	222	15	落衣沟村	97	26	科研	55
5	生态	200	16	四川省	76	27	政府	50
6	游客	188	17	四川羚牛	71	28	地方	49
7	自然保护区	176	18	野外	71	29	人员	49
8	大熊猫国家公园	167	19	青野生态	71	30	养殖	48
9	野生动物	162	20	管理	63	31	经济	47
10	蜂蜜	162	21	特色	59	32	周边	45
11	动物	146	22	教育	58	33	生态产品	43

续表

序号	高频词名称	频次	序号	高频词名称	频次	序号	高频词名称	频次
34	丰富	43	53	条件	27	72	政策	20
35	野生	42	54	科学	27	73	熊猫	20
36	经营	41	55	生物	26	74	感受	20
37	价值	38	56	学习	26	75	老师	20
38	管理处	38	57	影响	26	76	自然保护	20
39	实现	38	58	遇见率	25	77	入口社区	19
40	文化	37	59	天然	25	78	博物	19
41	知识	36	60	技术	25	79	资金	18
42	科普	33	61	地区	25	80	家庭	18
43	多样	33	62	模式	25	81	经验	18
44	动植物	33	63	作用	24	82	生存	18
45	试点	32	64	拍摄	24	83	扶贫	18
46	导师	30	65	课程	23	84	社会	18
47	数量	30	66	全国	23	85	解说	18
48	生态旅游	30	67	生命	23	86	高速	18
49	成果	29	68	文化旅游	23	87	地理	17
50	绿色	29	69	重点	22	88	小学	17
51	安全	29	70	人类	21	89	公益	17
52	海拔	28	71	川金丝猴	21	90	老年	16

利用 NetDraw 2.084 软件构建文本资料高频词网络（见图 3），“蜂蜜”（162 次）、“养殖”（48 次）均位于高频词的前 30 名，可据此推知蜜蜂（中华蜜蜂）养殖是唐家河片区受到较多关注的产业，其所生产的蜂蜜、蜂胶等生态产品占据优势地位。在前 90 名的高频词中，“青野生态”（71 次）、“教育”（58 次）、“唐家河旅游”（56 次）、“科普”（33 次）、“生态旅游”（30 次）、“拍摄”（24 次）、“课程”（23 次）等有关唐家河片区生态旅游产业的词语出现频次较高。青川县政府和保护区管理部门较为重视唐家河片区的旅游发展，培育了以青野生态为主体的自然教育经营团队，已形成较为成熟的发展模式和课程活动体系，并逐渐发展为唐家河片区的优势产业和生态旅游特色内容。“野生动物”（162 次）、“大熊猫”（106 次）、“四

川羚牛”（71 次）、“动植物”（33 次）、“遇见率”（25 次）、“川金丝猴”（21 次）等词语在访谈和新闻稿中的高频出现意味着，唐家河片区以优秀的野生动植物保护成绩、较高的野生动物遇见率为主要特色，可以此作为建设生态产品体系和丰富自然教育活动的基础。

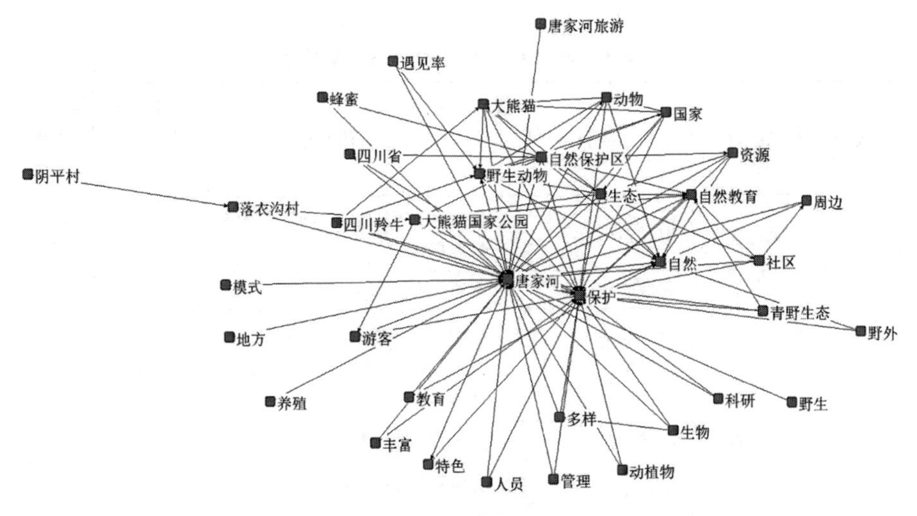

图 3　文本资料高频词网络

（三）生态产品分类体系

仅根据文本资料的高频词统计结果对生态产品体系进行构建存在生态产品类目概括不全的风险，为提高所构建的生态产品体系的层次性和完备性，本文围绕“大熊猫国家公园唐家河片区生态产品的构成”这一中心问题进一步分析访谈文本资料和唐家河片区管理处提供的官方资料。

综合分析发现，唐家河片区现有的以及未来可能发展的生态产品可划分为物质类生态产品和体验类生态产品两大类，其当前的特色生态产业主要为生态养殖、生态种植、文化创意、自然导赏、深度体验和生态康养等（见表 3）。这些特色产业中有一部分已具备一定的产品供给能力，如蜜蜂养殖、自然教育、避暑度假等，但大部分尚未发挥自身特色并占据市场优势地位。比如，在物质类生态产品中，产业链较短的生态养殖产品发展相对较好，但高附加值的文化创意产品尚未成体系；在体验类生态产品中，线下实地体验已拥有部分固定客群，但与科技融合的线上体验产品知名度不高、丰富度有待提升。另外，生态康养产品对自然条件的依赖性较强，未融合唐家河片区的特色文化，只发展了较为基础的农家乐产业。

表 3　唐家河片区生态产品分类体系

一级分类	二级分类	三级分类	具体产品	是否为特色产品	是否为优势产品
物质类生态产品	生态养殖产品	中蜂养殖产品	唐家河蜂蜜、“红石河”品牌蜂蜜、蜂胶等	是	是
		其他养殖产品	桑蚕等低影响产品	否	否
	生态种植产品	蔬果粮食	板栗、猕猴桃、柿子、核桃、玉米、黄豆、魔芋、鲜竹笋、雷笋罐头、山葵等	否	否
		观赏园艺	紫荆花、芍药等	否	否
		中草药	金银花、天麻、五倍子、牛奶子、杜仲、椴树、七叶一枝花、悬钩子等	否	否
		野生菌类	木耳、羊肚菌、香菇、竹荪、牛肝菌等	否	否
	文化创意产品	文化 IP 产品	围绕国家公园 IP 自主设计的文创产品，包括书签、冰箱贴、纪念币、玩偶等	是	否
		特色工艺产品	结合当地非遗的手工艺品等	是	否
体验类生态产品	自然导赏产品	自然科普讲解	以唐家河自然教育中心、唐家河自然博物馆等作为基地开展的科普体验活动，通常辅以知识科普讲座、户外讲解、保护主题讲座等	是	是
		在线自然教育	通过公众号等官方平台进行唐家河野外环境网络直播等	是	否
	深度体验产品	物种主题体验	三天两夜观兽营、大熊猫科研保护体验营、追寻扭角羚专题营等	是	是
		科研主题体验	红外相机主题科考营、暑期生态科研夏令营、蜜蜂生态主题科研团等	是	是

续表

一级分类	二级分类	三级分类	具体产品	是否为特色产品	是否为优势产品
体验类生态产品	深度体验产品	综合体验专题	唐家河生态摄影自然体验营、五天四夜深度游等	是	是
	生态康养产品	生态避暑度假	落衣沟村农家乐、阴平村精品民宿、农业种植体验、自驾露营等	是	是
		文化康养旅游	村史馆、三国点将台、红色文化教育、艺术创作基地等	是	否

三　需求视角下生态旅游者生态产品消费特征分析

（一）问卷设计

问卷共列举6种比较具有发展潜力的生态产品供游客打分，实行1~7分打分制，分别对受访者面向每种类型生态产品的支付意愿、推荐意愿和溢价支付意愿进行调查统计，游客给出的分数越高代表其意愿越强烈。

延续前文得出的唐家河片区生态产品分类体系，即生态养殖产品、生态种植产品、文化创意产品、自然导赏产品、深度体验产品、生态康养产品，其中，由于唐家河片区为禁养区，只有中蜂养殖为当地居民的特许养殖活动，所以在问卷题项中直接用更通俗易懂的“唐家河蜂蜜”代替原分类体系中的“生态养殖产品”，其他类别不做改动。

以下为调查问卷中最终选取的代表性生态产品。

（1）唐家河蜂蜜，唐家河片区养殖的蜜蜂为中华蜜蜂，产蜜酿造时间长、产量低，味道更醇厚，富含活性物质，营养价值高，已被实施农产品地理标志登记保护。

（2）生态种植产品，包括当地蔬果、林下、林副产品及其衍生产物，如青川木耳、竹荪等菌类，柿子、猕猴桃等蔬果及各种农家菜等。

（3）文化创意产品，唐家河片区主要保护对象有大熊猫、川金丝猴、四川羚牛、银杏、珙桐等，未来都有可能作为国家公园文创产品的灵感来源，国家公园文创产品形式包括玩偶、摆件、日常生活用品等。

（4）自然导赏产品，是自然教育的初级形式，包括户内外动植物知识科普讲解，博物馆等自然体验空间导赏，动物、森林、保护等主题的讲座等。

（5）深度体验产品，是自然教育的进阶形式，如野外观鸟观兽、野生动物痕迹识别、动植物知识讲解、野外巡护工作的体验和科研活动等。

（6）生态康养产品，唐家河片区森林面积广阔，夏季均温较低，野生动物遇见率极高，适宜开展生态康养活动，具体包括在唐家河片区开展避暑度假、游憩体验、农居休闲、农事体验活动等。

问卷数据收集包括预调研和正式调研两个阶段，采取以线下集中调研为主、线上收集为辅的方式，所有受访者均有唐家河片区的实地到访经历。预调研时间为2022年10月3~4日，正式调研时间为2022年10月至2023年1月。截至2023年2月1日，共回收问卷368份，其中有效问卷334份，问卷有效率为90.76%。

（二）需求特征分析

以“唐家河蜂蜜”这一生态产品为例，测试消费意愿、推荐意愿和溢价支付意愿的题项表述分别为“我愿意购买唐家河蜂蜜”“我想把唐家河蜂蜜推荐给亲朋好友”“我愿意以相对较高的价格购买唐家河蜂蜜”。利用Excel对334份有效问卷的受访者对两大类六小类生态产品的消费意愿、推荐意愿和溢价支付意愿的平均分分别进行计算和统计（见表4）。

从生态产品大类来看，受访者对物质类生态产品的消费意愿、推荐意愿和溢价支付意愿的平均分分别为5.683分、5.649分和4.667分，分别低于体验类生态产品的5.714分、5.710分、4.959分。由此可以推知，唐家河片区的生态访客对体验类生态产品的消费、推荐、溢价支付方面的意愿水平整体高于物质类生态产品，两者在溢价支付意愿方面的差距最为明显，平均分差值达到 0.292。

在物质类生态产品中，受访者对生态种植产品的消费意愿和推荐意愿最强，文化创意产品的消费意愿和推荐意愿最弱。受访者对文化创意产品的溢价支付意愿最强，唐家河蜂蜜最弱。在体验类生态产品中，受访者对深度体验产品的三项消费特征意愿均为最强，对自然导赏产品的三项消费特征意愿均为最弱。

表 4　受访者的生态产品消费特征

单位：分

生态产品类型		消费意愿		推荐意愿		溢价支付意愿	
物质类生态产品	唐家河蜂蜜	5.683	5.695	5.649	5.662	4.667	4.566
	生态种植产品		5.808		5.751		4.716
	文化创意产品		5.545		5.533		4.719
体验类生态产品	自然导赏产品	5.714	5.629	5.710	5.605	4.959	4.841
	深度体验产品		5.823		5.820		5.081
	生态康养产品		5.689		5.704		4.955

四　唐家河片区生态产品价值实现的环境分析

从访谈内容来看，唐家河片区在资源环境、政策环境、社会环境层面均对生态产品价值的实现有利好，但同时存在一些尚未解决的问题，主要集中在市场环境层面。

（一）资源环境

在资源环境方面，唐家河片区拥有丰富的自然资源和文化资源，特色鲜明。首先，唐家河片区属亚热带季风气候，温暖湿润，夏季凉爽，7 月平均温度为 19.7℃，每年 7~8 月吸引了众多避暑、康养、度假的游客，对当地

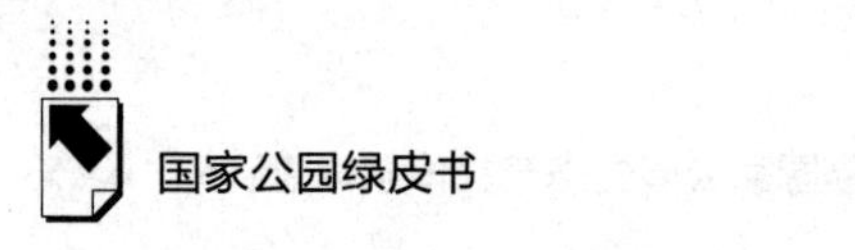

生态产品销售起到一定的带动作用。

“唐家河的访客大多都是老年人，他们来这避暑，一住就是一两个月。”——F01

“我们养蜂产蜜以零售为主，来住宿的访客之间互相推荐，来农家乐避暑的老年人买得多，回头客多。”——F11

其次，唐家河片区是野生动物遇见率极高的低海拔地区，扭角羚、野猪、小麂、斑羚、鬣羚、果子狸等都是片区内常见的野生动物，有助于丰富自然教育活动内容以及形式，吸引众多来自经济发达城市的游客，使其为唐家河片区独特、优质的生态体验付费，并在一定范围内提高重游率。

“青野生态的客群主要是城市居民，尤其是一线城市，他们更注重体验感，一些真正的狂热爱好者，会因为唐家河极高的野生动物遇见率反复来访。”——F03

“大熊猫国家公园建成后，将提供许多精品体验产品，让野生动物可以被近距离观赏，这有助于留下更多游客。”——F05

但是，较高的野生动物遇见率意味着当地人兽冲突较为严重，目前虽设置了专门的野生动物肇事补偿基金，但在一定程度上牺牲了当地的农业种植，不利于农作物批量生产，造成青年劳动力外流，农业种植类衍生的生态产品供给处于弱势。

“（唐家河国家级自然保护区）管理处过去发展过中草药种植，但是因为动物多了，居民没法种，现在也在找项目，像养蜂这些都是管理处引进来的。”——F06

“这里主要种一些猕猴桃、核桃，主要是自己吃，产量没有很大。”——F07

唐家河注重自然生态环境保护，在制度层面和群众自发层面均形成了秩序，但相对来说，当地的国家公园文化、三国文化均具备较大优势，片区内的阴平古道也是历代兵家必争之地。但目前，在生态产品方面，对文化资源的挖掘和利用处于浅层水平，尚未将文化优势转化为产业优势。

“（唐家河）值得挖掘的只有三国文化、阴平古道和落衣桥，因为国家公园建设的主要目的是生态保护，文化方面的内容挖掘几乎没有或者很少。”——F04

“我觉得唐家河没啥文化产品，主要吸引游客的是气候条件，夏天来避暑的人多。”——F08

（二）政策环境

自大熊猫国家公园体制试点成立以来，唐家河片区建立了野生动物肇事补偿试点机制，形成了优质蜂蜜产品质量标准体系，被设立为首批大熊猫国家公园自然教育基地之一，并开始筹划社区康养旅游和唐家河文化旅游生态产业园等项目，国家公园的设立为唐家河片区带来了政策上的发展契机，促进了唐家河片区生态产品的有序发展和完善。

“国家公园带来的发展契机，一方面是增强居民对生态环境的保护意识，另一方面是生态旅游业的发展可以带动周边地区的经济发展，比如农业经济、旅游相关产业……生态旅游和国家公园建设实际是共同发展的。”——F10

在国家公园发展的契机下，当地政府和唐家河保护区管理处出台了众多产业扶持政策，如贴息贷款、扶持农家乐，支持国家公园内落衣沟村居民利用民住房开办农家乐，建立了共建共管委员会、中蜂养殖合作社等。

“当前居民最大的意见就在于人兽冲突，管理处有专门的野生动物肇事补偿基金，能够弥补一部分野生动物造成的损失。”——F01

“政府贴息贷款、农家乐评级、景区合作，这些是当前主要支持旅游业发展的政策，中蜂养殖合作社有利润分红，提高了居民参与的积极性。”——F02

“村民开办农家乐积极性高，相对来说资金不是很大的问题，有政策扶持、资金补贴，贷款方便。”——F06

国家公园的发展给当地社区带来了利好政策，但是，国家公园宏观层面的一些相关政策带来的具体变化在短期内表现并不显著，政策落地尚需时间。此外，当地政府部门与唐家河国家级自然保护区管理处之间的衔接存在错位，居民对政策的认知度不高。

“因为落衣沟村每个农家乐的硬件设施都不是很齐全，服务质量参差不齐，镇政府一直想把这边整合一下，成立一个农家乐经济合作社，把农家乐的硬件设施配置全部更新，基本保持一个水准，定好价格，到年底集中分红，因为这样比较方便管理。但前期大家可能不是很理解，目前还处在一个过渡期。”——F04

同时，居民反映野生动物破坏种植环境，纵向生态补偿标准较低，基本只能勉强覆盖种植成本，因此横向生态补偿机制有待补充完善，当前生态保护的受益方主要为游客和景区经营公司，居民作为保护方，与其存在利益冲突。

“野生动物冲突补偿的钱很少，基本上只是一个补充，工钱、种子、农药、化肥都不止这些钱，所以矛盾还是有的，只是有补偿政策之后情况相比以前有所好转……我们把野生动物保护起来，这是全社会、全人类都受益的事情，不应该让我们这个村子来承受所谓的损失，环境保护的受益方应该给我们补偿。”——F06

（三）社会环境

在唐家河片区生态产品价值实现的社会环境方面，由于唐家河国家级自然保护区为禁养区，蜜蜂养殖为面向保护区周边居民的特许养殖活动，落衣沟村成立了中蜂养殖合作社，并设立了养蜂管理制度、编写了蜂蜜生产标准手册、构建了唐家河优质蜂蜜产品质量标准体系。当前，唐家河蜂蜜已被实施农产品地理标志登记保护，并与青川县唐家河野生资源有限公司建立合作关系。居民积极参与生态产品生产供给，主动参与森林防灭火和反偷盗猎日常巡护工作，提供线索协助破获案件等，为优质生态产品的研发和生产提供了稳定的社会环境。

“这边的居民都比较好，有保护环境的意识，不会造成严重的生态环境破坏……居民比较淳朴，商业观念没那么强，所以游客愿意来体

验。”——F01

“在发展旅游的过程中，居民参与决策、参与规划的积极性比较高，积极反馈意见，像前段时间，在对面修游步道，因为被洪灾冲毁了一部分，居民积极支持，像上面也在搞一些设施建设，居民希望这些设施建起来后，能够带动整个唐家河片区的农家乐更好发展。”——F06

（四）市场环境

销售渠道方面，除了现场购买之外，唐家河蜂蜜已开通线上企业店铺以及线下小部分商超售卖渠道；以自然教育为代表的体验类生态产品以青野生态的全平台账号为载体，适时进行深度体验访客招募。

市场环境方面主要存在的问题包括：产品多样性较差、品牌效应较弱、现代科技助力和市场监管有待加强等。

首先，唐家河片区养蜂产业占主体地位但整体市场环境较差，蜂蜜衍生产品多样性较差，缺乏市场竞争力，同时，资金匮乏导致唐家河蜂蜜商标注册受阻，中蜂养殖合作社没有充分发挥作用，其他农林产品也以零售为主，尚未走向集中销售。

“唐家河蜂蜜体现在外包装上，管理处同意使用这个标签，但是没有正式注册商标，很多手续没有办……目前蜂蜜的销路不畅，蜂蜜卖不出去，都滞留在家里，希望有其他途径卖一点。”——F06

其次，生态产品品牌效应不显著，没有将大熊猫国家公园或唐家河品牌利用起来发挥溢价效应，但各生态产品经营主体已经意识到这一问题，并开始付诸行动。

“青野生态希望能够慢慢地把自然教育这个品牌做起来，将来大家不单纯是因为我们创始人的名人效应过来，而是奔着这个品牌来。”——F03

“现在有考虑借助大熊猫国家公园品牌去做一些有影响力的旅游产品，但是提出这个想法之后，还没有具体的落地的东西出来，所以还没有效益。”——F05

再次，由于农家乐经营者多为中老年人，农家乐的住宿产品以熟人推荐等非正式的口碑传播为主，缺少现代科技助力，传播效率不高，导致客群较为固定，扩散和流通条件较差。

“我们有名片，以前来过的，一个传一个，游客夏天想来这儿避暑，一般是打名片上的电话联系。”——F07

最后，社区居民对参与生态旅游发展表现出积极心态，但囿于自身经济条件或眼界，提供的生态产品类型单一，以初级的农家乐住宿餐饮产品和未经加工的种植产品为主，产业链较短。农家乐经营多为居民自发，定价不统一且存在低价竞争现象，缺少市场监管规范。

“落衣沟村的农家乐建设没有很好的规划，存在恶性竞争，比如刻意压低价格提高自己家的入住率，而且当前没有一个部门可以强制性地维护市场秩序。”——F01

“阴平村在大熊猫国家公园范围外面，现在发展特别好，相对落衣沟村来说好得不止一大截，我希望唐家河的农家乐能够形成一个完整的产业链，无论是价格还是基础设施、环境建设等。”——F10

五　结论与建议

（一）研究结论

本文采用深度访谈和问卷调查方法结合文本分析和描述性统计，获取了生态产品分类体系，并对唐家河片区的生态产品情况开展全面调研，物质类生态产品包括生态养殖产品、生态种植产品、文化创意产品，体验类生态产品包括自然导赏产品、深度体验产品、生态康养产品。中蜂养殖产品、自然科普讲解、深度体验产品、生态避暑度假为特色且具有发展优势的生态产品，其他养殖产品和生态种植产品为非特色且不具有发展优势的生态产品，文化创意产品、在线自然教育、文化康养旅游为特色但尚未取得发展优势的生态产品。

唐家河片区的生态游客对深度体验产品的消费意愿、推荐意愿和溢价支付意愿均为最强，说明自然教育作为唐家河片区的优势特色生态产品，已经具备一定的知名度和影响力，游客愿意为该体验活动支付金钱和花费时间，并推荐给亲朋好友。

受访者对文化创意产品的消费意愿最弱，但溢价支付意愿排名有所提升，这在一定程度上反映出唐家河片区在打造国家公园文化创意品牌方面还处于起步阶段，文化创意产品的基本体系还没有形成，游客接收到的相关信息较少，导致其对国家公园文化创意产品的消费意愿和推荐意愿不强，但游客对文化创意产品的价值认可度较高，如果案例地推出高品质的国家公园文化创意产品，将有部分游客愿意为其支付相对较高的价格。

受访者对唐家河片区蜂蜜的消费意愿和推荐意愿均较强，但溢价支付意愿为 6 类生态产品中最弱，这一现象反映出受访者对唐家河蜂蜜这一特色生态产品的质量较为认可，而唐家河品牌的口碑和价值有待提升。

（二）发展建议

1. 提供多种购买途径，丰富产品多样性

总体而言，唐家河片区目前可提供的生态产品类型不够丰富，大多处于规划和筹备阶段，且购买渠道不通畅，线上线下购买渠道宣传力度较小。唐家河片区应当积极挖掘本地生态产品价值，可以将丰富产品线（蜂蜜、蜂胶、蜂蜡）和促进产业融合（将蜜蜂养殖知识作为自然教育科普内容）作为提升方向，丰富生态产品的多样性，同时开通线上线下官方销售渠道，加大推广宣传力度，提高产品知名度，降低消费者购买产品的时间成本。

2. 进行产品多维分类，实行差异化发展

根据生态产品的自身特色和发展优势进行多维分类，可针对性地采取差异化发展策略。对于特色优势产品，应当充分利用目前已有的条件，丰富产品多样性，提升品牌价值，提高市场竞争力；对于特色非优势产品，如文化创意产品，可以适当倾斜资源，加强相关人才队伍建设，补齐短板，发挥优势；对于非特色非优势产品，如农林产品，可适当整合资源，巩固其对居民

收入的促进作用。

3. 加强原创产品开发，提高产品附加值

当前唐家河片区的生态产品供给停留在较原始的水平，生态产业链短，产品附加值低，尚无原创的文化产品供给，导致游客对文化创意产品的消费意愿和推荐意愿均较弱。下一阶段可以将更容易产生高附加值的文化创意产品、自然教育产品等作为重点发展对象，充分结合国家公园环境优势和唐家河片区自身的悠久历史文化，辅以适当的营销推广策略，获取品牌效益。

G.14 基于InVEST和GEP的武夷山国家公园生态系统服务评估及价值实现路径研究

傅田琪　鲁　贝　廖凌云*

摘　要： 国家公园拥有丰富的生态资源，对评估与促进生态系统服务价值的实现具有重要意义。本研究选取第一批设立的武夷山国家公园作为研究对象，采用InVEST模型与GEP价值核算方法评估2000~2020年水源涵养、土壤保持和碳固存3类生态系统服务，并基于现状问题分析初步提出价值实现路径。研究发现：武夷山国家公园的水源涵养实物量略有下降，碳固存实物量基本维持现状，土壤保持实物量显著增加；武夷山国家公园生态系统服务价值于近20年呈现增长趋势；其中，水源涵养总价值增长5.03%，碳固存总价值基本维持稳定，土壤保持总价值增长8.96%；本研究从产业转型、实现模式和保障机制3个方面提出国家公园生态系统调节服务产品价值的实现路径，以期为国家公园管理和可持续发展提供新的科学依据。

关键词： 自然保护地　武夷山国家公园　生态产品　价值实现

* 傅田琪，武夷山国家公园研究院科研助理，主要研究方向为国家公园与自然保护地生态系统服务评估；鲁贝，福建农林大学风景园林与艺术学院2021级风景园林学硕士研究生，主要研究方向为国家公园与自然保护地规划；廖凌云，福建农林大学风景园林与艺术学院副教授，武夷山国家公园研究院办公室主任，主要研究方向为国家公园与自然保护地规划、社区规划、风景遗产保护。

生态产品广义上指具有正外部性的生态系统服务[①]，其价值实现是国家积极探索绿水青山转换为金山银山的路径。生态系统生产总值（Gross Ecosystem Product，GEP）是国内学者欧阳志云等借鉴 GDP 提出的，指人类提供的产品与服务价值的总和，旨在将生态效益纳入经济社会发展评价体系。[②] GEP 由三部分组成：物质产品价值、调节服务价值和文化服务价值。既往研究显示，调节服务是其中最为重要的服务类型，占 GEP 的比重最高，达 90%。[③] 生态系统服务是国家公园基本的自然和社会属性之一，评估生态系统调节服务价值为国家公园保护政策和管理决策提供了科学依据。[④]

生态产品的价值实现，首先需要评估生态系统服务功能的物质量，然后通过特定方式将其转化为经济价值当量。目前，国家公园生态系统服务评估方法仍存在一定局限。[⑤] 许多学者倾向于采用简单易行的价值量评估方法，如当量因子法[⑥]。然而，这种方法仅能输入土地利用数据，其结果受到参数选择的影响，存在客观性不足的问题。为解决这一问题，关注能够反映生态过程的物质量评估方法在其他类型研究中得到更广泛应用，其中 InVEST 模型应用最广，它可以在一定程度上反映生态过程，可以模拟多类型生态系统服务。本研究综合 InVEST 模型和 GEP 价值核算方法评估国家公园生态系统服务。在实物量方面，研究使用 InVEST 模型；在价值量方面，价值核算参考《陆地生态系统生产总值（GEP）核算技术指南》和《福建省生态产品总值核算技术指南（试行）》。武夷山国家公园是中国东南地区第一批设立

---

① 高晓龙等：《生态产品价值实现研究进展》，《生态学报》2020 年第 1 期。

② Ouyang, Z. et al., "Using Gross Ecosystem Product (GEP) to Value Nature in Decision Making," *Proceedings of the National Academy of Sciences* 25 (2020).

③ 杨渺等：《四川省生态系统生产总值（GEP）的调节服务价值核算》，《西南民族大学学报》（自然科学版）2019 年第 3 期。

④ 谢嘉淇等：《国家公园生态系统服务研究与展望》，《生态学杂志》2023 年第 1 期；Xue, S. et al., "The Next Step for China's National Park Management: Integrating Ecosystem Services into Space Boundary Delimitation," *Journal of Environmental Management* 329 (2023).

⑤ 谢嘉淇等：《国家公园生态系统服务研究与展望》，《生态学杂志》2023 年第 1 期；臧振华、徐卫华、欧阳志云：《国家公园体制试点区生态产品价值实现探索》，《生物多样性》2021 年第 3 期。

⑥ 沈若兰、肖桂荣：《武夷山国家公园生态系统服务价值评估》，《生态科学》2023 年第 2 期。

的国家公园。2021 年，习近平总书记考察武夷山国家公园时做出“实现生态保护、绿色发展、民生改善相统一”的重要指示。[①] 选取武夷山国家公园作为研究对象，筛选水源涵养、土壤保持、碳固存等 3 类生态系统服务，基于 InVEST 模型得到生态系统调节服务实物量，再结合 GEP 价值核算方法，计算生态系统调节服务价值量。研究基于对 2000 年和 2020 年的比较和问题分析，进一步从产业转型、实现模式和保障机制方面提出国家公园生态系统调节服务产品价值实现路径及优化策略，以期为国家公园管理提供新的科学依据。

一　研究方法与数据来源

（一）研究区域

武夷山国家公园是我国正式设立的首批国家公园之一，位于闽赣边界，总面积为 1280 平方公里。其属温暖湿润、四季分明、降水丰富、垂直变化显著的中亚热带季风气候区。武夷山国家公园是闽江和鄱阳湖信江水系的重要发源地，径流量大、流域面积广。武夷山国家公园以森林生态系统为主体，园内保存有我国东南地区完整的垂直带谱。武夷山国家公园内主要产业包括茶产业、毛竹产业、林下经济产业和休闲农业等。

（二）生态系统服务实物量评估方法：InVEST 模型

1. 产水量

$$Yield_{xy} = \left(1 - \frac{AET_{xj}}{P_x}\right) \times P_x \tag{1}$$

式中：$Yield_{xy}$ 为 j 植被类型的年产水量（单位：毫米），AET_{xj} 为 j 植被类型的实际蒸散发量（单位：毫米），P_x 为栅格单元 x 的年降雨量（单位：毫米）。

① 《山林得绿，群众得利（现场评论）》，人民网，2022 年 9 月 16 日，http：//m.people.cn/n4/2022/0916/c1277-20273556.html。

2. 泥沙输移比例

$$SEDRET_x = RKLS_x - USLE_x + SEDR_x \tag{2}$$

式中：$SEDRET_x$ 为栅格单元 x 的水土保持量（单位：吨），由 3 部分组成，$RKLS_x$ 为栅格单元 x 的潜在侵蚀量、$SEDR_x$ 为栅格单元 x 的泥沙沉积量，以及 $USLE_x$ 为栅格单元 x 的土壤潜在侵蚀量。

3. 碳储量

$$C_{total} = C_{above} + C_{below} + C_{dead} + C_{soil} \tag{3}$$

式中：C_{total} 为总碳储量，C_{above} 为地上碳储量，C_{below} 为地下碳储量，C_{dead} 为死亡有机质碳储量，C_{soil} 为土壤碳储量。各碳储量由碳密度与面积相乘所得。

（三）生态系统服务价值量转化方法：替代成本法

1. 水源涵养价值

采用影子工程法，将建设蓄水量与生态系统水源涵养量相当的水利设施所需成本作为水源涵养价值。

$$V_{wy} = Yield_{area} \times C_{we} \tag{4}$$

式中：V_{wy} 为水源涵养价值（单位：元）；$Yield_{area}$ 为区域水源涵养量（单位：米^3）；C_{we} 为水库单位库容的工程造价（单位：元/米^3），2015 年单位库容工程造价为 30.79 元/米^3。根据工业产品出厂价格指数（PPI）①，可以计算出 2000 年的单位库容工程造价为 31.815 元/米^3，而 2020 年的单位库容工程造价为 31.487 元/米^3。

2. 土壤保持价值

$$V_{sr} = V_{sd} + V_{dpd} \tag{5}$$

$$V_{sd} = \lambda \times (Q_{sr}/\rho) \times C_{rd} \tag{6}$$

① 国家统计局福建调查总队编《福建调查年鉴（2021）》，中国统计出版社，2021。

$$V_{dpd} = \sum_{i=1}^{n} Q_{sr} \times C_i \times P_i \tag{7}$$

式中：V_{sr}为土壤保持价值（单位：元/年），V_{sd}为减少泥沙淤积价值（单位：元/年），V_{dpd}为减少面源污染价值（单位：元/年），λ为泥沙淤积系数（取值0.24），Q_{sr}为核算区土壤保持量（单位：吨/年），ρ为土壤容重（单位：吨/米^3），C_{rd}为单位水库清淤工程费用（单位：元/米^3），数据采用福建省水库清淤市场价格30.79元/米^3；i为土壤中氮、磷等营养物质的数量，C_i为土壤中氮、磷等营养物质的纯含量（单位:%）；P_i为处理成本。

3. 碳固存价值

采用固碳实物量与碳价格相乘进行计算，公式为：

$$V_C = C_{total} \times \frac{C_C}{0.2727} \tag{8}$$

式中：V_C为固碳价值（单位：元/年）；C_C为福建省碳交易市场价格，取23元/吨；0.2727是C与CO_2之间的转换系数。

（四）数据来源以及预处理

研究使用的各类数据来源与获取方法见表1，该研究在比研究区更大的区域进行模型分析，再裁剪提取研究区，以避免边界效应。

表1　数据来源与获取方法

数据名称	数据格式与原始分辨率	数据来源与获取方法
土地利用数据	栅格 tiff 30 米	地球大数据科学工程共享服务系统（https://data.casearth.cn/）
降水量数据	NETCDF 格式 1 千米	时空三极环境大数据平台（http://poles.tpdc.ac.cn/zh-hans/）
潜在蒸散量数据	栅格 tiff 1 千米	时空三极环境大数据平台（http://poles.tpdc.ac.cn/zh-hans/）

续表

数据名称	数据格式与原始分辨率	数据来源与获取方法
植物可利用水含量数据	栅格 tiff	国际土壤参考和资料中心(https://www.isric.org/)
降雨侵蚀力数据	栅格 tiff 1 千米	中国大陆地区降雨侵蚀力空间数据集(https://geo.bnu.edu.cn/xwzx/131275.html)
土壤深度数据	栅格 tiff 100 米	Depth-to-bedrock Map of China at a Spatial Resolution of 100 Meters①
土壤可蚀性数据	栅格 tiff	第三极(20 国)土壤可蚀性因子(K)数据集(http://poles.tpdc.ac.cn/zh-hans)
数字高程(DEM)数据	栅格 tiff 30 米	美国国家航空航天局(https://www.earthdata.nasa.gov)
国家公园边界数据	矢量	武夷山国家公园管理局

注：①Yan, F. et al.,"Depth-to-bedrock Map of China at a Spatial Resolution of 100 Meters," *Scientific Data* 1 (2020).

二　武夷山国家公园生态系统服务价值评估结果分析

（一）武夷山国家公园生态系统服务实物量评估结果

据 InVEST 模型统计分析，武夷山国家公园 2020 年的水源涵养实物量比 2000 年略有下降，碳固存实物量基本维持现状，土壤保持实物量显著增加。武夷山国家公园生态系统服务量的变化与气候变化、土地利用变化和森林保护政策紧密相关。2000 年武夷山国家公园水源涵养实物量为 167004136.11 毫米，2020 年武夷山国家公园水源涵养实物量为 161220574.04 毫米，减少了 3.46%，这可能与地区内地形和降水模式的变化有关。武夷山国家公园水源涵养服务与高程具有一定的相关性，水源涵养实物量呈现随海拔梯度升高而增加的趋势。2000 年武夷山国家公园碳固存服务实物量为 22219430.52 吨，2020 年武夷山国家公园碳固存实物量为 22231101.44 吨，增加了 11670.92 吨，碳固存实物量的增量相对较小，可能受到森林覆盖和植被类型变化的影响。2000 年武夷山国家公园土壤保持实物量为 170510666.87 吨，2020 年武夷山国家公园土壤保持实物量为 185618485.30 吨，土壤保持实物量的显著增加可能是由于土地管理实践的改进，包括森林保护、植被恢复和水土保持措施的实施。

（二）武夷山国家公园生态调节服务价值量核算结果

1. 总体情况

如表 2 所示，经核算，2000 年武夷山国家公园水源涵养、碳固存、土壤保持总价值分别为 2029.10 亿元、18.73 亿元、10.04 亿元；2020 年武夷山国家公园水源涵养、碳固存、土壤保持总价值分别为 2131.14 亿元、18.74 亿元、10.94 亿元。武夷山国家公园生态调节服务价值量在这 3 种生态服务方面均表现出增长趋势，特别是水源涵养总价值增长显著，在国家公园所属的各个县（市、区）中，武夷山市的生态调节服务价值量最高。

表 2　2000 年和 2020 年武夷山国家公园生态调节服务价值量核算结果

单位：亿元

县(市、区)	2000 年水源涵养总价值	2020 年水源涵养总价值	2000 年碳固存总价值	2020 年碳固存总价值	2000 年土壤保持总价值	2020 年土壤保持总价值
铅山县	328.90	347.84	4.03	4.03	2.45	2.66
光泽县	269.00	275.45	3.70	3.70	2.40	2.70
邵武市	2.55	2.55	0.40	0.40	0.13	0.15
武夷山市	1359.99	1433.65	8.69	8.70	4.06	4.33
建阳区	68.66	71.65	1.91	1.91	1.00	1.10
总计	2029.10	2131.14	18.73	18.74	10.04	10.94

2. 武夷山国家公园水源涵养价值量核算结果

如图 1 所示，经核算，2020 年武夷山国家公园水源涵养总价值为 2131. 14 亿元，相比 2000 年的 2029. 10 亿元有所增加，增长率为 5. 03%。江西片区（铅山县）2020 年水源涵养总价值为 347. 84 亿元，相比 2000 年的 328. 90 亿元有所增加，增长率为 5. 76%。福建片区（光泽县、邵武市、武夷山市、建阳区）2020 年水源涵养总价值为 1783. 30 亿元，与 2000 年相比也有所增加。江西片区 2020 年的单位面积水源涵养价值相比 2000 年有所增加，从 115. 75 元/公顷增加到 122. 41 元/公顷，增长率为 5. 75%。福建片区 2020 年的单位面积水源涵养价值相比 2000 年有所下降，从 463. 53 元/公顷下降到 408. 9 元/公顷。总体而言，2020 年武夷山国家公园的水源涵养服务价值总量相对于 2000 年有所增加，反映了地区内生态系统管理和水资源保护措施有所改进。此外，单位面积水源涵养价值整体上也有所提高，表明生态系统在维护水源涵养方面的效益有所提升。这对于保障地区的水资源可持续利用和生态平衡非常重要，也突出了生态系统服务在保护自然环境中的重要性。

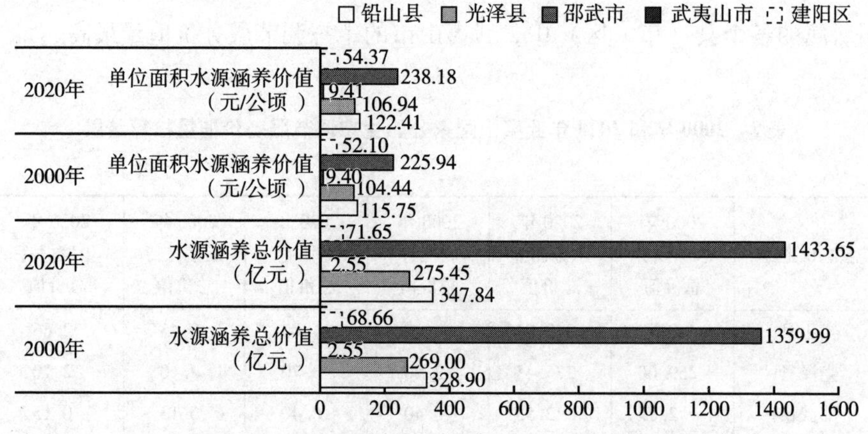

图 1　2000 年和 2020 年武夷山国家公园水源涵养价值量

3. 武夷山国家公园碳固存价值量核算结果

如图 2 所示，经核算，2020 年碳固存总价值为 18. 74 亿元，与 2000 年的 18.73 亿元相比基本保持稳定，增长幅度极小。江西片区（铅山县）2020 年碳固存总价值为 4.03 亿元，与 2000 年相比基本保持不变。福建片区（光泽县、邵武市、武夷山市、建阳区）2020 年碳固存总价值为 14.71 亿元，与 2000 年相比也保持了基本稳定。2020 年江西片区的单位面积碳固存价值与 2000 年相比保持不变，均为 1.42 元/公顷。福建片区 2020 年的单位面积碳固存价值与 2000 年基本持平，分别为 5.80 元/公顷和 5.79 元/公顷。总体而言，武夷山国家公园 2020 年的碳固存总价值与 2000 年相比基本保持稳定，没有明显的增长或减少；单位面积碳固存价值也没有发生显著变化。这说明国家公园碳固存服务在这段时间内相对稳定，生态系统也没有发生明显的变化。

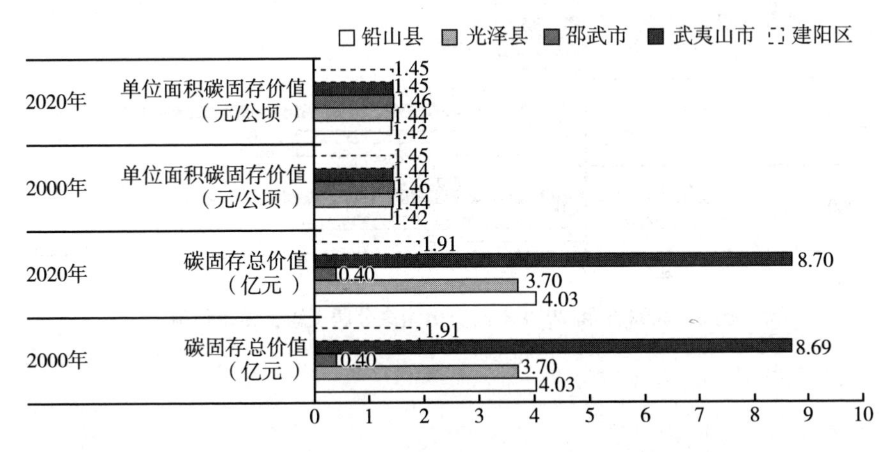

图 2　2000 年和 2020 年武夷山国家公园碳固存价值量

4. 武夷山国家公园土壤保持价值量核算结果

如图 3 所示，经核算，2020 年土壤保持总价值为 10.94 亿元，相比于 2000 年的 10.04 亿元有所增加。江西片区（铅山县）2020 年土壤保持总价值为 2.66 亿元，比 2000 年的 2.45 亿元有所增加，增长率为 8.57%。福建片区（光泽县、邵武市、武夷山市、建阳区）2020 年土壤保持总价值为 8.28 亿元，比 2000 年的 7.59 亿元有所增加，增长率为 9.09%。江西片区的单位面积土壤保持价值从 2000 年的 0.86 元/公顷增加到 2020 年的 0.94

元/公顷，增长率为9.30%。福建片区的单位面积土壤保持价值从2000年的2.84元/公顷增加到2020年的3.15元/公顷，增长率为10.92%。总体而言，武夷山国家公园2020年的土壤保持总价值相对于2000年有所增加，这反映了土地管理和保护措施的改进。不仅土壤保持总价值有所增加，而且单位面积土壤保持价值也有所提高，表明生态系统的土壤保持能力得到改善。以上结果表明国家公园的生态系统保护工作取得了一定成果，有助于维护土地的可持续性和生态系统的健康。

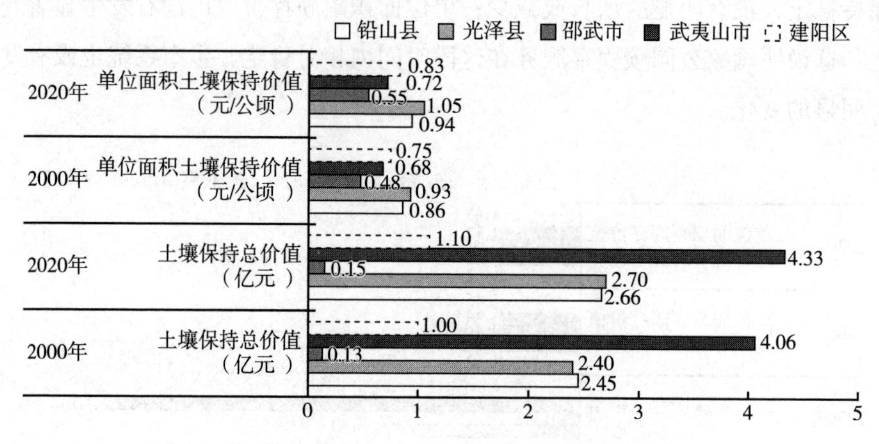

图3　2000年和2020年武夷山国家公园土壤保持价值量

三　武夷山国家公园生态系统服务产品价值实现路径

（一）推进“环带”产业转型升级，提升国家公园生态产品价值

为避免武夷山国家公园孤岛化，促进国家公园内外保护协同发展，武夷山国家公园与地方政府共建环武夷山国家公园保护发展带（以下简称“环带”）。“环带”即武夷山国家公园外围4252平方公里的“缓冲带”，此处

被规划为重点保护区、保护协调区，以及发展融合区。[①] “环带”是承接武夷山国家公园生态产品的最佳载体，其产业的转型升级也能促进生态系统服务价值的实现。研究武夷山国家公园水源涵养、碳固存和土壤保持 3 类生态系统调节服务功能，提出积极引导水产业、林业和茶产业绿色发展，以促进森林与水资源保护的建议。

1. 适度发展水产业，加强水资源保护

加强水资源保护，实施水环境生态修复与治理工程，贯通河流生态走廊，促进河湖湿地自然生态系统服务功能提升，全面提高水源涵养能力；实施严格的水资源管理制度，在国家公园周边适度利用优质水资源，打造水产业园，开发包装水、泡茶水等高端功能水产品；发展水产生态健康养殖业，促进水产养殖绿色发展。

2. 适度发展森林碳汇，加强森林自然经营

加大天然林和公益林保护力度，科学开展植树造林及其他森林生态系统修复、综合治理工程，增强国家公园森林生态系统稳定性；以科学规划和因地制宜为原则，优化树种、林种结构，提高森林生态系统碳固存能力；重点开展森林竹木经营、碳汇等项目，推进森林生态交易市场建设。

3. 推广生态茶园，提升土壤保持服务价值

进一步推广科技特派员制度，加强对茶农的技术扶持，包括生态茶园种植和维护，推广减肥减药、生态绿肥、茶林共建等生态种植方式，改善土壤保持能力；严格控制茶园面积扩张，积极推广茶园生态化管理模式，提升茶园的土壤保持服务价值。

4. 推进生态旅游融合发展，缓解保护压力

制定生态旅游服务标准，依托国家公园的自然资源，构建生态旅游产品体系，带动国家公园及周边区域的产业转型及绿色发展；打造国家公园入口社区，充分发挥入口社区便捷的交通区位优势及基础设施优势；构建“智

---

① 许杰玉等：《环国家公园地区生态保护规划研究——以环武夷山国家公园保护发展带为例》，《环境生态学》2022 年第 12 期。

慧旅游+”新模式，拓展茶旅融合、森林康养和涉水休闲等武夷山主题特色旅游路线，促进融合发展，打造武夷山国家公园生态旅游品牌。

（二）打造“生态银行”，探索生态价值实现多元模式

“生态银行”是探索资源—资产—资本的转化路径，促进生态产品价值实现的新模式。[①]“生态银行”是指借鉴银行“零存整取，散入整出”的模式，通过购买/赎买、租赁、托管、股份合作的形式实现生态资源整合提升，以金融导入、资本运作实现科学经营的新模式。[②]与武夷山国家公园毗邻的顺昌县是全国首个“森林生态银行”试点区域。[③]武夷山国家公园有着丰富而无形的生态系统调节服务产品价值以及较高的集体林占比，地方政府可以尝试打造“森林生态银行”，探索生态价值实现的多元模式。

1. 健全收益分配体系

建立利益共享机制，在自然资源产权明确的基础上，完善收入分配机制，让村民和投资者共享生态产品收益，激发林农的生态保护积极性，促进经济和生态的协调发展。

2. 创新投融资体制机制

扩大自然资源使用权的出让、转让、出租、入股等权能，推进碳排放权、林权、水权等市场交易，活跃自然资源要素市场；有序发展生态证券市场，激发生态市场活力，提高资本市场承载能力和生态资源配置效率。

3. 探索新型合作模式

鼓励社会资本、公益组织、个人等参与各类生态产品的培育和建设，设立基金组织等平台，以形成“政府+”新型合作模式；规范市场准入规则和退出机制，营造公平公正的投资环境，推动林权、水权等在公开交易市场流转。

---

① 崔莉、厉新建、程哲：《自然资源资本化实现机制研究——以南平市“生态银行”为例》，《管理世界》2019 年第 9 期。

② 黄颖等：《规模经济、多重激励与生态产品价值实现——福建省南平市“森林生态银行”经验总结》，《林业经济问题》2020 年第 5 期。

③ 吴翔宇、李新：《“生态银行”赋能生态产品价值实现的创新机制》，《世界林业研究》2023 年第 3 期。

（三）加强多元保障，促进生态产品价值实现

为促进生态产品价值实现，需进一步加强多方位保障。

1. 健全组织保障

建立健全园地共建的联合保护机制，共同推进国家公园及周边城镇生态保护及其产品价值实现；以制定公约、签订协议的形式促进国家公园社区共建共管，提高社区居民参与生态保护的积极性。

2. 完善产权登记制度

明晰的产权为生态产品市场化奠定了良好的基础。按照“资源公有、物权法定、统一确权登记”的原则，开展实际调查及清算工作，明确全民所有和集体所有的边界，进一步完善自然资源资产所有者权益管理体系，推进自然资源统一确权登记。①

3. 健全生态补偿机制

依据不同生态产品及其服务能力，以及专家建议和社区居民意愿，制定相关生态补偿的分配方式，扩大生态补偿范围，提高补偿标准，完善自然资源有偿使用制度，彰显国家公园重要生态价值，为生态产品价值实现提供资金保障。通过赎买、租赁、生态补助、协议保护等形式收储一般控制区重点生态区域林木，提高林木生态补偿标准，缓解林农权益与生态保护间的矛盾。

① 张琨等：《湖南省自然资源产权制度改革的现状、挑战及其优化对策研究》，《湖南科技学院学报》2022 年第 3 期。

G.15

基于社区认知视角的海南热带雨林国家公园五指山片区生态产品价值实现路径研究

朱倩莹　盛朋利　顾轩瑞　于文婧　王忠君*

摘　要： 本文通过对海南热带雨林国家公园五指山片区的典型入口社区乡镇——水满乡当地原有居民参与生态产品生产情况和生态保护与生态产品价值认知情况的调查，发现当地在生态产品价值实现方面尽管已取得了一定成绩，但仍普遍存在对生态产品价值认识不清、缺乏园地生态品牌价值共创的积极性以及生态产品价值转化过程中各主体的利益维度发生较大变化等问题。研究认为，建立生态产品价值实现机制以提升当地参与能力为基础；强化社区原有居民的生态保护认知有助于生态产品价值转化；国家公园体制是理想的生态产品价值实现机制。

关键词： 热带雨林国家公园　生态产品价值实现机制　五指山市

国家公园体制建立的根本目标是实现生态资源科学保护和合理利用，促进人与自然和谐发展。以国家公园为主体的自然保护地体系建设是我国生态

* 朱倩莹，北京林业大学园林学院2022级风景园林专业硕士生，主要研究方向为自然保护地游憩；盛朋利，北京林业大学园林学院2021级风景园林专业硕士生，主要研究方向为自然保护地游憩；顾轩瑞，北京林业大学园林学院2023级风景园林专业硕士生，主要研究方向为自然保护地游憩；于文婧，北京林业大学园林学院2022级风景园林专业硕士生，主要研究方向为自然保护地游憩；王忠君，北京林业大学园林学院副教授，主要研究方向为旅游规划、自然保护地游憩管理。

文明体制改革的重要内容，是我国生态文明建设的组成部分。但由于覆盖面积广、保护对象类型多样，存在专业人才和资金不足等问题，国家公园的生态保护价值和社会利用价值尚未得到充分发挥①，国家公园保护和发展冲突频发，因此，必须积极探索建立以绿色发展促进保护的体制，使国家公园变成中国式现代化的主阵地。

一　生态产品价值实现机制的相关研究进展

生态产品价值实现是指在维持生态系统稳定性和完整性的前提下，通过政策、市场和技术机制合理开发利用生态产品，使其生态价值转化为经济效益的过程②。《关于建立健全生态产品价值实现机制的意见》为建立健全生态产品价值实现机制明确了战略方向和实施指南③。随着政策制度的不断完善以及各地在创新实践、价值核算、路径探索、机制构建等方面展开研究，成果不断涌现④。秦子薇等基于可持续生计方法（SLA），通过引入社区居民生计资本构建适用于国家公园社区居民的可持续生计分析框架，并用以研究海南热带雨林国家公园霸王岭片区周边社区的生计资本情况、生计策略和影响生计策略选择的因素⑤；陈岳等通过分析我国生态产品价值实现的基本现状与突出问题，认为生态产品价值实现已成为生态学、环境学、经济学等多个学科研究的热点，并基于基础理论内涵和发达国家做法，提出应从产权制度、补偿机制、价格机制等方面完善我国生态产品价值实现机制⑥；林亦

① 朱万里、潘志新、孟龙飞：《公众参与视角下我国国家公园志愿者服务体系构建探讨——以海南热带雨林国家公园为例》，《林业资源管理》2022 年第 5 期。

② 林亦晴等：《生态产品价值实现率评价方法——以丽水市为例》，《生态学报》2023 年第 1 期。

③ 赵毅等：《国土空间规划引领生态产品价值的实现路径》，《城市规划学刊》2022 年第 5 期。

④ 陈岳等：《我国生态产品价值实现研究综述》，《环境生态学》2021 年第 11 期。

⑤ 秦子薇、张玉钧、杜松桦：《国家公园社区居民可持续生计研究——以海南热带雨林国家公园霸王岭片区为例》，《自然保护地》2023 年第 1 期。

⑥ 陈岳等：《我国生态产品价值实现研究综述》，《环境生态学》2021 年第 11 期。

晴等提出生态产品价值实现机制包含促进价值实现的政策、市场和技术机制①。开展生态产品价值核算，可以推动生态产品价值显化。目前我国对生态产品价值评估的方法有直接市场法、替代市场法等②，已有学者将这些方法用于核算实践。例如，杜傲等以我国首批 5 个国家公园为研究对象，得出 2015 年国家公园生态系统生产总值（GEP）为 10813.6 亿元，主要服务功能是水源涵养和气候调节，占总值的 70.0%，单位面积 GEP 为 652.0 万元/公里^2，是全国均值的 1.4 倍③。建立健全生态产品价值实现机制是人与自然和谐共生的必由之路，对于有效挖掘自然要素价值、推动经济社会可持续发展、破解经济发展与生态保护矛盾有重要意义④。关于生态产品价值实现机制，国内外学者从多方面进行了研究，包含主客体、产权制度、供给机制、价格实现、产品交易、公私合作、市场运营、政府购买、金融支持、监督管理等内容，关于生态保护补偿、生态权属交易、生态产业开发、区域协同发展等实践模式的讨论也较多，但对典型案例及发展经验的梳理还不充分，很难形成一套明晰的生态产品价值转化技术体系⑤。

二　研究方法与研究过程

（一）研究区概况

海南热带雨林国家公园是我国首批 5 个国家公园之一，是海南黑冠长臂猿的全球唯一栖息地，范围涉及五指山、白沙、保亭、乐东等 9 个市县，约占海南省陆域面积的 1/7，下设黎母山、霸王岭、五指山等 7 个国家公园管

---

① 林亦晴等：《生态产品价值实现率评价方法——以丽水市为例》，《生态学报》2023 年第 1 期。

② 夷萍：《城乡融合视域下生态产品价值实现路径研究——基于四川大邑天府共享旅居小镇的案例分析》，《中国集体经济》2023 年第 13 期。

③ 杜傲等：《国家公园生态产品价值核算》，《生态学报》2023 年第 1 期。

④ 李燕等：《生态产品价值实现研究现状与展望——基于文献计量分析》，《林业经济》2021 年第 9 期。

⑤ 吴丰昌：《国内外生态产品价值实现的实践经验与启示》，《发展研究》2023 年第 3 期。

理局分局[①]。海南热带雨林国家公园五指山片区位于海南岛中部，横跨五指山市、琼中县，总面积534.08平方公里。五指山市63%的土地面积划属海南热带雨林国家公园五指山片区，在海南各市县中占比最高，全市生态环境质量保持全省领先水平，但经济结构单一、增收途径少，经济发展水平落后于海南省平均经济发展水平[②]。水满乡处于五指山片区中心位置，是国家公园门户乡镇，辖区面积108.04平方公里，有5个村委会，21个自然村，27个村民小组，共计1042户4561人，其中少数民族4457人、汉族104人。当地居民的自然资源利用方式多元，经济产业以种植茶叶、水稻、槟榔等为主。近年来，水满乡围绕国家公园入口社区的发展定位及时调整发展目标，积极发展生态旅游业，用生态资源赋能，把生态效益转化为经济效益[③]。

（二）水满乡生态产品价值转化面临的问题

1. 生计资本单一，人地约束突出

水满乡土地为集体土地，基本已承包到户。国家公园范围内及周边的农地是当地人主要的生计资本。社区生计资本的独特性体现在国家公园自然生态系统与社区地域空间资源交错、重叠相邻，国家公园管控政策极大地影响着居民生产生活[④]。水满乡因地处欠发达地区，经济总量小、财政实力弱，在基础设施建设、环境治理等领域存在短板，生态环境优势未有效转化为发展优势，未形成保护与发展协同的内生动力[⑤]。

---

① 朱万里、潘志新、孟龙飞：《公众参与视角下我国国家公园志愿者服务体系构建探讨——以海南热带雨林国家公园为例》，《林业资源管理》2022年第5期。

② 姚小兰、LI Larry、任明迅：《海南热带雨林国家公园高速公路穿越段的生态修复社会化参与方式》，《自然保护地》2023年第1期。

③ 夷萍：《城乡融合视域下生态产品价值实现路径研究——基于四川大邑天府共享旅居小镇的案例分析》，《中国集体经济》2023年第13期。

④ 秦子薇：《国家公园建设下周边社区居民可持续生计研究——以海南热带雨林国家公园霸王岭片区为例》，硕士学位论文，北京林业大学，2021。

⑤ 邵超峰：《桂林景观资源价值转化路径的对策与建议》，《可持续发展经济导刊》2023年第1期。

2. 生态产品的延展功能不足

从产业结构看，当地传统农业近年来平稳发展，水果和橡胶生产呈下滑趋势，但茶叶和槟榔产销形势火热，以旅游服务为主体的旅游业发展迅速。传统生计型农业经济的增值升级需要融入现代化产业要素，才能使生态环境优势转化为产品品质优势。目前旅游、农业、生物医药等领域地方龙头企业整体实力弱，能对生态资源进行多维度、高水平开发的经营主体较少。除五指山茶叶外，其他生态产品普遍缺乏认证，质量及科技含量处于较低水平，品牌价值未得到充分挖掘。五指山片区生态旅游业对旅游文创业、农产品加工业、农产品流通业的带动力还不强，旅游消费市场竞争力不足①。

（三）研究方法

国家公园社区原有居民参与生态产品价值转化与生态产品价值实现的过程，本质上是生态产品价值认知的过程。生态产品价值认知是指原有居民对通过保护生态资源和改善生态环境来实现生态产品价值并从中受益的行为的重要性的整体感知。具体而言，生态产品价值认知包括两个方面：一是对直接在市场上进行货币交易的有形生态产品价值的认知；二是对不能直接在市场上进行货币交易的如生态旅游等生态产品价值的认知②。

研究主要采用典型调查和入户访谈方法获取样本基本特征、参与生态治理现状和认知水平等信息。同时通过与国家公园管理局五指山分局等的工作人员座谈及查阅网上资料了解区域生态产品开发进程，掌握当地对原有居民参与生态产品价值转化的激励和保障制度，进而研判生态产品价值的实现条件、方式与转化模式。

（四）研究过程

研究过程为“理论分析与现状阐述—实证调查—结果分析—建议提出”。

---

① 邵超峰：《桂林景观资源价值转化路径的对策与建议》，《可持续发展经济导刊》2023 年第 1 期。

② 项凯：《生态产品价值认知对农户生态治理参与意愿的影响研究——以浙江省富春江沿岸村庄为例》，硕士学位论文，浙江海洋大学，2022。

首先，基于原有居民对生态产品价值内涵了解不深的现状，提出问题：原有居民对国家公园生态产品价值的认知水平是否会对社区生态产品价值实现产生影响，若产生影响，具体影响程度如何。其次，根据已有研究确定测度方法开展调查。再次，根据反馈结果，分析评价原有居民对国家公园生态产品价值及当地生态产品价值的认知水平和偏差；进一步确定影响路径。最后，提出提高原有居民生态产品价值认知水平的建议和生态产品价值实现的路径。

研究组于2023年7月20日至31日在水满乡新村、水满村、毛纳村和方龙村进行入户走访，并对当地生态产品进行了界定：必须有以生态保护为基础的特色产业，将生态环境优势转化为产品品质优势，使生态保护价值在市场上稳定变现；有一定的技术含量，有稳定的供求关系、价格和金融支持等，具有自我造血功能；建立在生产生活绿色发展利益转化机制基础上，能让大多数村民受益。

1. 生态旅游业及产业链发展调查

2000年以前，村民以种植、养殖为主要谋生手段。进行生态旅游开发后，居民的谋生手段开始多样化。2022年水满乡常住人口为6437人，其中超过1200人从事与生态旅游业直接相关的工作。社区居民从事的工作有卖土特产、做导游、当司机等，以及参与农家乐或民宿经营、景区设施建设、旅游服务管理等。生态旅游业对生活方式产生越来越大的影响，生态旅游收入占家庭总收入的比重逐年增加。调查发现，除茶产业外，原有居民从事生态旅游业的热情很高。以毛纳村为例，截至2022年6月，毛纳村累计接待游客17.22万人次，生态旅游收入826.24万元。调研中毛纳村村干部自豪地说："全村人对乡村生态旅游信心十足，对未来发展充满信心。"水满乡茶旅融合发展形势也很乐观，举办了2023年海南早春茶开采节、星空露营、雨林音乐节等活动。近年来，水满乡投入约2000万元建设13个美丽乡村项目，新建了客运站、加油站、生态停车场等旅游配套设施，推动光网、路网、电网、气网、水网"五网"基础设施建设，动员村民开办民宿11家，引进御景酒店、亚泰雨林酒店等高品质度假酒店，生态旅游服务能力得到极大提升①。

① 谢凯：《保护绿水青山　深掘致富"金矿"》，《海南日报》2022年9月13日。

在方龙村调研时发现，当地仅小卖部就有27家，均出售芭蕉、茶叶、米酒等当地生态特产。有不少妇女从事黎锦编织，黎锦服装深受游客欢迎。一个村民将自家空置房屋改为民宿，全年基本客满，他计划加入餐饮服务，他说："一年下来，比外出打工赚得多。"当地乡村民宿因价格优势与干净卫生赢得不少回头客。同时，水满乡生态旅游业发展带动了周边服务业、生态农产品发展。五指山市计划在水满乡的各个村庄打造高水平的乡村生态旅游点，预计建成后能够开展品茗、露营、观星和黎苗文化体验等多种活动。

2. 乡土产业与产品调查

水满乡以茶产业和生态旅游业为引领，依托热带雨林、黎苗文化、大叶红茶三大核心优势，积极推动农旅融合、茶旅融合，围绕"产业生态化和生态产业化"的发展目标，着力打造茶叶乡镇。建设五指山印象水满茶叶专业合作社、茶旅融合发展先导示范区、热带雨林国家公园自然博物馆等项目，推动全乡生态产业聚核式发展。水满乡是当地第一个尝试把在山地种植的山栏稻种植在水田区域的乡镇，目前当地已种植上百亩水田山栏稻①。为保证销售渠道和经济利益，在乡政府支持下成立山栏米合作社，采取订单农业模式，与收购公司签订购销协议。此外还有小黄牛、五脚猪、水满鸭和山栏酒等土特产。水满乡民间文化与非物质文化遗产也在当地文旅发展潮流中融入物质产品。水满乡有海南黎苗文化，随处可见的民族元素包括茅草屋、图腾、歌舞、黎锦和苗锦。但目前仅有初级生态产品，与国家公园的关联性不强，未体现出国家公园优质生态环境资源和品牌对提高当地生态旅游产品、农产品等的附加值的作用。

调查发现，尽管加入合作社可获得地租、务工收入，并按股分红，但不少农户仍采用个体经营及小范围合伙的形式从事乡土产品生产。很多农户只看到了产品价格，未认识到优质生态环境资源和品牌带来的"溢价"效应。

---

① 李冰晶、田小雷：《政府立体式精准扶贫　助推水满乡致富》，《中国集体经济》2017年第18期。

3. 合作社经营模式调查

目前五指山市茶叶种植面积为10759.77亩，政府对其定位是“小而美、美而精”。当地茶叶专业合作社采取“风险共担、利益共享、共同发展”的利益联结机制，茶叶生产形成了“村集体+合作社+农户”的典型模式。截至2022年底，水满乡茶叶专业合作社吸纳644户农户，超过7000亩土地用于茶叶种植，通过加入茶叶专业合作社，每户年增收3万多元。“有茶难卖”变为“有茶难买”，大叶红茶销量实现大幅增长。2015年“五指山红茶”获农产品地理标志登记证书；2022年五指山市水满乡成功获得“水满乡雨林茶园特色产业小镇”称号。目前，水满乡已有椰仙、水满红、苗绿香等知名度较高的乡土品牌。

目前，五指山片区参与生态产品价值实现的激励及风险抵御机制不完善。尽管茶叶专业合作社为茶企和茶农搭建了交流合作平台，促进了茶产业增效，但仍有茶农对合作社机制存疑，对生态产品价值认识不足。

三　研究结果

（一）社区居民生态产品价值认知情况

水满乡生态产品价值实现工作虽取得明显成果，但存在政府“自上而下”和少数社区企业“自下而上”的工作模式，部分原有居民被动参与。部分原有居民对生态环境及生态产品价值认知不足导致其参与生态产品价值转化的能力与动力不足。一方面，部分原有居民受自身文化水平限制，无法正确把握国家公园建设背后的价值和趋势，对于生态产品带来的价值认知不清晰。另一方面，收入也是影响农户参与的一个重要因素。许多原有居民的收入来源只有务农，为了增加收入，他们有时会忽视经济效益与生态效益的平衡，盲目追随市场趋势开展种植，而这种不可持续的开发模式造成的生态退化往往需要更多资金来恢复。

国家公园建设工作纵深推进使原有居民认识到参与建设对保护生态环境、改善利用方式的重要性。但认知水平的提高并未带来相应的行动，原有

居民参与生态治理的比例仍不高。原因有三个方面：一是原有居民受教育程度普遍偏低，很多人没有意识到这是公民的合法权利，可以用其维护自身权益；二是从原有居民角度出发的激励保障制度缺失，在生活水平和家庭收入不高的情况下，原有居民参与其中更多是为了获得收入；三是目前生态补偿制度不完善，有一部分原有居民信息渠道不畅通、缺少参与途径，最终结果是行动参与远少于观念参与①。

（二）园地生态品牌价值共创与协同创新模式认知情况

在原有居民深入参与和生态环境政策友好明确的基础上，把生态环境优势转化为产品品质优势，通过品牌增值体系运营获得价格和销量优势。五指山片区的生态产品品牌增值体系应包括发展指导体系、产品质量标准体系、市场营销和产品推广体系，覆盖第一、二、三产业，片区通过体系化方式把生态优点转化为产品增值卖点。目前只重点打造了生态旅游、农副产品加工等业态，产品质量标准体系不能完全与国家和国际标准体系衔接，多数产品未获得相关机构认证；五指山片区目前已有茶叶、野菜及民族手工艺品等生态产品，但知名度低，国家公园地域品牌还未显示出较高的市场认知度和价格认可度。地区产业发展清单未完全制定，目前多为初级产品，价格和销量优势直接受益于国家公园生态环境优势，品牌优势不明显。

应鼓励乡土人才、农林种植及牲畜养殖大户牵头创办社区组织，发挥引导示范作用，在农民自觉自愿的基础上成立区域性专业合作组织，围绕热带水果种植、林下产品种植、山栏稻种植、养蜂、生态旅游、黎苗民族旅游等特色产业将农民有效地组织起来，提供技术、销售服务，发挥带动作用，推动社区发展②。

---

① 项凯：《生态产品价值认知对农户生态治理参与意愿的影响研究——以浙江省富春江沿岸村庄为例》，硕士学位论文，浙江海洋大学，2022。

② 秦子薇、张玉钧、杜松桦：《国家公园社区居民可持续生计研究——以海南热带雨林国家公园霸王岭片区为例》，《自然保护地》2023 年第 1 期。

（三）利益维度变化对国家公园社区生态产品价值实现的影响

国家公园建设重构了利益相关者的利益维度，进而影响到利益考量方式和对生态产品价值转化目标的态度，促进不同主体利益共生。在将海南热带雨林国家公园五指山片区范围内的自然资源资产所有权、国土空间用途管制权移交给国家公园管理局五指山分局统一管辖后，地方产业项目能得到的资金支持有所加强，当地乡村公共财政结构呈现明显的“生态型”特征。水满乡生态茶园和合作社经营模式的生产经营制度不仅使茶叶等实现增值，也有利于基层政府增加税收。通过相关制度建设，可以实现社区产业转型升级，增加原有居民的收入来源。利益重构后达成了“生态保护第一”和“全民公益性”的利益均衡。

四 讨论

（一）国家公园生态产品品牌增值体系建立需要政策大力支持

《关于建立健全生态产品价值实现机制的意见》提出“鼓励打造特色鲜明的生态产品区域公用品牌，将各类生态产品纳入品牌范围，加强品牌培育和保护，提升生态产品溢价，建立和规范生态产品认证评价标准”[①]。以“绿水青山”为表征的自然地理要素可以转化为社区生计资本，社区以新的生产方式和生产关系与国家公园形成利益共同体。但由于区位和经济条件不同，生态产品价值差异较大。大多数地区的生态产品存在溢价空间窄、产业耦合度低、创新驱动力弱、价值核算标准不统一、市场交易平台体制机制不健全、配套政策缺失等问题，这些都要在实现生态产品价值过程中予以重视并解决[②]。

---

① 新华社：《中共中央办公厅 国务院办公厅印发〈关于建立健全生态产品价值实现机制的意见〉》，《中华人民共和国国务院公报》2021 年第 14 期。

② 夷萍：《城乡融合视域下生态产品价值实现路径研究——基于四川大邑天府共享旅居小镇的案例分析》，《中国集体经济》2023 年第 13 期。

五指山市正积极探索推进生态优先和绿色发展，围绕国家公园着力打造具有雨林特色的城市，持续挖掘和转化生态产品价值①。

（二）处理好国家公园入口社区生态旅游与大众旅游的关系

国家公园入口社区发展生态旅游需妥善处理好生态旅游与大众旅游的关系，与国家公园互动互补，布局多种业态，形成带动第一、二产业发展的特色社区。入口社区生态旅游会面临游客结构和偏好的变化，是与大众旅游不同的业态。入口社区可积极创建自然教育基地，培育生态友好型产业基地，认证原生态产品，努力将生态旅游业扩大到更全面的三次产业链，以品牌效应带动生态产品增值。

（三）探索生态产品多途径、多功能、全链条开发模式

构建以生态保护为本底的绿色发展动力机制，引导社会资本参与国家公园周边社区建设，因地制宜发展创新经济、生态旅游、高效农业等生态型产业。构建以生态环境导向的开发（EOD）模式为核心的生态建设运营双平衡机制，探索以土地增值收益平衡前期投入、以市场运营收益平衡后期维护的可持续投入方式。将生态环境保护与生态产品经营开发权益挂钩，完善生态建设成本定向提取等制度，打造区域公用品牌，健全生态产品供给标准体系，推动当地成为优质供给区②。构建生态友好型产业体系，对周边企业可采取签订合作协议模式，对其进行品牌授权，以特色生态文化 IP 赋能国家公园及周边社区生态农林、绿色食品深加工、农林产品销售、生态旅游等生态产业，从而实现传统产业转型升级，提高区位、环境、业态等社区资本水平③。

---

① 谢凯、刘钊：《厚植生态绿　掘出致富金》，《海南日报》2022 年 4 月 11 日。

② 邵超峰：《桂林景观资源价值转化路径的对策与建议》，《可持续发展经济导刊》2023 年第 1 期。

③ 秦子薇、张玉钧、杜松桦：《国家公园社区居民可持续生计研究——以海南热带雨林国家公园霸王岭片区为例》，《自然保护地》2023 年第 1 期。

五 结论

（一）建立生态产品价值实现机制以提升当地参与能力为基础

五指山片区周边社区抓住国家公园建设契机，做好生态农产品招牌，以茶产业和生态旅游业为发展龙头，实现了生态产品价值显化[①]。但目前生态优势资源挖掘手段和呈现方式单一，生态产品价值评估核算机制和生态产品交易平台尚未完全建立，原有居民参与能力有较大提升空间。

提高原有居民参与生态产品价值转化意愿的前提是其对国家公园生态产品价值与当地生态产品价值有明确认知。调查发现，水满乡原有居民对生态产品价值认知度和参与生态产品生产的积极性不高。原有居民间缺乏沟通，多数情况是原有居民看见其他人通过改善生态产品生产与经营方式获得收益后盲目加入，但因自身认知存在不足，效果并不理想。因此，国家公园与当地政府应发展乡村生态教育，采取集中培训、挖掘融入本地生产生活实践的生态智慧等方式提高原有居民生态文明素养，增强其生态保护与价值权益意识。另外，政府要积极传播生态产品生产加工技术，组织有针对性的培训班，定期派遣专业人员提供技术支持，展示可行的科学化、生态化、合理化的农业生产方式，供原有居民学习借鉴[②]。引导原有居民将农业生产与生态治理要求相结合，在不破坏生态的同时有效增加收入，增强其对生态保护与生态产品的信心。同时应鼓励国家公园周边社区原有居民参加专业合作社等组织，增进彼此沟通，培养主人翁意识，提高对生态产品价值的认知度，增强参与生态产品生产的意愿。发挥专业合作社等组织的带动作用，提供科学指导，使成员就生态产品生产与经营中的价值取向达成共识，共同抵御风险，从而拓宽当地生态产品价值实现途径。

① 夷萍：《城乡融合视域下生态产品价值实现路径研究——基于四川大邑天府共享旅居小镇的案例分析》，《中国集体经济》2023年第13期。

② 项凯：《生态产品价值认知对农户生态治理参与意愿的影响研究——以浙江省富春江沿岸村庄为例》，硕士学位论文，浙江海洋大学，2022。

（二）强化社区原有居民的生态保护认知有助于生态产品价值转化

了解生态产品价值是国家公园及周边社区生态产品价值转化的前提条件，原有居民的认知水平是其参与生态产品生产与经营意愿的重要影响因素。调查发现，部分原有居民只关注生态产品的物质价值，忽略生态价值，为扩大生产区域而过度开发。部分原有居民没有意识到正是生态保护提高了生态产品价值的本质，追赶一时的行业潮流，忽视当地政府关于合理利用生态产品的政策倡导，引发产品质量差、供大于求、严重趋同等问题，进而导致生态产品不生态的情况发生。原有居民参与生态保护与生态产品生产的意愿需要更高的认知水平来激发。因此，原有居民应通过参与政府、专业合作社举办的培训讲座等途径来改变固有认知，正确认识生态产品价值实现对自身发展的利弊，积极响应政策倡导，参与到生态产品价值实现中去。

（三）国家公园体制是理想的生态产品价值实现机制

将区域生态环境的正外部性予以经济利益维度的内部化并将这种内部化纳入治理体系，是生态产品价值转化的核心所在。通过这种方式可以将生态保护与经济增长相结合并实现制度化和长效化，最终创造出一种全新的地方绿色发展模式，实现人与自然和谐共生①。国家公园体制的建立使当地政府获得更多生态保护资金，拥有促进生态产品价值转化的特许经营机制。国家公园属地可以撬动各类政府和非政府资源聚焦入口社区，让更多社会资本投资当地绿色产业，扩大品牌影响力，促进国家公园及周边社区生态产品价值转化和可持续利用。同时，国家公园能整合优质生态环境资源并形成知名品牌，有利于优化形象、吸引游客和投资商，强力赋能地方绿色发展。因此，在入口社区生态产业化恪守国家公园“生态保护第一”和“全民公益性”的前提下，国家公园体制是国家公园及周边社区理想的生态产品价值实现机制。

---

① 朱竑、陈晓亮、尹铎：《从“绿水青山”到“金山银山”：欠发达地区乡村生态产品价值实现的阶段、路径与制度研究》，《管理世界》2023 年第 8 期。

G.16

祁连山国家公园青海片区生态系统碳汇生态产值核算及其开发利用

张 颖 张子璇*

摘 要： 祁连山国家公园是我国生态安全的重要保护屏障，也是我国生物多样性保护的优先区域，为了促进祁连山国家公园生态产品价值实现，增强生态系统服务功能，本报告对祁连山国家公园青海片区主要生态系统碳汇生态产值进行核算及分析，并提出了开发利用的方式和建议措施。结果表明，2011~2017年祁连山国家公园青海片区主要生态系统碳储量价值量总体呈现“先减后增”的趋势；在主要生态系统碳汇生态产值核算中，草地碳汇生态产值最高，林地碳汇生态产值次之，且年均增速较快。祁连山国家公园青海片区应从坚持保护与利用相结合，提高森林、草地碳汇的产出效益，注重生态环保知识的宣传教育三个方面进行碳汇的开发利用。

关键词： 祁连山国家公园 碳汇 生态产值核算 生态系统服务

高质量推进国家公园建设，是以习近平同志为核心的党中央站在实现中华民族永续发展的战略高度做出的重大决策，也是新时代生态文明建设具有

* 张颖，北京林业大学经济管理学院教授，博士生导师，主要研究方向为资源、环境价值评价与核算，区域经济学；张子璇，北京林业大学经济管理学院博士生，主要研究方向为资源、环境统计与核算。

基础性和统领性的重大制度创新①。2017年9月，我国批准建设祁连山国家公园，其是中国十大国家公园之一，主要职责为保护祁连山生物多样性和自然生态系统原真性、完整性。祁连山国家公园位于中国青藏高原东北部，横跨甘肃和青海两省，公园内自然景观多样，包括森林、草地、冰川、荒漠等多种类型的生态系统，具有巨大的固碳潜力，是我国生态安全的重要保护屏障，也是我国生物多样性保护的优先区域。实现生态产品的价值，需要对生态系统服务功能进行评估，核算出经济价值，并在实践应用中获得特定的经济效益②。生态系统碳汇生态产值的核算有利于将生态系统碳汇能力价值化，为政府决策提供有力的科学依据。因此，如何科学核算生态系统碳汇生态产值，为"双碳"目标的实现提供依据和支撑，是当前学术界研究面临的重要问题。

因此，本报告以祁连山国家公园青海片区为例，构建相应的核算体系和框架，进行祁连山国家公园青海片区主要生态系统碳汇生态产值核算及其变化分析，并提出祁连山国家公园青海片区开发利用的方式和建议措施，以期为祁连山国家公园生态产品价值实现、生态文明体制构建等提供科学依据，并为我国国家公园开展"两山"转化成效评估提供参考与借鉴。

一　研究区域概况

祁连山国家公园青海片区位于青海省东北部，东西长870km，南北宽100~200km，由西北东南走向的平行山脉和宽谷构成，地形以山地为主，平均海拔为4000~5000m，谷地平均海拔为3000m左右。片区西部与青海省海西蒙古族藏族自治州德令哈市毗邻，东北部与甘肃省接壤，南部隔黄河与甘

① 张中鹏：《国家公园建设为何意义重大：本土实践与全球视角》，《广州日报》2022年8月2日。

② 杨渺等：《四川省生态系统生产总值（GEP）的调节服务价值核算》，《西南民族大学学报》（自然科学版）2019年第3期。

肃省相望。

祁连山国家公园青海片区涵盖3个州（市）8个县（区），即海北藏族自治州（祁连县、刚察县、海晏县、门源回族自治县）、海西蒙古族藏族自治州（天峻县）、海东市（乐都区、互助土族自治县、民和回族土族自治县）。

根据相关统计，自开展国家公园机制试点建设以来，祁连山国家公园青海片区60.17%的退化草地得到有效恢复，植被面积增加0.97万 hm^2，气候调节、水源涵养、生物多样性保护等生态效益发挥了巨大作用，植被固定二氧化碳量和释放氧气量分别增加了19.01%和20.34%①。片区内德令哈市、天峻县、祁连县和门源回族自治县4县（市）20个乡镇119个村的经济收入和社会效益得到明显改善。2017年以来，有超过1200名牧民成为生态管护员，每月有1800元的固定收入，家庭收入从过去每年几千元增长到近11万元，片区的产值也由几十年前的几十亿元上升至2023年的100多亿元②。

二　研究方法与数据

（一）研究方法

近几年，国内外学者对碳汇核算做了较多的研究，并取得了较大进展③。以下为主要的生态系统碳汇核算方法。

一是森林碳汇。在森林碳汇核算中，森林碳汇量主要为森林生物量固碳量、林下植被固碳量和林地固碳量的总和。森林碳汇主要根据森林碳储量来

① 《祁连山国家公园青海片区试点建设以来有效恢复60%退化草地》，中国新闻网，2023年8月16日，https：//www.chinanews.com.cn/cj/2023/08-16/10062161.shtml。

② 陈凯等：《打开和合之美的“新”画卷——青海三个民族自治州的70年巨变》，《经济参考报》2023年8月15日，第A05版。

③ 杨渺等：《四川省生态系统生产总值（GEP）的调节服务价值核算》，《西南民族大学学报》（自然科学版）2019年第3期。

计算，具体见公式（1）①。

$$CF = \sum (S_{ij} \times C_{ij}) + \alpha \sum (S_{ij} \times C_{ij}) + \beta \sum (S_{ij} \times C_{ij}) \tag{1}$$

上式中，CF 为森林碳储量（万 t）；S_{ij} 为 i 区域 j 类型森林的面积（hm^2）；C_{ij} 为 i 区域 j 类型森林的碳密度（$t \cdot hm^{-2}$）；α 为林下植被碳转换系数，主要根据森林生物量计算林下植被固碳量，一般取 0.195；β 为林地碳转换系数，根据森林生物量固碳量计算林地固碳量，一般取 1.244。②

二是农田碳汇。在农田碳汇，主要为耕地碳汇核算中，主要核算的是耕地土壤碳汇能力，即已经剔除土壤呼吸后的土壤净固碳能力，具体见公式（2）③。

$$C_{soil} = F_{soil} \times A \times t \tag{2}$$

上式中，C_{soil} 为农田生态系统土壤固碳量（万 t）；F_{soil} 为农田土壤固碳速率（$t \cdot hm^{-2} \cdot a^{-1}$）；$A$ 为耕地面积（$10^3 hm^2$）；t 为时间（a）。

三是草地碳汇。在草地碳汇核算中，主要通过草地碳密度和草地面积来核算碳储量。具体见公式（3）、公式（4）④。

$$POCS = \frac{\sum_{i=1}^{n} \sum_{j=1}^{n} POC_{ij} M_{ij} + \sum_{i=1}^{n} \sum_{b=1}^{n} POC_{ib}\left(M_{ib} - \sum_{j=1}^{n} M_{ij}\right)}{10^{12}} \tag{3}$$

$$POC_{ib} = \frac{\sum_{j=1}^{n} POC_{ij} \times M_{ij}}{\sum_{j=1}^{n} M_{ij}} \tag{4}$$

上式中，POC_{ib} 表示 i 区域 b 草地类植被碳密度（gCm^{-2}），POC_{ij} 表示 i

---

① Masson - Delmotte, V. et al., "Intergovernmental Panel on Climate Change," Switzerland: IPCC, 2023.

② 张震：《由森林蓄积换算因子法计量森林碳汇及经济评价的研究》，《上海经济》2017 年第 1 期。

③ 谭美秋等：《河南省农田生态系统碳汇核算研究》，《生态与农村环境学报》2022 年第 9 期。

④ 张琛悦等：《青海省草地生态系统碳储量及其分布特征》，《北京师范大学学报》（自然科学版）2022 年第 2 期。

区域j草地类植被碳密度（gCm^{-2}），M_{ij}表示i区域j草地类草地面积（m^2）。$POCS$表示草地植被系统碳储量（TgC），M_{ib}表示i区域b草地类草地面积（m^2）。

四是水域及水利设施用地碳汇。在水域及水利设施用地碳汇核算中，主要通过水域生物量、土壤碳密度和水域面积来核算碳储量。具体见公式（5）[①]。

$$WTOCS = A_1 \times P \times C + A_2 \times D \tag{5}$$

上式中，A_1为水域植被覆盖面积，A_2为水域生态系统面积，P为水域单位面积平均生物量，D为水域平均土壤碳密度，C为生物量（干重）的碳储量系数，$WTOCS$为水域碳储量。

五是城镇村及工矿用地碳汇。在城镇村及工矿用地碳汇核算中，主要通过其植被和土壤碳密度以及土地面积来核算碳汇量。具体见公式（6）[②]。

$$P_C = S \times (C_{C植被} + C_{C土壤}) \tag{6}$$

上式中，P_C表示城镇村及工矿用地的碳汇量（t），S表示城镇村及工矿用地的面积（hm^2），C_C表示城镇村及工矿用地植被或土壤碳密度（$Mg \cdot hm^{-2}$）。

六是未利用土地碳汇。未利用土地碳汇核算和城镇村及工矿用地类似。具体见公式（7）[③]。

$$P_C' = S' \times (C_C'_{植被} + C_C'_{土壤}) \tag{7}$$

上式中，P_C'表示未利用土地的碳汇量（t），S'表示未利用土地的面积（hm^2），C_C'表示未利用土地植被或土壤碳密度（$Mg \cdot hm^{-2}$）。

另外，碳汇生态产值核算方法主要采用国民经济核算的方法。具体来说，生态系统碳汇的核算研究主要采用国民账户体系和综合指标核算方法来

① 张莉、郭志华、李志勇：《红树林湿地碳储量及碳汇研究进展》，《应用生态学报》2013年第4期。

② 张连江等：《余庆县不同土地利用下碳汇量计算及生态系统保护对策》，《绿色科技》2022年第24期。

开展。前者主要对国民经济活动中的主要生态系统碳汇进行综合考察和统一核算，后者则计算反映国民经济的综合指标，从而全面反映主要生态系统碳汇对国民经济运行过程和结构状况的影响①。

（二）数据来源

研究中，2011 年、2015 年、2017 年的县级尺度生态遥感监测土地利用与土地覆盖数据、植被 NPP 数据均由青海省生态环境监测中心解译并提供，遥感数据源为高分 1 号、资源 3 号卫星影像，分辨率为 2m。耕地相关数据来自青海省统计局，林地、草地相关数据主要来自青海省林业和草原局，水域及水利设施用地相关数据主要来自各级水文水资源部门以及水资源公报，城镇村及工矿用地相关数据来自青海省自然资源厅。

2011 年、2015 年、2017 年祁连山国家公园青海片区主要生态系统碳汇生态产值核算数据如表 1 所示。

表 1　2011 年、2015 年、2017 年祁连山国家公园青海片区主要生态系统碳汇生态产值核算数据

土地资源类型	实物量(hm^2)		
	2011 年	2015 年	2017 年
耕地	289663.9	281575.2	280561.9
林地	833744.2	833741.7	833604.4
草地	4173144.4	4165384.2	4162418.1
水域及水利设施用地	401569.7	405854.0	408904.4
城镇村及工矿用地	72838.5	87958.2	88556.6
未利用土地	1003161.6	999609.0	1000076.9
总计	6774122.3	6774122.3	6774122.3

资料来源：刘凤、曾永年：《2000—2015 年青海高原植被碳源/汇时空格局及变化》，《生态学报》2021 年第 14 期；李娜、李清顺、李宏韬：《祁连山国家公园青海片区森林植被碳储量与碳汇价值研究》，《浙江林业科技》2021 年第 2 期。

① 张颖等：《我国森林碳汇核算的计量模型研究》，《北京林业大学学报》2010 年第 2 期。

三　结果与分析

（一）碳汇实物量

根据碳汇核算方法和表 1 的统计监测数据，2011～2017 年祁连山国家公园青海片区主要生态系统碳储量、碳汇量实物量核算情况如表 2 所示。

表 2　2011 年、2015 年、2017 年祁连山国家公园青海片区主要生态系统碳储量、碳汇量实物量核算情况

单位：万 t

土地资源类型	2011 年碳储量	2015 年碳储量	2017 年碳储量	碳汇量 2011～2015 年变化	碳汇量 2015～2017 年变化
耕地	446.7	434.2	432.6	-12.5	-1.6
林地	1941.8	1941.8	1941.5	-0.006	-0.3
草地	3150.7	3144.9	3142.6	-5.8	-2.3
水域及水利设施用地	409.6	414.0	417.1	4.4	3.1
城镇村及工矿用地	26.3	31.8	32.0	5.5	0.2
未利用土地	1205.2	1200.9	1201.5	-4.3	0.6
总计	7180.3	7167.6	7167.3	-12.7	-0.3

一方面，受气候变暖的影响[①]，冰川融化加速，平均每年损失的冰雪与 15 年前相比增加 31%左右[②]，因此水域及水利设施用地面积增加，同时碳储量增加；另一方面，2011～2017 年祁连山国家公园青海片区城镇村及工矿用地面积持续增加，年均增加 3.31%，面积增加引起碳储量增加，这与

① 刘凤、曾永年：《2000—2015 年青海高原植被碳源/汇时空格局及变化》，《生态学报》2021 年第 14 期。

② 《每年近 2700 亿吨冰消失！冰川加速融化促海平面持续上升》，新华网，2021 年 4 月 29 日，http：//www. xinhuanet. com/world/2021-04/29/c_ 1211135275. htm；《救救冰川！喜马拉雅每年流失 80 亿吨冰　人为引起的气候变化是最大原因》，前瞻网，2019 年 6 月 20 日，https：//t. qianzhan. com/caijing/detail/190620-5c0c410b. html。

我国社会经济发展及城镇化发展战略相吻合。另外，在不同生态系统类型中，耕地碳储量 2015 年较 2011 年减少 12.5 万 t，2017 年较 2015 年减少 1.6 万 t。林地碳储量 2015 年较 2011 年减少 0.006 万 t，2017 年较 2015 年减少 0.3 万 t。但是 2011 年以来，祁连山国家公园青海片区人工林蓄积和碳储量逐年增加，主要与我国近年来实施的“三北”防护林工程等一系列生态修复措施有关。草地碳储量 2015 年较 2011 年减少 5.8 万 t，2017 年较 2015 年减少 2.3 万 t。水域及水利设施用地碳储量 2015 年较 2011 年增加 4.4 万 t，2017 年较 2015 年增加 3.1 万 t，这主要和冰川融化速度加快、人类活动加剧及水利设施建设增加有关。城镇村及工矿用地碳储量 2015 年较 2011 年增加 5.5 万 t，2017 年较 2015 年增加 0.2 万 t。未利用土地碳储量 2015 年较 2011 年减少 4.3 万 t，2017 年较 2015 年增加 0.6 万 t。这些土地资源类型的碳储量和碳汇量变化，不仅与这些生态系统的面积变化有关，也与冰川融化加速、人类活动加剧及相关政策等有关。减少温室气体排放以扭转这种变化趋势是祁连山国家公园青海片区面临的挑战。

（二）碳汇价值量

1. 碳汇价格的确定

下面主要以森林碳汇为例，根据最优价格模型确定其价格[①]。

具体目标公式为：

$$J_{\max} = \int_0^{\infty} [B(H_t) - C(H_t, S_t)]\, e^{-rt} dt \tag{8}$$

条件公式为：

$$\frac{ds}{dt} = G(S_t) - H_t \tag{9}$$

公式（8）、公式（9）中，$B(H_t)$ 为森林资源的采伐收益，S_t 为森林资源存量，$C(H_t, S_t)$ 为森林资源采伐成本，r 为森林资源增长率，t 为时

① 张颖等：《我国森林碳汇核算的计量模型研究》，《北京林业大学学报》2010 年第 2 期。

间，$G(S_t)$、H_t分别为森林资源的生长量和采伐量。

L_t为哈密顿函数，则公式为：

$$L_t = B(H_t) - C(H_t, S_t) + P_t[G(S_t) - H_t] \tag{10}$$

其中，P_t为拉格朗日乘子，也就是森林资源的影子价格。

根据收益最大化的条件得公式：

$$\frac{\partial L}{\partial H_t} = 0 = \frac{dB}{dH} - \frac{\partial C}{\partial S} - P_t \tag{11}$$

$$\frac{dP_t}{dt} = r P_t - \frac{dG}{dS_t} + \frac{\partial C}{\partial S} \tag{12}$$

森林资源的增长公式为：

$$\frac{dS}{dt} = G(S_t) - H \tag{13}$$

定义 $P_t = \rho(H_t)$，其中 ρ 表示森林资源总价格。因而得公式：

$$\frac{dB}{dH_t} = \rho \tag{14}$$

将公式（14）代入公式（10），得公式：

$$P_t = \rho_t - \frac{\partial C}{\partial H_t} \tag{15}$$

因此，根据上述公式和张颖等的研究成果①，求得目前中国森林碳汇的最优价格为10.11美元/t~15.17美元/t。其他生态系统碳汇的最优价格计算也可参考森林碳汇的最优价格确定，该方法是联合国环境与经济综合核算体系（SEEA）推荐的碳汇价格确定方法②。

2. 价值量

中国外汇交易中心公布的2011年、2015年、2017年美元对人民币平均

① 张颖等：《我国森林碳汇核算的计量模型研究》，《北京林业大学学报》2010年第2期。

② 欧阳志云、林亦晴、宋昌素：《生态系统生产总值（GEP）核算研究——以浙江省丽水市为例》，《环境与可持续发展》2020年第6期。

汇率分别为6.4614、6.2272和6.7547[①]。按照上述确定的碳汇[②]最优价格的上限计算，2011年碳汇的价格为98.02元/t、2015年碳汇的价格为94.47元/t、2017年碳汇的价格为102.48元/t。由此对2011年、2015年、2017年祁连山国家公园青海片区主要生态系统碳汇价值量进行核算，结果如表3所示。

表3　2011年、2015年、2017年祁连山国家公园青海片区主要生态系统碳汇价值量核算情况

单位：万元

土地资源类型	2011年碳储量价值量	2015年碳储量价值量	2017年碳储量价值量	碳汇价值量2011~2015年变化	碳汇价值量2015~2017年变化
耕地	43781.5	41016.4	44330.7	-2765.1	3314.3
林地	190333.2	183433.8	198939.6	-6899.4	15505.8
草地	308832.2	297084.8	322021.1	-11747.4	24936.3
水域及水利设施用地	40148.9	39106.5	42737.9	-1042.4	3631.4
城镇村及工矿用地	2577.4	3004.2	3275.8	426.8	271.6
未利用土地	118132.9	113447.8	123115.5	-4685.1	9667.7
总计	703806.1	677093.5	734420.6	-26712.6	57327.1

由表3可以看出，2011~2017年祁连山国家公园青海片区主要生态系统碳储量价值量总体呈现先减后增的趋势，各生态系统碳储量价值量从大到小依次为草地、林地、未利用土地、耕地、水域及水利设施用地、城镇村及工矿用地。耕地、林地、草地、水域及水利设施用地、未利用土地碳储量价值量在2011~2015年是减少的，在2015~2017年是增加的。城镇村及工矿用地碳储量价值量在2011~2017年都是增加的，这与城镇村及工矿用地碳储量实物量变化趋势一致，也与我国社会经济发展及城镇化发展战略有关。2015~2017年，耕地碳储量价值量平均增加4.04%，林地碳储量价值量平

① 《人民币年平均汇率》，中国外汇交易中心网站，2023年5月31日，https：//www.chinamoney.com.cn/chinese/bkrmbidx/。

② 碳汇价格主要是森林碳汇的价格，实际上按照《京都议定书》的要求，碳汇交易主要是森林碳汇交易。

均增加 4.23%，草地碳储量价值量平均增加 4.2%，水域及水利设施用地碳储量价值量平均增加 4.64%，城镇村及工矿用地碳储量价值量平均增加 4.60%，未利用土地碳储量价值量平均增加 4.26%。这些变化除城镇村及工矿用地碳储量价值量外，均呈现先减后增的趋势，即 2011～2015 年价值量是减少的，2015～2017 年价值量是增加的。在碳储量价值量变化中，水域及水利设施用地碳储量价值量和城镇村及工矿用地碳储量价值量的平均增速较快，耕地碳储量价值量的平均增速较慢。

另外，基于 2011 年、2015 年和 2017 年祁连山国家公园青海片区主要生态系统碳汇实物量的核算数据，对 2011 年、2015 年和 2017 年祁连山国家公园青海片区主要生态系统碳汇价值量分别进行核算，经过生产资料价格指数调整后，发现碳汇价值量有所增加，其主要原因是碳汇实物量变化和价格变化。

3. 碳汇生态产值

生态系统生态产值具体定义为：生态系统为人类福祉和经济社会可持续发展提供的各种最终物质产品与服务价值的总和，即“生态产品”价值的总和[①]。生态产值区别于劳动价值，它是“自然—社会”系统共同创造的财富。因此，按照联合国等国际组织在《环境经济核算体系——实验性生态系统核算》（SEEA-EEA）中推荐的生态产值核算方法，在主要生态系统碳汇生态产值核算中，要扣除主要生态系统本身的中间消耗。另外，从国民经济核算角度和碳汇生产过程来看，生态系统碳汇生态产值（简称“碳汇 GEP”）的核算公式应该为：

$$\text{碳汇}\, GEP = EMV + ERV + ECV - (\text{环境资源成本} + \text{环境资源保护服务费用}) \quad (16)$$

上式中，碳汇 *GEP* 为生态系统碳汇生态产值，*EMV* 为生态系统物质产品价值，*ERV* 为生态系统调节服务价值，*ECV* 为生态系统文化服务价值[②]。

① 丁文广、勾晓华、李育主编《祁连山生态绿皮书：祁连山生态系统发展报告（2020）》，社会科学文献出版社，2021。

② 李娜、李清顺、李宏韬：《祁连山国家公园青海片区森林植被碳储量与碳汇价值研究》，《浙江林业科技》2021 年第 2 期。

因此，根据公式（6），核算的2017年祁连山国家公园青海片区耕地碳汇GEP为2.34亿~2.52亿元，林地碳汇GEP为10.51亿~11.32亿元，草地碳汇GEP为17.01亿~18.32亿元，水域及水利设施用地碳汇GEP为2.26亿~2.43亿元，城镇村及工矿用地碳汇GEP为0.17亿~0.18亿元，未利用土地碳汇GEP为0.27亿~0.29亿元。即2017年祁连山国家公园青海片区主要碳汇GEP为32.56亿~35.06亿元。

2015~2017年，按耕地、林地、草地、水域及水利设施用地、城镇村及工矿用地、未利用土地碳汇GEP下限计算的GEP年均增速均高于同期祁连山国家公园青海片区所在3个州（市）GDP的年均增速，也反映了各生态系统碳汇对该地区经济发展的真正贡献。在主要碳汇GEP核算中，草地碳汇GEP最高，林地碳汇GEP次之，且年均增速较快，这反映了祁连山国家公园草地碳汇、林地碳汇在改善生态环境、防灾减灾、提升人居生活质量方面产生了正效益，创造了财富，也充分说明了祁连山国家公园草地和森林对社会经济发展和生态环境保护等的重要作用①。

四　结论及建议

（一）结论

通过祁连山国家公园青海片区主要生态系统碳汇生态产值核算，结合SEEA-EEA核算内容可以得出以下结论。

2011~2017年祁连山国家公园青海片区碳储量呈现下降趋势，但是降幅在不断减小，在一定程度上反映了祁连山国家公园青海片区植被状况正逐渐改善，固碳能力有所增强。祁连山国家公园青海片区2011~2017年主要生态系统碳储量从大到小依次为草地、林地、未利用土地、耕地、水域及水利设施用地、城镇村及工矿用地，草地对于碳储量的贡献最大。从各生态系统

① 刘建泉、李进军、邸华：《祁连山森林植被净生产量、碳储量和碳汇功能估算》，《西北林学院学报》2017年第2期。

碳储量变动情况来看，2011~2017年，耕地、林地、草地、未利用土地的碳储量有所减少，水域及水利设施用地、城镇村及工矿用地的碳储量有所增加。因此，未来需要继续加强生态修复工作，不断将建设用地和未利用土地转变为林地、草地，实现林地、草地和耕地面积的持续增加。

在碳汇价值量核算中，2011~2017年祁连山国家公园青海片区主要生态系统碳储量价值量总体呈现先减后增的趋势，各生态系统碳储量价值量从大到小依次为草地、林地、未利用土地、耕地、水域及水利设施用地、城镇村及工矿用地，不同生态系统对碳储量价值量的影响显著，草地和林地的碳储价值量较大。从2015~2017年碳储量价值量的平均增长率来看，水域及水利设施用地和城镇村及工矿用地的碳储量价值量的平均增速较快，耕地碳储量价值平均增速较慢。

从碳汇GEP核算结果来看，在祁连山国家公园青海片区主要生态系统中，草地碳汇GEP最高，林地碳汇GEP次之，且2015~2017年平均增速较快，这也反映了草地、林地对经济发展的贡献较大。因此，祁连山国家公园青海片区未来应继续实施和巩固天然林保护、退耕还林还草等一系列生态保护工作，合理利用森林、草地资源，促进未利用土地向林地、草地转变，这也是提高祁连山国家公园青海片区碳汇水平的主要努力方向。

（二）碳汇开发利用建议

1. 坚持保护与利用相结合

祁连山国家公园生态资源质量较好，开发利用难度小。在开发利用的过程中，要协调好经济发展和生态环境之间的关系，坚持保护与利用相结合的原则，促进土地结构优化调整，实现经济效益和环境效益双丰收。近年来，祁连山国家公园青海片区水域及水利设施用地和城镇村及工矿用地面积不断增加，林地、草地和耕地面积呈现减少趋势，这将不利于生态环境的可持续发展①。因此，在未来，祁连山国家公园青海片区需要更加重视天然林保

① 朱燕茹、王梁：《农田生态系统碳源/碳汇综述》，《天津农业科学》2019年第3期。

护，促进退牧还草、退耕还林还草等相关工作的稳步开展，不断推动建设用地和未利用土地向林地、草地转变。选择合理的开发方式，对于重点保护区、环境敏感区要采取严格的保护措施；在国家公园开展经营服务活动的单位和个人，必须遵守相关法律、规章制度，避免生态环境恶化。

2. 提高森林、草地碳汇的产出效益

森林面积占祁连山国家公园青海片区陆地生态系统的10%左右，草地面积占祁连山国家公园青海片区陆地生态系统的一半以上，森林和草地是该地区最主要的两种陆地生态系统，对于增加碳汇起到关键作用。因此，要通过提高经营管理水平、加快技术进步等不断提高森林、草地碳汇的产出效益。一方面，从森林碳汇实物量产出上提高森林净生产力，进而提高森林碳汇量；另一方面，注重草地资源保护，采取围栏封育等一系列方式进行草地的精准修复，不断缓解草地生态压力①。同时，建立健全我国碳交易市场体系，提高碳汇价格，完善碳汇市场交易机制，确保碳市场交易的健康发展，不断推动我国生态产品价值实现。

3. 注重生态环境保护知识的宣传与教育

加强生态环境保护知识的宣传与教育是构建国家公园管理体系的重要部分，采取宣传画册、展览、导游图、解说、艺术表演等多种形式，向游客及附近居民宣传环境保护知识，使人们深入了解国家公园，增强生态保护意识。祁连山国家公园是一座天然的博物馆，成为游客、科研学者进行实地考察、学习体验的基地，因此，要促进祁连山国家公园文化资源、自然资源有效整合，通过公园化管理，挖掘国家公园的文化教育、旅游观光、科学研究功能，最大限度地实现祁连山国家公园的保护和利用，加强自然生态保护，促进人与自然和谐共生和碳汇的开发利用。

---

① 刘凤、曾永年：《2000—2015年青海高原植被碳源/汇时空格局及变化》，《生态学报》2021年第14期。

G.17
生态产品价值实现视域下自然保护地文化服务分类体系构建*

谢冶凤　钟林生　吴必虎**

摘　要： 在我国建立以国家公园为主体的自然保护地体系背景下，自然保护地由于生态系统保护需要和高到访量的现实情况，存在推动非物质性生态产品价值化的需要。生态系统文化服务作为“人类从生态系统中获得的非物质惠益”，是促进自然保护地生态产品价值化的重要理论依据。本文首先从生态系统文化服务的关键环节——人类需求出发，以分类学方法为指导，收集既有文化服务分类体系和与文化服务相关的自然保护地访客需求信息，归纳总结出生态产品价值实现视域下自然保护地文化服务分类体系。其次以武夷山国家公园为案例分析地，对分类体系展开初步应用。研究提出的文化服务分类体系相比以往分类体系强调人类需求（生态产品价值实现）的主导性，能够为自然保护地文化服务在利用方面的规划管理提供切实指导。

关键词： 生态产品　自然保护地　生态系统　文化服务　分类体系

---

* 本文得到中南林业科技大学引进高层次人才科研启动基金项目“中国自然保护地文化沉积空间格局与形成机制”（项目编号：2022YJ013）的支持。

** 谢冶凤，中南林业科技大学旅游学院专任教师，主要研究方向为自然保护地游憩和生态系统文化服务；钟林生，中国科学院地理科学与资源研究所研究员、博士生导师，主要研究方向为旅游地理、生态旅游与保护地管理；吴必虎，北京大学城市与环境学院教授、博士生导师，旅游研究与规划中心主任，主要研究方向为城市与区域旅游规划、目的地管理与营销、旅游与游憩。

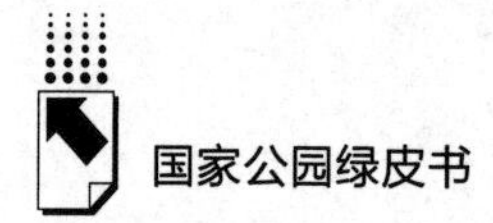

2021年4月，中共中央办公厅和国务院办公厅印发《关于建立健全生态产品价值实现机制的意见》①，该意见的印发是贯彻落实习近平生态文明思想的重要举措。根据该意见内容，笔者认为，“两山”理念中的“金山银山”就是“绿水青山”变成人类可以享用的生态产品后所创造的价值，生态产品是连接“绿水青山”与“金山银山”的重要桥梁；生态旅游是重要的生态产品价值实现模式和增值手段之一。进一步的研究表明，在生态产品价值实现的各类典型模式中，公众付费具有筹集资金高效、交易成本较低、市场化程度高的优势，而生态旅游是这类模式下的重要生态产品之一②。

生态系统服务是国际上与生态产品相对应的关联概念之一③④，其包括支持服务（养分循环、土壤形成等）、供给服务（食物、淡水、木材等）、调节服务（调节气候、净化水质等）和文化服务（美学、精神、生态旅游等）四种类型⑤，其中后三种是与人类福祉直接相关的服务类型，被称为“最终服务”⑥。文化服务是指“人类通过反思、丰富精神生活、加强认知、强化娱乐体验从生态系统中获得的非物质惠益”⑦，或指“生态系统（生物和非生物）所有影响人类身体和精神状态的非物质的产出，通常是非竞争的和非消耗的”⑧。从人与自然和谐共生视角理解的文化服务，是一个人类在利用自然的同时塑造自然的互动过程，基于文化服务的产品开发与使用是这一过

① 《关于建立健全生态产品价值实现机制的意见》，中国政府网，2021年4月26日，http：//www.gov.cn/zhengce/2021-04/26/content_5602763.htm。

② 高晓龙等：《生态产品价值实现研究进展》，《生态学报》2020年第1期。

③ 高晓龙等：《生态产品价值实现研究进展》，《生态学报》2020年第1期。

④ 《生态产品价值实现的理论内涵和经济学机制》，新华网，2020年8月25日，http：//www.xinhuanet.com/politics/2020-08/25/c_1126409073.htm。

⑤ MEA, *Ecosystems and Human Well-being: A Framework for Assessment*, Washington: Island Press, 2003, pp.58-59.

⑥ Wong, C.P. et al., "Linking Ecosystem Characteristics to Final Ecosystem Services for Public Policy," *Ecology Letters* 1 (2015).

⑦ MEA, *Ecosystems and Human Well-being: A Framework for Assessment*, Washington: Island Press, 2003, pp.58-59.

⑧ CICES, https://cices.eu/resources/.

程中的重要环节，生态旅游产品是这些产品的主要构成之一①。

因此，如图1所示，包含文化服务在内的生态系统服务作为一个基于人类需求而提出的框架，不仅源自生态系统和生物多样性（“绿水青山”），也是生态产品开发的基础条件。基于生态系统服务开发的产品在进入市场后，通过不同主体的购买与使用行为实现“绿水青山”向“金山银山”的价值转化。

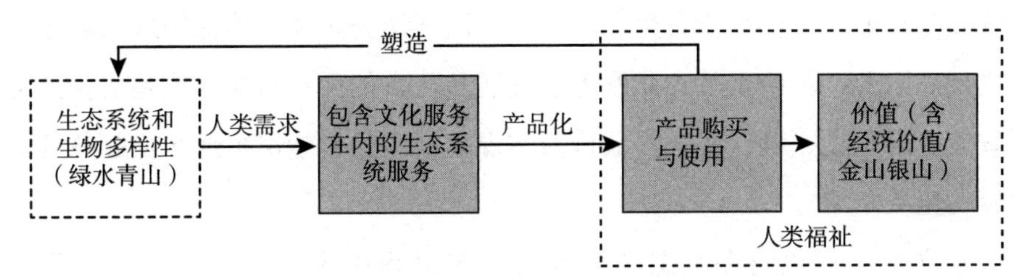

图1　生态系统服务视角下从生态系统到生态产品价值实现的概念框架

资料来源：笔者自制。

由此，在生态系统服务理论视角下，“生态产品价值实现”就被概念化为自生态系统到人类福祉的实现过程，其中的人类需求、包含文化服务在内的生态系统服务、产品化、产品购买与使用均是这种实现过程中必不可少的。

对于文化服务，自然保护地是一类重要供给区域。首先，自然保护地到访量巨大。世界所有自然保护地年均接待访客约80亿人次②，我国国家级风景名胜区年均到访量1.2亿人次，2019年全国各级森林公园到访量18亿人次③。其次，自然保护地以自然保护为第一要务，文化服务供给功能被限

① Fish, R., Church, A., Winter, M., “Conceptualising Cultural Ecosystem Services: A Novel Frame Work for Research and Critical Engagement,” *Ecosystem Services* 21 (2016).

② Balmford, A. et al., “Walk on the Wild Side: Estimating the Global Magnitude of Visits to Protected Areas,” *PLOS BIOLOGY* 2 (2015).

③ 《“十三五”时期我国森林旅游产业规模快速壮大》，中国政府网，2020年10月15日，http://www.gov.cn/xinwen/2020-10/15/content_5551601.htm。

制使用，物质性的生态产品生产在现在和可见的未来受到一定限制，非物质性的人类具体实践（到访保护区域）成为这类区域文化服务生成和使用的主要方式。最后，我国自2015年《生态文明体制改革总体方案》提出“建立国家公园体制”以来，“以国家公园为主体的自然保护地体系”建设不断推进，《建立国家公园体制总体方案》（2017年）和《关于建立以国家公园为主体的自然保护地体系的指导意见》（2019年）分别明确指出，提升生态系统服务功能、提供高质量生态产品是我国国家公园和自然保护地的重要职能之一。因此，不论是从文化服务实现还是从自然保护需要抑或是从我国宏观政策要求来说，确认生态产品价值实现视域下的自然保护地文化服务具体内容均至关重要。

本文基于对旅游在生态产品价值实现过程中重要作用的分析，重点关注旅游所属的文化服务的生态产品价值实现过程。这一过程又涉及从人类需求到福祉实现的诸多步骤，但是，基于人类需求和产品购买与使用来界定的自然保护地文化服务是这些步骤中的第一步，而分门别类来理解这种文化服务进而完成产品化过程，又成为后续人类购买与使用产品的基础。因此，本文聚焦人类旅游需求导向下的自然保护地生态系统文化服务分类，以促进我国自然保护地区域生态产品价值实现目标的达成。

一　文献综述

（一）分类学方法及其相关应用

分类学（Taxonomy）是一种特定的分类体系，以分级的方式表达有机体、实体及事物之间的总体相似性①。这种分类体系以一种有序的方式对条

① Rich, P., “The Organizational Taxonomy: Definition and Design,” *Academy of Management Review* 4 (1992).

目（items）进行区分，呈现这些条目之间自然的关联，而且这种区分还有利于理解条目之间的衍化关系[①][②]。分类学方法首先将具有相似性的条目分为多组，然后将这些组别以分层的方式嵌套到一系列范围逐渐扩大、具有更宽泛内涵的类别中。因此，这种分类体系自下而上各条目内涵逐渐从具体到宽泛，相应地，自上而下越来越具体。Hedden 解释说："一个分类体系是一个被控制之下的词汇表，其中每个术语都与一个特定的更广义的术语（最上层术语除外）相连，也与一个或多个更狭义的术语（最底层术语除外）相连，所有术语都被组织到一个大型分级结构中。"[③] 对于生态系统文化服务，虽然现有研究提出了多种分类方式，但还没有成果是以人类生态产品价值实现为导向，使用系统分类学方法来完成的。现代分类学的概念由瑞典植物学家卡尔·林奈（Carl Linnaeus）在 18 世纪提出，提出的目的是使动植物物种的命名系统化、标准化。经典的林奈分类体系有 7 个层次，自上而下越来越具体，依次为界、门、纲、目、科、属和种。

在各类关联研究中，产品分类与本文关注的人类旅游导向的文化服务分类逻辑具有一定相似性，因为产品是能够满足人类需求的销售物品，而文化服务（机会）也一定是在能够满足人类价值需求的情况下，才有机会转化为生态产品，进而达成生态产品价值实现目标。

对产品的分类通常也用到了与分类学方法类似的结构[④]，也就是根据产品之间的关联性而划分成等级结构。Day、Shocker 和 Srivastava[⑤] 认为，从一个通用产品类型的产品层次结构的角度来考虑，消费者需求及该需求所表现的各种形式都可以通过某一特定产品类型来表示。这表明，不同的产品类型

---

① Fenneman，J.，*What Is Taxonomy and Where Did It Originate*? http：//www.geog. ubc. ca/biodiversity/eflora/IntroductiontoPlantTaxonomy. html.

② Katayama，N.，Baba，Y. G.，"Measuring Artistic Inspiration Drawn from Ecosystems and Biodiversity：A Case Study of Old Children's Songs in Japan，" *Ecosystem Services* 43（2020）.

③ Hedden，H.，*The Accidental Taxonomist*，*2nd Edition*，New Jersey：Information Today，Inc.，2016，p. 30.

④ Howard，J. A.，"Marketing Theory of the Firm，" *Journal of Marketing* 4（1983）.

⑤ Day，G. S.，Shocker，A. D.，Srivastava，R. K.，"Customer-oriented Approaches to Identifying Product-markets，" *Journal of Marketing* 4（1979）.

满足显著不同的需求，而在同一产品类型中，单个产品既可以满足特定需求，也可以替代其他产品个项满足类似的需求。Kotler 和 Keller[①] 指出产品层次可以从基本需求延伸到满足这些需求的特定物品，基于此，他们拓展了基于消费者需求的产品分类方法。原则上来说，分类体系的层次数量可以根据需求的广度、复杂性以及满足这种需求的各种替代方案的变化而变化，但 Kotler 和 Keller 建议使用六层层次结构，即自上而下依次为需求族（need family）—产品族（product family）—产品类（product class）—产品线（product line）—产品型（product type）—产品项（product item）。其中，需求族代表了作为产品族基础的核心需求；产品族包括所有能够满足核心需求的产品类；产品类表示具有一定功能一致性的一组产品；产品线包括密切相关、具有类似功能的产品项；产品型表示一组共享相似形态的产品项；产品项是一个个独立的产品个体。因此，这种分类体系是分层的，所有低层类都继承了高层类的特征。

尽管没有具体的理论来支持分类学方法[②][③]，但这种实用导向的多元化方法已经得到了广泛认可，主观判断在这种方法中是被允许且十分必要的。总的来说，学者们认为分类学的关键是要构建一个存在一定边界的词汇表，这个词汇表能够显示每个单项是如何连接到一个特定的更广义的术语以及一个或多个更狭义的术语的[④]。理想状态下，同一单项在分类中只能出现一次。这个问题需要在生态系统文化服务机会研究中提前指出，因为生态系统文化服务的物质基础可能具有多种不同的服务可能性，且一种服务可能性可以满足多种不同的需求，因此应当允许这种服务分类体系中出现可能类似的单项。

① Kotler, P., Keller, K. L., *Marketing Management*, *14th Edition*, Prentice Hall, 2012, http://eprints.stiperdharmawacana.ac.id/24/.

② Cain, A. J., *Taxonomy | Definition*, *Examples*, *Levels & Classification*, 2022, https://www.britannica.com/science/taxonomy.

③ Dupré, J., "In Defence of Classification," *Studies in History and Philosophy of Science Part C* 2 (2001).

④ Hansman, S., Hunt, R., "A Taxonomy of Network and Computer Attacks," *Computers & Security* 1 (2005).

这种情况其实也经常发生在生物分类学中，对此的解决办法是，以需要被划分的单项的主要驱动因素为分类依据。例如，地衣是藻类与真菌共生的复合体，而“真菌是这种复合体形成的背后驱动力（为其提供营养），因此地衣被归入真菌界，虽然这不符合传统分类学方法”①。

（二）文化服务的概念与分类

在生态系统服务框架推广至全球的过程中，文化服务的概念也同样发生着变化（见表1）。简单来说，从很早开始人类就认识到了自然为其提供的非物质的贡献和好处，且进入21世纪以后，作为文化服务的“非物质惠益”拥有了相对明确的概念定义，并在后续的任意一个生态系统服务框架中拥有了作为一个独立服务分类的地位。

表1　一些关键的生态系统文化服务定义

文献	研究目标	界定的词	定义/与文化服务相关的内容(早期)	是否提出新的概念框架
Groot、Wilson 和 Boumans(2002)②	生态系统功能、商品和服务分类	information function	自然生态系统为人类提供基本“参考功能”,并通过提供反思、丰富精神生活、加强认知、强化娱乐体验的机会来增进人类福祉	是
MEA(2003)③	全球生态系统服务评估	cultural service	人类通过反思、丰富精神生活、加强认知、强化娱乐体验从生态系统中获得的非物质惠益	是

① Fenneman, J., *What Is Taxonomy and Where Did It Originate*? http://www.geog.ubc.ca/biodiversity/eflora/IntroductiontoPlantTaxonomy.html.

② Groot, R. S. D., Wilson, M. A., Boumans, R. M. J., “A Typology for the Classification, Description and Valuation of Ecosystem Functions, Goods and Services,” *Ecological Economics* 3 (2002).

③ MEA, *Ecosystems and Human Well-being: A Framework for Assessment*, Washington: Island Press, 2003, pp. 58-59.

续表

文献	研究目标	界定的词	定义/与文化服务相关的内容(早期)	是否提出新的概念框架
Boyd 和 Banzhaf(2007)①	生态系统服务概念和理论	amenity fulfillment	实现无形的、非消耗型惠益的自然的组成部分	是
TEEB(2010)②	生态系统服务功能的经济测算	cultural amenity service	人类通过与生态系统在地或远程接触所获取的审美、精神、心理和其他惠益	否
Chan、Satterfield 和 Goldstein(2012)③	探究生态系统文化服务概念含义	cultural service	人类通过与生态系统加深关系所产生的非物质惠益(如能力和体验)	是
UN(2012)④	生态系统服务功能的经济测算	cultural service	人类通过游憩、知识开发、放松和反思从生态系统中获得的智力和象征性惠益	否
CICES(2017)⑤	提出国际通用生态系统服务分类体系	cultural service	生态系统(生物和非生物)所有影响人类身体和精神状态的非物质的产出,通常是非竞争的和非消耗的	是

注：划线的三个定义被目前各生态系统文化服务研究人员采用得最多。
资料来源：笔者根据相关文献整理。

① Boyd, J., Banzhaf, S., "What Are Ecosystem Services? The Need for Standardized Environmental Accounting Units," *Ecological Economics* 2 (2007).

② TEEB, *The Economics of Ecosystems and Biodiversity Ecological and Economic Foundations*, 2010, http://teebweb.org/publications/teeb-for/research-and-academia/.

③ Chan, K. M. A., Satterfield, T., Goldstein, J., "Rethinking Ecosystem Services to Better Address and Navigate Cultural Values," *Ecological Economics* 74 (2012).

④ UN, *System of Environmental-Economic Accounting 2012 —Experimental Ecosystem Accounting*, 2012, https://seea.un.org/sites/seea.un.org/files/seea_eea_final_en_1.pdf.

⑤ CICES, https://cices.eu/resources/.

从20世纪70年代至今，生态系统服务框架逐渐成为被广泛研究并被应用实践的生态系统管理工具，文化服务也均被涵盖其中。例如，美国环境保护部门提出和使用的最终生态系统产品和服务（Final Ecosystem Goods and Services，FEGS）范围工具包；欧洲环境署发展的生态系统服务国际通用分类（The Common International Classification of Ecosystem Services，CICES），主张服务评估的普遍适用性；英国国家生态系统评估（UK National Ecosystem Assessment，UK NEA）构建了一个知识利用视角的生态系统服务理解框架。各国根据生态系统服务评价、评估或核算的需要，从各种不同角度提出了对文化服务的看待方式，并基于这些不同看待方式对他们所提出的响应服务做出了进一步细分（见表2）。

表2　各国当前应用的文化服务分类

文献	分类目标	分类对象	分类体系
TEEB（2010）①	生态系统服务的经济评估	文化服务	**精神/宗教/审美/灵感和地方感：** ·审美信息 ·文化、艺术和设计灵感 ·精神体验 **游憩/生态旅游/文化遗产/教育服务：** ·游憩和旅游机会 ·认知发展信息
Church 等（2014）②	英国生态系统服务评估	非物质惠益	**身份，**如归属感、地方感、根性（rootedness）、精神 **体验，**如宁静、灵感、逃离、发现 **能力，**如知识、健康、敏捷（dexterity）、判断力

① TEEB，*The Economics of Ecosystems and Biodiversity Ecological and Economic Foundations*，2010，http：//teebweb.org/publications/teeb-for/research-and-academia/.

② Church，A. et al.，*UK National Ecosystem Assessment Follow-on—Work Package Report 5：Cultural Ecosystem Services and Indicators*，2014，http：//uknea.unep-wcmc.org/LinkClick.aspx？fileticket=l0%2FZhq%2Bgwtc%3D&tabid=82.

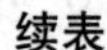
续表

文献	分类目标	分类对象	分类体系
CICES (2017)①	欧洲和世界各国通用的生态系统服务评估(币值化和量值化)	文化服务	**直接、在地服务:** ·与自然环境的物理和体验互动 — 为促进健康、恢复或享受的主动、沉浸式互动提供条件的自然特征 — 为促进健康、恢复或享受的被动、观察式互动提供条件的自然特征 ·与自然环境的智力和表象互动 — 为科学调查和传统知识创造提供条件的自然特征 — 为教育和培训提供条件的自然特征 — 引发文化或遗产共鸣的自然特征 — 为审美提供条件的自然特征 **间接、非在地服务:** ·精神、象征和其他与自然环境的相互作用 — 具有象征意义的自然元素 — 具有神圣或宗教意义的自然元素 — 用于娱乐或表征的自然元素 ·其他具有非使用价值的自然特征 — 具有生存价值的自然特征 — 具有选择或馈赠价值的自然特征 **其他服务:**具有文化意义的其他自然特征
Díaz 等 (2018)②	全球 NCP 评估	非物质贡献	**学习和灵感:**通过景观、海洋、生境或生物提供发展机会,使人类能够通过获得教育机会、获得知识和发展技能、获得信息以及艺术和技术设计的灵感(如仿生学)而繁荣 **生理和心理体验:**通过景观、海洋、生境或生物提供发展机会,让人类在与大自然亲密接触的基础上,进行对身心有益的活动、康复、放松、游憩、休闲、旅游及美感享受(如徒步、游憩性狩猎及钓鱼、观鸟、浮潜) **支持身份认同:**景观、海洋、生境或生物作为宗教、精神和社会凝聚力形成的基础

① CICES, https://cices.eu/resources/.

② Díaz, S. et al., "Assessing Nature's Contributions to People," *Science* 6373 (2018).

续表

文献	分类目标	分类对象	分类体系
			·大自然为人类提供机会，让人类与生活环境中的不同实体建立一种地方感、归属感、根源感或联系感 ·由景观、海洋、生境或生物提供的叙述、仪式庆祝活动的基础 ·作为了解存在的一些景观、海洋、生境或生物而获得满足感的来源 **选择的保存：** ·各种物种、种群继续存在所带来的好处（包括对后代的好处）。这包括它们在面对环境变化和可变性时对生态系统特性的弹性和抵抗力的贡献 ·对已经存在的特定生物体或生态系统的未知发现（如新药物或新材料）和未预料的用途保留选择权所产生的未来惠益（或威胁） ·正在进行的生物进化可能带来的未来惠益（或威胁）（如适应气候变暖、应对突发疾病、病原体和杂草对抗生素和其他控制剂产生耐药性）
Sharpe (2021)①	美国生态系统服务评估（避免重复计算）	受益人	**游憩受益人：**利用环境来支持游憩活动的受益人 ·体验者和观景者 ·采集者和垂钓狩猎者（非生计动机） ·远足者 ·游泳者 ·潜水者 ·划船者 **灵感受益人：**使用或欣赏环境并以此作为灵感来源的受益人 ·仪式庆祝活动参与者 ·艺术家 **学习受益人：**直接依赖环境开展教育或科研活动的受益人 ·学生或教育者 ·研究者 **非使用者作为受益人：**不需要或不直接使用生态系统服务和产品，但从环境中受益的个体 ·关心者

资料来源：笔者根据相关文献整理。

① Sharpe, L., *Final Ecosystem Goods and Services (FEGS) Scoping Tool User Manual*, 2021, https://www.epa.gov/system/files/documents/2021-07/fegs_scoping_tool_user_manual_may_2021.pdf.

（三）文献评述

从上述文化服务定义和分类体系来看，文化服务至少包括游憩旅游、知识/教育/科研/智力、文化认同等诸多细项内容，而对这些细项内容的概括，已经存在十分多样的视角和观点。

前文述及，从生态产品价值实现的角度来看，文化服务得以实现并最终创造人类福祉的关键之一是符合人类需求并将“绿水青山”进行“服务化”。借鉴游憩机会谱的基本思路①，“服务化”也就是对“绿水青山”能够为人类提供获取非物质惠益的机会的描述，从人类需求的角度出发，服务的实现基础就是“绿水青山”所提供的福祉获取机会。

然而，既有分类体系的目标均为对自然所具有的服务能力（即服务功能）的评估，而非自然所具有的能够满足人类服务使用需求的机会（生态产品价值实现的关键步骤）。而且，正因为以服务能力评估为目的，所以当前分类体系均为顶层设计，并没有形成完整的、覆盖全部文化服务供给机会的分类体系，即缺乏分类的第 3 层及更具体的、由人类使用这种服务的可能性的内容。

因此，本文从人类当下需求（生态产品价值实现）出发，将自然保护地文化服务视为人类非物质惠益获取需求导向下的“绿水青山”基本要素及在这种导向下自然保护地提供非物质惠益的所有可能性（机会）。简而言之，生态产品价值实现视域下的自然保护地文化服务由“绿水青山”的非物质惠益供给基础和供给机会共同构成。

二　研究对象认识论

以人类当下需求为导向的自然保护地文化服务分类，就是要全面、清晰

---

① Driver, B. L. et al., “The ROS Planning System: Evolution, Basic Concepts, and Research Needed,” *Leisure Sciences* 3 (1987).

地表达出自然保护地能够以哪些方式、从哪些方面满足人类对自然保护地文化服务使用的需求。本部分提出的分类体系建立在表2列出的具有一定概括性的既有分类体系的基础之上，对服务具体内容的认知则建立在CICES[①]的概念体系之上，认为文化服务使用得以实现的基本条件（也就是服务得以实现的供给要素）既包括人类在自然保护地内开展的实际使用活动，也包括自然本身和人类为了更好地使用服务而参与的改造活动及改造结果（一部分的生态产品），也就是说，只要来访者因使用自然保护地内的原生自然、文化自然和生态产品而获得了其意料之中或意料之外的惠益[②]，则那些供给的物质或非物质基础、自然或社会条件均可被视为服务机会的基础条件和服务实现的供给要素。

在本文中，自然保护地文化服务被定义为自然保护地所提供的人类为获取非物质惠益而使用自然环境的机会，不同的机会形式通过人类对自然保护地特定空间或对象的具体使用形式来体现；一方面这些可资利用的特定空间或对象则是上述使用过程中人类的直接活动空间或行为对象，从另一方面来讲，这些活动空间或行为对象就是使自然保护地具有服务潜力的自然或社会条件，也就是使服务机会得以存在的供给要素。供给要素大部分存在于自然保护地范围内，但也可能受自然保护地优质自然环境影响或因自然保护地内部管理限制而辐射到边界外的一定区域。

这个定义明确了生态产品价值实现视域下自然保护地文化服务的具体内容在以下两个方面的认识论问题。其一，服务是一种“流”，文化服务功能是提供这种服务的特定自然区域具有的能力[③]。同时，服务作为一个从自然基础到福祉实现的全流程理论框架，功能只是自然区域生态系统服务能力评估视角下概念框架中的一个节段，而机会是人类个体/群体需求视角下的这一节段的另一面，机会表达了人类对服务供给要素的具体使用方式的可能

---

① CICES，https：//cices. eu/resources/.

② Keniger，L. E. et al.，“What Are the Benefits of Interacting with Nature?” *International Journal of Environmental Research and Public Health* 3（2013）.

③ CICES，https：//cices. eu/resources/.

性。其二，与既有认知相比，在生态产品价值实现导向下，本文将自然所留存的生存、选择、馈赠等可由未来本人或后代开展使用的机会排除在文化服务机会的概念外，因为这类机会本质上是功能在未来时空的反映，人类对自然的文化服务需求方式并不会有太大不同，故而无须将其单列为一个使用机会范畴。

三 方法与数据

（一）分类学方法的具体应用

基于前述的分类学方法，本文采用了表现型（phenetic）分类学方法，它同时结合了自下而上和自上而下的分类思路，Rich① 运用此方法论述了产业组织的分类学层级框架。“表现型”最早用于描述一种根据所有可用特征、不加任何权重，根据总体相似性来排列条目的方法②③。在非生物学分类研究中，这种方法是优选，因为非生物学待分类项之间没有所谓的基因关系，但待分类项之间存在自然的关联。

本文采用了与 Kennedyeden 和 Gretzel④ 对手机旅游应用进行分类相似的方法。通过多次自上而下和自下而上的验证，确认分类体系的合理性和有效性，这种验证不是一蹴而就的，而是一个交错进行、循环往复的过程。Young 等⑤指出，在事先不确定类群的数量和性质的情况下，自上而下的推理验证方法是可行的。

① Rich, P., “The Organizational Taxonomy: Definition and Design,” *Academy of Management Review* 4 (1992).

② Jensen, R. J., “Phenetics: Revolution, Reform or Natural Consequence?” *Taxon* 1 (2009).

③ Sokal, R. R., “Phenetic Taxonomy: Theory and Methods,” *Annual Review of Ecology and Systematics* 1 (1986).

④ Kennedyeden, H., Gretzel, U., “A Taxonomy of Mobile Applications in Tourism,” *E-review of Tourism Research* 2 (2012).

⑤ Young, C. A., Corsun, D. L., Baloglu, S., “A Taxonomy of Hosts Visiting Friends and Relatives,” *Annals of Tourism Research* 2 (2007).

在应用层面，分类学方法涉及的另一个重要问题是区分出来的层级数量。对此，Kerin、Kalyanaram 和 Howard① 指出，将小的概念单元结合成更有意义的表达的能力可以决定层级数量，这些更有意义的表达能够完全涵盖其各自的成分。需要注意的是，在分类的过程中，可能存在对细枝末节过于关注而导致创造太多层级的风险，而事实上被区分的这些层级可能并无本质特征差异②。而且，在调查范围不明确的情况下，如果采用任意的标准去人为区分基本相似的项目，这种过于关注细枝末节的风险就会增加。因此，本文将基于不同类型文化服务的具体情况，将服务分为 3~5 层，限制最深的分类层级数量，确保每个分类层级在其内部分类间的异质性。

（二）研究数据

基于上述认识论和分类学方法指导，本文收集了两方面数据作为分类的基础材料。第一类数据是既有文献中与文化服务有关的分类体系，包括表 1 的既有文化服务分类，以及非生态系统服务研究的相关分类/研究对象、方法、首层/具体内容（见表 3）。第二类数据是为来访者提供文化服务的自然保护地官方网站内容（见表 4），对这些自然保护地官网的选择依据是，它们均全面系统地展示了其公园能够提供的所有与文化服务相关的使用机会。

表 3　非生态系统服务研究的相关分类/研究对象、方法、首层/具体内容

分类/研究对象	方法	首层/具体内容
人类与自然的互动方式	分类学	间接互动、直接偶然互动、直接有意互动
滨海景观非物质价值	理论结合实际	宗教/精神价值、审美、遗产价值、教育价值、消极价值

---

① Kerin, R. A., Kalyanaram, G., Howard, D. J., "Product Hierarchy and Brand Strategy Influences on the Order of Entry Effect for Consumer Packaged Goods," *Journal of Product Innovation Management: An International Publication of the Product Development & Management Association* 1 (1996).

② Dupré, J., "In Defence of Classification," *Studies in History and Philosophy of Science Part C* 2 (2001).

续表

分类/研究对象	方法	首层/具体内容
景观服务功能	理论结合实际	宗教/精神价值、审美、社会关系、原生价值、遗产价值
景观价值感知	理论结合实际	审美、生物多样性、文化、经济、历史、未来、学习、生命延续、游憩、精神、生计、疗愈、荒野、原生
树木、树林和森林的文化价值(来源与惠益)	理论结合实际	文化来源—使用者文化背景、文化来源—在地文化资产、惠益—健康福祉、惠益—社会接触、惠益—个人自豪感、惠益—教育、惠益—灵感、惠益—精神福祉、惠益—经济机会
生态系统与景观的教育及其关联价值	理论结合实际	科学与教育价值、附加价值、使用价值、保护价值
保护地价值与惠益	罗列	原生价值、在地产品与服务、非在地产品与服务、社区非物质价值、个体非物质价值
圣山关键意义	罗列	高地被尊为圣山;山常被视为宇宙中心,充满力量,是天堂或花园;山被认为本身具有神性或是神的住所;山常被人礼拜;山与祖先或死亡相关联,与文化身份相关,是美好祝福的源泉,是冥想和精神洗涤的地方
保护地非正式访客	罗列	志愿者、科研人员、商务使用者、旅游和游憩者、精神和文化使用者、纪念活动使用者
阿尔卑斯山休闲娱乐活动	罗列	滑雪、攀岩、飞行伞、溪降、独木舟漂流、山地自行车骑行、丛林越野、自驾车穿越、山径漫步、乘登山火车或缆车
山地旅游产品	理论结合实际	观光游览、休闲度假、运动健身、保健疗养、科考科普、美食购物、会议旅游、其他产品
户外游憩偏好	因子分析	成就/刺激、自主/领导能力、冒险、户外装备、家庭聚会、相似的人、其他人、学习、享受自然、自省、创意、怀旧、身体健康、身体休息、逃避个人与社会的压力、逃避身体压力、社会安全、教导/领导他人、降低风险
户外游憩惠益	分类学/罗列	个人惠益、社会/文化惠益、经济惠益、环境惠益,其中个人惠益含心理惠益和生理惠益,社会/文化惠益含 39 项具体内容
冒险旅游活动	分类学	空中活动、海洋活动、地面活动
旅游产品	分类学	愉悦产品、个人需要产品、人类成就产品、自然、商务

续表

分类/研究对象	方法	首层/具体内容
旅游产品	分类学	基于资源的观光益智旅游产品、基于休闲/娱乐和生活品质地的度假旅游产品、基于利益发展的商务旅行与相关旅游产品、专项(主题)旅游产品、特殊兴趣旅游产品
自然保护地旅游产品	分类学/类型学	科考探险、自然野生动物旅游、自然教育、健康休养、户外运动、风景观光
旅游资源	分类学	水域景观、生物景观、天象与气候景观、建筑与设施、历史遗迹、旅游购物品、人文活动
旅游资源	分类学/类型学	自然景系、人文景系、服务景系

资料来源：笔者根据相关文献整理。

表 4　为来访者提供文化服务的自然保护地官方网站内容

单位：个

页面相关主题数	具体内容
4	访问公园[地点、露营和住宿、红椅地(观景点)、活动和体验、学习营地、旅游]、自然(科学和保护、生态监测、土著生态知识、保护和恢复生态系统、研究项目、影响评估等)、历史和文化(土著联系、国家历史遗址、考古、世界遗产地等)、加入我们(志愿者、合作者等)
9	节事、探索自然、教育、照片与多媒体、发现历史、儿童、合作者、志愿者、社区资源
3	访问我们(游径、游憩区、溪流、高山滑雪场、文化遗址、野生动物保护区、纪念碑)、学习(儿童、教育者与家长、自然资源专家、动植物、我们的历史)、科学和技术
4	在公园里做什么(步行、观鸟、观星、摄影、骑行、水上活动、正念练习、历史景点、家庭聚会、跑步)、访问我们、体验(83 套以上述“做什么”构成的打包体验)、学习(教学资源、户外课堂)
3	在公园里做的和看的(徒步、潜水、露营、骑行、水上运动、向导体验、日程安排、野生动物)、计划你的到访、发现(国家公园历史、保护、植物和动物)
3	发现(关于我们的公园、景点、狗狗友好、可达性、到达方式、周边活动、不受天气影响的可做之事、可欣赏的事、公园十大活动、访客信息、婚礼与场地预订)、吃喝(购买当地熏肉、咖啡馆和咖啡店、饮食节、酒吧和旅馆、餐厅、独特的当地生产商和烹饪特色)、可做之事(活动、景点、购物、走路)

资料来源：笔者根据相关文献整理。

四　自然保护地文化服务分类体系

（一）机会—供给要素体系基本结构

如前文方法部分所述，当前使用的分类方法是以目的为导向、先验与后验相结合的，归类的原则是某一类的内部项之间在供给基础或使用方式方面的自然相似度高于其他类的内部项。对此，本文提出自然保护地文化服务机会—供给要素的 5 级分类体系，基本结构是机会族（opportunity family）（第 1 层）、机会亚族（opportunity sub-family）（第 2 层）、机会—供给要素类（opportunity-enable class）（第 3 层）、机会—供给要素线（opportunity-enable line）（第 4 层）、机会—供给要素型（opportunity-enable type）（第 5 层）。

机会族（第 1 层）：具有最大一致性的一组为获取惠益而对自然展开利用的人类需求倾向（也就是实际可能的使用方式）。包括户外活动参与机会、感官身体体验机会、科教文创机会、文化联想/精神联结机会。

机会亚族（第 2 层）：具有最大供给要素选择一致性或人类需求倾向一致性的一组具体服务使用方式。

机会—供给要素类（第 3 层）：能满足对应服务机会亚族需要的具有最大供给要素选择一致性的一组供给要素，或属于服务机会亚族的具有最大使用方式倾向一致性的一组使用方式。

机会—供给要素线（第 4 层）：能满足对应服务机会类的使用需要或属于供给要素类的具有最大供给要素选择一致性的一组供给要素，或属于服务机会类的具有最大使用方式倾向一致性的一组使用方式。

机会—供给要素型（第 5 层）：能满足对应服务机会线的使用需要或属于供给要素线的具有最大供给要素选择一致性的一组供给要素。

表 5 列出了分类体系的第 1～3 层内容，其中，表头是 4 个机会族，每个对应列下是该机会族包含的机会亚族及相应的机会—供给要素类。表 6、

表 7、表 8 和表 9 分别列出了户外活动参与机会、感官身体体验机会、科教文创机会和文化联想/精神联结机会这 4 个机会族的具体机会亚族、机会—供给要素类、机会—供给要素线、机会—供给要素型和具体服务机会—供给要素示例。

表 5　自然保护地文化服务机会—供给要素体系的具体内容

户外活动参与机会（opportunity for outdoor activity participation）	感官身体体验机会（opportunity for sensory and body experience）	科教文创机会（opportunity for scientific research, education, and literary and artistic creation）	文化联想/精神联结机会（opportunity for cultural association or spiritual connection）
水体活动（water-based） · 水面/中活动 · 滨海活动 陆地活动（land-based） · 地面位移活动 · 特定地点活动 游憩动机主导的物质靶向活动（recreational material collection） · 植物和菌类靶向 · 动物靶向 冬季/冰川活动（winter/glacier） · 冰雪活动 · 冰川活动 志愿活动（volunteering） · 动植物养护 · 文化遗址维护 · 科研监测 · 访客服务 · 社区帮扶	赏景（landscape appreciation） · 地文景观 · 水文景观 · 植被景观 · 天象与气候景观 · 半自然景观 野生动植物观察（wild lives observation） · 魅力动物 · 魅力植物 其他感官身体体验（other sensory and body experience） · 听觉对象 · 触觉对象 · 嗅觉对象 · 味觉对象 · 体感对象	科研机会（opportunity for scientific research） · 科考 · 监测 · 野外实验/数据采集 · 信息交流 教育机会（opportunity for education） · 户外教学 · 自然解说 文艺创作机会（opportunity for literary and artistic creation） · 特定物种 · 特定景观 · 本土民间作品 偶然灵感捕获机会（opportunity for incidental idea capture） · 哲思灵感 · 科技灵感 · 创作灵感	特定地点型文化联想/精神联结机会（opportunity for place-based cultural association or spiritual connection） · 宗教与祭祀场所 · 传统或地方文化中的非物质文化遗产关联点 · 物质文化遗产地 · 新近建立联系之地 非特定地点型文化联想/精神联结机会（opportunity for non-place-based cultural association or spiritual connection） · 过往记忆或体验作为中介的联想/联结对象 · 过往知识或信息作为中介的联想/联结对象

资料来源：笔者自制。

表 6　自然保护地户外活动参与机会具体内容

水体活动	陆地活动	游憩动机主导的物质靶向活动	冬季/冰川活动	志愿活动
水面/中活动 ·河溪(及设施) —竹 筏/木 筏漂流 —皮划艇 —独木舟 —溯溪 ·湖沼(及设施) —划船 ·瀑布 —溪降 ·海洋 —潜水/浮潜 —游泳 —冲浪 —帆船 —海上降落伞 滨海活动 ·海蚀洞 ·赶海	地面位移活动 ·道路设施 —骑马 —自行车骑行 —机动车穿越 ·山地(及设施) —远足(trekking/tramping) —徒步(hiking) —登山 —山地跑 —遛狗 —缆车 特定地点活动 ·蹦极 ·滑翔伞 ·攀岩 ·探洞 ·露营	植物和菌类靶向 ·鲜花 ·水果 ·野菜 ·菌类、草药 动物靶向 ·狩猎 ·钓鱼	冰雪活动 ·滑雪 ·滑冰 ·攀冰 ·橇滑行(sledging/tobogganing) 冰川活动 ·冰川远足	动植物养护 文化遗址维护 科研监测 访客服务 社区帮扶

资料来源：笔者自制。

表 7　自然保护地感官身体体验机会具体内容

赏景	野生动植物观察	其他感官身体体验
地文景观 ·地文景观综合体 — 山丘景观 — 台地景观 — 沟谷景观 — 滩地景观 ·地质与构造形迹 — 断裂景观 — 褶曲景观 — 地层剖面 — 生物化石点	魅力动物 ·本地特有物种 ·珍稀濒危物种 ·大型哺乳动物 ·鸟类 ·其他动物,如变色龙 魅力植物 ·本地特有物种 ·珍稀濒危物种 ·鲜花 ·其他植物,如水杉	听觉对象 ·宁静 ·环境音 —水流 —松涛 —钟鸣 ·动物音 —鸟鸣 —蛙鸣 触觉对象 ·水体

续表

赏景	野生动植物观察	其他感官身体体验
· 地表形态 — 台丘状地景 — 峰柱状地景 — 垄岗状地景 — 沟壑与洞穴 — 奇特与象形山石 — 岩土圈灾变遗迹 · 自然标志与自然现象 — 奇异自然现象 — 自然标志地 — 垂直自然带 水文景观 · 河系 — 河流景观 — 瀑布 — 古河道段落 · 湖沼 — 湖景 — 潭池景观 — 湿地景观 · 地下水 — 泉 — 埋藏水体 · 冰雪地 — 积雪景观 — 冰川景观 · 海面 — 海面景观 — 涌潮与激浪现象 — 小型岛礁 植被景观 · 林地 · 丛树 · 独树 · 草地 · 花卉地 天象与气候景观 · 天象景观 — 太空景象观赏地 — 自然地表光		· 地面 · 岩壁 嗅觉对象 · 花草香 · 清新 · 动物排泄物 味觉对象 · 地方特色食材 —武夷山茶 · 自然中的水 —泉水 体感对象 · 温度 · 风 · 水汽 · 阳光 · 树荫 · 狭窄空间 · 陡峭山路 · 空间变化(豁然开朗)

续表

赏景	野生动植物观察	其他感官身体体验
·天气与气候现象 — 云雾景观 — 极端与特殊气候景观 — 物候景观 半自然景观 ·乡/牧/渔村景观 —农田/牧场 —港口 —茶园/渔船 —马齿桥 ·史迹景观 —历史建筑/园林 —艺术景观 壁画 雕塑 摩崖石刻		

资料来源：笔者自制。

表 8　自然保护地科教文创机会具体内容

科研机会	教育机会	文艺创作机会	偶然灵感捕获机会
科考 ·生物多样性考察 ·地理地质考察 ·史前/历史遗迹考证 ·非物质文化遗产考证 监测 ·生物 ·环境 ·有害生物 ·人类活动 野外实验/数据采集 ·采集/培育研究样本 ·技术应用试验 ·利用不同海拔开展 控制实验	户外教学 ·活动营地 ·自导路径 自然解说 ·播放/互动媒体 ·解说牌示 ·科研及相关出版物 ·实物陈列 ·主题陈展(临时)	特定物种 ·梅兰竹菊 ·牡丹 ·莲花 ·松柏 ·茶 ·萤火虫、天牛(日本) 特定景观 ·地文 — 名山 — 火山(西方文艺作品) — 丹霞地貌(碧水丹山) — 地表岩溶(石林) — 峡谷 — 土林/沙林	哲思灵感 科技灵感 创作灵感

续表

科研机会	教育机会	文艺创作机会	偶然灵感捕获机会
信息交流 · 长期科研合作 · 召开科研会议		— 黄土景观（黄土高坡） — 雅丹地貌（魔鬼城） — 沙地/砾地 — 海岸（惊涛拍岸） — 岛屿 — 洞穴 · 水文 — 海面（沧海） — 河流 — 湖泊/水库 — 河口潮汐 — 瀑布 — 泉 — 冰雪（冰雕、冰嬉图） · 气候生物 — 日照 — 降水 — 风景林/草 本土民间作品	

资料来源：笔者自制。

表 9　自然保护地文化联想/精神联结机会具体内容

特定地点型文化联想/精神联结机会	非特定地点型文化联想/精神联结机会
宗教与祭祀场所 · 寺庙 · 道观 · 教堂 · 户外神像 传统或地方文化中的非物质文化遗产关联点 · 神圣空间 · 地方风俗与民间礼仪发源地 · 世代劳作场所	过往记忆或体验作为中介的联想/联结对象 · 激发个人关于自然的记忆/体验的对象 · 激发个人关于半自然的记忆/体验的对象 过往知识或信息作为中介的联想/联结对象 · 激发个人兴趣或专长知识/信息的联想/联结对象

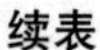
续表

特定地点型文化联想/精神联结机会	非特定地点型文化联想/精神联结机会
物质文化遗产地 ·史前人类遗址 ·交通遗址 ·农业遗址 ·隐居防御遗址 ·祭祀纪念遗址 ·书院教化遗址 ·宗教遗址 — 道教遗址 — 佛教遗址 — 其他宗教遗址 ·山水文化遗址 ·游憩设施遗址 ·近现代纪念地 新近建立联系之地 ·触发敬畏感之地 ·个人依恋之地	·激发个人被动接收的知识/信息的联想/联结对象

资料来源：笔者自制。

需要说明的是，不同机会族之下的具体服务机会—供给要素复杂性并不一样，所以有些机会族的分类体系覆盖了全部层级，或包含具体服务机会—供给要素示例，而有的可能只覆盖部分层级。此外，具体服务机会—供给要素示例是具体服务机会—供给要素项，反映的是一次特定的到访中，自然保护地向访客直接提供的特定服务机会内容，这一内容可能是决定某项机会使用的关键景观、地点、自然要素基础等供给要素，也可能因融合了多方面供给基础，无法以具体机会基础元素表达，而通过那些以这一机会使用为主要动机的具体人类行为的方式呈现。

（二）对户外活动参与机会的解释

自然保护地的户外活动参与机会，是指自然保护地因特定地形地貌环境或具体自然物对象，连同保护地管理方或/与其合作者在自然基础上增设的硬件设施或软性服务一起，而具有的为人类提供与自然及其中的要素进行互动进而获得期望的体验的机会。这一机会族包括 5 个机会亚族。户外活动参与机会的使用需要使用者付出一定程度的体力消耗。

（三）对感官身体体验机会的解释

感官身体体验机会是指自然保护地因其良好生态和生物多样性及其所营造的优美与舒适的环境，而能够成为置身其中的人类的感官对象、享受空间，并且人类能够通过感官和身体接触行为（尤其是视觉）获得意料之中或意料之外的体验的机会。这一机会族包括 3 个机会亚族。相比其他类型的机会使用（户外活动参与机会需要体力消耗、科教文创机会需要智力消耗、文化联想/精神联结机会需要体验/知识的唤起或现场接收），感官身体体验机会从供给基础到完成使用的路线最短，因为只需要打开感官和身体接触外界的开关（而这一开关其实默认就是打开的），人类就能够接收到自然的信息，在这一过程中就获得了感官身体体验。也正是由于这一特征，该机会使用往往与其他 3 族的机会使用同时发生。

感官身体体验机会之所以成为一种可供访客使用的机会类型，在于自然保护地所能提供的感官身体体验环境与大部分人日常生活环境之间存在差异性，这种差异性使人类切换身体所处状态，并选择自然区域作为其切换目的地。

（四）对科教文创机会的解释

自然保护地的科教文创机会，是指自然保护地因其珍贵自然遗产与文化遗产的存在，而具有的可供人类从中获取独特信息，进而为人类知识积累做出贡献的机会。信息本身无处不在，但能够发现和利用这些信息，并成功将从中获取的信息转化为人类知识积累的关键却在于机会的使用者，且科教文创机会的使用成效一定以那些关键的遗产信息为决定因素。因此，科教文创机会的本质是自然保护地内关键的地球历史、物种演化、人类发展等自然和人文过程在自然中留下的证据所保存的珍贵信息的获取机会，这一机会族与其他机会族相区分的关键特征是因对这些珍贵信息的使用而有意或偶然的知识积累结果。科教文创机会包括4个机会亚族，其中，前3个是有意使用表现形式，而“偶然灵感捕获机会”是完全在意料之外的科教文创机会的使用，无特定形式。科教文创机会的使用需要使用者付出一定的智力消耗。

（五）对文化联想/精神联结机会的解释

文化联想/精神联结机会，是指自然保护地因其丰富的生物文化多样性，而能够使人类对其中特定或非特定地点/对象产生相关文化想象或与之形成精神联结。文化联想/精神联结机会的实现需要使用者有思维演变过程。这一机会族包括2个机会亚族。

文化联想是指来访者到访前知晓或不知晓所在地的文化意义或被当代人赋予的含义，因在地解说会为接触后的回忆提供其中的含义信息，而使来访者即时产生的思维演变过程。联想包括象形联想、历史场景联想等。精神联结是指在地的宗教或其他蕴含特定意义的地点及其承载物能够使来访者产生共鸣，这种共鸣来自在地对象或地点所蕴含的意义与来访者过往体验或知识之间的重合及关联，如佛教徒前往寺庙礼拜，或地方居民到自家世代耕作的茶园散步。文化联想/精神联结是从来访者思维演变过程差异角度区分的，但实际上提供这两种服务机会的要素基础基本一致，因此它们属于同一服务机会族。

与前3个机会族不同，文化联想/精神联结机会的供给要素基础无法直接对使用者发挥效用，而是必定存在两层中介信息，即供给要素基础既存信息与来访者知晓信息，而且必须在这两层信息实现衔接后，文化联想/精神联结机会才会得以实现。前述的精神联结与文化联想之间的差异就在于来访者知晓信息程度的差异，供给要素基础既存信息的载体差别则成为这里区分特定地点型和非特定地点型文化联想/精神联结机会两个服务机会亚族的依据：特定地点型文化联想/精神联结机会建立在承载文化意义和信息的特定地点之上，使用者往往是有目的的到访；非特定地点型文化联想/精神联结机会建立在承载文化意义和信息的特定对象之上，但这些对象可能在不同文化中存在差异，需要进一步研究和提取，因此这里暂且以来访者的中介差异做出区分。

物质文化遗产地是逝去的人类活动的见证地，非物质文化遗产关联点所蕴含的意义仍然由一些特定群体所继承，物质文化遗产地或非物质文化遗产关联点在历经了时间长河的洗礼后仍然留存，是展现“文化”的地点。宗教与祭祀场所是更加纯粹的呈现“精神”的地点，许多这类场所并不是一直留存下来的，而是由继承了宗教精神的人所新建的，其地点的联想和联结作用不在于所在地本身，更在于地点被宗教精神持有者赋予了意义，但它们在当代人看来仍然只是特定地点的存在。新近建立联系之地不属于上述三种，是对特定个体或群体而言具有特殊意义的地方，这些地方的意义是由使用者自身所赋予并由他们自己所持有，其他人并不知晓，于是这些地点对他们而言具有了精神联结机会。容易令人产生精神联结的地点是易于激发人类对自然的敬畏和崇敬之感的景观所在地。

五　案例调查与应用

本文第一作者于 2020 年 7 月和 2021 年 10 月进行了两次调研，共历时 73 天，获取了武夷山国家公园各类文化服务机会。本文基于这些实地调研和所获取的相关资料，按照分类体系对武夷山国家公园文化服务机会的实际供给情况进行了整理（见表 10）。

表 10　机会—供给要素类层级上的武夷山国家公园文化服务机会供给分类举例

机会族	机会亚族	机会—供给要素类	举例
户外活动参与机会	水体活动	水面/中活动	桐木溪大峡谷漂流、崇阳溪云筏漂流
		滨海活动	无
	陆地活动	地面位移活动	内部公路、岩骨花香慢游道等徒步路线设计
		特定地点活动	陡石攀岩
	游憩动机主导的物质靶向活动	植物和菌类靶向	山下居民劳作后顺便捡菌子、采草药
		动物靶向	钓鱼

续表

机会族	机会亚族	机会—供给要素类	举例
户外活动参与机会	冬季/冰川活动	冰雪活动	无
		冰川活动	无
	志愿活动	动植物养护	2020年4月“守护‘鸟的天堂’”志愿活动
		文化遗址维护	无
		科研监测	厦门大学世界遗产监测行动
		访客服务	无
		社区帮扶	无
感官身体体验机会	赏景	地文景观	玉女峰、虎啸岩
		水文景观	九曲溪、青龙大瀑布
		植被景观	松林、竹林
		天象与气候景观	白云禅寺云海、日出
		半自然景观	茶园、大红袍古树
	野生动植物观察	魅力动物	猕猴、白鹇、勺鸡
		魅力植物	苔藓、南方红豆杉、香榧
	其他感官身体体验	听觉对象	宁静、松涛
		触觉对象	冰凉的溪水、悬崖
		嗅觉对象	花香、茶香
		味觉对象	野果、茶饮
		体感对象	逼仄的山体、“柳暗花明又一村”
科教文创机会	科研机会	科考	多次开展的武夷山珍稀濒危和新出现动物科学考察
		监测	长期进行的武夷山特定物种(如黄腹角雉种群)行为监测
		野外实验/数据采集	在武夷山风景名胜区开展的多次旅游者问卷调查
		信息交流	武夷山自然保护区管理方与外来研究者的长期合作
	教育机会	户外教学	开展生物多样性等户外教学
		自然解说	自然博物馆等室内科普场馆
	文艺创作机会	特定物种	黎雄才基于武夷山山松创作《游武夷山雨后 镜心》
		特定景观	吴冠中基于武夷山山石和村落景观创作《武夷山村》;1994年发行《武夷山》特种邮票,包括武夷山多处景观
		本土民间作品	武夷山本地民歌

续表

机会族	机会亚族	机会—供给要素类	举例
科教文创机会	偶然灵感捕获机会	哲思灵感	自然保护地体系建设理念
		科技灵感	未发现,但有潜力,如人类由蝙蝠发展出了雷达
		创作灵感	武夷山为采风者们提供创作灵感
文化联想/精神联结机会	特定地点型文化联想/精神联结机会	宗教与祭祀场所	白云禅寺等宗教寺院
		传统或地方文化中的非物质文化遗产关联点	大王峰等古今名作歌咏之地
		物质文化遗产地	茶园
		新近建立联系之地	可能是公园内的任何地点,存在较大个体和群体差异,如桐木村对一名长期驻扎于此的调研者的联结作用
	非特定地点型文化联想/精神联结机会	过往记忆或体验作为中介的联想/联结对象	可能是公园内的任何对象,存在较大个体和群体差异,如桂花对一个曾长期在南方生活的北方到访者的联结作用
		过往知识或信息作为中介的联想/联结对象	可能是公园内的任何对象,存在较大个体和群体差异,如茶园对茶文化爱好者的联结作用

资料来源：笔者自制。

六　结论与讨论

本文以表现型分类学方法为指导，首先自下而上梳理了所能够收集到的属于自然保护地文化服务机会范畴的类项，然后结合现有的研究分类体系，分析这些既有的不同层级机会与梳理出来的具体类项之间的关系，并按照自然关联将它们统筹至同一体系中。在此基础上，基于实地调研和资料调查，以武夷山国家公园为对象分类分析了该范围内的文化服务机会供给的大致情况。与既有传统分类相比，主要特点是以人类需求为导向，对不同类型的服务机会进行了进一步细分，优点是能够为区域中的文化服务利用提供具体指导。

首先，以人类需求为导向的自然保护地生态系统文化服务体系可被建立为一个机会—供给要素体系，该体系以机会族（第1层）、机会亚族（第2层）、机会—供给要素类（第3层）、机会—供给要素线（第4层）、机会—供给要素型（第5层）的形式呈现。在机会—供给要素体系中，第1层的4个机会族分别是户外活动参与机会、感官身体体验机会、科教文创机会和文化联想/精神联结机会。户外活动参与机会包含水体活动、陆地活动、游憩动机主导的物质靶向活动、冬季/冰川活动和志愿活动；感官身体体验机会包含赏景、野生动植物观察和其他感官身体体验；科教文创机会包含科研机会、教育机会、文艺创作机会和偶然灵感捕获机会；文化联想/精神联结机会包含特定地点型和非特定地点型两类。

其次，通过案例实证可以发现，文化联想/精神联结机会的供给与文化沉积[①]密切相关，可以说文化联想/精神联结机会的供给是以历代人类活动在公园内进行的文化沉积为绝对要素基础的，尽管本文案例分析的深度较浅，但从官方启动景区开发时的区域选取、大众游客到访公园的游览区域选择等方面来看，文化沉积最密集的区域就是文化联想/精神联结服务机会的供给最丰富的区域。

最后，就科教文创机会而言，除了 Coscieme[②]、Dai 等[③]、Katayama 和 Baba[④]，总体上当前生态系统服务研究领域学者对文艺创作机会这一科教文创机会亚族（也就是许多研究中提及的灵感服务）的关注和积累仍十分有限，对这部分的分类依据主要来自案例研究与其他关联领域，故而有必要对这一亚族在此的归属及其具体内容做出一定解释。文艺作品是一种知识载体，它能够帮助人类了解审美对象，培养识别审美对象的能力、识别流行文

① 吴必虎：《中国山地景区文化沉积研究》，博士学位论文，华东师范大学，1996。

② Coscieme, L., "Cultural Ecosystem Services: The Inspirational Value of Ecosystems in Popular Music," *Ecosystem Services* 16（2015）.

③ Dai, P. et al., "Assessing the Inspirational Value of Cultural Ecosystem Services Based on the Chinese Poetry," *Acta Ecologica Sinica* 5（2022）.

④ Katayama, N., Baba, Y. G., "Measuring Artistic Inspiration Drawn from Ecosystems and Biodiversity: A Case Study of Old Children's Songs in Japan," *Ecosystem Services* 43（2020）.

化范式的能力，影响信仰和价值观①，因此，文艺创作是一种与自然的智力互动形式，也能够帮助人类进行知识积累。具体而言，自然对象及环境信息在文艺作品中以知觉的直接转移、知觉的抽象表达/再创造、象征呈现这 3 种方式②再现。从不同物种在特定文化中被关注数量的指数级差异来看③，似乎可以合理认为：某一物种在艺术作品中被提及得越频繁，它所能够提供艺术创作信息的潜力就越大④。除物种外，景观也同样适用这一规律。因此，本文列出了一些文艺创作使用潜力较大的特定物种和特定景观。但是，文艺创作必定涉及文化背景，由于目前灵感生态系统服务研究相对不足，所以当前列出的特定物种供给要素项受笔者视域影响存在一定的东亚文化特征。这里的特定景观与前一服务机会族中的赏景对象的差异在于，赏景对象强调对人类在自然中的视觉感官的全面概括，而文艺创作使用的特定景观信息则一般是被古往今来文艺作品反复使用的。具体的文艺创作科教文创形式包括采风、写生、取景等。

---

① Cuthbert, A. S., "Literature as Aesthetic Knowledge: Implications for Curriculum and Education," *Curriculum Journal* 2 (2019).

② Anonymous, *Nature in Art—Google Art and Culture*, 2022, https://artsandculture.google.com/usergallery/nature-in-art/uwJidv1SCRiXLw.

③ Takada, K., "Popularity of Different Coleopteran Groups Assessed by Google Search Volume in Japanese Culture Extraordinary Attention of the Japanese to 'Hotaru' (Lampyrids) and 'Kabuto-mushi' (Dynastines) (Cultural Entomology)," *Elytra* 2 (2010).

④ Katayama, N., Baba, Y. G., "Measuring Artistic Inspiration Drawn from Ecosystems and Biodiversity: A Case Study of Old Children's Songs in Japan," *Ecosystem Services* 43 (2020).

国家公园自然游憩

Natural Recreation in National Parks

G.18

具身认知视域下国家公园游憩体验质量研究

周海霞　廉吉全　李　健*

摘　要： 提升国家公园游憩体验质量是推进国家公园全民公益性建设的内在要求。本报告以具身认知理论为指导，在构建国家公园游憩体验质量评价体系的基础上，挖掘在线评论数据，结合内容分析法、熵值法、IPA 分析法对钱江源国家公园的游憩体验质量进行分析，发现国家公园游憩体验质量评价体系由身体体验、国家公园特征、国家公园接待、环境氛围四个维度构成。钱江源国家公园游憩体验质量综合评价良好，其中国家公园接待、环境氛围两个维度欠佳，四个维度分别以感官体验、国家公园形象、游憩体验、自然环境为最佳。身体因素、感知因素、环境因素相互影

* 周海霞，广西师范大学历史文化与旅游学院硕士生，主要研究方向为自然保护地游憩；廉吉全，中山大学旅游学院博士生，主要研究方向为旅游生态经济和旅游供应链管理；李健，浙江农林大学风景园林与建筑学院教授，博士生导师，主要研究方向为国家公园游憩管理。

响，共同作用于国家公园游憩体验质量。

关键词： 国家公园 具身认知 游憩体验 钱江源

一 引言

根据世界自然保护联盟（IUCN）的定义，国家公园应在实现生态保护的同时，提供与其环境和文化相容的精神的、科学的、教育的、休闲的和游憩的机会，可见国家公园与生态旅游发展之间存在天然耦合关系[①]。目前，国内外关于国家公园旅游或游憩的研究主要涉及功能分区、业态发展、设施建设、游憩主体、游憩评价、游憩环境影响评估、游憩管理等领域，其中针对游憩主体的研究主要包括游憩动机、游憩者偏好和行为、游憩满意度等[②]，涉及游憩主体体验的研究相对较少。而为民众提供高质量的游憩体验符合国家公园全民公益性建设理念的内在要求，也是实现生态科普教育目标、增强民众生态保护意识的重要途径。

户外游憩体验和评价旅游体验的研究主要从旅游者主体的动机、满意度和旅游体验质量、主体要素等进路展开。Budruk 等开发了包含享受自然（Enjoy Nature）、消除紧张（Reduce Tension）、逃避身体压力（Escape Physical Stressors）等 19 个项目在内的游憩体验偏好量表（Recreation Experience Preference Scales，REPS）[③]，并被国内外学者广泛用于评价户外游憩体验。白颜丰基于扎根理论针对江苏省三台山国家森林公园构建了旅游体验质量评价体系，并结合 IPA 分析法说明了三台山国家森林公园旅游体

---

① 刘宇翔、李嘉：《中国国家公园生态旅游发展策略研究》，《林业建设》2022 年第 5 期。

② 李洪义、吴儒练、田逢军：《近 20 年国内外国家公园游憩研究综述》，《资源科学》2020 年第 11 期。

③ Budruk, M., Stanis, S. A. W., "Place Attachment and Recreation Experience Preference: A Further Exploration of the Relationship," *Journal of Outdoor Recreation and Tourism* 1 (2013): 51-61.

验质量的提升空间与发展潜力，以及提升旅游体验的策略①。孙琨等人在研究中结合内容分析法得出了钱江源国家公园游憩主体体验的 12 个要素，并认为国家公园旅游客体内容丰富且变换性强，大部分主体缺乏积极接触和感受客体的主动性，从而导致旅游体验与客体特征的契合度不够②。但鲜少有研究从游憩体验的具身性出发探讨国家公园的游憩体验质量，这将导致国家公园游憩体验质量评价缺乏整体性和准确性。因此，本报告基于具身认知理论的“身体—感知—环境”三维结构性耦合框架，尝试构建国家公园游憩体验质量评价体系，以期弥补现有旅游体验质量评价体系的缺陷。通过网络爬取钱江源国家公园游客在线评论数据，验证国家公园游憩体验质量评价体系的适用性和准确性，系统分析钱江源国家公园游憩体验质量，挖掘其中存在的不足，尝试为钱江源国家公园游憩体验质量的提升提供理论指导，并为其他国家公园游憩体验质量的提升提供借鉴。

二　具身视角下国家公园游憩体验质量评价体系构建

（一）具身认知理论基础

对于具身认知理论的哲学理论渊源，众多研究者倾向于追溯到德国哲学家海德格尔所提出的“在世存在”（Being-in-the-World）以及法国哲学家梅洛·庞蒂所提出的“身体—主体论”（Body-Subject）③。作为认知科学的

---

① 白颜丰：《江苏省三台山国家森林公园旅游体验质量研究》，硕士学位论文，贵州师范大学，2023。

② 孙琨、唐承财、侯兵：《生态旅游中实现游客幸福感的主客体契合模式——以钱江源国家公园为例》，《旅游学刊》2023 年第 11 期。

③ 吴俊、唐代剑：《具身认知理论在旅游研究中的应用：以跨学科为视角》，《商业经济与管理》2017 年第 6 期。

基础理论，具身认知理论突破了“身心二元论”的理论困境，并掀起了第二次认知科学的革命。通过系统整合身体与心智的不可分离性、身心与环境是一个综合有机整体的思维范式，具身认知理论为解释不可描述的人类思维及其心智提供了更科学的研究范式。受具身理论范式的广泛影响，西方学者自 20 世纪 90 年代便开始关注旅游领域的具身体验研究。随后国内旅游学界也对具身体验的理论性和表征性研究做出诸多有益探讨。樊友猛、谢彦君认为本体感觉、运动觉、多感官知觉共同作用于体验中的身体，使其能够在旅游对象物中产生身临其境的感受，从而获得真实和具象化的体验，因此，旅游者只有经过具身感知才能获得情感体验[①]。具身认知理论将心智、身体、自然环境与社会环境视作一个循环。吴俊、唐代剑在已有研究的基础上提出了具身研究框架，即在旅游者具身体验形成过程中，旅游者的身体、感知、情境与旅游者体验之间为相互作用的关系，是一个反馈动态性复杂系统，如图 1 所示[②]。基于此，本报告从具身认知理论中“身体、感知、情境”的结构性耦合思维认知范式出发，尝试初步构建国家公园游憩体验质量评价体系，并将其运用到钱江源国家公园的游憩体验质量评价研究中。

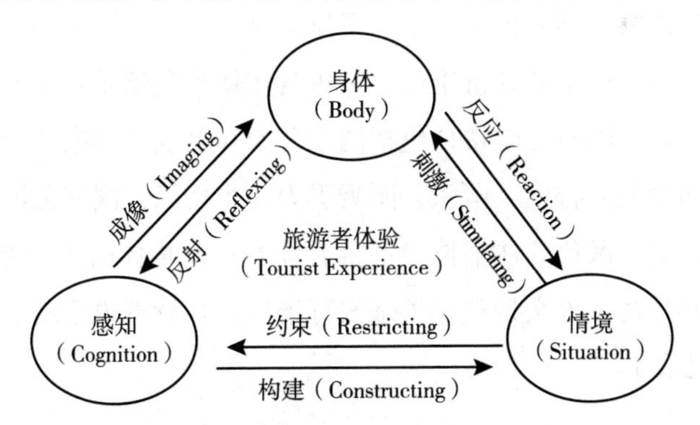

图 1　旅游者具身认知的结构性耦合框架

资料来源：吴俊、唐代剑：《旅游体验研究的新视角：具身理论》，《旅游学刊》2018 年第 1 期。

① 樊友猛、谢彦君：《“体验”的内涵与旅游体验属性新探》，《旅游学刊》2017 年第 11 期。

② 吴俊、唐代剑：《旅游体验研究的新视角：具身理论》，《旅游学刊》2018 年第 1 期。

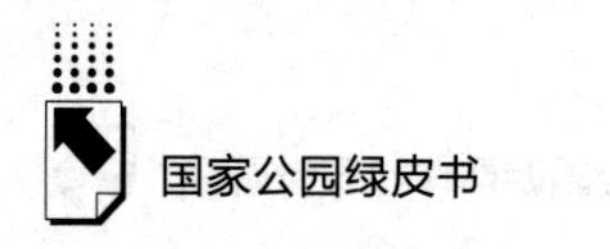

（二）基于具身认知理论的国家公园游憩体验质量评价体系构建

学界既往建立的旅游体验质量评价体系较少凸显旅游过程中“身体、感知、情境”三者嵌入性、系统性的结构性耦合对旅游体验的影响作用。孙小龙等人对国内外质量评价范式进行归纳、分类和总结，梳理出了 4 类主要的体验质量评价模型，分别为 KANO 模型、GM 模型和 GAP 模型、HSQM 模型、ACSI 模型，但这些模型忽略了游憩体验质量评价应当关注的对游客累积的情感核算，直接借用产品或服务质量对体验质量进行评价存在一定的弊端[①]。还有一些研究直接用满意度来衡量游憩体验质量，忽视了两个概念之间的因果关系[②]。这些问题往往是由对游憩体验质量内涵认识不足引起的。因此，本报告在总结前人研究的基础上，以具身认知理论为指导，从游憩体验质量的内涵出发，尝试构建国家公园游憩体验质量评价体系。

根据具身认知理论，本报告将国家公园游憩体验要素分为身体、感知、情境，并进一步将感知因素细分为国家公园特征和国家公园接待条件感知，最终选取身体体验、国家公园特征、国家公园接待、环境氛围 4 个维度作为国家公园游憩体验质量的评价维度，其中身体体验包括感官体验、参与度和身体感 3 个指标，国家公园特征包括国家公园知名度、国家公园形象、国家公园规模、国家公园特色、国家公园吸引力 5 个指标，国家公园接待包括餐饮美食体验、交通区位、住宿体验、游憩体验、购物体验 5 个指标[③]，环境氛围包括自然环境、人文景观、生态教育场所、智慧解说系统、人气与热度 5 个指标（见表 1）。

① 孙小龙、林璧属、郜捷：《旅游体验质量评价述评：研究进展、要素解读与展望》，《人文地理》2018 年第 1 期。

② 马天：《旅游体验质量与满意度：内涵、关系与测量》，《旅游学刊》2019 年第 11 期。

③ 刘海滕等：《具身视角下历史文化街区旅游体验质量研究——以江汉路及中山大道历史文化街区为例》，《华中师范大学学报》（自然科学版）2021 年第 1 期。

表 1　国家公园游憩体验质量评价体系

维度	指标	指标解释
身体体验	感官体验	指在游憩过程中通过视觉、听觉、嗅觉、触觉、味觉五感直接获得的体验
	参与度	指在游憩过程中所付出的时间和精力，表现为身体参与旅游活动的程度
	身体感	指在游憩活动中身体的本体感觉和身体状态，包括疲惫感、舒爽感等
国家公园特征	国家公园知名度	指游客对国家公园听闻、知晓及了解的程度
	国家公园形象	指游客对国家公园功能的感知及定位，表现为能够满足某个群体或满足某种旅游需求
	国家公园规模	指国家公园的占地面积和范围
	国家公园特色	指国家公园具备或表现出区别于其他景区、景点的风格和形式
	国家公园吸引力	指国家公园能够吸引游客前来游览的能力
国家公园接待	餐饮美食体验	指游客对国家公园餐饮美食的种类、特色、数量、服务质量等的感知
	交通区位	指游客对国家公园内部交通和外部交通的便捷、价格、舒适程度等以及地理区位的感知
	住宿体验	指游客对住宿的环境、条件、卫生情况、价格等的感知
	游憩体验	指游客对国家公园自然风景观光、徒步登山、摄影、漂流等游憩机会的感知
	购物体验	指游客对商品及纪念品的质量、价格、特色、种类等属性的感知
环境氛围	自然环境	指国家公园内的大气环境、水环境、土壤环境、地质环境、生物环境等
	人文景观	指国家公园内的传统民俗、遗址遗迹、古村落等
	生态教育场所	指国家公园内的科普馆、博物馆、科普展示地、生态徒步道、生态体验点、科研教学实习基地等
	智慧解说系统	指国家公园内的智慧解说体验系统、科普媒介、讲解牌等
	人气与热度	指国家公园受游客的欢迎、认可程度，表现在国家公园游客接待量上

三　案例区概况、数据来源及研究方法

（一）案例区概况

钱江源国家公园体制试点区设立于2016年，位于浙江省开化县，包括古田山国家级自然保护区、钱江源国家森林公园、钱江源省级风景名胜区3个保护地，以及以上自然保护地之间的生态区域，总面积为252km^2，涵盖4个乡镇21个行政村72个自然村①，是中国首批10个国家公园体制试点区之一。李健、窦宇在研究中指出钱江源国家公园具备较强的游憩机会供给能力，能够在游憩资源、游憩场所和游憩活动等方面为人们提供较好的游憩机会②，可见钱江源国家公园具备较高的游憩体验价值。

（二）数据来源

网络评论和游记不仅能反映游客的个人情感，还能体现其认知，是研究游憩体验的重要依据③。本报告选取携程、去哪儿、马蜂窝三大头部在线旅游平台上关于钱江源国家森林公园、古田山国家级自然保护区自2016年1月1日至2023年9月30日的346条景区评论作为数据源，并剔除重复、无关评论，得到有效文本数据277条，共计14532字。

（三）研究方法

1. 内容分析法

内容分析法是指将定性内容如网络文本、图像等转化为系统的、定量数

---

① 严红枫：《听见森林的心跳——钱江源国家公园体制试点区掠影》，《光明日报》2017年8月20日，第10版。

② 李健、窦宇：《钱江源国家公园游憩机会供给与需求研究》，载张玉钧主编《国家公园绿皮书：中国国家公园建设发展报告（2022）》，社会科学文献出版社，2022。

③ 郎朗：《“地方”理论视角下的网络游记研究——以北京三里屯游记分析为例》，《旅游学刊》2018年第9期。

据的研究方法[①]。本报告以李克特五级量表为依据，将网络文本量化。量化过程由三名专业研究人员共同完成，两名专业研究人员以国家公园游憩体验质量评价体系为参考对每条文本进行分析，并根据态度及情感倾向对各体验要素进行打分。若体验要素的得分不一致，则邀请第三名专业研究人员进行打分；若第三名专业研究人员的打分与前两名中的某一名打分一致，则一致得分为最终得分；若与前两名的打分都不一致则取三次打分中相近两次得分的平均分；若三名研究人员打分均相差 1 分则取平均分为最终得分。文本中未提及的体验要素赋分为 3 分。具体量化依据如表 2 所示。

表 2　国家公园游憩体验要素量化依据

量化依据	分值
“太/很/非常/最”等程度副词+积极情绪及态度的词语	5
“比较/还”等程度副词+积极情绪及态度的词语	4
没有明显的态度及情感倾向，只是客观描述	3
“比较/有点”等程度副词+消极情绪及态度的词语	2
“太/很/非常”等程度副词+消极情绪及态度的词语	1

以下将举例进一步说明国家公园游憩体验要素的量化过程。

“非常棒的景区，人很少，特别幽静。山上有一飞瀑，飞流直下，甚是壮观。古桥溪涧，泉水潺潺。溪水非常清澈，在此地嬉戏水，坐下来泡脚感觉非常清凉舒爽。山上有亚热带灌丛林，清静荫凉，空气清新，只闻溪流和鸟鸣声，尤其适合避暑。还有当地人非常淳朴。”

在这段文本中，“只闻溪流和鸟鸣声”“非常清凉舒爽”涉及身体体验维度下的感官体验、身体感；“尤其适合避暑”提到国家公园的“避暑”功能，适合夏天需要避暑的人群，因此判定其为国家公园特征中的国家公园形象；“亚热带灌丛林”则属于国家公园特色；关于景观的描述

① 彭丹、黄燕婷：《丽江古城旅游地意象研究：基于网络文本的内容分析》，《旅游学刊》2019 年第 9 期。

整体反映了该游客的观光游憩体验；“飞瀑”“古桥”“泉水”“溪水”“亚热带灌丛林”等涉及环境氛围维度中的自然环境指标；“人很少”体现环境氛围维度中的人气与热度指标。这段游客评论的最终得分如表3所示。

表3　国家公园游憩体验要素量化示例

维度	指标	打分
身体体验	感官体验	5
	参与度	3
	身体感	5
国家公园特征	国家公园知名度	3
	国家公园形象	5
	国家公园规模	3
	国家公园特色	5
	国家公园吸引力	3
国家公园接待	餐饮美食体验	3
	交通区位	3
	住宿体验	3
	游憩体验	5
	购物体验	3
环境氛围	自然环境	5
	人文景观	3
	生态教育场所	3
	智慧解说系统	3
	人气与热度	1

在评价过程中，两名研究人员未发现需要补充或删除的评价指标，即说明了国家公园游憩体验质量评价体系的合理性。

在得到每条评论各指标的打分后，利用熵值法对各指标进行赋权，首先将各项指标进行归一化处理，计算公式为 $a_{ij} = x_{ij} / \sum_{i=1}^{n} x_{ij}$，$i = 1, 2, 3, \cdots, n$，$j = 1, 2, 3, \cdots, m$；其次计算指标的熵值，计算公式为 $H_j = -k\sum_{i=1}^{n} a_{ij}\ln a_{ij}(k = 1/\ln n)$；最后将熵值转换为反映差异大小的权数，计

算公式为 $W_j = \dfrac{1 - H_j}{M - \sum_{j=1}^{m} H_j}$。在得到各项指标的权重后，利用线性加权函数计算出每条评论反映的总体游憩体验质量，计算公式为 $E_i = \sum_{i=1}^{n} x_{ij} W_j$。在上述公式中，$i$ 表示第 i 条评论，j 表示第 j 项指标。

2. IPA 分析法

IPA 分析法即“服务重要性—表现程度分析法”，以象限图的形式展现了受访者对评价指标在重要性感知和表现性感知上的差异①。本报告以体验要素在文本中出现的频率来衡量其重要性，以游客对各要素的评价打分均值来衡量其表现性②，其中 X 轴为重要性、Y 轴为表现性。取各要素重要性的均值为 X 轴的参考线；由于打分为 3 分表示没有明显的情感或态度倾向，3 分以上表示游憩体验为优或良，3 分以下表示游憩体验差，故取 3 作为 Y 轴的参考线。以两条参考线作为区分，将散点图划分为四个象限。其中，第一象限分布了游客感知最强、最重要的游憩体验要素，同时是游憩体验质量最高的要素；第二象限包含了游客感知相对较低但游憩体验相对较好的游憩体验要素；第三象限包含了游客感知相对较低且游憩体验相对较差的要素；第四象限包含了游客感知较强但游憩体验较差的要素。基于此，本报告将从重要性与表现性的角度分析钱江源国家公园所提供的游憩体验的优势与劣势。

四 数据分析及结果

（一）游憩体验质量评价分析

根据最终评价结果，本报告将游憩体验质量分为差、良、优三个等

① 席宇斌、侯玉霞：《基于 IPA 法的红色旅游游客满意度研究——以上海红色纪念馆为例》，《时代经贸》2023 年第 2 期。

② 王蓉等：《基于网络游记的婺源县乡村旅游体验研究》，《资源科学》2019 年第 2 期。

级，对应的得分区间分别为［1，3）、［3，4）、［4，5］。在277条评论中，有1条评论反映的游憩体验质量为优，252条评论反映的游憩体验质量为良，24条评论反映的游憩体验质量为差，所占比例分别为0.36%、90.97%、8.67%。可见在参与点评的游客中只有极少数游客的游憩体验质量为优，绝大部分游客的游憩体验质量处于中等偏上的水平，还有少数游客的游憩体验质量为差。钱江源国家公园游憩体验质量分析如表4所示。

表4　钱江源国家公园游憩体验质量分析

单位：分

<table>
<tr><th>维度</th><th>评价指标</th><th>各指标均值</th><th>各维度总体均值</th><th>各指标权重</th><th>各维度总体权重</th><th>综合体验质量得分</th></tr>
<tr><td rowspan="3">身体体验</td><td>感官体验</td><td>3.754</td><td rowspan="3">3.322</td><td>0.074</td><td rowspan="3">0.178</td><td rowspan="18">3.250</td></tr>
<tr><td>参与度</td><td>3.079</td><td>0.051</td></tr>
<tr><td>身体感</td><td>3.132</td><td>0.053</td></tr>
<tr><td rowspan="5">国家公园特征</td><td>国家公园知名度</td><td>3.098</td><td rowspan="5">3.202</td><td>0.052</td><td rowspan="5">0.279</td></tr>
<tr><td>国家公园形象</td><td>3.365</td><td>0.061</td></tr>
<tr><td>国家公园规模</td><td>3.034</td><td>0.050</td></tr>
<tr><td>国家公园特色</td><td>3.368</td><td>0.062</td></tr>
<tr><td>国家公园吸引力</td><td>3.143</td><td>0.054</td></tr>
<tr><td rowspan="5">国家公园接待</td><td>餐饮美食体验</td><td>3.141</td><td rowspan="5">3.123</td><td>0.054</td><td rowspan="5">0.266</td></tr>
<tr><td>交通区位</td><td>2.886</td><td>0.046</td></tr>
<tr><td>住宿体验</td><td>3.007</td><td>0.049</td></tr>
<tr><td>游憩体验</td><td>3.565</td><td>0.068</td></tr>
<tr><td>购物体验</td><td>3.014</td><td>0.049</td></tr>
<tr><td rowspan="5">环境氛围</td><td>自然环境</td><td>3.998</td><td rowspan="5">3.192</td><td>0.083</td><td rowspan="5">0.277</td></tr>
<tr><td>人文景观</td><td>3.043</td><td>0.050</td></tr>
<tr><td>生态教育场所</td><td>3.020</td><td>0.049</td></tr>
<tr><td>智慧解说系统</td><td>3.007</td><td>0.049</td></tr>
<tr><td>人气与热度</td><td>2.890</td><td>0.046</td></tr>
</table>

通过综合体验质量得分可以看出，钱江源国家公园的游憩体验质量为良，这主要得益于钱江源国家公园得天独厚的自然环境，但总体来看仍有很大的改进空间。

在四个维度中，身体体验维度的总体均值最高，国家公园接待维度的总体均值最低。在身体体验维度中，感官体验指标的均值最高，可见钱江源国家公园能够给游客带来较好的感官体验。在分析过程中，三名研究人员均发现游客的嗅觉体验出现频次最高且情感倾向最为积极，主要是因为钱江源国家公园空气中的负氧离子含量很高，被许多游客称赞为天然氧吧；其次是游客的听觉体验，主要涉及鸟语虫鸣和泉水叮咚等，可见来自大自然的白噪声能够给游客带来良好的听觉体验；再次是味觉体验，主要涉及农家乐的土鸡、清水鱼、蔬菜等，这些地道的农家菜不仅物美价廉，还能很好地满足游客的味蕾。在身体体验中，排名第二的为身体感，主要表现为自然环境使游客感到身心舒畅、内心宁静等。排名第三的为参与度，由于国家公园开发程度相对较低，多数游客表示徒步需要付出大量的时间与精力，会带来相对较累的身体感。

在国家公园特征维度中，各评价指标均值从高到低依次为国家公园特色、国家公园形象、国家公园吸引力、国家公园知名度、国家公园规模。其中国家公园特色体验质量最好，主要是由于钱江源国家公园拥有保护完好的原始森林，同时具备丰富的动植物资源，这些资源具有不可复制性；国家公园形象主要包括“天然氧吧”“自然保护区”“很适合徒步”“露营的好去处”“夏日避暑的好去处”“很适合摄影爱好者”等；国家公园吸引力指标均值相对较低主要是钱江源国家公园的开发处于较为原始的状态，无法很好地满足游客的游憩体验需求；国家公园知名度和国家公园规模较少被游客提及，故而得分较低。

在国家公园接待维度中，各评价指标均值从高到低依次为游憩体验、餐饮美食体验、购物体验、住宿体验、交通区位。其中，游憩体验主要包括自然观光、“洗肺”、徒步、摄影、农家乐等。餐饮美食体验以开化县当地丰富的特色小吃和农家乐物美价廉的土鸡、清水鱼等为主。购物体验和住宿体验出现的频率相对较低，因此指标均值也较低。而交通区位指标均值最低主要有两个原因，一是钱江源国家公园距离开化县城较远，且从开化县城到国家公园的公交相对较少；二是自驾前往国家公园的路很窄且较不平坦，“很难开”。

在环境氛围维度中，各评价指标均值从高到低依次为自然环境、人文景观、生态教育场所、智慧解说系统、人气与热度。其中人文景观、生态教育场所、智慧解说系统指标均值较低是由于它们在文本中出现的频次较少；而人气与热度指标均值最低表明钱江源国家公园的游客很少，即使是在“十一黄金周”这样的旅游旺季，前来游憩的游客也并不多，但是不高的人气与热度恰能为游客营造安静、闲适的氛围，给游客带来良好的游憩体验。

总体看来，各个体验要素之间会形成相互作用的关系，共同影响游客的游憩体验质量。如自然环境要素与感官体验、身体感、国家公园形象、国家公园特色、游憩体验等要素呈正相关关系；交通区位要素和人气与热度要素呈正相关关系；而人气与热度要素又与身体感和游憩体验等要素呈负相关关系。

（二）游憩体验质量要素 IPA 分析

如图 2 所示，第一象限的评价指标包括自然环境、感官体验、游憩体验、国家公园特色、国家公园形象、国家公园知名度 6 个指标，说明游客对这 6 个指标的重视程度较高，且从中获得了较好的游憩体验质量。

第二象限的评价指标包括身体感、参与度、国家公园吸引力、国家公园规模、餐饮美食体验、住宿体验、购物体验、人文景观、生态教育场所、智慧解说系统 10 个指标，说明游客对这些要素的感知程度较低，但体验相对较好。

第三象限的评价指标包含交通区位、人气与热度 2 个指标，说明游客对这两个指标的感知程度较低，从中获得的体验较差，是国家公园经营中需要着力改善的地方。

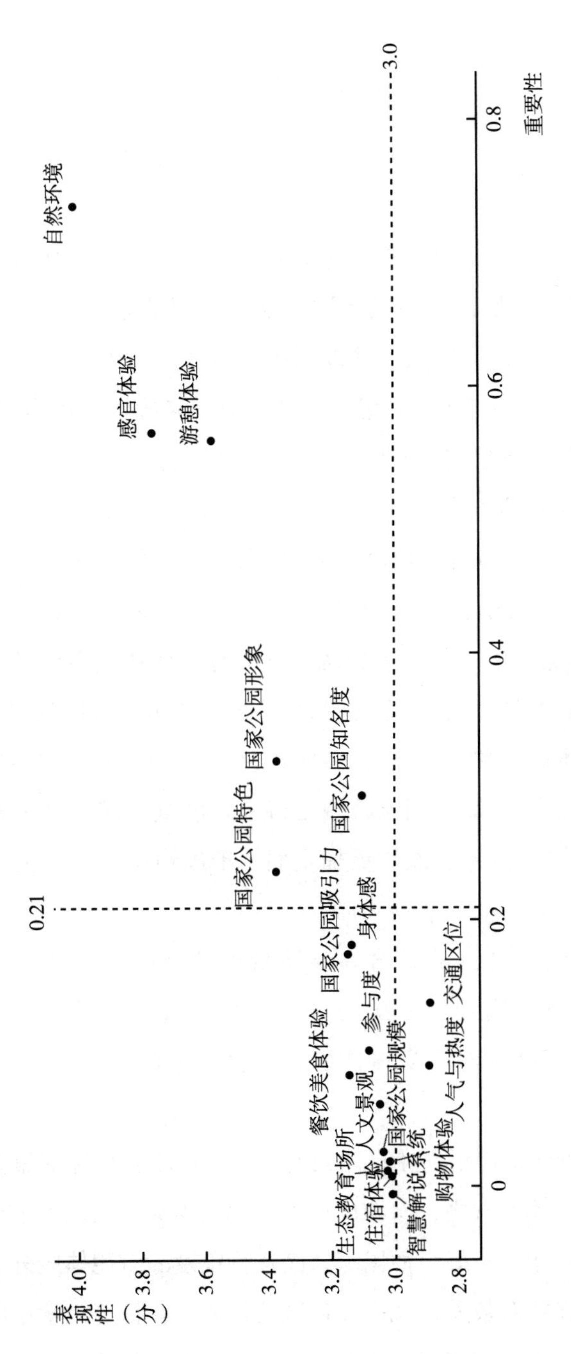

图 2　钱江源国家公园游憩体验质量要素 IPA 分析结果

五　结论与建议

（一）结论

本报告在具身认知理论视域下着重囊括“身体、感知、情境”三者嵌入性、系统性的结构性耦合对国家公园游憩体验质量的影响作用，初步构建国家公园游憩体验质量评价体系，并以携程、马蜂窝、去哪儿网站上2016年1月1日至2023年9月30日的用户点评为数据来源，利用内容分析法、IPA分析法等定性与定量相结合的分析方法，对钱江源国家公园游憩体验质量进行系统解析。本报告的主要结论如下。

第一，在游憩体验的形成过程中，身体因素、情境因素、感知因素共同作用于游客体验，形成复杂的动态反馈系统。主要表现为钱江源国家公园的自然环境（情境因素）指标均值为3.998分，优质的自然环境使游客获得了良好的感官体验和身体感（身体因素）以及游憩体验（感知因素）。因此，将身体因素纳入国家公园游憩体验质量评价是非常必要的。从身体体验、国家公园特征、国家公园接待、环境氛围四个维度构建国家公园游憩体验质量评价体系，能够更加全面、准确地反映国家公园游憩体验质量。

第二，钱江源国家公园的综合体验质量评价良好，得分为3.25分。其中各维度总体均值从高到低依次为身体体验、国家公园特征、环境氛围和国家公园接待，可以看出身体体验在国家公园游憩体验质量评价中的重要性。

第三，IPA分析结果显示，在身体因素中，感官体验指标的重要性和表现性均为最佳，而身体感次之，参与度最差；感知因素中的国家公园特征维度表现性和重要性都相对较好，而国家公园接待维度除游憩体验外，其他指标的重要性和表现性相对较差，尤以交通区位最差；在情境因素中除自然环境外，其他指标的重要性和表现性相对较差，其中人气与热度最差。

（二）建议

为提升钱江源国家公园游憩体验质量，更好地体现其全民公益性，结合上述研究提出以下国家公园经营建议。

第一，合理规划开发，增加游憩体验项目，提高游客参与度，增强身体体验。在不触碰生态红线的前提下可以在国家公园的传统利用区和游憩展示区开发适当的游憩体验项目，如有组织地开展摄影、漂流、户外攀爬、户外定向越野、垂钓等活动或充分利用国家公园丰富的动植物资源开展研学、科普活动等。

第二，挖掘资源优势，加大宣传力度。钱江源国家公园有丰富的自然和人文旅游资源，但是除开化县本地人以外，其他地区的游客对钱江源国家公园知之甚少。钱江源国家公园并没有搭建官方网站，微信公众号平台的热度也不高，抖音上的宣传力度较小、热度较低。结合官方网站、社交媒体平台等实现对钱江源国家公园充分有效的宣传，是提升吸引力的重要途径，是提高钱江源国家公园人气与热度亟须采取的措施。

第三，特许经营，充分调动市场在资源配置中的优势，提升国家公园接待能力。通过引入专业性市场、资源和先进的特许经营管理技能实现对生态环境和社区的赋能，促进社区传统升级模式向更有利于生态保护和社区增收的新型生计模式转换①，如鼓励国家公园社区居民创办农家乐、民宿等。或引入文旅企业，在充分发掘国家公园资源特色的基础上打造文创产品，提升国家公园游客的购物体验。

第四，完善道路系统和公共交通系统的建设，如通过拓宽马路、增加公交车班次或开设文旅专线等方式，提高钱江源国家公园的可进入性。

第五，结合数字媒体技术，大力建设生态教育场所和民众喜闻乐见的国

① 夏保国、邓毅、万旭升：《国家公园特许经营机制的地方性实践：三江源的案例》，载张玉钧主编《国家公园绿皮书：中国国家公园建设发展报告（2022）》，社会科学文献出版社，2022。

家公园智慧解说系统，吸引游客积极了解国家公园的自然科学文化知识，充分发挥国家公园的科普教育功能；加强文化表征，结合国家公园内的人文旅游资源策划各类体验活动、节庆活动。通过不断打造优质的情境体验提高国家公园游客的游憩体验质量。

G.19

海南热带雨林国家公园游憩机会谱构建研究

庞丽　童昀*

摘　要： 生态保护与游憩利用之间的平衡是生态旅游地建设和发展的核心。本报告在梳理游憩机会谱发展和应用经验的基础上，以海南热带雨林国家公园为案例地，对其游憩资源进行适宜性评估。进一步结合海南热带雨林国家公园的物理环境、社会环境和管理环境，选取了可进入性、保护强度等7个指标将其游憩空间划分为3个梯度——优先发展游憩区、重点发展游憩区和拓展发展游憩区，并构建了海南热带雨林国家公园游憩机会谱，解析了对应梯级游憩空间的游憩活动特征和游憩体验特征。本报告的研究对于生态旅游目的地的规划设计和可持续发展有重要的现实意义。

关键词： 游憩机会谱　游憩体验　旅游资源　海南热带雨林国家公园

国家公园是世界自然保护联盟（IUCN）确立的全球保护地类型之一。通过生态保护实现国家公园生态系统原真性、完整性，推动生态系统服务供给可持续，最终实现人类福祉全面提升，是全球范围内国家公园建立的主要宗旨和根本要义。党的二十大强调“坚持绿水青山就是金山银山的理念”，而探索生态产品价值实现则是践行这一理念的关键环节。2022年4月，

* 庞丽，海南大学国际旅游与公共管理学院硕士生，主要研究方向为生态旅游与区域绿色发展；童昀，海南大学国际旅游与公共管理学院副教授，博士生导师，主要研究方向为生态旅游与区域绿色发展。

习近平总书记在海南考察时指出，“热带雨林国家公园是国宝，是水库、粮库、钱库，更是碳库，要充分认识其对国家的战略意义，努力结出累累硕果”①，为海南热带雨林国家公园建设提供了根本遵循。因此，如何有效推动海南热带雨林国家公园生态产品价值实现，已经成为热带雨林国家公园建设亟须破解的理论和现实问题。而回答这一问题，对于我国其他国家公园高质量可持续建设、自然资源富集欠发达地区可持续发展具有鲜明的战略意义和示范效应。

在国家公园建设的国家顶层设计层面，国家林业和草原局于 2022 年 6 月颁布《国家公园管理暂行办法》，正式赋予了国家公园开展生态旅游的合法性。在规划设计层面，认可相关管理机构可以根据国家公园总体规划编制生态旅游、自然教育等专项规划或实施方案。在设施建设层面，允许不破坏生态功能的生态旅游和相关的必要公共设施建设。在科学研究层面，要求组织开展文化传承、生态旅游等科学技术的研究、推广和应用。由此可见，生态旅游、自然教育等活动可以成为国家公园践行“两山”理论的有效途径。而在海南热带雨林国家公园自身建设层面，2023 年 8 月国家林业和草原局发布《海南热带雨林国家公园总体规划（2023—2030 年）》（以下简称《总体规划》），明确了将“绿色发展、和谐共生”作为海南热带雨林国家公园建设的基本原则之一，要求发挥生态资源优势，有序开展自然教育、生态体验。同时在“教育体验平台”章节下专门设置了“生态体验”“自然教育”“雨林文化”等专题内容，体现了热带雨林国家公园通过发展生态旅游、自然教育等彰显国家公园全民公益性的必要性和重要性。

因此，系统分析海南热带雨林国家公园游憩机会，将为其下一步通过合理开展生态旅游、自然教育、自然游憩等活动推动生态产品价值实现提供必要的基础参考。游憩机会谱（Recreation Opportunity Spectrum，ROS）作为游憩规划及自然资源管理的经典框架和技术方法，可以帮助规划者和管

---

① 《中国式现代化丨人与自然和谐共生》，新华网，2022 年 10 月 14 日，http：//www.xinhuanet.com/2022-10/14/c_1129064376.htm。

理者科学认识海南热带雨林国家公园及其下属分区的游憩资源和利用潜力，并且基于自然、社会、管理等环境要素的综合考量，构建海南热带雨林国家公园游憩机会谱，进而有效地提供海南热带雨林国家公园特定地区游憩需求、可用资源以及开发和管理的政策建议。鉴于此，本报告将在全面展现国内外游憩机会谱研究和应用进展的基础上，系统梳理海南热带雨林国家公园分区游憩资源，综合经典游憩机会谱评价指标体系、总体规划和访客体验意愿，提出海南热带雨林国家公园游憩机会谱。

一　游憩机会谱的国际经验与中国实践

自 20 世纪 70 年代美国林务局和土地管理局提出游憩机会谱概念以来，游憩机会谱因较为全面的评价框架，以及相对简明的实施路径，成为解决日益增长的公众游憩需求和相对稀缺的游憩资源之间的矛盾的有效手段，成为国内外游憩管理依托的重要理论和方法①，并且已经积累了一系列学术研究和实践应用成果。

在游憩机会谱发展的初期阶段，研究主要关注游憩资源的分类和分级，以满足游客日益增长的多元化需求。这一阶段强调了游憩资源的多样性和可达性。随着对生态环境脆弱性认识的提高，游憩机会谱相关研究的重心逐渐从纯粹的游憩供给转向可持续性和生态系统管理，强调游憩活动与生态保护原则相协调。游憩机会谱理论纵深发展，针对不同尺度、不同类型的游憩空间，其评价指标体系发生改变，由此产生连续划分下的不同空间分区。学者面向不同区域、景区，将游憩机会谱理论拓展到森林旅游区、风景名胜区、地质公园、水域、城市社区等游憩地，水域游憩机会谱（WROS）、生态旅游机会谱（ECOS）等纷纷出现，为海南热带雨林国家公园游憩规划设计及管理提供了参考与指导。游憩机会谱实践的典型案例如表 1 所示。

① 宋增文、钟林生：《三江源地区探险旅游资源—产品转化适宜性的 ATOS 途径》，《资源科学》2009 年第 11 期。

表 1　游憩机会谱实践的典型案例

<table>
<tr><th>序号</th><th>研究尺度</th><th>研究对象</th><th>评价指标体系</th><th>ROS 分区结果</th><th>研究者</th><th>年份</th></tr>
<tr><td>1</td><td>区域</td><td>—</td><td rowspan="2">可进入性、偏远程度、视觉特征、场地管理、社会管理、游客相遇、游客冲击规模</td><td>原始区域、半原始无机动车区域、半原始有机动车区域、通路自然区域、乡村区域、城镇区域</td><td>美国林务局</td><td>1982</td></tr>
<tr><td>2</td><td>区域</td><td>新英格兰地区</td><td>原始区域、半原始无机动车区域、半原始有机动车区域、半发达自然区域、发达自然区域、高度发达区域(大规模自然区域、小规模自然区域、人工设施密集区域)</td><td>More、Bulmer 和 Henzel</td><td>2003</td></tr>
<tr><td>3</td><td>区域</td><td>人口稠密的滨水区</td><td>物理属性(发展程度、城市环境接近度、环境人工化程度、与其他水资源的距离、自然氛围程度),管理属性(管理强度、公共通道设施等级、康乐设施等级、游客服务和便利程度),社会属性(游客密度、非娱乐性用途程度、游客参与度、娱乐活动多样性、游客舒适度、偏远程度)</td><td>原始区域、半原始区域、自然乡村区域、开发的乡村区域、城郊区域、城市区域</td><td>美国内务部</td><td>2004</td></tr>
<tr><td>4</td><td>景区</td><td>野生动物旅游地</td><td>自然属性(景观自然程度、可达性),社会属性(游客密度、游客特征),管理属性(景区基础设施、游客管理、野生动物保护强度)</td><td>迁地保护圈养展示区、科学繁育半圈养观赏区、野外放归生态考察区</td><td>丛丽、肖张锋、肖书文</td><td>2019</td></tr>
<tr><td>5</td><td>省域</td><td>湖南省</td><td>物理环境(偏远程度、人类迹象),社会环境</td><td>重点自然游憩资源县、一般自然游憩资源县、乡村县、一般都市县、重点都市县</td><td>曾文静等</td><td>2022</td></tr>
</table>

续表

序号	研究尺度	研究对象	评价指标体系	ROS 分区结果	研究者	年份
6	景区	世界地质公园	自然环境(地质遗迹景观、其他自然景观、空气污染、水体污染、森林覆盖、植被覆盖、生物多样性),社会环境(人文景观、游客拥挤度、旅游团队拥挤度、与其他团队相遇机会),管理环境(地质博物馆、科学普及活动、公园游览标识牌、导游解说、旅游咨询服务、道路交通、供水供电设施、通信设施、餐饮设施、住宿设施、公共卫生设施、安全防护设施、使用收费限制)	开放型、半开放半封闭型、封闭型	方世明等	2014
7	区域	三江源	自然条件(海拔、地貌类型和气候条件),文化背景,可达性,资源利用和经营管理,旅游开发强度(旅游者密度),社会互动程度	专业级历险探险、较专业级涉险探险、较业余级艰险体验探险、业余级探秘探险	宋增文、钟林生	2009
8	区域	滨海区	可达性、环境人工化程度、游憩设施水平、服务水平、游客密度、对环境的影响、游客参与程度和对游客的管理强度	滨海都市区、沿海岸线区、近海(海岛)区、深海区	邹开敏	2014
9	类型	北京城郊山地森林游	自然程度、偏远程度、游客密度、管理强度	城郊开发区域、城郊自然区域、乡村开发区域、乡村自然区域、半原始区域	肖随丽等	2011

续表

序号	研究尺度	研究对象	评价指标体系	ROS 分区结果	研究者	年份
10	类型	生态旅游	可达性、与其他资源利用的关系、提供的吸引力、现有的基础设施、社会互动、专业知识、可接受的游客影响程度、经营管理	专家类型(Eco-specialist)、中间类型(intermediate)、普适类型(Eco-generalist)	Boyd 和 Butler	1996

资料来源：More, T. A., Bulmer, S., Henzel, L., "Extending the Recreation Opportunity Spectrum to Nonfederal Lands in the Northeast: An Implementation Guide," US Department of Agriculture, Forest Service, 2003; Aukerman, R., "Water Recreation Opportunity Spectrum (WROS) Users' Guidebook," US: US Department of the Interior, Bureau of Reclamation, Office of Program and Policy Services, 2004; 丛丽、肖张锋、肖书文：《野生动物旅游地游憩机会谱建构——以成都大熊猫繁育研究基地为例》,《北京大学学报》(自然科学版) 2019 年第 6 期; 曾文静等:《基于 ROS 的湖南省自然游憩资源县域区划》,《中南林业科技大学学报》2022 年第 5 期; 方世明等:《嵩山世界地质公园游憩机会图谱研究》,《资源科学》2014 年第 5 期; 宋增文、钟林生:《三江源地区探险旅游资源—产品转化适宜性的 ATOS 途径》,《资源科学》2009 年第 11 期; 邹开敏:《滨海游憩机会谱的构建和解析》,《广东社会科学》2014 年第 4 期; 肖随丽等:《北京城郊山地森林游憩机会谱构建》,《地理科学进展》2011 年第 6 期; Boyd, S. W., Butler, R. W., "Managing Ecotourism: An Opportunity Spectrum Approach," *Tourism Management* 17 (1996): 557-566。

二 研究区域

(一)研究区域概况

海南热带雨林国家公园位于亚洲热带雨林北缘、海南岛中南部，地理坐标为东经 108°44′32″~110°04′43″，北纬 18°33′16″~19°14′16″，全域面积 4269 平方公里，约占海南岛陆域面积的 1/7，是集科学保护和研究、生态旅游、公众环境教育和科普等功能于一体的游憩地。公园分为黎母山、鹦哥岭、五指山、霸王岭、吊罗山、尖峰岭、毛瑞 7 个保护片区，各个片区分核心控制区和一般控制区，管理和保护力度不一，片区之间的发展程度和开放程度也有所不同。

作为中国正式设立的首批五个国家公园之一，海南热带雨林国家公园拥有我国分布最集中、保存最完好、连片面积最大的热带雨林，是重要的“遗传基因资源宝库”生态空间和“生物多样性保护”生态屏障。它以热带雨林生态系统原真性、完整性保护为核心，以海南长臂猿、坡垒等珍稀濒危野生动植物保护为重点，旨在打造人与自然和谐共生的先行区。然而，不断增长的游客游憩需求对生态敏感的热带雨林的保护和发展提出了新的挑战，景区亟待建立兼顾保护和可持续发展双重目标的旅游规划和管理模式。

（二）海南热带雨林国家公园游憩资源谱系及分区情况

游憩资源的适宜性评估是供给侧科学研判和规划管理游憩地发展的关键一环。基于《旅游资源分类、调查与评价》（GB/T 18972—2017），本报告梳理了热带雨林国家公园每个片区的代表性游憩资源（见表2）。

表2　海南热带雨林国家公园代表性游憩资源谱系及分区

片区	自然景观			文化遗产
	地文景观	雨林景观	水文景观	
尖峰岭片区	尖峰岭主峰(ACB)、将军岩(ACL)	鸣凤谷(AAC)、雨林谷(AAC)	尖峰岭天池(BBA)、南天池(BBA)	尖峰岭科普馆(EAE)
霸王岭片区	霸王岭(AAA)、皇帝洞(ACD)、俄贤岭湿地(BBC)、猕猴岭(AAA)、黑岭(AAA)	长臂猿(CBB)、睑虎(CBB)、南亚松林(CAA)	大广坝水库(BBA)、雅加瀑布(BAB)、白石潭(BBC)	霸王岭科教博物馆(EAE)、木棉花节(HBC)
吊罗山片区	吊罗山(AAA)	吊罗山热带雨林(CAA)、吊罗神树(CAB)	吊罗山天湖(BBA)、小妹湖(BBA)、枫果山瀑布(BAB)、石晴瀑布(BAB)、大里瀑布(BAB)	苗王墓(FEB)、吊罗山热带森林动植物科普馆(EAE)

续表

片区	自然景观			文化遗产
	地文景观	雨林景观	水文景观	
五指山片区	五指山（ACA）、五指山大峡谷（AAC）、五指山玉石矿（ABF）、五指山主峰（ACB）、	百花岭风景名胜区（EAF）、陆均松群落（CAB）	七仙岭温泉（BCA）、百花岭瀑布（BAB）、太平山瀑布（BAB）、仙女潭（BBC）、听泉台（BCA）、昌化江五指山河段（BAA）	南圣镇永忠黎族村（FDA）、海南省民族博物馆（EAE）、五指山革命根据地纪念园（EAI）、牙防旧址（EAB）、黎祖大殿（EAG）
黎母山片区	黎母山（AAA）、仙人洞（ACL）、黎母山河谷石臼（ACE）	天女散花（CAB）	槟榔湖（BBA）	黎母石像（EAG）、黎母庙（EAG）、碑文石刻（FCH）、曲岭古林园（FAD）
鹦哥岭片区	鹦哥岭（ACA）、鹦哥嘴、南开大石壁（FCG）	海南苏铁（CAB）、桃金娘林（CAA）	阜许温泉（BCA）、鹦鹉湖（BBA）、鹦哥岭瀑布（BAB）、元门红新瀑布（BAB）	鹦哥岭动植物博物馆（EAE）、琼崖纵队司令部遗址（EAB）
毛瑞片区	马咀岭（ACA）、毛感尖岭（ACA）、仙安石林（ACD）	热带山地雨林（CAA）	毛拉洞水库（BBA）、七仙岭水库（BBA）	—
分散资源	—	热带雨林（CAA）、板根巨树（CAB）、空中花园（CAB）、树王（CAB）、五指神树（CAB）	昌化江之源（BAA）、万泉河之源（BAA）	黎族织锦（GCB）、绣面纹身（FBA）、黎族苗族歌舞（FBD）、三月三（HBC）、长桌宴（FBB）、船型屋（FAA）

注："—"表示此处无数据。

（三）海南热带雨林国家公园游憩活动相关规划情况

进一步梳理《总体规划》中涉及海南热带雨林国家公园中游憩活动的顶层设计，包括入口社区、自然教育场所与设施（综合展示中心、片区主题展示馆、自然教育解说径、野外宣教点）、生态旅游（服务基地建设、步道规划、雨林驿站）的规划布局情况（见表3）。上述情况将为分区尺度下海南热带雨林国家公园游憩机会谱构建提供方向性参考。

表3　海南热带雨林国家公园游憩活动相关规划情况

		选址
入口社区	—	·霸王岭、俄贤岭、尖峰岭、鹦哥岭、黎母山、五指山、吊罗山、毛感、南桥镇、什玲
自然教育场所与设施	综合展示中心	·海南热带雨林国家公园管理局建设展示中心 ·在五指山分局建设五指山展示中心 ·依托原吊罗山林场兰花基地场地和基础设施，建设珍稀植物展示园 ·依托鹦哥嘴现有宣教等基础设施，建设生态文明教育交流中心 ·依托霸王岭入口建设相关科普宣教展示区
	片区主题展示馆	·尖峰岭展示馆 ·霸王岭展示馆 ·吊罗山展示馆 ·五指山展示馆
	自然教育解说径	·霸王岭片区（白石潭、树王树神、雅加雨林、红坎、南开、南高岭） ·尖峰岭片区（天池、卫东、南巴） ·五指山片区（桫椤谷、水满河、罗解） ·吊罗山片区（南喜、白水沟、飞水岭、八村、牛哑岭、曲岭谷、石臼河谷、二队、摩天岭）等
	野外宣教点	·霸王岭片区（白石潭、雅加、俄贤岭） ·五指山片区（桫椤谷、水满河） ·吊罗山片区（新安、南喜、白水沟、飞水岭）等
生态旅游	服务基地建设	·南圣、王下、南浪、南开、黎母山、毛阳、本号镇、什运乡、水满乡、毛感、什玲
	步道规划	·修建新的游憩步行道路，形成步道网络
	雨林驿站	·依托国家公园一般控制区线路上的节点村庄，设置若干雨林驿站

三　海南热带雨林国家公园游憩机会谱构建

（一）构建思路

游憩机会谱构建的中心思想是根据游憩地的环境特点，确立相关的评价指标，从而确定游憩地中分等级的游憩机会。根据海南热带雨林国家公园景观总体布局和游憩资源要素，首先，对游憩资源进行适宜性评估，判断海南热带雨林国家公园游憩机会供给能力；其次，由于公园所辖范围较广，各分区发展阶段不一，从发展优先级角度考虑，将游憩环境类型划分为优先发展游憩区、重点发展游憩区和拓展发展游憩区，在一定程度上规避同步发展可能产生的环境风险；最后，根据既有研究和案例特点确定游憩环境分类指标体系，并分析不同的游憩环境特征以及适宜进行的游憩活动。

（二）海南热带雨林国家公园游憩环境分类的指标选取

游憩环境通常被划分为物理环境、社会环境、管理环境三个层面，是进行游憩活动的基础。根据游憩机会谱理论，物理环境包括游憩环境的区位、自然资源、人文资源等要素；社会环境包括游憩地提供的各类游憩活动、游客特征等要素；管理环境包括游憩地保护强度、基础设施建设等要素。

将游憩机会谱应用到海南热带雨林国家公园情境中，结合游憩机会谱实践的典型案例和海南热带雨林国家公园资源环境特点，筛选出物理环境、社会环境、管理环境三个层面下的 7 个指标，具体如表 4 所示。

表 4　海南热带雨林国家公园游憩环境分类指标及其参考依据

游憩环境	分类指标	参考依据
物理环境	可进入性	美国林务局
	生物多样性和资源丰裕度	方世明等
	资源吸引力	Boyd 和 Butler
社会环境	游憩活动多样性	美国内务部
	游客特征	丛丽、肖张锋、肖书文
管理环境	旅游基础设施	
	保护强度	

资料来源：方世明等：《嵩山世界地质公园游憩机会图谱研究》，《资源科学》2014 年第 5 期；Boyd，S. W.，Butler，R. W.，“Managing Ecotourism: An Opportunity Spectrum Approach,” *Tourism Management* 17（1996）：557-566；Aukerman，R.，“Water Recreation Opportunity Spectrum（WROS）Users' Guidebook,” US Department of the Interior，Bureau of Reclamation，Office of Program and Policy Services，2004；丛丽、肖张锋、肖书文：《野生动物旅游地游憩机会谱建构——以成都大熊猫繁育研究基地为例》，《北京大学学报》（自然科学版）2019 年第 6 期。

（三）海南热带雨林国家公园游憩环境类型的划分

海南热带雨林国家公园区域范围广，各分区由不同分局管辖，发展阶段不一。根据海南热带雨林国家公园各个分区的资源环境要素、发展运营和管理情况，将其游憩环境类型划分为优先发展游憩区、重点发展游憩区和拓展发展游憩区。

1. 优先发展游憩区

这类游憩空间发展阶段比较成熟，可以优先发展。拥有包括野生动植物、雨林景观、人文景观等在内的丰富的游憩资源，生物多样性丰富，资源丰度高。同时拥有独特的稀缺性资源，如长臂猿。交通便利，对游客限制较少，可进入性好。配套的旅游基础设施完善，能够为游客提供住宿、餐饮等服务，标识指导系统清晰。配套的游憩活动丰富，有观光休闲、登山探险、民俗文化体验等多种游憩活动类型，能满足不同游客的多元化需求。

2. 重点发展游憩区

这类游憩空间拥有比较丰富的资源，有一定的观赏、游憩、社会文化价值，但是由于可进入性、配套基础设施或配套游憩活动等不够完备而发展受限，可以重点发展。野生动植物资源、雨林景观比较丰富，种类较多但独特性不足。同时游客可选择的交通方式比较有限，住宿、餐饮等服务设施选择有限，标识指导系统可以进一步完善。配套的游憩活动可能倾向于自然或人文中的某一方面，需要重点完善配套设施，丰富游憩活动。

3. 拓展发展游憩区

这类游憩空间发展阶段比较落后。根据管理目标和保护需求，区域保护强度很大，对游客有十分严格的约束和要求。尽管拥有一定的资源，但由于官方的限制性进入，暂不适宜游憩活动的开展，可以考虑后期的拓展发展。

（四）海南热带雨林国家公园游憩机会谱

根据确立的 7 个指标，分析优先发展、重点发展和拓展发展 3 种类型游

憩区的游憩环境特征（见表5）。此外，在不同环境类型的游憩区里，游客能获得的游憩活动类型及体验有所差异。依据海南热带雨林国家公园资源分布情况，构建海南热带雨林国家公园游憩机会谱（见表6）。

表5　海南热带雨林国家公园游憩环境特征

游憩环境	分类指标	优先发展游憩区	重点发展游憩区	拓展发展游憩区
物理环境	可进入性	交通便利，可选择的交通方式多样；与市区或机场、高铁、火车、客运等站点距离较近；区域内机动车观光路、人行步道等设施完善且合理	交通比较便利，可选择的交通方式不止一种；与市区或机场、高铁、火车、客运等站点距离中等；区域内设有机动车观光路和人行步道	交通不便，可选择的交通方式单一；与市区或机场、高铁、火车、客运等站点距离远；区域内禁止机动车辆通行并实施限制性进入
	生物多样性和资源丰裕度	野生动植物资源富集，种类丰富、体量大；区域内拥有丰富的地文、水文、雨林等景观及人文资源；观赏、游憩、社会文化价值高	野生动植物资源比较丰富，种类较多、体量中等；区域内拥有地文、水文或雨林景观，比较丰富的人文资源；有一定的观赏、游憩、社会文化价值	野生动植物资源一般，种类较少、体量较小；区域内景观和人文资源比较少；观赏、游憩及社会文化价值一般
	资源吸引力	拥有最为独特的珍稀濒危动植物资源和人文资源，在其他地方罕见；景观奇特	拥有比较突出的珍稀动植物资源和人文资源，在其他地方比较少见；景观突出	拥有的动植物资源和人文资源在其他地方比较多见，景观比较突出
社会环境	游憩活动多样性	游憩活动项目丰富，形式多样；游客可以深度参与和体验丰富的游憩活动	游憩活动项目形式比较多；游客可以参与和体验不同的游憩活动	游憩活动项目形式比较少，游客参与和体验的机会比较少
	游客特征	游客旅游动机多元化，追求观光休闲、特色文化体验、自我提升等综合性游憩体验	游客对亲近自然体验或特色文化体验有侧重偏好，追求深度或专项的游憩体验	游客以深度的科考探险、野外巡护体验为目的，追求专业性的游憩体验

续表

游憩环境	分类指标	优先发展游憩区	重点发展游憩区	拓展发展游憩区
管理环境	旅游基础设施	旅游基础设施完善，其中导览解说系统丰富、环卫设施以及周边商业接待设施完备；服务能力强	配备基本的旅游基础设施，导览解说系统、环卫设施以及周边商业接待设施相对简单；服务能力一般	旅游基础设施较少，旅游设施和设备针对专业性活动而建立；提供的服务有限
	保护强度	保护强度相对较小，对游客活动进行了一定的约束，已经有比较成熟的资源保护措施和规范	保护强度相对较大，对游客活动的约束较大，拥有相关资源保护措施和规范	保护强度特别大；对游客有十分严格的约束和要求；除科学考察、巡护外，禁止进入；针对游客的资源保护措施和规范标准相对较少

表 6　海南热带雨林国家公园游憩环境机会谱

	涉及分区	功能定位	主要游憩活动	游憩体验
优先发展游憩区	霸王岭片区	综合游憩体验	观光游览、户外徒步、雨林康养、乡村休闲、溯溪探险、露营、观木棉、赏芒果、黎苗文化体验、自然教育（实地和展示）	热带雨林景观观光游览，康养休闲，获得亲近自然、舒缓压力的体验；同时在大自然中实地观察各类珍稀物种，在霸王岭科教博物馆集中观览，可以丰富阅历，增长知识；霸王岭长臂猿智能监测试验平台，可以监测全世界仅存的黑冠长臂猿的行踪，带来最独特新奇的体验
重点发展游憩区	五指山片区	深度游憩体验	户外徒步、雨林漂流、雨林观光、温泉康养、黎苗文化体验、自然教育（实地和展示）	除了赏心悦目的雨林观光、休闲的温泉康养，五指山片区也有大峡谷漂流、溯溪探险等刺激项目，同时海南民族博物馆参观、“非遗”黎锦编织等黎苗文化展示和体验项目，能满足游客的多元化需求，带来身心愉悦的深度游憩体验

续表

	涉及分区	功能定位	主要游憩活动	游憩体验
重点发展游憩区	尖峰岭片区	深度游憩体验	观光游览、户外徒步、雨林康养、自然教育（实地和展示）	尖峰岭森林覆盖率达98%，南国天池、鸣凤谷等景点雨林环绕，能满足游客深度的生态休闲体验需求；此外，林热所科普课堂也能帮助游客获得更专业集中的环境教育
	吊罗山片区	专项游憩体验	珍稀植物观赏、户外徒步、自然教育（实地和展示）	吊罗山"十步一景，百步一瀑"，在水体景观观赏方面具有优势；此外，雨林生态景观丰富，设有专门的徒步旅游道，适合珍稀植物的观赏，能满足游客专项的生态休闲体验需求
	黎母山片区	专项游憩体验	黎苗文化体验、户外徒步、自然教育（实地）	黎母山的热带雨林景观带有浓厚的黎族文化色彩，黎母石像、黎母庙、碑文石刻等游憩点能满足游客溯源黎族文化、丰富阅历、增长知识的专项游憩体验需求
拓展发展游憩区	鹦哥岭片区	专业游憩体验	极限运动、科考探险、巡护体验	鹦哥岭片区的主要游憩区域并不对大众开放，其缺乏配套服务设施，需要根据后续规划进一步拓展发展
	毛瑞片区	专业游憩体验	极限运动、科考探险、巡护体验	毛瑞片区的主要游憩区域不对大众开放，且缺乏配套服务设施，需要根据后续规划进一步拓展发展

四　研究结论

在游憩机会谱理论的指导下，海南热带雨林国家公园分区游憩机会清单可以有效缓解生态保护与游憩活动之间的矛盾。分析游憩分区环境是否支持已有或潜在游憩活动的展开，可以帮助确定游憩分区的发展方向。构建的海南热带雨林国家公园游憩机会谱可以指导区域游憩活动的设计、管理、实施。此外，游憩机会谱的应用是一个动态过程，区域发展可能进入新的阶段，需要做出适应性改变。为了更好实现雨林国家公园自然教育、生态旅游发展和文化培育等功能，应进一步提出海南热带雨林国家公园具体建设和选址建议。

G.20

百山祖国家公园社区参与自然游憩发展研究

邱云美　许大明　厉佳涣　周川汇*

摘　要： 以国家公园为主体的自然保护地体系是生态文明建设的核心载体，社区参与是实现共同富裕和生态保护的重要保障。本报告以利益相关者理论和可持续发展理论等相关理论为指导，采用文献综述法、实地调研法和GIS分析法，对百山祖国家公园社区参与自然游憩发展的状况和问题进行了综合性分析，提出了促进百山祖国家公园社区参与自然游憩发展的建议。

关键词： 社区参与　自然游憩　百山祖国家公园

以国家公园为主体的自然保护地体系是生态文明建设的核心载体，保护、科研、教育和游憩是国家公园的主要功能，坚持生态保护第一、国家代表性和全民公益性是中国国家公园体制建设的理念。在我国国家公园体制建设的背景下，社区参与国家公园自然游憩发展是促进环境教育和生态保护，实现全民公益性和共同富裕的重要保障。保护国家具有代表性的独特资源，实现国家资源全民共享、社区有效参与是缓解人地

---

* 邱云美，丽水学院教授，硕士生导师，主要研究方向为文化旅游、国家公园自然游憩和自然教育；许大明，钱江源—百山祖国家公园庆元保护中心规划发展科科长，工程师，主要研究方向为生物多样性保护与旅游发展规划；厉佳涣，丽水学院旅游管理专业本科生，主要研究方向为国家公园生态游憩；周川汇，宁波市会展旅业有限公司办公室职员，主要研究方向为生态旅游资源开发。

矛盾的关键，为更好地推进国家公园建设，如何正确处理人地矛盾、引导社区居民参与是现阶段面临的重要问题，引起了学界的普遍关注[①]。目前，国内外关于社区参与国家公园自然游憩的研究涉及国家公园游憩利用的理论技术体系与研究框架、国家公园社区协调发展机制与策略、国家公园游憩活动对社区各方面的影响等几个方面。何思源等认为自然保护地周边社区居民对保护地的态度是影响社区参与保护、实现保护地管理目标的主要因素[②]；薛芮等提出了由认识论维度和方法论维度构成的国家公园游憩利用研究框架，并从主体、认知、行为三个层面分析了游憩利用与生态保育、经济发展、社会民生之间的联动发展体系[③]；高媛等以拟设立的内蒙古呼伦贝尔国家公园为例，分析了国家公园建设对当地社区经济、生态、文化等方面的影响，并提出了基于社区参与和利益共享的协调发展机制[④]；李锦以青藏高原国家公园为例，分析了游憩活动对社区生态环境、经济收入、文化认同等方面的影响，并提出了基于社区分享型文化体验的游憩活动优化模式[⑤]。

总体上，国内外研究主要集中在国家公园建设对社区生态环境、经济收入、文化认同等的影响，以及基于社区参与、共管、共享等原则的协调发展模式方面。在新时代背景下，我国国家公园建设面临社区背景复杂、经济落后、居民受教育程度低、生产生活方式落后等一系列现实困境，同时，这些因素导致国家公园社区参与面临许多亟须解决的难题[⑥]。本报告

① 耿松涛、张鸿霞：《国家公园建设中社区参与模式：现实困境与实践进路》，《东南大学学报》（哲学社会科学版）2022 年第 5 期。

② 何思源等：《基于扎根理论的社区参与国家公园建设与管理的机制研究》，《生态学报》2021 年第 8 期。

③ 薛芮、阎景娟：《国家公园游憩利用与社区协调的空间重构机理与联动逻辑》，《热带地理》2021 年第 6 期。

④ 高媛等：《国家公园社区协调发展机制研究——以拟设立的内蒙古呼伦贝尔国家公园为例》，《北京林业大学学报》（社会科学版）2021 年第 2 期。

⑤ 李锦：《青藏高原国家公园的游憩功能和社区分享型文化体验》，《中国藏学》2021 年第 4 期。

⑥ 耿松涛、张鸿霞：《国家公园建设中社区参与模式：现实困境与实践进路》，《东南大学学报》（哲学社会科学版）2022 年第 5 期。

以百山祖国家公园为案例地，探讨社区参与国家公园自然游憩发展，实现国家公园生态保护，以自然游憩实现价值转化和文化传承多赢，达到人与自然和谐共生的目标的相关问题。

一 相关概念界定

（一）社区参与

社区是一个社会学概念，它有广义和狭义两种含义。广义的社区是指在一定的地理区域内，有共同利益和归属感的社会群体；狭义的社区是指由居民的本体意志形成的以血缘、地缘、精神为纽带的共同体，重视区域整体的相互团结、相互统一，以及居民之间的集体意识①。在国家公园的社区权利讨论范围内，社区是利益相关者直接互动的场域，特指公园内可利用的利益范围，社区所涉及的群体是国家公园的重要利益相关者。国家公园社区指居住在国家公园内部或周边地区，能够影响或者受到国家公园保护及管理目标实现影响的社会群体②。

研究表明，社区居民更多地关注经济利益层面的问题，如收入、就业机会、优惠政策、补偿方式等，所以国家公园在保护自然生态环境的基础上，应该更多地关注解决居民的经济诉求，满足其利益需求③，最大化地提升居民的积极性。社区参与是指国家公园与周边社区之间建立一种互利共赢、协同发展的关系，通过有效的沟通协调、利益分享、机制参与、能力建设等方式，实现国家公园的生态保护、社区的经济发展和居民的生活改善。社区参与是国家公园可持续发展的重要保障，也是体现国家公园理念和价值的重要形式。

---

① 高媛等：《国家公园社区协调发展机制研究——以拟设立的内蒙古呼伦贝尔国家公园为例》，《北京林业大学学报》（社会科学版）2021 年第 2 期。

② 者荣娜、刘华：《我国国家公园建设中社区权利新探》，《世界林业研究》2019 年第 5 期。

③ 高燕等：《境外国家公园社区管理冲突：表现、溯源及启示》，《旅游学刊》2017 年第 1 期。

（二）自然游憩

2017 年发布的《建立国家公园体制总体方案》明确提出，要保护国家公园自然生态系统的原真性、完整性，同时要为公众提供作为国民福利的游憩机会[①]，以展现国家公园的公益属性和全民共享性。所以国家公园作为一种公共服务产品，更多地体现出全民共享性。“游憩”与“旅游”既有共性，也有差异性，其中的差异性表现为游憩体现国家公园的社会价值，旅游体现国家公园的商业价值[②]。

自然游憩是指在自然生态环境中进行的各种游憩活动，如观赏自然风光、探索自然奥秘、体验自然生活等。自然游憩是一种低碳、绿色、健康的游憩方式，有利于提高人们的环境意识和生态素养，有利于保护和恢复自然生态系统，有利于促进地方经济和社会发展。国家公园中的自然游憩可以进一步概括为公园范围内开展的“旅游活动”，如生态旅游、自然教育、文化体验等[③]。

旅游者具有求新、求奇、求异、求知、求美、求乐的需求，社区原住居民的生产、生活、文化本身就是一种旅游资源[④]，国家公园自然游憩活动的开展需要社区的联动。国家公园内有独特的风土人情和丰富的人文旅游资源，是开展自然游憩的绝佳场地。即使是在国家公园内开展的自然游憩活动，也不能完全脱离当地的生态文化，而当地的生态文化也是保障国家公园可持续发展的重要影响因素。基于社区联动的自然游憩可以为社区原住居民的生产就业带来新的机会。

二　研究方法

本报告通过文献分析、GIS 分析和实地调研对百山祖国家公园的社区参

① 李爽等：《国家公园基于社区居民利益诉求的社区发展路径探讨》，《林业经济问题》2021 年第 3 期。

② 《国家公园的科普、教育、游憩功能不能少》，央广网，2021 年 10 月 23 日，http：//travel.cnr.cn/dsyjdt/20211023/t20211023_525640727.shtml。

③ 吴承照：《国家公园发展游憩还是发展旅游》，《中华环境》2020 年第 7 期。

④ 张玉钧：《国家公园游憩策略及其实现途径》，《中华环境》2019 年第 8 期。

与自然游憩发展进行了研究。通过查阅国内外相关文献，分析国家公园社区联动的理论与实践，总结国外国家公园社区联动的经验和案例，为构建百山祖国家公园基于社区联动的自然游憩发展模式提供理论依据和借鉴。运用GIS技术，结合百山祖国家公园的自然资源和人文特色、社区情况等实证资料，分析百山祖国家公园自然游憩空间布局，为发展百山祖国家公园基于社区联动的自然游憩提供思路和方案。通过对百山祖国家公园进行实地考察，收集百山祖国家公园的自然资源和人文特色、社区情况等第一手资料，为构建百山祖国家公园基于社区联动的自然游憩发展模式提供实证支撑和数据分析。通过实地考察钱江源—百山祖国家公园，对两区的工作人员进行访谈，了解国家公园在社区联动和自然游憩方面的成功经验和存在的问题，为百山祖国家公园发展基于社区联动的自然游憩提供建议。

三　百山祖国家公园及自然游憩资源分析

（一）百山祖国家公园片区概况

百山祖国家公园于2017年启动建设，2020年国家公园管理局批复将丽水百山祖与开化钱江源两区域按“一园两区”思路整合为“钱江源—百山祖国家公园”，2023年8月，第二届国家公园论坛宣布设立钱江源—百山祖国家公园。百山祖国家公园片区位于龙泉市、庆元县、景宁畲族自治县交界区域，园区总面积为50529.46公顷，其中核心保护区面积为26186.57公顷，占总面积的51.82%；一般控制区面积为24325.37公顷，占总面积的48.14%[①]。

百山祖国家公园片区涉及龙泉、庆元、景宁三县（市）的18个乡（镇、街道），具体涵盖龙泉市的兰巨乡、龙南乡、屏南镇、小梅镇4个乡（镇），庆元县的松源街道、濛洲街道、百山祖镇、竹口镇、贤良镇、淤上乡、五大堡乡、张村乡8个乡（镇、街道），景宁县的英川镇、沙湾镇、秋炉乡、毛垟

① 国家林业和草原局林草调查规划院：《钱江源—百山祖国家公园总体规划（2020—2025年）》，2020。

乡、大均乡、鸬鹚乡6个乡（镇）。国家公园范围内，龙泉片区占3个乡镇14个行政村，片区内户籍人口2286人，其中常住人口264人；庆元片区占4个乡镇15个行政村，片区内户籍人口2883人，其中常住人口1412人；景宁片区占3个乡镇4个行政村，片区内户籍人口349人，其中常住人口10人[①]（见表1）。

表1　百山祖国家公园片区组成和片区相关信息

	龙泉片区	庆元片区	景宁片区
乡镇(个)	3	4	3
行政村(个)	14	15	4
常住人口(人)	264	1412	10
林场(管理区)	1	3	—
片区面积(km^2)	248.9	205.4	51.58
片区面积占比(%)	49.3	40.6	10.1

注："—"表示此处无数据。

资料来源：国家林业和草原局华东调查规划院：《百山祖国家公园绿色发展和特许经营专项规划（2021—2030年）》，2022。

（二）百山祖国家公园自然游憩资源分析

百山祖国家公园内拥有丰富的自然游憩资源（见表2），海拔1600米以上的山峰有50余座，海拔1800米以上的命名山峰有10座，其中黄茅尖海拔1929米，为浙江第一高峰，是瓯江、闽江的发源地。公园内有14个村落海拔超过1000米，村落内保存有多样的古树名木群。该地区年平均气温在18.2℃～18.3℃，保存了我国东部典型的中亚热带森林生态系统，包括罕见的常绿阔叶林地带性植被，分布着该地区垂直带谱最为完整的中亚热带森林生态系统，森林覆盖率高达96%。百山祖国家公园位于国内外生物多样性

① 国家林业和草原局华东调查规划院：《百山祖国家公园绿色发展和特许经营专项规划（2021—2030年）》，2022。

保护关键区域，拥有大量珍稀濒危物种，现有记录野生脊椎动物416种、两栖类37种、爬行类53种、兽类66种、昆虫2205种，有国家重点保护野生植物41种、国家重点保护野生动物63种，包括具有植物“活化石”之称的第四季冰川孑遗植物百山祖冷杉。

表2　百山祖国家公园主要自然游憩资源

主类	亚类	基本类型名称
自然资源	生境资源	凤阳山、黄茅尖、龙泉大峡谷、绝壁奇松、凤阳山天根、七星潭、龙南状元石、将军岩、百山祖、巾子峰、兰泥硅化木、五梅垟锆石地层剖面、百瀑沟、景宁道化村鱼仓坑(龙门峡)；凤阳湖、瑞垟水库、三井溪龙井、瓯江源、龙泉瀑、百瀑沟、黄皮湿地；凤阳湖天文观测体验点、凤阳山日出、凤阳山云海、百山祖冰瀑、雾凇、高山气候和垂直自然带等
	生物资源	野生维管束植物2102种、大型真菌632种、苔藓植物368种、野生脊椎动物416种、国家重点保护野生植物41种、国家重点保护野生动物63种；黄茅尖和百山祖垂直植被带谱，百山祖冷杉、凤阳山古杉林、五星柳杉王群、紫茎林、大均唐樟、英川野鸳鸯越冬湖、英川新村畲族村古银杏，庆元大鲵国家级水产种质资源保护区、英川香炉山次生阔叶林自然保护小区、班岱后南方铁杉自然保护小区
文化资源	物质类文化	大济、上庄村、大庄村等明清古建筑，龙泉杨山头菇民建筑群；凤阳庙；安仁永和桥、兰溪桥等古廊桥；西洋殿；大窑、竹口等青瓷古窑址，金村古码头遗址；於上乡古银矿洞群；鸬鹚马仙祖殿；系列古道
	非物质文化	香菇文化(百菇宴、二都戏、菇神庙会等)、青瓷文化、宝剑文化、廊桥文化、森林文化、养生文化、大庄孝德文化、马仙文化、畲族风情、乡村文化漫游节等
	红色文化	芳野曾家大屋、浙江扫盲第一村凤阳村安和自然村、斋郎军旅小镇、竹口战斗遗址、五大堡濛淤桥战斗遗址、麻连岱红军标语、沙湾镇道化村“湘湖师范遗址”

百山祖国家公园所处的长江三角洲是我国人口密度最高、社会经济最发达、原生自然生态环境受人类活动影响而改变最多的区域。人文资源独特，园区范围内拥有1项世界重要农业文化遗产、2处全国重点文物保护

单位、8处省级文物保护单位、19处县级文物保护单位等物质类文化遗产；有廊桥文化、民俗文化、红色文化、香菇文化、畲族文化、青瓷文化、宗教文化等非物质文化遗产，其中有青瓷烧制技艺、木拱廊桥传统营造技术2项世界级非物质文化遗产，5项国家级非物质文化遗产，9项省级非物质文化遗产。

自然游憩点是国家公园内开展游憩活动的重要节点，综合分析百山祖国家公园自然游憩资源特性和周围交通状况，对其自然游憩适宜性进行分析，在一般控制区内（核心保护区不适合开展游憩活动）及其周边社区确定93个自然游憩点。

四　百山祖国家公园社区参与自然游憩发展存在的问题

（一）社区居民对国家公园发展的认知度、参与度和支持度有待提高

在与保护站管理人员交流的过程中我们发现，百山祖国家公园社区居民对国家公园发展的认知度、参与度和支持度不高，缺乏对国家公园的尊重和合理利用意识。由于百山祖国家公园与社区之间缺乏切实有效的交流沟通平台和组织，社区居民对百山祖国家公园的建设和管理缺乏了解，社区居民参与国家公园自然游憩发展的机会也较少。社区缺乏长远发展目光和对整体利益的考量，对自然游憩的意义和价值认识不足，加上目前部分社区居民获得的生态效益和经济效益不明显，收入水平和生活质量没有得到有效提升，导致其在平时参与国家公园治理时缺乏积极性和主动性，村民偷猎行为仍然存在，严重影响生态环境的保护。

（二）社区参与能力有待提升

百山祖国家公园地处浙西南山区，位置偏远，传统产业经济效益低，导致大量年轻人外出寻求更多的就业和发展机会，社区人口老龄化、空心化严

重，大多数自然村的常住人口只有户籍人口的10%~20%（见表3），常住人口基本是60岁以上的老年人口，国家公园在周边社区安排60岁以下的护林员都存在较大困难。村落产业结构单一，基本以第一产业为主，内生动力不足；文化挖掘与传承一般，未形成特色化发展方向。乡村人口空心化和老龄化导致社区人才短缺，文化传承和文旅创新主体缺失。老年人接受新鲜事物的能力较弱，参与能力不足，对国家公园的文化价值认同度较低，社区参与自然游憩发展的能力有待提高。

表3 百山祖国家公园部分村落户籍人口和常住人口数量及比例

单位：人，%

	横溪村	上畲村	南溪	坪田叶村	垟顺村	李山村	濛圩村	九漈村	翁山
户籍人口	368	418	140	289	371	702	691	304	320
常住人口	28	80	20	45	70	82	130	30	18
常住人口比例	7.61	19.14	14.29	15.57	18.87	11.68	18.81	9.87	5.63

资料来源：各村庄村情介绍、钱江源—百山祖国家公园百山祖园区及周边村落提升专项规划。

（三）园区内的交通可达性较差

根据OpenStreetMap路网数据，利用ArcGIS 10.8软件对百山祖国家公园及周边社区做交通可达性分析。将路网分为高速路、主干路、一级次干路、二级次干路、三级次干路、支路、步行道和台阶，分别设定行驶速度或步行速度为80km/h、60km/h、50km/h、45km/h、40km/h、30km/h、90m/min和50m/min。将路网在连接处打断，进行拓扑验证后建立路网数据集，利用道路长度除以行驶或步行速度得到行驶或步行的时间成本。建立OD成本矩阵，将路网交点与断点作为起始点和目的地点，求解后得到OD成本线，计算每个起始点到各个目的地点的平均到达时间得到交通可达性数据。再利用反距离权重分析工具，得到百山祖国家公园及周边社区交通可达性图。百山祖及周边社区的交通可达性较差，目前园区内的交通主要依靠公路和步行道路。园区内有一条环线公路，全长约120km，连接了各个景区和村庄，但路况较差，部分路段狭窄、坡陡、弯道多，仍然有部分道路为土路、碎石路，雨雪天难以通行，也存在一些断头路，尤其是三个片区之间的断头路较多。公园内还有一些步行道路，主要供游客徒步观赏自然风光和文化遗迹，也是村民日常出行的必经之路。总的来说，百山祖国家公园及周边社区的交通连接度还有待提高。国家公园与社区之间的交通不够顺畅，在一定程度上影响了两者之间的联动和社区居民参与的便利度。

五　促进百山祖国家公园社区参与自然游憩发展的建议

（一）建立社区共管机制，提高社区参与度

建立由政府、国家公园管理局、社区居民等组成的百山祖国家公园社区共管机制，让社区居民参与公园规划、决策、监督、评估等各个环节，并提供培训、教育、就业等机会，使他们成为公园保护的合作伙伴和受益者。一是建立一个由政府、国家公园管理局、社区代表等组成的百山祖国家公园社区联动委员会，定期召开联席会议，协商解决国家公园与社区之间的重大问题；二是搭建一个由政府、国家公园管理局、社区居民等组成的百山祖国家公园社区能力建设平台，通过提供培训和举办交流活动，增强社区居民的环境意识和保护能力；三是建立一个由政府、国家公园管理局、社区代表等组成的百山祖国家公园社区利益分享基金会，按照一定比例分配公园收入，并用于支持社区的基础设施建设、产业发展、就业培训等项目。

通过建立一系列国家公园社区参与机制，让百山祖国家公园的发展成果与社区共享，让社区居民参与国家公园自然游憩开发过程，提高社区对国家公园发展的认知度、参与度和支持度，让社区成为保护百山祖国家公园的重要力量。

（二）完善游憩配套设施，增强自然游憩体验

加强基础设施建设和管理，同时兼顾生态保护和游憩发展需求，在区位优势村庄建设入口社区（见表4）。分别在龙泉市兰巨乡五梅垟村五梅垟自然村、庆元县濛洲街道同源村洋心自然村、景宁县英川镇英川村英川自然村建设3个主入口，承担集形象展示、商业配套、旅游集散、自然教育、运营管理于一体的主入口社区综合服务功能，展示国家公园社区形象。分别在龙泉市小梅镇金村村金村自然村、龙泉市龙南乡蛟垟村上田自然村、庆元县松源街道底村村底村自然村、庆元县贤良镇贤良村贤良自然村、景宁县秋炉乡半山村半山自然村、景宁县沙湾镇何处村何处自然村建设6个次入口，承担度假酒店、运营管理、乡村休闲、生态农业、生态监测等辐射周边的社区配套服务功能。建设符合国家公园标准和地域特色的游客服务中心、自然教育中心等公共服务设施，提供咨询、导览、讲解、展示等服务功能。建设符合国家公园标准的公路网络，提升国家公园的交通可达性。建设符合国家公园规范和要求的步行道、自行车道、观景台、栈道、休息亭等游览设施，串联园区内的重要社区与景点，提供安全、舒适、便捷的游览体验。

表4　百山祖国家公园入口分布

入口	所在社区	承担功能
主入口	英川镇英川村英川自然村、兰巨乡五梅垟村五梅垟自然村、濛洲街道同源村洋心自然村	形象展示、商业配套、旅游集散、自然教育、运营管理
次入口	小梅镇金村村金村自然村、贤良镇贤良村贤良自然村、龙南乡蛟垟村上田自然村、松源街道底村村底村自然村、沙湾镇何处村何处自然村、秋炉乡半山村半山自然村	度假酒店、运营管理、乡村休闲、生态农业、生态监测

（三）因地制宜，开发差异化自然游憩项目

百山祖国家公园与社区在一个共生环境中，会同时受到社会、文化、经济、自然等因素的影响，国家公园的生态空间单元和社区的生活空间单元、社区的生产空间单元相互交织，形成不同的共生模式。生态空间单元（除核心保护区外）是国家公园开展游憩活动和社区居民生产生活的基础，社区的生产空间单元和生活空间单元是原真性文化的提供者[①]。游憩空间单元与生态空间单元的联动可以发展基于国家公园自然生态的有限游憩，如传统的休闲观光，包括环境解说与教育、生态体验、运动康体、研学旅行、科普教育等在内的自然教育游憩；与社区的生产空间单元和生活空间单元联动可以开发基于社区文化特色的腹地游憩，如百山祖国家公园内特色的廊桥文化、美食文化、民俗文化、红色文化、香菇文化、畲族文化、青瓷文化、宗教文化等，以及基于传统古民居和传统生产生活的生态保护文化体验游憩，领悟人类与大自然和谐相处的历史进程（见图1）。

为了更好地利用百山祖国家公园自然游憩资源，同时促进周边社区的联动发展，在分析自然游憩点本身资源特色并结合周围社区发展现状后，可以对百山祖国家公园自然游憩项目进行差异化开发，分为高山康养型、越野探索型、农耕休闲型、文化体验型和科普教育型。五种自然游憩类型，可以分别满足游客对清新空气、美丽风景、舒适住宿、健康饮食等方面的需求，对挑战自我、探索自然、享受运动、释放压力等方面的需求，对亲近土地、了解农业、品尝美食、感受文化等方面的需求，对增长知识、参与活动、观赏展示、传承文明等方面的需求，对学习科学、体验自然、创造艺术等方面的需求。这些自然游憩活动不仅丰富了游客的旅游体验，也推动了当地经济发展和文化传承，促进了百山祖国家公园的系统性可持续发展。

① 薛芮、阎景娟：《国家公园游憩利用与社区协调的空间重构机理与联动逻辑》，《热带地理》2021 年第 6 期。

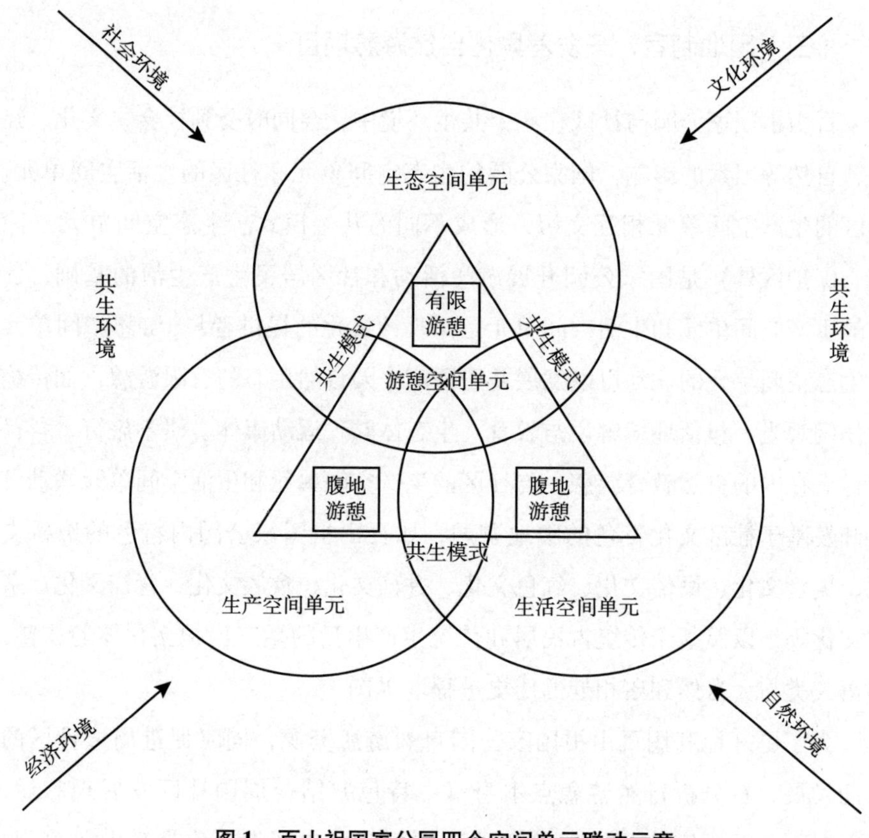

图1　百山祖国家公园四个空间单元联动示意

（四）完善国家公园管理架构，促进与社区的联动

作为钱江源—百山祖国家公园“一园两区”的钱江源园区，体制试点创建早于百山祖园区，目前已建立较为完善的管理架构（见图2）。钱江源整合原有保护地管理机构，成立省委、省政府垂直管理，纳入省一级预算单位，由省林业局代管理的正县级行政机构——钱江源国家公园管理局，并通过建立联席会议、交叉兼职、双重管理等制度，形成了“垂直管理、区政协同”的新型管理体制。钱江源国家公园管理局下设综合行政执法队，在每个乡镇都配备有基层执法所，执法所负责人进入所在乡镇领导班子，负责监管各执法所所辖区域的行政执法工作。基层执法所对各村保护点进行统一

调配管理，每村都配备有巡护员，负责平时国家公园的安全巡护，巡护员经过培训，平时会主动向社区宣传生态保护理念。钱江源国家公园管理局还下设社区发展与建设处，专门负责协调社区的发展，招聘专（兼）职生态巡护员和“科研农民”参与日常保护管理，提高了社区的配合度。

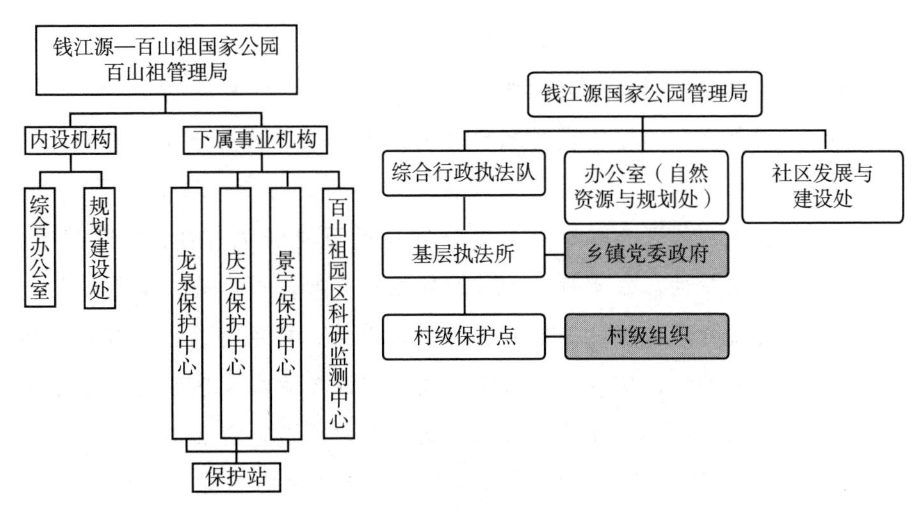

图2　百山祖国家公园与钱江源国家公园管理架构对比

百山祖国家公园可以借鉴钱江源国家公园建立垂直管理的国家公园管理架构，在重大问题上由百山祖管理机构统一协调解决。三个下设县（市）管理机构应遵循统一的国家公园建设标准，在县（市）交界管理模糊处应实行两县（市）或三县（市）共管。三个县（市）可在乡镇设立执法所，负责各辖区的社区行政治安，向社区居民开展自然资源资产产权制度、生态保护法律法规、国家公园建设有关政策的宣传教育，使当地居民和访客了解有关约束，自觉尊法、守法，构建依法有序的国家公园，打击妨害社区与国家公园开展生态保护和自然游憩活动的行为，增进社区与国家公园之间的互动。

G.21

国家公园游憩需求特性识别及评价*

罗艳菊　危荣昊　黄　宇**

摘　要： 本报告依据需求特性理论，以海南热带雨林国家公园为研究地，对网络文本评价进行解析得到该国家公园的游憩需求特性。并在此基础上，对游憩需求特性进行情感分析，得到如下结论：首先，国家公园游憩需求特性包括环境资源特性、特色特性、价值特性、品质特性和社交特性；其次，游客关注度最高的是环境资源特性，其他依次为价值特性、特色特性、品质特性和社交特性；最后，情感评价表明，游客对海南热带雨林国家公园五大特性的评价均为正面的。相对而言，游客对环境资源特性的评价最高，其次是社交特性，再次为价值特性、特色特性，对品质特性的评价最低。基于以上研究结论，本报告提出了保护环境资源特性、提升品质特性和特色特性的相关措施建议。

关键词： 海南热带雨林国家公园　游憩　需求特性

一　引言

作为保护地的一种重要类型，国家公园在坚持“生态保护第一”的前

---

* 基金项目：海南省哲学社会科学规划课题“双碳背景下海南旅游业碳解锁与碳脱钩的微观驱动机制研究”[HNSK(YB)22-20]、海南省生态文明与陆海统筹发展重点实验室专项资金(DC2200003481)。

** 罗艳菊，海南师范大学旅游学院教授，主要研究方向为生态旅游；危荣昊，海南师范大学2022级工商管理硕士生，主要研究方向为数字经济与低碳旅游；黄宇，海南师范大学旅游学院副教授，主要研究方向为生态旅游。

提下，兼具科研、教育、游憩等综合功能，体现全民公益性。国内外在“国家公园须为国民提供游憩机会”方面达成了共识。例如，在我国，《建立国家公园体制总体方案》中明确国家公园“要为公众提供作为国民福利的游憩机会”，在保护自然与环境的同时，要“兼具科研、教育、游憩等综合功能”①；“国家公园作为一种公共产品，设立目的是维护公众利益，为其提供游憩、观赏和教育的场所”②。英国提出，国家公园为所有游客提供体验、欣赏和了解国家公园的机会；美国规定保护资源和为国民提供高质量游憩体验是保护区、国家公园的两项核心任务；世界自然保护联盟（IUCN）认为国家公园的两大首要管理目标是保护自然生物多样性、生态结构及其支持的环境过程与提供教育和游憩机会③。近年来，无论是在国内还是在国外，具有优良自然环境的国家公园（保护地）吸引了大量游客，履行了为国民提供游憩机会的重要职责，对旅游业也起着重要的推动作用④。

现有关于国家公园游憩的研究主要围绕游憩空间布局与功能分区⑤、游憩利用规划与适宜性评价⑥、游憩价值评价⑦、游憩利用影响及其管理⑧、国家公园游客管理⑨等展开；另有学者研究了国家公园游憩者行为与游憩偏

---

① 《中共中央办公厅　国务院办公厅印发〈建立国家公园体制总体方案〉》，中国政府网，2017年9月26日，https：//www. gov. cn/gongbao/content/2017/content_5232358. htm。

② 钟林生、肖练练：《中国国家公园体制试点建设路径选择与研究议题》，《资源科学》2017年第1期。

③ Dudley, N. , " Guidelines for Applying Protected Area Management Categories," Gland：IUCN, 2008, p. 16.

④ Dybsand, H. N. H. , "In the Absence of a Main Attraction-Perspectives from Polar Bear Watching Tourism Participants," *Tourism Management* 7（2020）：104097.

⑤ 虞虎等：《钱江源国家公园体制试点区功能分区研究》，《资源科学》2017年第1期。

⑥ 张玉钧、薛冰洁：《国家公园开展生态旅游和游憩活动的适宜性探讨》，《旅游学刊》2018年第8期。

⑦ Heagney, E. C. et al. , "The Economic Value of Tourism and Recreation Across a Large Protected Area Network," *Land Use Policy* 88（2019）：104084.

⑧ 郭进辉等：《武夷山国家公园游憩利用区游客拥挤感知规范研究》，《林业经济问题》2019年第4期。

⑨ 林开淼等：《大数据环境下国家公园游憩空间管理研究范式与展望》，《林业经济》2020年第1期。

好[①]、基于游客需求的游憩功能等[②]。

有学者剖析了游憩需求特性或游憩特性，如 Wang、Wei 与 Lu 创建了植被覆盖率、游客预期数量、垃圾数量、历史/文化遗迹和公园入场费等公园特性，并调查了游客对公园上述特性的评价及其边际支付意愿[③]；Kang 等建立了游客满意度与中国国家森林公园系统中植被覆盖率、卫生条件、基础设施、游憩服务相关因素等公园特性之间的函数关系[④]；徐虹与李秋云基于在线评论的事件—属性分析方法，提炼出游客在旅游过程中关键事件的五大属性，即体验场景的怡人性、体验项目的有趣性、服务流程的流畅性、顾客体验的高潮性和体验价值的正向性[⑤]。但总体上关于游憩需求特性的研究较少，关于国家公园游憩需求特性的研究更少。

游客是国家公园游憩产品的消费者（使用者）和评价者。兰开斯特提出的需求特性理论（Characteristics of Demand Theory）认为，消费者通过消费商品的特性获得效用[⑥]。由此可知，国家公园提供多样化的游憩产品，但是游客感知并从中获得效用的并非游憩产品本身，而是游憩产品体现出来的特性。游客在国家公园中的游憩体验及对游憩的评价与公园所具有的游憩需求特性具有密切联系，因此有必要探讨游客可感知的国家公园游憩需求特性，以及其对这些特性的评价，以便于更好地指导国家公园的游憩产品开发，履行其为国民提供游憩体验的职责。

---

① 毕赛云等：《基于文本分析的国家公园亲子游憩体验研究——以武夷山国家公园试点区为例》，《北京林业大学学报》（社会科学版）2019 年第 1 期。

② 何思源等：《国家公园游憩功能的实现——武夷山国家公园试点区游客生态系统服务需求和支付意愿》，《自然资源学报》2019 年第 1 期；张佳宝、乌恩：《基于游客感知价值的国家公园游憩功能研究——以黄石国家公园和武夷山国家公园为例》，《世界地理研究》2023 年第 2 期。

③ Wang, E., Wei, J., Lu, H., "Valuing Natural and Non-natural Attributes for a National Forest Park Using a Choice Experiment Method," *Tourism Economics* 20 (2014): 1199-1213.

④ Kang, N. et al., "Valuing Recreational Services of the National Forest Parks Using a Tourist Satisfaction Method," *Forests* 12 (2021): 1688.

⑤ 徐虹、李秋云：《顾客是如何评价体验质量的？——基于在线评论的事件—属性分析》，《旅游科学》2016 年第 3 期。

⑥ Lancaster, K. J., "A New Approach to Consumer Theory," *Journal of Political Economy* 74 (1966): 132-157；张进铭：《凯尔文·兰开斯特福利经济思想评介——潜在诺贝尔经济学奖得主学术贡献评介系列》，《经济学动态》2000 年第 9 期。

二　理论分析

1966年，凯尔文·兰卡斯特（Kelvin Lancaster）提出需求特性理论。与传统效用理论具有本质不同的是，他认为消费者获得的效用并非直接来自商品本身，而是从商品的特性中衍生出来的①。换句话说，商品本身并不给消费者带来效用，而是其具有的特性使消费者获得了效用。商品是特性的集合，每种商品都具有多重特性；不同商品可能具有相同的特性。消费者将购买的商品视为一系列特性的集合；消费者的效用或偏好排序实质上是对商品特性进行排序；即使是最简单的消费活动也是多种特性组合的输出②。对于国家公园游憩产品，游客感兴趣的并不是游憩产品本身，而是游憩产品所具有的某种或者某几种特性。游客可以通过消费某种或某几种游憩产品来满足对特性的需求或渴望。游憩产品只是游客可能看重的各种特性的传递机制。需求特性理论为分析国家公园游憩需求特性及游客游憩体验偏好提供了理论基础及分析框架。

传统上，为了解游客游憩偏好信息，研究者和管理者通常采用问卷调查方式，要求受访者对调查问卷中所列出的一系列特性的重要性或相对重要性进行评价。然而，这种标准化与结构化的数据采集方法并不一定能够反映游憩需求特性，因为问卷中所列出的特性可能只是研究者或管理者主观认为的需求特性。一方面，可能遗漏某些需求特性；另一方面，可能将一些原本游客根本没有注意的特性提出来“提醒”受访者注意，事实上，这些特性可能在实际中很少受到游客关注，因而，导致了对某些本身辨识度不高的不重要特性的夸大。需求特性理论认为，尽管商品可能具有相当多的可辨认特性，但是大多数特性（如汽车发动机的颜色或车轮的数量）与消费者选择无关，因而，消费者做出的选择与偏好最终建立在众多商品特性的一个小子

---

① Lancaster, K. J., “A New Approach to Consumer Theory,” *Journal of Political Economy* 74 (1966): 132-157.

② 张进铭：《凯尔文·兰开斯特福利经济思想评介——潜在诺贝尔经济学奖得主学术贡献评介系列》，《经济学动态》2000年第9期。

集，即需求特性基础上[①]。

严格来说，国家公园游憩产品并不同于一般意义上的商品。国家公园具有全民公益性，其提供的游憩产品具有公共物品性质。然而，需求特性理论关于效用由商品特性而不是其总体属性（attributes）决定的观点在指导国家公园确认被游客关注并对其体验产生重要影响的游憩产品的“相关特性”，以便进一步提升游憩产品质量时仍然值得借鉴。游憩需求特性不仅是诠释游客游憩体验的核心因素，也是游客对国家公园感知和评价的主要对象，彰显了影响游客体验的游憩产品最重要的“部分”特性而非“整体”特性。

以开放、参与和互动为特征的互联网技术使大众成为信息源主体。消费者可以通过网络平台在线讲述自己的消费经历、表达自己的情感、评价所消费的产品，其中包含丰富的产品特性、质量感知、体验、情感倾向等信息[①]。这些半/非结构化的，以文本、图像或视频的形式展现出来的大数据为国家公园游憩研究提供了数据基础和新的研究范式。本报告以海南热带雨林国家公园为研究地，基于采集自携程旅行、马蜂窝等网站的网络文本数据，试图识别游客感知到的国家公园游憩产品的多重需求特性及其情感倾向与评价，以期为国家公园游憩产品开发与管理提供依据。

三　研究设计

（一）研究地概况

海南热带雨林国家公园位于海南岛中部山区，以五指山、吊罗山、黎母山、鹦哥岭、尖峰岭、霸王岭等雨林集中分布的自然山脉为主体，范围涉及五指山、琼中、白沙等 9 个市县，总面积为 4269km^2。它拥有亚洲热带雨林

① 黄永勤：《知识图谱视角下的用户生成内容（UGC）研究》，《知识管理论坛》2013 年第 7 期。

和世界季风常绿阔叶林交错带上唯一的“大陆性岛屿型”热带雨林，每年接待数以万计的游客。

（二）研究方法

首先，选取 Alexa 综合排名前三的携程旅行、马蜂窝、去哪儿以及国内旅游评价数据量较大的美团共四个网络平台，利用后羿数据采集器对在这些平台上发表的旅游游记及评价进行采集。在采集信息时，以“海南热带雨林国家公园”为关键词进行搜索，发现相关信息极少，不足百条。这可能与该公园建立时间不长有关。因海南热带雨林国家公园主要由五指山、鹦哥岭、尖峰岭、霸王岭、吊罗山、黎母山等国家级自然保护区和国家森林公园组成，在采集信息时，以“海南热带雨林国家公园”以及上述自然保护区和森林公园名称为关键词进行采集。经剔除重复文本、替换语义相近词等数据清洗工作后，得到游记及评论 6865 条。

其次，将数据转换为 ANSI 格式的 txt 文件后导入 ROST CM6. 0 软件。借助该软件对数据进行高频词统计分析和社会语义网络分析，按照开放编码、主轴编码、选择编码的顺序依次提取初始概念，概念化为初始范畴和主范畴，构建基于游客感知的国家公园游憩需求特性结构体系。

最后，对经过解析和识别得到的游憩需求特性进行情感分析，评价游客的游憩体验。

四　分析结果

（一）词频、词性与语义网络分析

1. 高频特征词统计分析

对文本分词后进行词频统计，剔除如“玩的”等无意义词、合并“方便”“便利”等词义相近的词、修改“值得一”为“值得”等后，得到与研究相关的排名前 50 的高频词（见表 1）。高频词反映国家公园及其游憩产品的相关特征、游客行为等信息，通过这些高频词可以分析游客可感知到的海南热带雨林国家公园的游憩需求特性及偏好，透过语言可以分析得到其对相关特性的情感倾向。

由表1中排名前10的高频词可见，频次最高的词是国家公园中的“五指山”，表明五指山是海南热带雨林国家公园中最受游客关注的片区。频次排名第2和排名第3的词分别是“刺激”和“漂流”，这两个词具有密切联系，表明五指山片区的红峡谷漂流是非常受欢迎的游憩项目，给游客留下了“刺激”的深刻印象。“好玩”“值得”等词表明游客对国家公园的总体满意度较高。而“热带雨林”“空气”“服务”“栈道”“门票”等词表明公园的环境与资源、服务、旅游设施等受到游客关注。

表1　海南热带雨林国家公园评论排名前50的高频词统计

排序	高频词	频次	排序	高频词	频次
1	五指山	1484	18	天池	212
2	刺激	1404	19	设施	200
3	漂流	1303	20	态度	199
4	好玩	1092	21	爬山	197
5	热带雨林	569	22	山路	193
6	空气	535	23	尖峰岭	187
7	值得	431	24	天然	177
8	服务	430	25	清新	175
9	栈道	347	26	手机	171
10	门票	311	27	优美	167
11	开心	286	28	游玩	166
12	方便	283	29	惊险	160
13	朋友	247	30	植物	158
14	红峡谷	242	31	游客	150
15	下次	239	32	安全	146
16	自然	232	33	主峰	143
17	开车	232	34	老人	140

续表

排序	高频词	频次	排序	高频词	频次
35	便宜	140	43	森林公园	117
36	瀑布	140	44	免费	113
37	孩子	136	45	大峡谷	112
38	性价比	135	46	落差	112
39	交通	129	47	开发	111
40	原始	123	48	注意	111
41	保护区	121	49	观景台	101
42	第一次	120	50	原生态	92

从词性来看，高频词首先以名词居多，主要与国家公园的旅游吸引物、设施、同游人员有关，如与自然资源和景区景点相关的“五指山”“尖峰岭”“红峡谷”“天池”“保护区”“森林公园”“热带雨林”“空气”“瀑布”“大峡谷”等，与基础设施和旅游接待设施相关的“山路”“栈道”“交通”“观景台”等，与旅游同行人员相关的“朋友”“老人”“孩子”等。其次是形容词，包括对景区与游憩活动特征的描述，如“优美”“原生态”“原始”“天然”“清新”“好玩”等；在游憩过程中的感受，如“开心”“方便”“安全”等。还有一些是动词，主要与行为相关，如“开车”“爬山”。

“国家公园”未出现在高频词列表中，表明游客对海南热带雨林国家公园知晓度不高，海南热带雨林国家公园的统一形象尚未形成。

2. 社会语义网络分析

由于高频词不能反映词语之间的关联性及文本的整体性，本报告运用ROST CM6.0生成语义网络（见图1），进一步解析游客对海南热带雨林国家公园的感知内容。

国家公园的语义网络总体呈现双核心向外辐射的特点，“五指山”和“刺激”为语义网络的核心词，次核心词主要围绕这两者发散展开。从共变关系来看，与“五指山”直接相连、产生较强初级共变关系的是与自然环

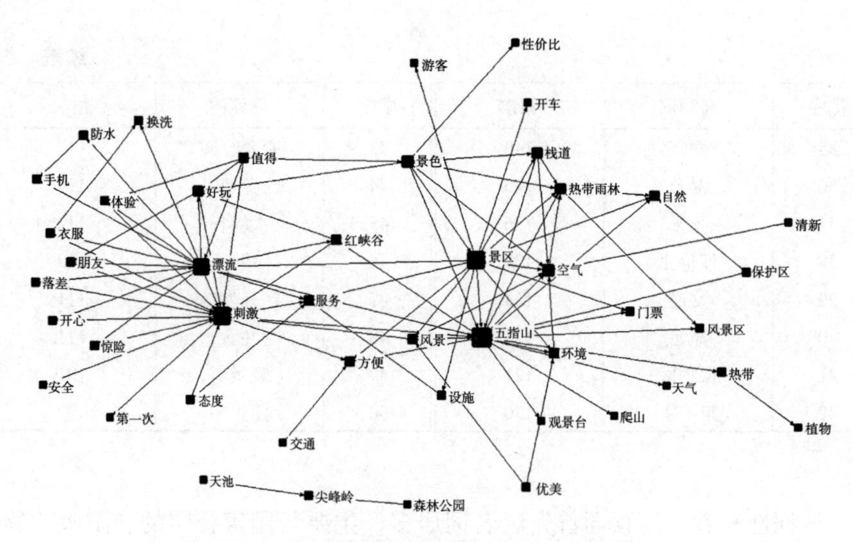

图 1　海南热带雨林国家公园语义网络

境、游憩设施及游憩活动相关的内容，如“热带雨林”“景区”“风景”“环境”“空气”“观景台”“栈道”“爬山”“漂流”等，与“清新”“优美”等词产生了较为微弱的次级共变关系，反映出游客对五指山景区的环境与景观是满意的。

与核心词“刺激”产生初级共变关系的有“漂流”“值得”“开心”“好玩”“惊险”“落差”等具有动感和现场感的游玩体验、情感体验词语，表明国家公园开展的体验性项目漂流活动受到游客欢迎，被认为物有所值。

次级核心词“漂流”还与经验提醒类词语（如“手机”“防水”“衣服”“换洗”）具有共变关系，这些与游客在从事该项活动中需特别注意的事项有关，如漂流前手机如何保管、随身携带物品如何做好防水、衣服湿了在哪里换洗等。这些游客关心的问题须由公园管理者提供相关服务与设施来解决。

语义网络图最外层出现了孤立节点“尖峰岭”“森林公园”“天池”。这些词均与尖峰岭国家森林公园有关，该森林公园是海南热带雨林国家公园中的一个片区，天池是该森林公园海拔较高的一个湖泊。由于地理位置相距较远，很少有游客同时访问五指山与尖峰岭，因而在游客心目中尚未建立起两者之间的联系。此外，还可以发现，霸王岭、吊罗山等片区均未在语义网络图中出现，表明游客并未建立起构成海南热带雨林国家公园的各个片区之间的联系。海南热带雨林国家公园的整体形象尚未形成。

（二）国家公园游憩需求特性体系构建

1. 开放编码

为构建海南热带雨林国家公园游憩需求特性与体验模型，首先采用开放编码识别和提取相关初始概念和初始范畴（见表 2）。

表 2　海南热带雨林国家公园游憩需求特性开放编码示例

评价示例	初始概念	初始范畴
尖峰岭国家森林公园里景色最美的是天池，晨起环天池周边的木栈道走上一圈	天池、木栈道、走	自然景点、游憩活动设施、观光
热带植物品种众多，雨林茂盛，怪石嶙峋，空气清新	雨林、植物、空气、众多、清新、茂盛	动植物资源、自然环境、自然环境质量
人为过度开发较少，为海南岛的淡水供应地，环境优美、空气清新、植被茂盛	开发程度、原生态、（自然）环境、植被、空气清新、景色、优美	自然环境、自然资源、原生态
很赞的漂流，可玩性高，适合多人出去游玩，刺激、惊险，是目前去过最好的漂流	漂流、刺激、惊险、最好、很赞、多人	体验性游憩活动、体验性活动特点、社交需求、满意感
可以全程自驾，景色不错，爸妈都很满意	自驾、景色、不错、满意、爸妈	满意感、自然环境、游憩交通方式、家庭成员情感沟通
在景区里吃的午餐。不错，都是原汁原味的地道风味，吃完去漂流	午餐、风味地道、不错	餐饮、满意感
唯一美中不足的就是救生衣、帽子这些，汗味太重了，一路上美好的心情总夹杂着一些不愉快	安全帽、救生衣、汗味、不愉快	活动装备、正面与负面情感
服务还不错，全程有安全员跟着	服务、不错、安全员	满意感、安全感、服务人员

续表

评价示例	初始概念	初始范畴
可以在观景台远眺五指山全景,可以穿梭在丛林中看到多种热带植物	观景台、穿梭	接待设施、游憩活动
玩得非常开心,周末和家人一起去的,刺激,适合工作之余放松,推荐红峡谷漂流	开心、刺激、漂流、家人	正面情感、体验性游憩活动、家庭成员情感沟通
和朋友一起游玩,非常美,大氧吧	朋友、美、氧吧、游玩	社交需求、环境质量、自然资源、观光活动
有免费储物,免费热水冲凉,虽然这些都是含在票价里面的,但是觉得很贴心很舒服	免费储物、热水冲凉、贴心、舒服	配套设施与服务、满意、性价比
还不错,就是有点太累了,划船累得胳膊酸爽	不错、累、划船	游憩价值感知、体力消耗、体验性游憩活动
热带植物海芋是一种有毒植物	增长见识	自然教育
五指山市应开通旅游车方便游客。我个人认为市政府组织重视不够,和其他地方比较差距太大	旅游车、方便、差距	便利性、交通设施、对比度
五指山是旅游胜地,漂流很刺激,比北京的漂流点好很多	与同类型游憩活动的联想对比	对比度

2. 主轴编码与选择编码

经提取初始概念与初始范畴后，将含义相似和相关的初始范畴进一步抽象化和概念化整合形成主范畴。例如，将动植物资源、自然环境、自然资源等概念化为“环境资源特性”；将体验性游憩活动、体验性活动特点、自然教育、观光活动等概念化为游憩产品的“特色特性”。最终获得海南热带雨林国家公园的环境资源特性、特色特性、价值特性、品质特性、社交特性五大主范畴，即游憩需求特性（见表3）。在此基础上，构建海南热带雨林国家公园游憩体验感知模型（见图2）。这一模型表示游客对国家公园可感知特性（需求特性）的情感表达是其对游憩体验质量的综合评价。

表 3　海南热带雨林国家公园游憩需求特性主轴编码结果

游憩需求特性(主范畴)	初始范畴
环境资源特性	动植物资源、自然环境、自然资源、原生态
特色特性	体验性游憩活动、体验性活动特点、自然教育、观光活动、体力消耗、游憩活动设施
价值特性	性价比、游憩价值感知、满意感
品质特性	便利性、配套设施与服务、安全保障、对比度
社交特性	社交需求、家庭成员情感沟通

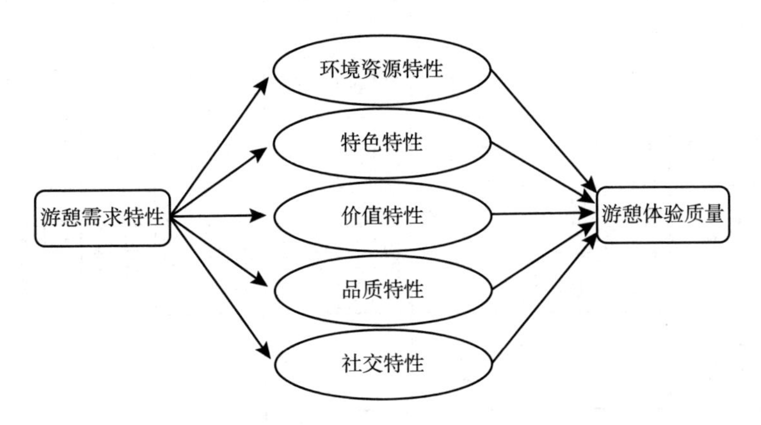

图 2　海南热带雨林国家公园游憩体验感知模型

3. 游客体验质量评价

采用 ROST CM6.0 对游客可感知的游憩需求特性进行情感分析。统计时，由系统自动分辨和记录各游憩需求特性的正面、负面和中性评价文本数。人工处理时，将正面评价记“+1”分，负面评价记“-1”分，中性评价记“0”分，按权重求得游憩需求特性评价分数，结果如表 4 所示。

评价数量反映了游客的关注度：评价数量越多，表明游客对该特性的关注度越高，反之越低。从表 4 可以看出，五大特性中，游客关注度最高的是环境资源特性，共有 3480 条评价，其他依次为价值特性（2287 条）、特色特性（1356 条）、品质特性（1052 条）和社交特性（584 条）。

总体上，游客对海南热带雨林国家公园五个需求特性的评价均为正面的。

表 4　海南热带雨林国家公园游憩需求特性及其构成要素评价结果

特性（评价数量）（条）	正面评价		中性评价		负面评价		得分（分）	特性构成要素	正面评价		中性评价		负面评价		得分（分）
	数量（条）	占比（%）	数量（条）	占比（%）	数量（条）	占比（%）			数量（条）	占比（%）	数量（条）	占比（%）	数量（条）	占比（%）	
环境资源特性（3480）	2779	79.9	232	6.7	469	13.5	0.66	自然环境	640	89.4	17	2.4	59	8.2	0.81
								原生态	800	80.7	69	7.0	122	12.3	0.68
								动植物资源	637	78.3	56	6.9	121	14.9	0.63
								自然资源	702	73.2	90	9.4	167	17.4	0.56
社交特性（584）	408	69.9	102	17.5	74	12.7	0.57	社交需求	146	59.1	82	33.2	19	7.7	0.51
								家庭成员情感沟通	262	77.7	20	5.9	55	16.3	0.62
价值特性（2779）	1665	72.8	133	5.8	489	21.4	0.51	满意感	947	75.1	62	4.9	252	20.0	0.55
								性价比	206	69.8	38	12.9	51	17.3	0.53
								游憩价值感知	512	70.0	33	4.5	186	25.4	0.45
特色特性（1356）	900	66.4	121	8.9	335	24.7	0.42	体验性活动特点	35	77.8	5	11.1	5	11.1	0.67
								观光活动	188	70.4	31	11.6	48	18.0	0.52
								游憩活动设施	361	67.0	49	9.1	129	23.9	0.43
								体力消耗	138	66.3	6	2.9	64	30.8	0.36
								体验性游憩活动	73	60.3	14	11.6	34	28.1	0.32
								自然教育	105	59.7	16	9.1	55	31.3	0.28

续表

特性（评价数量）（条）	正面评价		中性评价		负面评价		得分（分）	特性构成要素	正面评价		中性评价		负面评价		得分（分）
	数量（条）	占比（%）	数量（条）	占比（%）	数量（条）	占比（%）			数量（条）	占比（%）	数量（条）	占比（%）	数量（条）	占比（%）	
品质特性（1052）	676	64.3	116	11.0	260	24.7	0.40	安全保障	21	84.0	2	8.0	2	8.0	0.76
								对比度	14	66.7	3	14.3	4	19.0	0.48
								便利性	146	63.5	32	13.9	52	22.6	0.41
								配套设施与服务	495	63.8	79	10.2	202	26.0	0.38

环境资源特性的得分最高，为0.66分。其中，对自然环境要素的评价最高，其正面评价占比高达89.4%，得分达到0.81分，说明游客对海南热带雨林国家公园的本底资源认可度较高；其次是原生态要素，正面评价占比为80.7%，得分为0.68分；再次是动植物资源要素，正面评价占比为78.3%，得分为0.63分。自然资源要素的得分在环境资源特性中相对较低，仅为0.56分。

评分居其次的是社交特性，得分为0.57分。社交特性包含社交需求与家庭成员情感沟通两个构成要素。海南热带雨林国家公园游客以自助旅行的散客为主，多为朋友、家人一起出行。社交需求的评论数达到247条，其中正面评价约占一半以上（59.1%），中性评价占比也较高，得分为0.51分。家庭成员情感沟通的评论数量为337条，其中正面评价占比达77.7%，评分为0.62分。其中，老人出行的评论数量为140条，得分仅为0.43分；而带孩子出行的评论数量达到197条，得分为0.65分（限于篇幅，未在表中列出）。这说明游客认为海南热带雨林国家公园更适合亲子游。海南热带雨林国家公园具有极为丰富的生物多样性及景观，适合开展以自然教育为主要内容的亲子游。但是，公园开展的游憩活动体力消耗较大，可能不太满足偏好活动量较小的年长者的游憩需求。

价值特性得分为0.51分，排在第3位。其中满意感和性价比的得分接近，分别为0.55分、0.53分。满意感中关键词为“空气清新”的评论得分最高，总评价数为175条，得分为0.93分（限于篇幅，未在表中列出）；负面评价的关键词主要为“不值”或“后悔”，多针对山路崎岖、漂流时天气较冷、漂流水质不佳。与性价比相关的评论多指向门票，关键词包括“门票”“免费”“票价”等。总体来看，游客认为门票费用并不高，甚至特殊时期或特殊人群还有半价或免票优惠，游客认为性价比较高。游憩价值感知的得分为0.45分，以“开心”为关键词的评论最多，得分为0.65分，表明多数游客在海南热带雨林国家公园中获得了较好的体验。不过，以“惊险”为关键词的评价共183条，其中负面评价有59条，占比近1/3。这说明部分游客不太适应国家公园中具有“惊险”特征的游憩项目。

特色特性得分较低，仅为 0. 42 分。在与特色特性有关的 1356 条评价中，正面评价占 66. 4%（900 条），负面评价占比也较高，达 24. 7%，表明游客对游憩产品特色期望较高，但公园提供的游憩产品与之有较大差距。其中，关于游憩活动设施如栈道与观景台的评论数量最多，共计 539 条，得分为 0. 43 分。这些设施给游客游览和享受风景带来了便利，但有游客评价显示，缺乏清洁和维护影响了游憩体验。自然教育是特色特性中得分最低的要素，仅为 0. 28 分。海南热带雨林国家公园生物多样性丰富，景观奇特，是名副其实的“自然博物馆”，也是为游客提供体验自然、认识自然和保护自然的自然教育载体。然而，让游客（尤其是亲子游游客）感到失望的是，公园的自然教育设施、游道解说系统、科普读物等还较为缺乏，不能充分满足其需要。

游客对品质特性的评分最低，总评论数 1052 条，其中正面评价占比为 64. 3%，负面评价占比为 24. 7%，得分仅为 0. 40 分。其中，游客对安全保障的评分为 0. 76 分，仅次于对自然环境的评分，说明游客对海南热带雨林国家公园的安全保障是满意的。但也存在不尽如人意之处，主要表现在漂流配套物品如安全帽、救生衣陈旧破损、有气味等。虽然这些瑕疵并不影响人身安全，但是给游客带来了不愉快的体验。品质特性的便利性、配套设施与服务两个要素得分较低，分别为 0. 41 分和 0. 38 分。便利性的负面评价集中在交通不便和导航不准问题上，关键词为“导航”的评论得分仅为 0. 28 分（限于篇幅，未在表中列出）。海南热带雨林国家公园范围大，景区分散且相隔路途较远，路况较为复杂，车程耗时较长，自驾游客对交通导航的依赖大，导航不准确极易耽误行程，进而引发不满。对此，建议国家公园与当地交通部门充分沟通，在各级道路设立更多清晰的导引性标识标牌，以防游客走错路或者迷路。配套设施与服务要素中，管理、人员态度得分低，分别为 0. 19 分和 0. 40 分。网络文本评价显示，不少游客认为：公园管理落后，服务意识不强，存在部分景区没有停车场或者有停车场但不对自驾游客开放、景区饮食价格较高、储物柜数量少且收费高、服务人员缺乏专业知识且不热情等诸多问题，在很大程度上影响了游憩体验。

五　结论与建议

（一）结论

本报告依据需求特性理论，以海南热带雨林国家公园为研究对象，对与该公园相关的游记和评价等网络文本进行解析获得国家公园游憩需求特性，在此基础上，对游憩需求特性进行情感分析，得到游客对各特性的评价。结论如下。

第一，海南热带雨林国家公园游憩需求特性由环境资源特性、特色特性、价值特性、品质特性和社交特性构成。这些特性是真正能够影响游客做出选择与形成偏好的特性，是隶属于游憩产品多种可辨认特性集的一个子集。未被多数游客感知的特性，如品牌特性暂不属于该子集。值得注意的是，需求特性子集是动态的，在一定时期内相对稳定，但并非一成不变。构成该子集的需求特性元素可能因需求变化、游客预期、技术、新产品出现等因素发生改变。这需要国家公园管理者对游客感知保持敏感性，常态化监测并及时更新游憩需求特性子集。

第二，游客关注度最高的是环境资源特性，其他依次为价值特性、特色特性、品质特性和社交特性。

第三，情感评价表明，游客对海南热带雨林国家公园五大需求特性的评价均为正面的。相对而言，游客对环境资源特性的评分最高，其次是社交特性，再次是价值特性、特色特性，对品质特性的评分最低。

（二）建议

国家公园游憩需求特性是影响游客体验偏好的重要因素。游客对这些特性的评价应受到管理者充分关注，以便提升管理水平和游憩产品质量，满足游客需求，进而提高游憩体验。为此，提出如下建议。

第一，继续关注环境与资源，确保公园拥有良好的自然生态环境。保护好国家公园的环境资源既是管理者的首要职责，也是公园彰显公益性、为游客提供游憩机会的保障。

第二，游客对品质特性的评分较低应引起公园管理者的足够重视。品质特性主要涉及公园的服务、餐饮、游憩设施与配套设施管理等方面。管理者应通过常态化全员培训、加强公园内的餐饮服务与配套设施的价格管理、对公园内的游憩设施进行经常性维护等措施来确保提供的游憩产品品质达到游客的期望和标准，提高游客对品质特性的满意度。

第三，对于特色特性的提升，一方面，管理者可以通过开发丰富多样的体验型产品，如组织户外软探险、观鸟、探索热带雨林奇观等活动，提升体验产品多样性与品质；另一方面，通过完善自然教育解说系统、出版热带雨林科普读物、开设专门的自然教育课程或活动，提高自然教育产品品质。此外，原住居民也是国家公园生态系统的重要组成部分[①]。海南热带国家公园有丰富的以黎苗文化为代表的原住居民文化。在国家公园举办一系列原住居民文化活动等措施，可以更好地传承和利用原住居民文化，打造更具吸引力和独特性的文旅融合游憩产品。

第四，海南热带雨林国家公园在游客心目中的整体统一形象尚未建立，其知名度和影响度都还较低。这与公园的宣传力度不大、建立时间短等有关。建议将构成海南热带雨林国家公园的森林公园与自然保护区整合起来以海南热带雨林国家公园统一形象进行整体营销。具体来说，首先，要整合公园资源，打造以海南热带雨林国家公园为核心的游憩产品；其次，利用新媒体、社交平台、论坛等线上与线下结合的多样化宣传渠道，增加国家公园曝光率，提高国家公园的整体形象及知名度。

---

① 李锋、史本林：《原住居民对国家公园建设的支持意向——以海南热带雨林国家公园为例》，《自然资源学报》2023年第6期。

G.22

哀牢山国家公园生态旅游管理体系构建研究

冯艳滨　常 阳　蒋绪童　职鹏飞　程希平*

摘　要： 哀牢山国家公园是2022年我国遴选出的49个国家公园候选区之一，对其生态旅游管理体系进行研究并进行初步构建，可为哀牢山国家公园创建奠定前期基础，同时可为其他国家公园的生态旅游管理体系建设提供借鉴。首先，本报告介绍和分析了哀牢山国家公园生态旅游基础条件和现状问题。其次，具体探讨了国家公园生态旅游管理体系的内容结构，整个体系分为生态旅游管理者、参与者和体验者三大部分。最后，结合哀牢山国家公园基本特征，构建哀牢山国家公园生态旅游管理体系，从国家公园管理者、生态旅游访客、国家公园社区、生态旅游企业四个方面提出生态旅游发展方案。本报告从实践出发，为哀牢山国家公园的生态旅游体系构建提供了理论支持，并为其他国家公园的生态旅游开发提供了参考。

关键词： 生态旅游管理体系　国家公园　哀牢山

* 冯艳滨，西南林业大学地理与生态旅游学院讲师，硕士生导师，主要研究方向为生态旅游、国家公园游憩管理；常阳，西南林业大学地理与生态旅游学院硕士生，主要研究方向为生态旅游；蒋绪童，西南林业大学地理与生态旅游学院硕士生，主要研究方向为国家公园游憩管理；职鹏飞，西南林业大学地理与生态旅游学院硕士生，主要研究方向为国家公园游憩管理；程希平（通讯作者），西南林业大学地理与生态旅游学院院长，教授，博士生导师，主要研究方向为国家公园生态管理。

一 引言

国家公园兼具保护、科研、教育、游憩和社区发展五大功能，教育与游憩是国家公园的重要功能之一，世界各国也通过制定相关法律法规保障了其在国家公园发展中的合法地位[①]。千年生态系统评估（Millennium Ecosystem Assessment）项目将包括游憩和生态旅游在内的文化服务列为生态系统服务的重要组成部分[②]。国家公园内的适当生态旅游活动不仅可以满足公众需求，体现普遍共享理念，还可以为国家公园自身的可持续发展提供财政支持[③]。如果游憩能够实现良性发展，甚至可将其作为国家公园的一种保护手段。科教游憩活动还是中国国家公园将“绿水青山变为金山银山”的有效途径，是展示生态文明成果的主要方式，是自然经济价值和社会价值实现的有效途径，同时是人民获得感和幸福感的体现。

推进以国家公园为主体的自然保护地体系建设，构建哀牢山国家公园生态旅游管理体系，加强哀牢山国家公园生态资源保护，在哀牢山国家公园开展生态旅游活动符合习近平生态文明思想对国家公园的定位。哀牢山国家公园拥有原始自然景观、野生动植物以及独特的地域文化景观，具备发展生态旅游的吸引力价值和物质基础[④]。许多发展中国家和地区把生态旅游作为经济发展的增长点，无形中增加了对自然环境的破坏。因此，构建完整的生态旅游管理体系极其重要。

哀牢山国家公园区域是我国重要的保护地和边境区，也是世界上极具代表性的亚热带常绿阔叶林分布地区之一，物种丰富，植物区系复杂，生态系统完整。同时该区域是全球西黑冠长臂猿之乡，也是绿孔雀等特有物

---

① 贾倩、郑月宁、张玉钧：《国家公园游憩管理机制研究》，《风景园林》2017 年第 7 期。

② “Millennium Ecosystem Assessment,” New York：Millennium Ecosystem Assessment，2001.

③ Ferretti-Gallon，K. et al.，“National Parks Best Practices：Lessons from a Century's Worth of National Parks Management,” *International Journal of Geoheritage and Parks* 3（2021）：335-346.

④ 张玉钧、薛冰洁：《国家公园开展生态旅游和游憩活动的适宜性探讨》，《旅游学刊》2018 年第 8 期。

种集中分布区，动物多样性极为丰富。该区域的生态安全直接影响与云南接壤的越南、老挝、缅甸，甚至南亚、东南亚次区域的众多国家。同时，该区域是澜沧江（湄公河）和元江（红河）两大重要跨境河流的集水区和生态涵养区，国际影响巨大，建设哀牢山国家公园对维护该区域生态安全具有重要意义。

建设哀牢山国家公园是保护重要生态资源、践行“两山”理论的重大举措。在国家公园建设中，构建生态旅游管理体系是重要的一方面。国家公园建设应以生态旅游相关的法律法规为基础，结合利益相关者理论，对哀牢山国家公园生态旅游管理体系进行构建。在维护哀牢山国家公园典型生态系统原真性和完整性的前提下，实现从绿水青山向金山银山的转变，带动国家公园周边居民实现协调发展，实现生态效益与经济效益的双赢。

二　哀牢山国家公园现状分析

（一）地理位置和自然环境

拟建哀牢山国家公园位于云南省中部，处于普洱市、玉溪市、楚雄彝族自治州和大理白族自治州 4 个州（市）连接部位的景东县、镇沅县、新平县、楚雄市、双柏县、南华县、南涧县境内。以云南哀牢山国家级自然保护区、云南无量山国家级自然保护区范围为主体，涵盖与两个自然保护区相连或相邻的双柏恐龙河州级自然保护区、景东漫湾—哀牢山风景名胜区、双柏白竹山—鄂嘉风景名胜区、云南灵宝山国家森林自然公园、镇沅千家寨风景名胜区等保护地。拟建国家公园总面积为 149221.35hm^2，由哀牢山、无量山和恐龙河三个片区组成①。

① 西南林业大学、云南省林业调查规划院：《“哀牢山—无量山”国家公园设立建议书》，2022。

（二）生态旅游资源

由于重要的区位价值和地质历史，哀牢山国家公园区域具有丰富的景观资源，包括森林景观资源、地文景观资源、水文景观资源、天象景观资源、人文景观资源。在云南地貌区划上，哀牢山国家公园区域属横断山脉南段中山峡谷亚区，地处横断山系和云南高原两大自然地理区域的接合部位，形成了地势陡峻、悬崖峭壁耸立的地貌特征。高山峡谷众多，如无量山的金鼎山、通鼻子山、背娃娃山、蕨蕨岭、灵宝山、凤凰山等，哀牢山的哀牢双峰、磨盘山、溶洞、石门峡等。

同时国家公园区域内生活有彝族、哈尼族、瑶族、傣族、拉祜族、回族、傈僳族、佤族等民族，每个少数民族都有自己的民俗节日，历史文化底蕴丰厚，民族文化多姿多彩。

其中，地文景观包括大雪锅山、红河谷、鄂嘉元江深大断裂带、马槽山喀斯特景观；水文景观有杜鹃湖、礼社江、者干河、南恩河瀑布、者后瀑布、千家寨瀑布、阿波里温泉、九天湿地等；生物景观有国家一级重点保护植物银杏、长蕊木兰、云南红豆杉等，国家一级保护动物长臂猿、灰叶猴、蜂猴、云豹、金钱豹、林麝、绿孔雀、黑颈长尾雉、蟒蛇等，还包括千家寨古茶树王及茶树林、大树杜鹃等。

哀牢山千家寨上坝古茶树王树龄约为2700年，是迄今发现的最古老的普洱茶野生茶树，千家寨野生古茶群落总面积达1916.5hm^2，是世界上规模最大的原始野生型大树茶群落，对茶树遗传多样性保护和起源研究具有重要价值。

经调查，哀牢山国家公园内的哀牢山国家级自然保护区生态旅游资源在类型结构上包括8个主类25个亚类87种基本类型，旅游资源单体近200处（个）[①]，生态旅游资源丰富。

---

① 云南大学旅游研究所、云南省林业调查规划院、中国科学院西双版纳热带植物园：《云南哀牢山国家级自然保护区生态旅游规划（2011—2020）》，2011。

（三）生态旅游发展现状和面临的挑战

国家公园既不同于严格保护的自然保护区，也不同于发展经济的旅游景区型保护地，从拟建哀牢山国家公园区域经济发展现状来看，生态旅游经济发展是当地政府普遍关心的问题，期望国家公园建设为生态旅游业提供飞速发展的机会，为地方发展带来活力和动力，产生良好的社会效益。然而，基于拟建哀牢山国家公园资源的独特性和脆弱性，通过发展大众旅游快速发挥旅游业的拉动作用并不是一个理想的选择，管理不当可能导致“灾难性后果”。一是真正的生态旅游和科学管理措施不到位，导致生态破坏；二是出现旅游漏损问题，降低旅游乘数效应，导致大部分国家公园社区旅游收益归外来投资企业，最终“流出”社区；三是出现居民参与受限的问题，社区居民因文化素质较低等各方面的原因对国家公园认识不清，对相关生态保护和限制性政策法规认识不足，在参与生态旅游发展过程中权益受损；四是出现公共资源利用过度问题，导致“公地悲剧”现象发生，使国家公园环境保护受到影响，美誉度降低。

三　国家公园生态旅游管理体系构建

生态旅游管理涉及生态旅游环境、旅游企业、游客、旅游目的地社区和旅游市场等各个方面，包括对这些要素的系统调节、协调和控制。国家公园生态旅游管理体系主要涉及以下几个方面：国家公园的管理者如何结合国家公园体制特点制定法规和政策，如何规划、管理生态旅游项目；国家公园如何控制和协调访客，应该为访客提供怎样的生态旅游产品；社区如何参与国家公园生态旅游发展，在国家公园建设和发展中获益；如何管理和规范生态旅游企业和旅游市场，通过怎样的制度保障国家公园不受开发影响。除此之外，国家公园生态旅游管理还涉及生态旅游自然资源资产调查监测评估、生态旅游资源监测及承载力问题、生态旅游基础设施建设问题等，限于篇幅，本报告仅就前述涉及的四个方面展开研究。

依据以上分析，国家公园生态旅游管理体系按管理对象群体具体可以分为生态旅游管理者、生态旅游参与者和生态旅游体验者（见图1）。

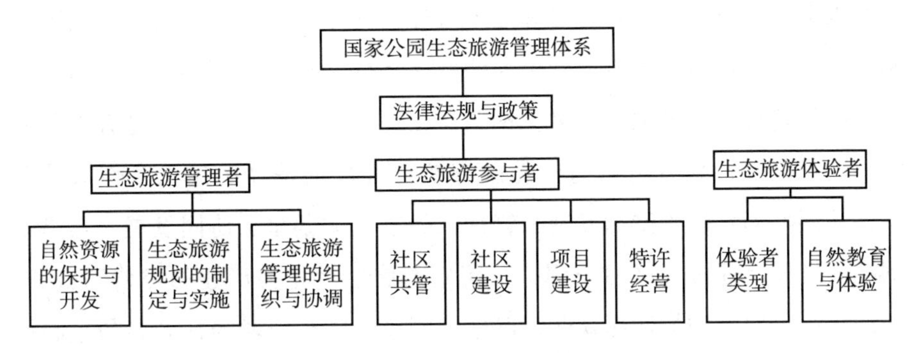

图1　哀牢山国家公园生态旅游管理体系

（一）生态旅游管理者

生态旅游管理者指在国家公园内从事生态旅游管理工作的群体。根据管理者所掌握的技术与管理方式的不同，可将其职能划分为自然资源的保护与开发、生态旅游规划的制定与实施、生态旅游管理的组织与协调，三者是相互依存、相辅相成的。一是自然资源的保护与开发。在对国家公园自然资源进行保护的同时进行合理的开发，目的是在最大限度地保护生态系统的情况下，带动国家公园生态旅游的发展。二是生态旅游规划的制定与实施。对国家公园进行规划，确定国家公园的分区，明确国家公园内的核心保护区和一般控制区，对可开展生态旅游的区域，设置必要的游客接待、服务、游览等相关设施，建设必要的生产和生活设施，为生态旅游活动提供条件。三是生态旅游管理的组织与协调。合理划分国家公园管理机构和地方政府的管理职责，建立各司其职、有机衔接、相互支撑、密切配合的良性互动关系，以生态、生产、生活联动的绿色发展理念推进生态环境保护，构建国家公园内人与自然和谐共生的新生态。

（二）生态旅游参与者

国家公园生态旅游参与者指在国家公园内从事生态旅游经营活动的群体，涉及经营企业、个人以及当地社区。对生态旅游参与者进行管理主要涉及以下几个方面。一是许可和准入管理。国家公园需要制定相应的政策和规定，明确生态旅游企业和个人的准入条件和程序，利用特许经营等手段规范经营行为，增强其环境保护意识，提高其服务质量。二是合作与共管。国家公园管理者可以与生态旅游参与者特别是社区建立合作共管关系，共同推动生态旅游的发展和管理，鼓励资源共享、协同发展。三是带动社区发展。通过社区参与国家公园生态旅游及相关产业的经营和服务，带动社区发展，增加社区就业，促进社区经济增长，增强社区参与生态旅游的意识。

（三）生态旅游体验者

国家公园被定义为提供公众旅游、科研、教育、娱乐机会的场所[①]。因此，生态旅游体验者（或称访客）是国家公园发展生态旅游的对象。国家公园要对生态旅游体验者进行管理，包括：规范生态旅游体验者的游览参观行为，控制生态旅游体验者的行为和数量，对生态旅游体验者进行分类管理；通过设计丰富的生态旅游体验项目，让国家公园生态旅游体验者在参观游览过程中不仅学习到丰富的知识，而且更好地参与当地生态保护，在受到教育的同时与当地社区进行互动。

四 哀牢山国家公园生态旅游管理体系构建实践

哀牢山国家公园生态旅游管理体系以上文提到的生态旅游管理者、生态

① Ciesielski, M., Dobrowolska, E., Krok, G., "Tourism and Recreation in Polish National Parks Based on Social Media Data," *Acta Scientiarum Polonorum* 4 (2022): 513-528.

旅游参与者和生态旅游体验者三个板块展开构建实践。其中生态旅游管理者板块涉及管理机构、规划与布局等内容，是国家公园整体管理架构的组成部分；生态旅游参与者板块分为生态旅游企业和国家公园社区两个部分，生态旅游企业管理的核心是建立特许经营制度，社区建设围绕国家公园小镇和入口社区展开；生态旅游体验者板块通过生态旅游体验者分类和自然教育与生态体验内容进行管理。

（一）生态旅游管理者

1. 管理机构

哀牢山国家公园生态旅游管理职能由拟建的哀牢山国家公园管理局统一行使。哀牢山国家公园管理局履行国家公园范围内的生态保护、自然资源资产管理、特许经营管理、社会参与管理和宣传推介等职责，负责协调与当地及周边的关系。哀牢山国家公园所属地方政府行使辖区（包括国家公园）经济社会发展综合协调、公共服务、社会管理和市场监管等职责，建立自然资源资产产权管理制度，科学评估资源、资产的价值，实行自然资源有偿使用制度。

2. 规划与布局

依据保护对象的敏感度、濒危度、分布特征和遗产展示的必要性、生态保护及开发现状，结合居民生产、生活与社会发展的需要进行分区，可以将哀牢山国家公园功能区划分为核心保护区和一般控制区。核心保护区为保护自然状态的生态系统，生物进化进程，珍稀、濒危动植物的集中分布区域，而一般控制区为哀牢山国家公园内除核心保护区之外的区域，对于一般控制区的自然资源可以进行合理开发。

核心保护区依法禁止人为活动，逐渐消除人为活动对自然生态系统的干扰。长期保持区域内生态系统的自然状态，维持生态系统的原真性和完整性。严格保护西黑冠长臂猿、绿孔雀、黑颈长尾雉等野生动物关键栖息地的完整性和连通性，确保珍稀、濒危野生动物种群稳定发展。对区域内的自然生态系统和自然资源实行最严格管控。严格实施国土空间用途管制。严禁各类开发活动，严禁任何单位和个人占用及改变用地性质，鼓励按照规划开展维护、修复和提升生态功能的活动。

哀牢山国家公园一般控制区面积约占拟建国家公园总面积的46.34%①。一般控制区又可细分为生态保育区、游憩展示区和传统利用区。一般控制区内依法限制人为活动。严格实施国土空间用途管制，根据生态工程、基础设施建设、居民生产生活以及可持续发展等管理目标，对一般控制区实行差别化管控措施。在严格保护自然资源生态系统的前提下，允许当地居民从事符合保护要求的种植、养殖、加工和农事民俗体验工作；允许开展自然体验教育活动，访客需按规划路线、在指定区域开展相关活动；允许设置移民安置点；利用拟建哀牢山国家公园有关资源开展特许经营活动，推动传统产业转型升级、加快发展方式绿色转型。

（二）生态旅游参与者

1. 生态旅游企业

国家公园生态旅游企业管理核心围绕特许经营制度展开，企业的经营行为由特许经营制度来规范。特许经营是国家公园生态旅游项目管理的有效手段，以市场竞争机制选择合适的特许经营企业开展国家公园生态旅游活动。

（1）特许经营组织方式

哀牢山国家公园特许经营遵循“政府授权、管理与经营分离”的原则。政府或其授权的部门负责拟订特许经营权政策，编制特许经营权出让方案。被特许者按照特许经营合同中的约定，在不破坏资源的前提下，自主开展经营活动。国家公园管理机构依据政府的授权，负责按照特许经营权出让方案监督被特许者的经营活动，对特许经营项目的成效和特许经营合同的履行情况进行评估，受理公众对被特许者的投诉，并向政府及相关部门反馈特许经营项目的执行情况。

---

① 西南林业大学、云南省林业调查规划院：《“哀牢山—无量山”国家公园设立建议书》，2022。

（2）特许经营范围

哀牢山国家公园特许经营范围应限于直接关系公共利益、涉及公共资源配置和有限自然资源开发利用的项目，包括游憩项目和其他经营性、服务性项目。游憩产品包括为满足公众游憩需求所提供的公路、步道、停车场、生态厕所、解说设备、观景场地、游客中心、展览场馆等基础设施，餐饮、生态小屋、野营地等游憩设施，以及向导、解说、咨询、纪念品销售、专业设备租赁等游憩服务。社区可选择较容易进行资源影响评估且影响较小的民宿、旅游商品售卖、自然教育、自然向导、道路维护等项目进行特许经营试点，待积累足够的经验后再在其他的项目中推广，以免对资源造成破坏，或者是特许经营在执行过程中出现重大缺陷。

社区居民和企业应作为特许经营的优先主体，当地居民或其举办的企业可申请参与国家公园内的特许经营项目，以直接特许、区域特许等特许经营方式开展经营。确保特许经营的经营界限明晰，即仅限于提供与消耗性利用国家公园核心资源无关的服务。通过特许经营确定商业经营者的方式明确经营者权利、责任和义务，经营者的经营规模、经营质量、价格水平等方面将接受管理者的监管，由管理局统一规划特许经营设施的规模和地点。

2. 国家公园社区

（1）社区共管共治

哀牢山国家公园管理机构应引导社区以不同形式积极参与国家公园生态旅游等政策、规划的制定和实施，将其合理诉求体现在政策、规划中，保障社区对国家公园规划、政策制定与实施的知情权和参与权。国家公园生态旅游项目规划、特许经营方案等应由社区参与制定。社区协助当地地方政府实施相关生态旅游项目，解决社区发展实际问题，处理国家公园与当地社区协作方式、利益分配、矛盾冲突等日常事务的组织和协调工作。

（2）入口社区建设

拟建国家公园将开展一定的科学研究及生态体验和环境教育活动，

按照最严格的生态保护要求，国家公园内不宜布局太多支撑服务设施，特别是大型设施，同时要合理控制访客。在国家公园周边统一规划入口社区，集中布局生态体验和环境教育服务业及小型商贸业，在为国家公园提供必要支撑服务的同时，间接保护国家公园的生态环境。同时，入口社区还可以作为生态巡护等的重要补给地，为国家公园进一步提供服务支撑。根据《建立国家公园体制总体方案》，引导地方政府在国家公园重要入园处打造入口社区，实现国家公园内外联动发展。按照相关标准，鼓励将国家公园所涉县县城、入口社区符合条件的区域打造成国家公园特色小镇。国家公园建设将产生显著的社会效益和经济效益，且具有外溢性。通过建设入口社区，打通效益传输通道，将建设国家公园产生的红利有效辐射到国家公园外，使入口社区成为国家公园带动周边社区发展的重要载体。

一是打造国家公园小镇。鼓励、引导围绕县城和拟建国家公园入口区域建设2~3个国家公园小镇。国家公园小镇由地方政府主导建设，逐步完善功能，重点打造成生态体验服务旅游特色小镇。承接国家公园内向外转移的居民，进一步强化对国家公园的支撑服务功能。

二是建设入口社区。优先在拟建国家公园周边建设入口社区。在综合考虑交通、区位、基础设施等因素的基础上，确定入口社区的选址。入口社区对内区位优势突出，对外交通优势明显，集中规划生态旅游接待和相关服务业态，打造成国家公园访客接待集散中心。国家公园和入口社区相互补充、有机联动，共同打造国家公园生态旅游产业。

（三）生态旅游体验者

1. 生态旅游体验者分类

通过对哀牢山国家公园资源的本底资源进行判断，总结出哀牢山国家公园生态体验活动主要吸引的体验者的特征。同时借鉴其他生态体验、游憩机会管理等相关理论和案例，得出以下体验者类型（见表1）。

表1　哀牢山国家公园体验者类型及特征一览

类型	特征
观光访客	以风景观光体验为主,需要基本舒适、人性化的环境
自然爱好者	热衷于了解、认识野生动植物、河湖地貌等
户外运动爱好者	热衷于徒步、穿越等户外运动,寻求户外体验经历
文化寻旅者	热衷于体验当地民族文化,寻求真实的文化体验经历
艺术追求者	绘画、摄影、电影拍摄等艺术爱好者或艺术家
科考工作者	前来进行植物、野生动物、地质、社区等方面的科研
个性体验追求者	追求有品质、独特且定制化的体验

资料来源：根据公开资料整理。

为了有效管理哀牢山国家公园的各类体验者，可以根据体验者的不同类型提供相应的导览、生态考察活动、户外运动设施、文化艺术体验、科研支持以及个性化服务，从而满足各类体验者的不同需求。并针对不同受众的需求编写自然教育内容、设计生态体验项目。同时，根据类型划分控制不同类型体验者的数量，确保国家公园的生态不超载。

2. 自然教育与生态体验内容

（1）国家公园自然课堂

自然课堂是哀牢山国家公园实施生态教育的基地，具备系统解说、生态博物馆和科学教育的功能，宜设置于交通便利、场地充裕且具有实践业务教学资源、特色景观资源的区域。自然课堂基本设施包括生态系统展示区、陈列室、图书室等，室外可配合设置野生动植物等科学教育基地。

（2）国家公园自然小径

以哀牢山国家公园现有巡护道路和游线为基础，以主题性自然学习和研学为目标，设计生态体验线路，配套基本服务设施。自然小径是国家公园内实现自然教育和生态体验功能的主要区域之一，能够实现国家公园访客游憩目标，设置于现有保护区巡护道、生态游线上自然资源和人文资源丰富的区域。自然小径配套设施包括野生动植物科普设施、休息站点、应急救援站点、服务设施等。

（3）国家公园科学考察

科学考察项目是哀牢山国家公园科学研究基本功能的延伸，是向大众普及科学文化的重要方式，也是生态旅游的特种形式。哀牢山国家公园科学考察活动以国家公园区域内的科研基础设施为依托，访客可以参与国家公园的科研和监测活动；参与生态系统、土壤、水系、地质、动植物等科学考察；参与动植物物种或样地监测；参与民族植物学、民族文化等社区调研。科学考察项目配套设施包括科普科研馆、实验设施、展览馆和其他服务设施等。

五　结论

随着国家公园体制建设的推进和相关实践的深入开展，对国家公园生态旅游管理体系的研究需要加强。目前我国生态旅游管理体系的相关研究主要集中在保护区、湿地公园、森林公园、风景名胜区等区域的生态旅游资源评价、生态旅游适宜性评价、生态旅游环境承载力和旅游环境质量评价方面，国家公园生态旅游体系构建方面的研究较少。本报告在“两山”理论的背景下，以生态旅游相关的法律法规为基础，结合利益相关者理论，分别从生态旅游管理者、生态旅游参与者和生态旅游体验者三个方面来构建哀牢山国家公园生态旅游管理体系。结合哀牢山国家公园的现有管理体制和结构，提出了生态旅游管理体系建设的具体方案。本报告是对哀牢山国家公园生态旅游管理体系的前期理论性探索和构建，可为哀牢山国家公园未来建设提供依据，也可为其他国家公园创建提供借鉴。

国家公园自然资源资产的经营利用

Management and Utilization of Natural Resources Assets in National Parks

G.23

基于委托代理理论的自然资源资产所有权实现方式探析：五个国家公园的比较分析

陈 静　张海霞　严晨悦*

摘　要： 自然资源资产所有权是国家公园发展的核心领域，全民所有自然资源资产所有权委托代理机制体制试点工作正在积极开展，我国以国家公园为主体的自然保护地体系的自然资源资产所有权存在所有权主体界定不清、土地权属类型复杂、法律不健全、监督管制不到位等问题，因此探索自然资源资产所有权实现方式（包括确权登记、占有使用、流转、收益、监督等维度）具有重要价值。

* 陈静，自然资源部信息中心综合研究室研究员，主要研究方向为自然资源资产产权制度、自然资源政策法律；张海霞，浙江工商大学公共管理学院教授，浙江工商大学社会科学部（社会科学研究院）副部长，硕士生导师，主要研究方向为国家公园特许经营与旅游规制；严晨悦，浙江工商大学旅游与城乡规划学院2023级旅游管理硕士生，主要研究方向为国家公园。

为此，本文收集了我国首批五个国家公园的土地权属数据（如国家公园总体面积、分区面积、国有土地或林地占比、集体土地或林地占比等）、国家公园总体规划等政策文本，运用比较分析与文本分析等研究方法，探索比较五个国家公园土地权属结构的差异性、委托代理理论在国家公园自然资源资产所有权实现方式中的体现，以期为更大范围、更有效、更公平的国家公园可持续利用和推进自然资源资产价值转换提供借鉴。

关键词： 国家公园　委托代理　自然资源资产　土地权属　央地关系

2021年我国正式设立首批五个国家公园，国家公园范围内涵盖丰富的自然资源，且资源类型多样，包括土地、森林、水、草地、湿地等，同时是许多珍稀濒危物种的生存地。由于首批五个国家公园覆盖面积大、土地权属结构复杂，因此自然资源资产所有权问题是国家公园开展自然资源资产管理的核心和基础。现今，全民所有的国有自然资源由国务院代表国家行使所有权职责。但在实际操作中，面临自然资源分布广泛、监督管制不到位、法律法规不完善等问题，由国务院直接行使国家所有权几乎没有可行性。这说明中央政府需要将一部分国家所有权通过委托的方式交由地方政府行使，即地方政府代中央履行所有权职责①。

虽然目前这种委托代理方式还处在研究阶段，没有形成一个完整、有效的委托代理机制，但委托代理理论在国家公园自然资源资产管理中已有体现。国家公园自然资源资产所有权具有特殊性，意味着国家公园自然资源资产所有权不能以单一的方法实现。本文对首批五个国家公园的土地权属结构、相关政策本文进行研究与分析，通过比较五个国家公园之间权属结构的

① 周天肖：《国有自然资源资产的央地分工治理研究——基于国家治理的视角》，《自然资源学报》2023年第9期。

差异性，探索委托代理是如何在国家公园自然资源资产所有权实现中应用的，以期为未来更大范围的国家公园甚至自然保护区自然资源可持续利用和推进自然资源资产价值转换提供借鉴。

一　文献综述

（一）自然资源资产管理

早在 17 世纪 70 年代，“自然资源资产管理”思想便产生了，是资源价值论的思想源头。[①] 之后，随着社会经济的发展，美国经济学家亚当·斯密将自然资本概念与农业生产相联系，后有其他学者从自由市场的稀缺视角出发研究自然资源与经济之间的关系，从此开始了对自然资源资产化管理问题的研究，这意味着对自然资源资产化的研究迈入了新阶段。[②] 到了 20 世纪，威廉·福格特（William Vogt）首次提出自然资本的概念，指出过度消耗自然资源资本会削弱美国偿还债务的能力。在威廉·配第（William Petty）的二要素理论中，自然资本以土地的方式存在，配合劳动一同生产财富，并以地租获取收入。直至 20 世纪 80 年代，大卫·皮尔斯（David Pearce）引入了自然资本概念，认为如果把自然环境当作一种自然资产存量用以服务经济，那么可持续发展的政策目标就可能具有可操作性。在保罗·霍根（Paul Hawken）的《自然资本论》中，自然资本被看作支持生命的生态系统的总和，不仅包括水、矿物、森林、土壤、空气等常为人类提供利益的资源，还包括草原、海洋、沼泽地等生命系统。[③]

---

① 马永欢等：《完善全民所有自然资源资产管理体制研究》，《中国科学院院刊》2019 年第 1 期。

② N. Wolloch，“Adam Smith and the Concept of Natural Capital，” *Ecosystem Services* 43（2020）.

③ 曹宝、王秀波、罗宏：《自然资本：概念、内涵及其分类探讨》，《辽宁经济》2009 年第 8 期。

“自然资源资产”这一表述为中国首创[①]，党的十八届三中全会通过的《中共中央关于全面深化改革若干重大问题的决定》在“加快生态文明制度建设”部分强调提出“探索编制自然资源资产负债表，对领导干部实行自然资源资产离任审计。建立生态环境损害责任终身追究制”。所谓“自然资源资产”，是指那些本身具有稀缺性，产权界定清晰，价值效益可以进行量化的、具有一定空间形态边界的自然资源。自然资源的产权在法理上通常表现为所有权、使用权、收益权等多种权利类型，而在所有权属性上又可以被分为国家所有和集体所有。[②] 人们可以依托自然资源产生经济效益、政治效益、环境效益。国家公园自然资源资产管理是指对国家公园范围内自然资源进行资产化管理，履行自然资源资产保值增值的责任，建立和完善有偿使用制度和确权登记制度，制定相关标准，对区域内自然资源资产的保值增值进行监管。[③] 应当在摸清自然资源本底的基础上，以编制国家公园总体规划为依据，以自然资源资产产权管理为基础，以法治监督为保障，开展国家公园自然资源资产管理工作。[④]

自然资源资产国家所有权最初为一个政治概念，随着我国经济的发展，自然资源的多元化价值逐渐得到人们重视，社会各界越来越关注自然资源资产国家所有权问题，如“谁来行使”“如何行使”等。[⑤] 我国要建立以国家公园为主体的自然保护区体系，国家公园自然资源资产所有权面临所有权落实不到位、法律不完善、监督管制弱化等问题，对国家公园自然资源资产管理造成一定阻碍。而自然资源资产产权问题是自然资源治理的核心问题，是自然资源资产价值实现机制等的基础，[⑥] 因此必须重视国家公园自然资源资产所有权实现方式。

---

① 郭韦杉、李国平、王文涛：《自然资源资产核算：概念辨析及核算框架设计》，《中国人口·资源与环境》2021 年第 11 期。

② 郭恩泽、曲福田、马贤磊：《自然资源资产产权体系改革现状与政策取向——基于国家治理结构的视角》，《自然资源学报》2023 年第 9 期。

③ 万利等：《国家公园自然资源资产管理标准体系框架建设初探》，《标准科学》2023 年第 1 期。

④ 韩爱惠：《国家公园自然资源资产管理探讨》，《林业资源管理》2019 年第 1 期。

⑤ 陈静、陈丽萍、郭志京：《自然资源资产国家所有权实现方式探讨》，《中国土地》2020 年第 1 期。

⑥ 余露、刘源：《自然资源系统治理的创新模式探索》，《自然资源学报》2023 年第 9 期。

（二）委托代理理论

委托代理理论最初是从企业契约理论中发展延伸出来的一个分支理论，主张企业将所有权与经营权分离，是指通过某种形式的契约方式，行为主体可以指定雇佣另一行为主体为其提供相应服务，同时要授予后者一定的决策权，并支付相应的报酬。[①] 有学者认为，委托代理理论可以用于解释中国在政府治理、土地资源管理等有关管理方面的现象或者问题，前提是必须对委托代理理论的适用情景和前期假设进行准确和严谨的识别[②]，即委托人和代理人之间存在信息不对称、利益冲突这两个前期假设。我国自然资源资产产权管理长期以来存在产权关系不清晰、中央与地方在管理过程中存在利益冲突等问题[③]，这一情景符合委托代理理论成立的条件，因此委托代理理论可以作为一种实现方式参与国家公园自然资源资产管理。

2022年，中共中央办公厅、国务院办公厅印发《全民所有自然资源资产所有权委托代理机制试点方案》，明确国家对全民所有的土地、矿产、海洋、森林、草原、湿地、水、国家公园等八类自然资源资产（含自然生态空间）开展所有权委托代理试点，要求到2023年，基本建成统一行使、分类实施、分级代理、权责对等的所有权委托代理机制。自然资源资产国家所有权委托代理的构造机理为：以全民是所有权主体、国务院是代表行使主体的法律规定为基础，依托行政机关组织体系和各机关兼具的民法法人主体资格，在区分法定代理和委托代理的基础上，通过代表人的委托授权实现委托代理行使主体的具体化。[④]

我国首批五个国家公园自然资源资产管理规划中，已有委托代理理论

---

① 郭贯成、崔久富、李学增：《全民所有自然资源资产“三权分置”产权体系研究——基于委托代理理论的视角》，《自然资源学报》2021年第10期。

② 吴小节、曾华、汪秀琼：《多层次情境嵌入视角下的委托代理理论研究现状及发展》，《管理学报》2017年第6期。

③ 苏利阳等：《分级行使全民所有自然资源资产所有权的改革方案研究》，《环境保护》2017年第17期。

④ 汪志刚：《自然资源资产国家所有权委托代理的法律性质》，《法学研究》2023年第2期。

的体现，由各国家公园管理局代理行使所有权。然而，在具体实施国家公园自然资源资产所有权委托代理机制方面还存在一定阻碍。我国土地权属结构复杂、中央与地方分权管理界限并不明确，不能单纯用一种模式解决所有自然资源资产所有权问题，委托代理理论还需要进一步探索与实践。

二　国家公园自然资源资产所有权的特殊性

所有权作为一种通过支配自然资源资产实现所有制的方式，既是物权法律制度的核心概念，也是民事权利体系的逻辑起点。[①] 国家公园自然资源资产所有权虽然在立法上属于民法所有权的范畴，但是与传统民法中的所有权并不相同。民法中的所有权是指一个具体、实在的主体对一个具体存在的物的完全占有，拥有使用、收益和处分的权利。国家公园自然资源资产所有权主体并不具体，更倾向于是一个代表性概念。因此在实践中，简单将所有权主体变成国家并不能界定所有权。

（一）自然资源资产所有权主体的抽象性

我国《宪法》明确规定，“矿藏、水流、森林、山岭、草原、荒地、滩涂等自然资源，都属于国家所有，即全民所有”。我国是社会主义国家，社会主义基本经济体制决定了国家公园自然资源资产属于国家所有。国家作为自然资源资产所有权主体是抽象的、概念化的，不能与集体或个人作为所有权主体一样直接行使权利，需要有具体的执行机关来代表行使所有权。国家公园自然资源资产所有权主体既可以与民事主体发生平等的私法关系，又必须承担一定的公权力责任，即具有双重法律关系——私法人格和公法人格。集体或个人所有权行使主体的主要目的在于追求利益的最大化，但因国家所有权的行使主体本身具有公益性质，所以必须考虑生态、

① 李政等：《全民所有自然资源资产国家所有权实现路径探索》，《自然资源情报》2022 年第 9 期。

社会和经济因素，追求综合利益的最大化，实现国家公园自然资源资产利用的可持续发展。

（二）自然资源资产所有权客体的广泛性、不确定性

国家公园自然资源中具有稀缺性、价值性并且产权明确的部分被称为国家公园自然资源资产，是具有生态和社会价值的公益性资产。我国《宪法》列举了土地、矿藏、水流、森林、山岭、草原、荒地、滩涂、珍贵的动物和植物等 9 种自然资源类型；《国务院机构改革方案》中确定的自然资源资产主要有 7 类，即土地、矿产、森林、草原、湿地、水、海洋。土地、森林、草原、湿地和水等自然资源资产在国家公园范围内所占比重较大，而且这些自然资源资产的生态价值、社会价值大于经济价值。国家倡导坚持山水林田湖草沙一体化发展，国家公园自然资源资产本身具有整体性，相互间会产生交叉、重叠，形成一个生态空间。现代物权法虽然在不断扩大物权的客体即物的范围，但是我国《物权法》规定的物权客体为不动产和动产，是有体物、独立物和特定物，显然无法涵盖国家公园自然资源资产。

（三）国家公园范围内土地权属结构的复杂性

自中华人民共和国成立以来，我国自然资源资产产权体系已经在历次改革中变得错综复杂，各种利益盘根错节。[①] 国家公园内土地、林地等自然资源资产所有权涉及国家所有和集体所有。《海南热带雨林国家公园总体规划（2019—2025）公开征求意见稿》中规定：在国家公园范围内，国有自然资源资产的所有权代理行使主体为海南省人民政府，集体自然资源的所有权代表为当地社区（村集体）居民委员会。海南热带雨林国家公园内集体土地可以在充分征求所有权人、承包权人意见的基础上，优先通过租

---

① 苏利阳等：《分级行使全民所有自然资源资产所有权的改革方案研究》，《环境保护》2017年第 17 期。

赁、赎买、置换等方式规范进行流转，由国家公园管理机构统一管理；也可以通过签订合作协议、地役权等方式实现国家公园管理机构对其统一有效管理。

（四）自然资源资产所有权在权能的行使和实现上具有国家代表性

国家公园自然资源资产属于公益性自然资源资产，这意味着自然资源资产所有权在权能的行使和实现上，具有公共性。首先是主体的公共性，国家公园本身是一个具有国家代表性和公共性的概念。其次是使用的公共性，国家公园内包含的自然资源资产是直接提供给公众使用的，并不具有一般动产或不动产所有权的排他性，且国家公园自然资源资产所有权实现的生态效益、社会效益大于经济效益，这与一般所有权的实现存在根本性差异。最后是收益的公共性，增进社会福祉、人民福祉，为人民大众谋利益，提高人民生活水平，提升人民大众休闲游憩质量是国家公园自然资源资产所有权行使的价值目标，所获得收益应由全民共享。

三　国家公园自然资源资产所有权实现方式

国家公园自然资源资产所有权的特殊性决定了国家公园自然资源资产所有权的实现涉及许多方面的问题，由此国家公园自然资源资产所有权实现方式应当是多元的，针对不同自然资源、不同主体应该给出可供选择的实现方案。

（一）五个国家公园土地权属结构

我国首批五个国家公园土地权属区分为国家所有与集体所有，东北虎豹国家公园、大熊猫国家公园、海南热带雨林国家公园和武夷山国家公园土地均涉及国家所有和集体所有，只有三江源国家公园土地全部为国家所有（见表1）。

表1　我国首批五个国家公园土地权属结构

单位：%

国家公园	国家所有占比	集体所有占比
武夷山国家公园	33.40	66.60
海南热带雨林国家公园	80.70	19.30
大熊猫国家公园	75.00	25.00
东北虎豹国家公园	91.41	8.59
三江源国家公园	100.00	0.00

资料来源：根据我国首批五个国家公园总体规划整理。

（二）五个国家公园自然资源资产所有权实现方式的对比

我国首批五个国家公园在自然资源资产所有权实现方式上存在差异，因地制宜的自然资源资产所有权实现方式，主要为所有权与使用权分离、委托代理、地役权（见表2）。

表2　我国首批五个国家公园自然资源资产所有权实现方式对比及存在的问题

<table>
<tr><th>国家公园</th><th>自然资源资产所有权实现方式</th><th>具体操作方式</th><th>存在的问题</th></tr>
<tr><td>三江源国家公园</td><td rowspan="2">所有权与使用权分离</td><td rowspan="2">第一，确权登记。三江源国家公园范围内自然资源权属均为国家所有，大熊猫国家公园范围内自然资源权属分为国家所有与集体所有。
第二，使用和处分。三江源国家公园实行三权（所有权、经营权与承包权）分置法，大熊猫国家公园实行自然资源资产有偿使用制度，两者均开展特许经营活动。
第三，收益</td><td rowspan="2">监管力度较弱、关于特许经营制度法律不完善等</td></tr>
<tr><td>大熊猫国家公园</td></tr>
<tr><td>海南热带雨林国家公园</td><td rowspan="2">委托代理</td><td rowspan="2">自下而上进行，以经济补偿方式限制集体土地所有者、承包者和经营者的权利</td><td rowspan="2">所有权主体界定不清、中央与地方分级不明确</td></tr>
<tr><td>东北虎豹国家公园</td></tr>
<tr><td>武夷山国家公园</td><td>地役权</td><td>自下而上进行，以经济补偿方式限制集体土地所有者、承包者和经营者的权利</td><td>主要通过签订协议实现，缺乏法定性和约束力</td></tr>
</table>

1. 所有权与使用权分离

国家公园自然资源资产属于公益性自然资源资产，主要目的是为公众提供服务。通过将所有权与使用权分离的方式实现国家公园自然资源资产所有权，需要进行三个环节的操作。

第一，确权登记，在此基础上主张权利。登记主体包括国家公园自然资源所有权主体、所有权代表行使主体、所有权代理行使主体。我国首批五个国家公园的总体规划中都涉及开展自然资源资产本底调查和确权登记这一工作环节，以确定国家公园范围内国土空间各类自然资源的产权主体，划清国家所有和集体所有的边界，划清国家所有自然资源资产不同层级政府间行使所有权的边界，划清不同类型自然资源资产间的边界，划清不同集体所有者间的边界，构建国家公园自然资源本底数据库，搭建国家公园自然资源资产信息管理平台。

第二，使用和处分，分为一般使用和特别使用。一般使用是指向公众开放的，保障公众日常生活或习惯所必需的使用。特别使用则需要通过法定程序赋予其他人一定的使用权，目的是维护公众利益。对于如国家公园一般的自然资源资产的保护大于利用，更多是为了维护生态价值，可以通过许可使用等方式形成特许经营权、用水权等，建立市场化交易机制，引导社会资本参与生态价值供给。

第三，收益，国家公园本身具有公益性，保护国家公园生态环境是建立国家公园的主要目标。对于依托公益性自然资源资产开展的经营活动，尤其是以特许经营的方式获得的收益，从国家层面来看应当主要用于维护国家公园建设等方面的开支。生态补偿的资金按照权责利对等原则，主要是中央财政转移支付。

（1）三江源国家公园

三江源国家公园已经确定国家公园范围内自然资源权属均为国家所有。使用权的实现主要包括以下两个方面。一是完善草原承包经营权制度。三江源创新草原经营利用方式，坚持国家所有，实行所有权、承包权与经营权三权分置方法，以建立与国家公园体制相适应的草原承包经营权流转形式。二是建立特许经营机制。三江源国家公园建立“政府主导、管经分离、多方参与”的特许经营机制，以此调动社会、企业、当地居民或牧民参与国家公园建设的积极性，共享国家公园红利。

（2）大熊猫国家公园

大熊猫国家公园坚持资源国有，并合理划分中央与地方之间的权责关系。大熊猫国家公园允许在国家公园范围内开展特许经营活动，为了提高当地居民的生活水平，增加其经济收入来源，在某些情况下会优先考虑当地居民及其开办的企业。鼓励居民通过合作、就业、投资等从事农家乐、民宿、餐饮等经营活动。大熊猫国家公园对于符合分区管控措施要求的国家所有自然资源资产，按照《关于全民所有自然资源资产有偿使用制度改革的指导意见》，全面实行自然资源资产有偿使用制度，对使用范围、方式、审批、收益管理等进行规范，严禁无偿或低价出让。对于集体所有自然资源资产的使用方式，大熊猫国家公园规定按照自愿、有偿的原则，征求集体土地所有权人、承包权人的意见，并优先以租赁等方式规范流转，由大熊猫国家公园管理机构统一管理，以促进国家公园生态系统的完整保护。大熊猫国家公园管理机构就国家公园范围内的集体所有自然资源，组织与当地社区签订管护协议。大熊猫国家公园管理机构对签订协议的当地居民优先提供生态管护或社会服务岗位，以期建立自然资源资产所有者与使用者共同参与的特许经营收益分配机制。

2. 委托代理

2019 年，中共中央办公厅、国务院办公厅印发《关于统筹推进自然资源资产产权制度改革的指导意见》，明确指出自然资源资产国家所有权主要通过授权和委托代理的方式实现，即国家所有自然资源资产由国务院代表国家所有，授权自然资源部代表统一行使所有权。自然资源部会将其中部分所有权委托给省级政府等代理行使，除法律已经授权的，自然资源部还会直接行使部分所有权（见图 1）。

（1）海南热带雨林国家公园

海南热带雨林国家公园内全民所有的自然资源资产所有权由中央政府统

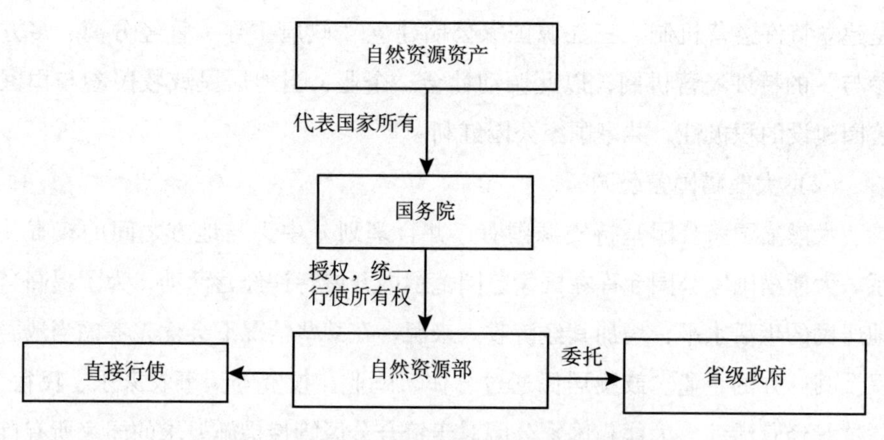

图1　国家所有自然资源资产委托代理结构

一行使，试点期间委托海南省人民政府代理行使，条件成熟后逐步过渡到中央政府直接行使。国家公园国有自然资源资产的所有权代理行使主体为海南省人民政府，集体自然资源资产的所有者代表为当地社区（村集体）居民委员会，管理者为海南热带雨林国家公园管理局，经营者为取得特许经营权的经营主体。

（2）东北虎豹国家公园

东北虎豹国家公园明确将国家林业和草原局作为国家公园全民所有自然资源资产所有权代理行使主体，统一行使所有权。而后，东北虎豹国家公园组建国有自然资源资产管理局，整合国家公园范围内吉林省、黑龙江省各级国土、水利、林业、畜牧等部门的全民所有自然资源资产所有者权利和职责，具体行使东北虎豹国家公园范围内全民所有自然资源资产所有者职责。为加快推进国家公园自然资源资产管理体制改革，将原属于地方人民政府及相关部门行使的涉及各类自然资源资产所有者权利和职责，包括占有、使用、收益和处分，资源调查、清产核资，编制国有自然资源资产保护利用规划，国有自然资源资产开发利用和经营管理，有偿使用收益征缴等职责分离出来，由东北虎豹国家公园国有自然资源资产管理局统一集中行使。

3. 地役权

自然资源保护地役权，是指基于保护自然资源的目的，国家、政府、社会组织等其他主体与自然资源权利人签订合同，通过支付一定费用或采取其他税收减免等措施取得自然资源保护地役权，永久或在一定期限内限制自然资源权利人的一些权利，从而保护自然资源、生态空间和开放空间。三江源国家公园地役权改革，在国家公园自然资源资产管理体制发展中具有代表性。2016 年，三江源国家公园体制试点区开始实施集体林地地役权改革，在不改变森林、林木、林地权属的基础上，通过一定的经济补偿限制土地所有者、经营者、使用者和承包者的权利，将其管理权以决议和合同形式授权给三江源国家公园管理委员会，从而实现自然资源统一管理。

武夷山国家公园内自然资源资产流转方式主要有两种：一是通过租赁现有集体经营性建设用地的方式获得集体土地的经营权；二是与除永久基本农田外的集体土地的所有者、承包者或经营者签订地役权合同。武夷山国家公园对公园内集体所有土地以及所含各类自然资源严格进行保护以及控制开放利用，对拟纳入实施产权流转的，制定并实施经济补偿方案。

基于上述分析不难看出，我国首批五个国家公园在自然资源资产所有权实现方式上既存在一致性也具有差异性，国家公园依据实际采取更适合自身自然资源资产情况的所有权实现方式。委托代理和地役权在纵向实施上存在较大差别，委托代理是自上而下将国家公园自然资源资产所有权委托代理给地方政府，其中所涉及的法律关系更多是行政主体间的关系，需要考虑中央与地方间的事权分级界定。而地役权则是自下而上通过一定经济补偿方式限制集体所有自然资源资产所有者、经营者或承包者的行为。目前将委托代理作为一种国家公园自然资源资产所有权实现方式仍在实践探索阶段。但可以肯定的是，以一种方式去解决现在或未来更大范围国家公园自然资源资产所有权实现问题是不现实的。

四　国家公园自然资源资产所有权实现建议

国家公园自然资源资产所有权实现方式是一个仍在探索的问题，在发展过程中将面临不断改革创新以及许多具有操作性的实际问题。目前我国首批五个国家公园均出台了一定时期内的总体规划，对国家公园自然资源资产管理以及所有权实现方式有了具体的规定。目前全民所有自然资源资产所有权委托代理机制体制试点工作正在积极开展中，我国以国家公园为主体的自然保护地体系的自然资源资产所有权存在所有权主体界定不清、土地权属类型复杂、法律不健全、监督管制不到位等问题。国家公园总体规划下的自然资源资产管理中并没有对监督管理具体、全面的操作方法。可见，我国国家公园自然资源资产所有权实现仍存在许多问题。从国家公园可持续利用来看，国家公园自然资源资产管理必须制定相关制度与法律。

（一）学习借鉴国外国家公园自然资源资产管理法

委托代理机制存在必须解决的核心问题——委托代理如何具体实现。委托代理机制涉及中央与地方的分级实施。我国疆域辽阔，中央政府要面临高额的信息收集成本，难以及时、准确地获取和掌握国家公园自然资源资产的时空信息与地方性知识。而委托给地方政府部门的国家公园自然资源资产所有权会更有效地行使，可以因地制宜实施中央制定的国家公园自然资源资产管理事务，在解决实际问题时更加灵活。当然，为了将风险最小化，对于一些具有特定价值的自然资源资产必须由中央政府直接行使所有权，避免影响国家的核心利益。

据此，可以学习借鉴国外国家公园自然资源资产管理法或相关行政法规经验，以达到明确国家公园自然资源资产所有权相关主体之间的关系、具体的职责边界，以及国家公园自然资源与属地关系的目的。

（二）建立中国式现代化的国家公园自然资源资产产权制度

考虑到国家公园自然资源资产所有权的特殊性，应当创新建立中国式现代化的国家公园自然资源资产产权制度。我国现行《物权法》还无法完全应用于国家公园自然资源资产所有权行使，行使国家公园自然资源资产所有权的行政机关会面临很多挑战。一是在物权法中对自然资源资产进行分类，按照公产和私产或者按照公益性和经营性进行分类，公益性自然资源资产一般不能处分流转，而经营性自然资源资产按照市场规则可以处分。同时通过专门的资源单行法规定具体的使用、收益、处分规则。二是进一步完善以利用为中心的所有权体系，让使用权各项权能在法律规定的框架下实现抵押、流转。

（三）完善配套制度建设，保障国家公园自然资源资产所有权实现

国家公园自然资源资产所有权的实现除涉及确权登记、使用和处分以及收益等主要制度外，相应配套制度的作用也极其重要。国家倡导坚持山水林田湖草沙一体化发展、坚持“绿水青山就是金山银山”理念，因此需要落实国家公园绿色产业发展的相关政策，还需健全国家公园自然资源资产监管和纠纷解决机制，规范不同利益主体的行为，建立高效、公开、多元的产权纠纷解决机制，保护不同主体的利益。①

五　结论

解决自然资源资产所有权问题是国家公园发展建设的关键，依据国家对全民所有自然资源资产所有权实现方式的发展要求，要加快推进委托代理机制的完善，建立健全国家公园自然资源资产所有权法律法规，完善相

① 赵亚莉、龙开胜：《自然资源资产全民所有权的实现逻辑及机制完善》，《中国土地科学》2020 年第 12 期。

关配套设施建设。在不断改革创新中摸索实践经验，将成功的实践经验转化为法律制度安排，为国家公园自然资源资产所有权实现提供法律依据和保障，以期推进国家公园可持续发展，以及推进国家公园自然资源资产价值转换。

G.24 国家公园自然资源资产主要类型及其经营利用模式

余振国　陈 晶　侯 冰*

摘　要： 国家公园自然资源资产不仅具有经济价值，还具有世代传承的自然遗产价值、生态价值、社会价值。对国家公园自然资源资产进行分类，既有助于认识各类资源资产的功能和特点，也有助于采取差异化的管理和经营利用方式。我国国家公园自然资源资产管理及经营利用主要是经营利用好用益物权资产、正外部性内化权益资产、碳汇资产、国家公园品牌资产、生态产品资产。国家公园自然资源资产经营利用的实质是要在保护的前提下挖掘利用好其传统资源资产价值、游憩利用价值、科研教育价值、衍生利用价值。国家公园自然资源资产经营利用需要明确经营的主体、内容、模式、收益等关键内容。国家公园自然资源资产经营利用的主要方式包括出让、入股、租赁、抵押等。国家公园自然资源资产经营利用要在保障国家公园生态原真性、整体性的前提下实现自然资源资产的保值增值。

关键词： 国家公园　自然资源资产　经营利用　衍生价值

---

* 余振国，博士，中国自然资源经济研究院研究员，环境经济研究所所长，国家公园和自然保护地标准化技术委员会委员，主要研究方向为国家公园自然资源资产管理法规政策制度、地役权、生态保护修复政策、资源生态环境经济；陈晶，博士，北京低碳清洁能源研究院副研究员，主要研究方向为国家公园自然资源资产管理法规政策制度、地役权、生态保护修复、低碳产业政策技术；侯冰，中国自然资源经济研究院环境经济研究所副研究员，主要研究方向为国土空间生态保护修复、国家公园自然资源资产管理法规政策制度、环境经济。

一 国家公园自然资源资产主要特征

中国从正式宣布设立第一批国家公园开始，依托先进的生态文明思想、深厚的自然资源禀赋、重要的生态系统类型、独特的自然景观、最具精华的自然遗产、丰富的生物多样性以及悠久的中华文化智慧，逐渐丰富国内关于国家公园的实践与科研积累，[①] 初步形成了具有中国特色的国家公园模式。

中共中央办公厅、国务院办公厅先后印发《关于统筹推进自然资源资产产权制度改革的指导意见》和《关于建立以国家公园为主体的自然保护地体系的指导意见》等文件，对国家公园自然资源资产化管理提出了明确要求。但是，国家公园的自然资源资产不同于其他的一般标的物和财产，它具有资源和生态环境双重属性，不仅具有经济价值，还具有生态价值、社会价值。此外，国家公园自然资源资产还具有世代传承的自然遗产价值，需可持续利用，生态环境功能难以替代，具有量、质、时间和空间等多种属性，与企业和会计学范畴的资产相比，更为复杂。国家公园自然资源资产化管理必须能够进行经济可行的产权界定，建立排他性产权。由于自然资源的自然属性、生态属性、公共属性，并非所有的自然资源都能够建立排他性产权，国家公园的资产一般是自然资源资产综合体，承载了世代传承的自然遗产价值、生态环境保护、人类社会可持续发展物质基础等功能，进行不影响公共利益的、可以保证资源世代传承并能够便于进行市场化转让的产权界定难度较大。[②] 随着科学技术的不断进步，自然资源的产权界定技术不断完善，遥感技术、全球定位系统及地理信息系统技术、大数据技术、智能技术的发展，使以往一些难以界定产权的自然资源资产也可以进行产权界定，建立排他性机制，利用市场机制进行权利配置，确定合适的经营主体开展经营利用，实现保值增值的目标。

---

① 张玉钧、宋秉明、张欣瑶：《世界国家公园：起源、演变和发展趋势》，《国家公园》（中英文）2023 年第 1 期。

② 余振国等：《中国国家公园自然资源管理体制研究》，中国环境出版集团，2018。

二　国家公园自然资源资产主要类型

我国国家公园自然资源资产种类丰富且集中，几乎涵盖了现有法律法规和政策文件中规定的所有自然资源资产类型，包括土地及其生物资源资产（包括荒地、滩涂、湿地、沼泽资产）、矿产资源资产、水资源资产（指陆地水资源，如河流、湖泊等资产）、森林资源及动物资源资产、海域海岛及其生物资源资产、地质遗迹资源资产（包括山岭、地貌景观、古生物化石产地、洞穴等）、风景名胜资源资产（包括自然遗产与文化遗产）等物质资源资产。

国家公园自然资源资产与一般的自然资源资产一样，可以有多种分类。考虑我国国家公园的空间分布以及陆地和海洋生态空间的巨大差异性，从空间属性来看，国家公园自然资源资产在一级分类上可以分为陆域资源资产、陆—水耦合区资源资产、海域资源资产和海—陆耦合区资源资产等。[①] 国家公园自然资源资产还可以按照中共中央办公厅、国务院办公厅印发的《关于建立以国家公园为主体的自然保护地体系的指导意见》，划分为自然生态系统资源资产、自然景观资源资产、自然遗产资源资产、生物多样性资源资产。

国家公园自然资源资产，按自然资源资产的主体性质[②]可分为公有（国家所有、集体所有）自然资源资产、私有自然资源资产、共有（混和所有）自然资源资产、无主的自然资源资产；按自然资源资产的使用性质可分为公益性资源资产、非公益性资源资产和介于二者之间的准公益性资源资产。按自然资源资产产权的可分割性，可分为专用自然资源资产和公用自然资源资产。专用自然资源资产边界清楚、可以分割、可以排他、可以交易；公用自

① 路秋玲等：《新型自然保护地体系概念下自然资源分类体系的构建》，《南京林业大学学报》（自然科学版）2024 年第 3 期。

② 谷树忠、谢美娥：《论自然资源资产的内涵、属性与分类》，《中国经济时报》2015 年 7 月 31 日。

然资源资产产权边界一般难以划定，无法建立排他性机制，也无法分割交易，或者可以分割并建立排他性机制，但是法律规定或历史已经形成允许公用的资产。公用自然资源资产应该由政府进行公开配置和代理管理；专用自然资源资产应该发挥市场配置的决定性作用，进行市场化运作，并接受政府监管。

从目前的法律法规文件规定和各个国家公园的自然资源资产管理实践来看，我国国家公园自然资源资产管理及经营利用主要是经营利用好用益物权资产（土地使用权、旅游/游憩使用权、取水权、林下经济经营权、矿泉水采矿权、温泉地热采矿权、洞穴使用权等实体资产）、正外部性内化权益资产（通过入口小镇规划建设实现）、碳汇资产、国家公园品牌资产、生态产品资产等。

三　国家公园自然资源资产价值多元化挖掘利用

国家公园保护优先，应当杜绝破坏式开发，减少资源消耗式开发，探索自然资源资产的多元化价值，通过自然资源资产附加值的发掘，实现自然资源资产在服务、文化、娱乐等领域的“软价值”，践行“绿水青山就是金山银山”的核心理念。

国家公园自然资源资产的价值可以分为传统资源资产价值、游憩利用价值、科研教育价值、衍生利用价值四个方面。

（一）传统资源资产价值挖掘利用

传统资源资产指国家公园能够为社会提供的传统意义上的农牧产品，如粮食、果蔬、牛羊肉等，这些属于生态系统的传统产出是千百年来人与自然和谐共生的基础。

传统资源资产价值及其附加值可通过“国家公园品牌+绿色产品”开发的方式实现。狭义的绿色产品，是指不包含任何化学添加剂的纯天然食品或天然植物制成的产品。国家公园本身就是纯天然、绿色的代名词。

国家公园应该尽快建立系统科学、开放融合、指标先进、权威统一的国家公园绿色产品标准、认证、标识体系，健全法律法规和配套政策，实现一类产品、一个标准、一个清单、一次认证、一个标识的体系整合目标。

我国现有的5处国家公园和5处国家公园试点区均有传统的代表性农牧产品，如武夷山的正山小种红茶、武夷岩茶，三江源的牦牛、藏羊、果蔬、枸杞、沙棘，海南热带雨林的蔬果等。这些产品是生态系统的优质产出，随着国家公园保护机制的逐步落实，国家公园作为核心自然保护地的品牌价值不断提升，在国家公园品牌的加持下，国家公园及其周边的传统农牧产品可逐步进行国家公园绿色产品认证，从而为产品带来更高的附加值，满足社会公众的消费需求。

（二）游憩利用价值挖掘利用

国家公园自然资源资产的游憩利用价值是指在生态保护优先前提下，为增进公众游憩福利与促进国民认同，允许访客进入自然保护地、国家公园内特定区域开展特定游憩活动的价值实现方式。2017年9月印发并实施的《建立国家公园体制总体方案》明确要求，国家公园体现全民公益性，坚持全民共享，着眼于提升生态系统服务功能，开展自然环境教育，为公众提供亲近自然、体验自然、了解自然以及作为国民福利的游憩机会。

国家公园的游憩价值主要来自其景观资源资产。在景观资源资产方面，国家公园拥有接近自然的原始地貌、奇特地形，因而形成了变化多样的视觉景观。以神农架国家公园为例，其景观资源包括：以典型地质剖面、皱褶构造、断裂构造、奇山异石为代表的地文景观；以风景河段、广袤湖泊水系为代表的水文景观；以珍稀动物、原始森林为代表的生物景观；云雾、日出、霞光等具有象征意义的天象景观；以典型村落、风情民俗为代表的人文景观。上述景观资源资产可以满足生活节奏较快的城市民众在精神上对自然环境的美学需求和对新鲜事物的好奇心。

国家公园能为社会提供的游憩利用价值也迎合了人民对健康生活的需

求。从近年的文献抽样调查[①]看，游客在生态系统服务的选择上格外关注森林生态系统的空气净化调节功能和文化服务功能，包括生态旅游、环境教育、本土文化和美学价值，在具体项目的选择上存在协同和权衡。一方面，自然游憩需求源自人民群众生活水平提高后的自然需求；另一方面，自然游憩需求来源于曾经过度开发造成的生态破坏和城镇化进程中规划不充分所带来的负面影响。

游憩利用价值与旅游产业发展紧密结合，而旅游产业已经成为我国经济增长与内需驱动的重要组成部分。国家公园以生态保护为先，因此其自然资源资产游憩利用价值的实现需要谨慎的规划和方案设计，平衡好保护和开发的关系。国家公园游憩应该主要在国家公园的一般控制区开展，要按照“设计—评估—实施—验收”的流程确定游憩资源资产的配置和生态旅游路线，实现合理规划布局，杜绝直接或间接破坏生态环境。

（三）科研教育价值挖掘利用

国家公园的科学研究大致可分为两个方面：一是对珍稀动植物、珍稀生态系统、自然遗产、地质遗迹、自然景观、珍稀非物质文化遗产等的研究、记录；二是国家公园系统本身建设方案的研究、规划设计。

在教育方面，国家公园是开展自然教育的主要载体。[②] 国家公园保存着具有全球意义和国家代表性的自然资源、自然生态系统、自然文化遗迹、风景资源，是自然科学、地理学、地质学、植物学、动物学、微生物学、昆虫学、茶学、生态学、风景园林学、环境科学、文化艺术学的自然课堂。国家公园可以教育人与野生动植物和谐相处的技能、自然探险知识技能、生态保育和管理技能等自然技能知识；可以生动地阐述生物多样性价值、生态系统服务功能价值、人与自然和谐发展价值等自然价值。国家公园体现了尊重自然、保护生态环境、保护珍稀濒危动植物、正确看待人与自然的关系、科学

---

① 何思源等：《国家公园游憩功能的实现——武夷山国家公园试点区游客生态系统服务需求和支付意愿》，《自然资源学报》2019年第1期。

② 王可可：《国家公园自然教育设计研究》，硕士学位论文，广州大学，2019。

合理利用资源等自然伦理。

国家公园一般控制区，可以通过设计教育课堂开展自然观察、自然体验、自然探险、环境解说等自然教育。教育内容上，通过课堂教育做到增强公众对国家公园自然资源资产和生态系统的保护意识，通过场景漫步激发公众在接受新知识时的愉悦感，通过朗诵会演为公众在国家公园的旅程增加生态美感和艺术感，实现教育与游憩的统一。①

国家公园的教育价值挖掘，可以基于国家公园独特的生态内涵，提升公民科学素养，增强公民环保意识，提高公众对生态的认知度。完善国家公园自然教育方式，也是提升国家公园品牌效果、引导公众参与国家公园游憩活动、支撑国家公园建设运营、推进生态文明建设的良好手段。

（四）衍生利用价值挖掘利用

前述三类价值均与国家公园的生态系统功能存在直接关联，大规模开发这三类资源资产价值，势必会对生态环境原始化特征产生一定影响，因此应当考虑如何以较小的生态影响方式发挥国家公园自然资源的价值，从其他层面寻求价值实现的创新。

衍生利用价值指以国家公园的国家品牌、生态品牌、生态资源、空间资源为基础，通过提炼其中的抽象内涵，以某种艺术形式传递国家公园的生态属性、文化属性、空间属性而得到的价值。如果将传统资源、游憩资源、科教资源看作国家公园的“硬件”，那么衍生利用价值则是在国家公园的“软件”上做文章，可以在不消耗或者少消耗生态资源的前提下挖掘出更多的价值。随着经济水平的提高，人民群众在追求物质生活富足的同时，对生态文明的理解也不断加深，开始越来越多地寻求精神生活品质的提升。随着信息技术的发展，国家公园的衍生利用价值有了越来越多的应用空间，国家公园与社会公众的交互有了更丰富的渠道。

我国对国家公园品牌、数字产品等衍生利用价值的培育和开发尚不充

① 张佳琛：《美国国家公园的解说与教育服务研究》，硕士学位论文，辽宁师范大学，2017。

分，还有广阔的发展空间。以下列举几个典型的衍生利用价值案例，为国家公园开发提供参考。

（1）品牌文创产品：玩具、礼品、饰品。文创产品既能让传统文化走进生活、融入生活，又能让物品因为增加创意而更富有趣味性，使人们在消费、使用的过程中获得更多的精神享受。

（2）文化文学产品：神话、传说及其衍生品。我国历史悠久，文化源远流长，在漫长的文明岁月里，诞生了大量的神话、民间传说等。神话、传说本质上都是民间文学的一种形式，是人民所创造的反映自然界、人与自然关系以及社会形态的具有高度幻想性的故事。随着社会发展，近年来我国传统文化中的代表性人物、代表性体系逐步升温，形成了一批热点幻想文学IP，并且有着巨大的开发潜力。

（3）艺术产品：摄影作品、纪录片作品、电影电视作品、绘画作品、音乐作品。以国家公园自然资源资产为基本元素或者灵感来源创作摄影作品、纪录片作品、电影电视作品、绘画作品、音乐作品可以深度挖掘并实现国家公园自然资源资产衍生利用价值，提高国家公园知名度，带动旅游，并潜移默化地向民众传输生态意识和自然意识，从而形成爱惜景观—保护景观—提升景观的良性循环。

（4）数字产品：制作数字产品，开展虚拟现实体验。利用国家公园自然资源资产数据，制作数字产品，开展虚拟现实体验，实现国家公园自然资源衍生利用价值。虚拟现实技术是新近发展起来的全新实用技术。虚拟现实技术的基本实现方式是计算机模拟虚拟环境从而给人以环境沉浸感。虚拟现实技术能够实现国家公园自然资源资产的零消耗与超大规模共享，并具有良好的科教应用价值，因而在国家公园的衍生利用价值开发中，虚拟现实技术具有巨大的应用潜力。

（5）新媒体：Vlog、短视频、电子游戏。随着网络媒体的兴起，越来越多的普通人有了分享自我和娱乐的空间，国家公园也可以运用更加多样化的表现形式进行宣传推介。表达自然之美只是众多艺术形式中的一种，Vlog、短视频等形式都以其鲜活的生命力在某种程度上展示着生态文明。网络上，记录骑行、远足的 Vlog 大多以自然美景作为背景，在此基础上融入个人生活动态或抽象思潮；短视频则融合了电影、纪录片、广告等多种形式的传统媒体特征，在国家公园宣发上发挥了越来越重要的作用。此外，民众闲暇时间的增多催生了大量的“无聊经济”，如观看成都大熊猫繁育基地的 24 小时直播。各类新媒体模式都可以在国家公园意义和生态概念的传递中发挥作用并创造一定的经济价值。

（6）电子游戏：可进行国家公园衍生利用价值开发的一个新领域。电子游戏最基本的艺术特点是参与，即游戏者与游戏内容、游戏进程、游戏中的其他角色组成一个整体。其互动性和高自由度是其他艺术表现手法难以比拟的。国家公园可以依托电子游戏实现公众对自然资源景观资产的虚拟游憩，最大限度地将国家公园的自然资源资产、文化和历史有机结合起来，以电子游戏为载体，形成具有更广维度价值的新型艺术产品，开拓更大的市场。如通过电子游戏实现与大熊猫、东北虎豹的“童话式”相处，实现三江源的高原漫步与峡谷漂流，结合民俗文化开发仙侠等传统文化类游戏等。

网络媒体的兴起为公众参与享用国家公园自然资源资产价值，远程参与以国家公园自然资源资产为元素的各种艺术形式和艺术产品提供了广阔的空间。

四　国家公园自然资源资产经营利用模式

（一）国家公园自然资源资产经营利用内涵

国家公园自然资源资产经营利用是实现自然资源资产保值增值，获得应有效益的必由之路。国家公园自然资源资产经营利用是指国家公园管理者以国家公园范围内自然资源资产的经济价值为主要标的，以实现所持有自然资源资产保值增值为基础，以自然资源资产权益出让、入股、租赁、抵押等为主要方式，在保障国家公园生态原真性、整体性的前提下，以自然资源资产经济收益最大化为目标的经营利用活动。国家公园自然资源资产大多具有很强的公益性，因此，国家公园自然资源资产经营利用应该慎之又慎，加强监管。对于国家公园的少量经营性自然资源资产应该物尽其用，做好经营利用工作。

国家公园自然资源资产与一般的资源资产不同，它不仅具有资源的稀缺性和经济价值，更重要的是具有世代传承的人类自然文化遗产价值和生态服务价值。建立国家公园的目标是保护具有国家代表性的自然生态系统，实现自然资源科学保护和合理利用，国家公园是自然生态系统中最重要、自然景观最独特、自然遗产最精华、生物多样性最富集的部分。因此，国家公园自然资源资产承载的功能十分重大，与其他区域自然资源资产相比，极其特殊、极其敏感、极其复杂。国家公园自然资源资产经营利用往往是非常敏感、非常棘手的，往往处于两难困境，只是被动保护，将存在资产闲置、浪费、减损、流失的风险（比如矿泉水、地热等资源资产），进行适当的经营利用，又会出现破坏国家公园自然资源资产和生态系统原真性、整体性及其生态服务功能的风险，容易招致非议。

（二）国家公园自然资源资产经营利用特征

国家公园自然资源资产经营利用与其他自然资源资产的经营利用相比，具有以下特征。

一是国家公园自然资源资产经营利用在较大程度上受政府的生态环境政策规制，要以生态保护为先，实现自然资源科学保护和合理利用，往往为非纯粹的市场经营利用行为。

二是国家公园自然资源资产经营利用具有较强的垄断性，国家公园自然资源资产经营利用会涉及资产的占用、使用、收益和处置，具有排他性，但是其占用、使用、处置的是国家公园自然资源资产的使用权等用益物权，而非国家公园的自然资源等资产标的物。经营利用主要通过行使用益物权获得收益。

三是国家公园自然资源资产的经营利用不仅应遵循自然资源资产生成、变化的经济规律，还应该遵循自然规律、生态规律。

四是国家公园自然资源资产经营利用的效果往往产生一定的外部性，大多数时候会产生正外部性，也会产生负外部性。因此，国家公园自然资源资产的经营利用既要尽可能利用并内化正外部性，使其产生合理的收益，也要防止或者尽可能控制产生负外部性。

（三）国家公园自然资源资产经营利用管理要求

国家公园自然资源资产经营利用需要明确经营主体、内容、模式、收益等关键内容。国家公园自然资源资产经营利用关系到自然资源资产所有者和经营者的利益。对于国家公园自然资源资产所有者来说，自然资源资产经营利用的目的是在保障国家公园生态系统原真性、完整性的前提下实现国家公园自然资源资产的保值增值；对于国家公园自然资源资产的直接经营利用者来说，国家公园自然资源资产经营利用的目的是获取经济收益，实现经济利益最大化。因为所有者和经营利用者的目的存在差异，所以要建立强而有力的政府监管体系，发挥好政府的监管作用。

国家公园以保护具有国家代表性的生态系统为目标，因此国家公园自然资源资产经营利用的主体应该慎重选择、严格监督。国家公园自然资源资产经营利用的主体可以是自然资源资产的所有者或者其委托代理人，这样所有权和经营利用权高度重合，生态保护与经济效益目标可以兼顾。国家公园自然资源资产经营利用主体亦可以为自然资源资产的所有者或者其委托代理人，即实现所有权与经营利用权分离。国家公园自然资源资产经营利用主体既可以是国有企业，也可以是集体经济组织、私人企业或者个人。在强化监督管理的前提下，可以推动实现国家公园自然资源资产经营主体多元化。鉴于国家公园自然资源资产经营利用可能产生的外部性，所有类型的经营主体都应该加强监管和责任体系、信用体系建设，高标准履行生态环境保护责任和社会责任。国家公园自然资源资产经营利用主体严格履行生态环境保护责任和积极承担社会责任，是确保国家公园自然资源资产经营实现良好效果的基础。

国家公园自然资源资产经营利用的客体主要是国家公园范围内经营利用

活动不会造成不利生态影响的特定时间的自然资源资产用益物权（使用权、经营使用权等），如自然资源资产的使用权，湿地、草地、林地的经营利用权，取水权，游憩观赏权等收益权或者受益权，这是由我国自然资源资产的公有性质所决定的。当然，对于国家公园内的一些具有流动流失性能的可再生资源资产，如果经营利用不会破坏国家公园的生态系统和生态功能，如矿泉水、温泉地热、碳汇资产等也可以作为经营利用的直接客体。

国家公园自然资源资产经营利用的方式主要有以下几种。一是将国家公园自然资源资产作为生产要素直接从事经营利用，如直接利用水资源资产从事纯净水、水产品生产等，利用温泉地热开发度假产品或者进行农业种植养殖，直接利用森林资源资产从事林下特种养殖种植经营等。二是国家公园自然资源资产用益物权，以及一些具有流动流失性能的可再生资源资产，如矿泉水、温泉地热、碳汇资产的出让出售，即可以将国家公园自然资源资产用益物权或者具有流动流失性能的可再生资源资产直接出让出售获得收益。自然资源资产使用权或经营权的出让，以及矿泉水、温泉地热、碳汇等资产出让出售，可以通过协议、招投标、拍卖等方式实现。三是国家公园自然资源资产用益物权，以及矿泉水、温泉地热、碳汇资产的入股经营，即在对国家公园自然资源资产用益物权，以及矿泉水、温泉地热、碳汇资产价值进行合理评估的基础上，以折成相应股份的形式参与经营。四是国家公园自然资源资产用益物权，以及矿泉水、温泉地热、碳汇资产的抵押经营，即把国家公园自然资源资产用益物权或其收益权、受益权等，以及矿泉水、温泉地热、碳汇资产以双方商定或认可的价格作为抵押标的，在取得相应的贷款后开展经营。

国家公园自然资源资产的经营利用模式，按照管理权与经营利用权的关系可以划分为两类：一是所有权（所有权代理或者管理权）与经营利用权一体的经营利用模式，即所有者（所有权代理者或者管理者）直接经营的模式；二是所有权（所有权代理或者管理权）与经营利用权分离的经营利用模式，即所有者（所有权代理者或者管理者）将经营利用权以合法合规的方式交由他人行使并取得相应收益的经营利用模式。

G.25

基于生态产品价值实现的国家公园特许经营管理探讨

羊晓涛*

摘　要： 构建生态产品价值评估体系是生态产品价值实现的首要任务与基本制度保障。本文首先回顾了国际环境与经济综合核算体系（SEEA）和千年生态系统评估（MA）的核算理念与方法，核算涉及的经济/非经济价值、物理/货币价值、存量/流量、人类福祉等评估视角对构建其他核算体系与生态产品价值评估具有重要启示。其次介绍了国内 SEEA 应用与 GEP 核算方法。最后探讨了国家公园特许经营活动开展的各个阶段，即准备、招投标、经营、考核和总结阶段，以及如何将生态系统服务价值核算的理念贯穿整个特许经营过程，让保护与利用的效果清晰可见。

关键词： 环境与经济核算　生态产品价值　国家公园　特许经营

生态产品价值实现机制是贯彻实施“绿水青山就是金山银山”理念的关键路径，构建生态产品价值评估体系是价值实现的首要任务与基本制度保障。生态产品价值指“某一类生态产品的货币价值”，目前有几套评估体系，GEP 即生态系统生产总值，是在全国范围推广的主要评估体系，但由于对生态产品价值实现的现实需求巨大，因此仍要构建适用于不同区域、不

* 羊晓涛，浙江工商大学旅游与城乡规划学院副研究员，硕士生导师，主要研究方向为融合原住居民知识的环境教育、乡村旅游集体经营。

同生态类型、不同考核要求的评估体系。为了探索适用于国家公园特许经营的生态产品价值评估方式，客观反映特许经营项目所涉及的生态产品保护和开发成本，本文首先回顾了国内国际主要核算体系的核算内容和方法，其次介绍了特许经营在国家公园管理中的应用，最后将前两项相结合探讨了如何将生态系统服务价值核算应用于特许经营管理。

一　环境与经济综合核算体系：资源、资产、资本

（一）国际生态系统资产和生态系统服务价值核算

现代社会生产生活方式对生态环境的破坏日渐明显，为增进对生态环境保护价值的认识，特别是从经济角度对其进行研究，1993 年联合国发布了环境与经济综合核算体系（System of Environmental-Economic Accounting, SEEA）[①]，详细核算环境资源的存量和流量的经济价值。此后，核算内容不断更新，2012 年联合国发布了《环境经济核算体系——中心框架》（SEEA-CF）、2014 年发布了《环境经济核算体系——实验性生态系统核算》（SEEA-EEA）、2021 年发布了《环境经济核算体系——生态系统核算》（SEEA-EA）。联合国秘书长安东尼奥·古特雷斯认为，新的经济和环境框架“是朝着我们看待和重视自然的方向迈出的历史性一步，我们将不会再无情地将环境破坏和退化视为经济进步”[②]。

后续的核算系统延续了 SEEA-CF 的基本概念与内容框架，针对不同的主题进一步扩展和细化，并且阐释了新的核算系统与现有的其他核算系统之

① FAO, *System of Environmental-Economic Accounting (SEEA)*, https://www.fao.org/land-water/land/land-governance/land-resources-planning-toolbox/category/details/en/c/1111241/#:~:text=The%20System%20of%20Environmental-Economic%20Accounting%20%28SEEA%29%20is%20a, stocks%20and%20changes%20in%20stocks%20of%20environmental%20assets.

② 《联合国通过“环境经济统计与生态统计体系”全新统计框架，要求各国经济报告要让自然“发声”》，“中国绿发会”澎湃号，2021 年 3 月 15 日，https://www.thepaper.cn/newsDetail_forward_11709412。

间的关联。如 SEEA-EA 构建了一个综合和全面的生境与景观统计框架，核算生态系统服务价值，跟踪生态系统资产的变化，并将这些信息与经济和其他人类活动联系起来。[①] 核算自然资产时，如果只是像 GDP 这样的统计数据把自然资源视为交换的商品，就不能反映对自然的依赖和对自然的破坏作用。目前全球有 80 多个国家参与 SEEA 的评估，评估每三年开展一次，不同子系统的使用情况略有不同。[②]

SEEA 从经济角度探讨环境资源的存量和流量的价值，参考会计核算概念，SEEA-CF 包含了核算结构、实物流量账户、环境活动账户及相关流量、资产账户。[③]实物流量账户核算经济与环境之间的物质和能量实物流量。资产账户将环境资源视为资产，核算资产存量及其变化，核算的资源涵盖了矿产和能源资源、土地资源、土壤资源、木材资源、水资源、水生生物资源和其他生物资源。评估资源存量时，常用的模型有生态过程模型、遥感模型和生态位模型。生态过程模型估算大气—植被—土壤循环中的碳收支及各类碳库时空变化，已有较成熟的模型用来评估不同的生态系统类型。遥感模型通过遥感技术探测并提取地表时空要素，实时监测全球生产力、植被特征、水资源等。生态位模型模拟野生动物适宜分布区，掌握其空间分布情况并进行预测。

促进地球生态保护与永续发展对增进人类福祉和可持续发展至关重要，2001~2004 年联合国环境规划署（UNEP）组织了全球 95 个国家开展千年生态系统评估（MA）。[③] MA 将人类福祉置于评估的核心位置，同时认可多样性和生态系统的内在价值，以及人类会在生态系统的基础上考虑福祉。该评估提出了生态系统资产（Ecosystem Assets）和生态系统服务（Ecosystem Services）的概念。生态系统服务指人类能够从生态系统中获得益处，即强调生态系统为人类提供四大类服务：供给服务、调节服务、文化服务和支持

① “System of Integrated Environmental and Economic Accounting”，联合国，2023，https：//seea. un. org/ecosystem-accounting。

② See http：//www. stats. gov. cn/english/pdf/202010/P020201012331151326804. pdf.

③ UN，European Commission，FAO，et al，*System of Environmental Economic Accounting* 2012-*Central Framework*，New York：UN，2014，p32；V. K. Walter，A. M. Harold，C. Angela，*Millennium Ecosystem Assessment*（*2005*），https：//www. millenniumassessment. org/en/index. html.

服务。供给服务指直接提供食物、洁净水源、树木与木材、能源等；调节服务包括气候调节、洪水调节、疾病调节等；文化服务包括审美、精神、教育、休闲等；支持服务包括土壤构成和营养循环等。生态系统服务的定义涵盖了“对经济及其他人类活动”的益处，其核算范围不仅包括经济体系的收益，还包括直接或间接为人类本身提供的效用。这四类服务，既有物质性的服务，也有非物质性的服务，二者共同提升人类福祉。福祉不仅包含安全、维持高质量生活的基本物质需求，而且涵盖了健康、良好的社会关系，以及选择和行动自由（见图1）。相对而言，生态系统服务的核算在数据可得性和核算可实现程度上更优于生态系统资产的核算。① UNEP 不只停留在概念探讨上，95个国家的评估结果明确表明，生态系统与人类福祉息息相关。

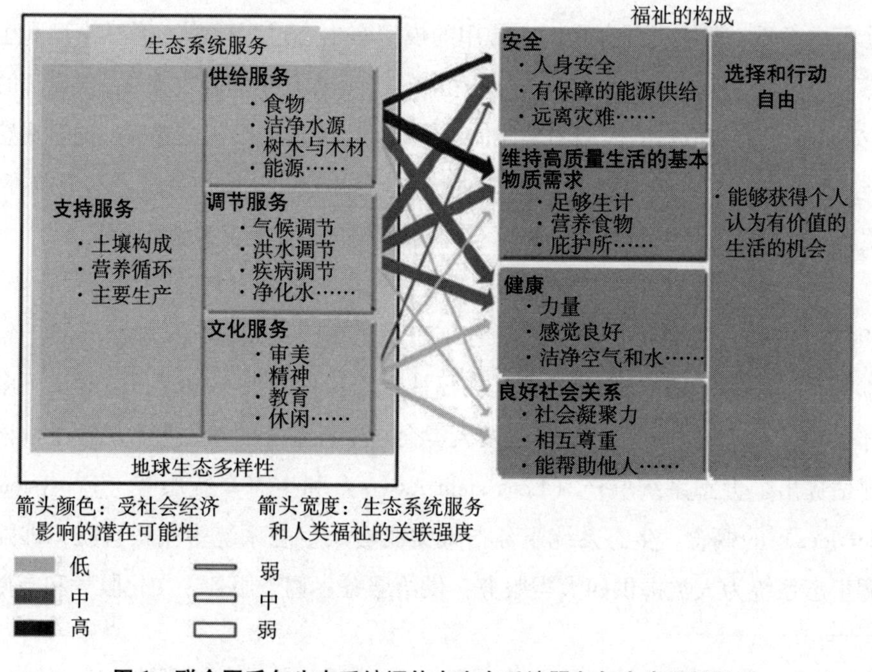

图1　联合国千年生态系统评估中生态系统服务与人类福祉关系

资料来源：联合国环境规划署千年生态系统评估文件。

① 高敏雪、刘茜、黎煜坤：《在 SNA-SEEA-SEEA/EEA 链条上认识生态系统核算——〈实验性生态系统核算〉文本解析与延伸讨论》，《统计研究》2018 年第 7 期。

MA引起了全球各国政府和社会各界对生态系统服务的广泛关注。①2014年联合国发布的SEEA-EEA及2021年发布的SEEA-EA侧重于生态系统服务的评估。SEEA强调物质流量本身，而SEEA-EEA与SEEA-EA则更强调在生态系统范围内形成的服务功能，并将服务功能进一步扩展和细化，SEEA-EA扩展了SEEA没有直接体现的调节服务与文化服务。同时，SEEA-EA延续了MA的思路框架，具体的划分细节与用词表述有略微调整，例如文化服务的范畴调整为休闲相关服务，视觉景象服务，教育与科学研究服务，精神、艺术与表征服务。SEEA-EA既包括直接和间接使用价值，也包括选择价值和非使用价值。SEEA-EA涵盖五个生态系统账户，分别是生态系统范畴、生态系统状况、生态系统服务流物理账户、生态系统服务流货币账户、货币生态系统资产。图2展示各个生态系统账户之间的联系，五个账户既包含存量与流量账户，也涉及物理与货币账户，把生态系统服务作为桥接概念，将生态系统资产和商业、家庭、政府的生产与消费相连接。

自然资本是另一普遍被提及的将环境资源转为发展视角的概念，但自然资本被认为是相对于人造资本、人力资本等不同类型的资本而提出的概念，在国际资源核算体系中通常采用环境资产和生态系统资产的概念，也就是前文提到的各类评估体系的评估对象。

（二）国内生态系统资产和生态系统服务价值核算进展

随着国内生态文明建设的持续推进，生态系统资产价值的核算也逐步跟进。生态文明建设，不仅对中国可持续发展具有深远影响，更是中华民族对全球日益严峻的生态环境问题做出的庄严承诺。生态文明是人类遵循人与自然和谐发展规律，以人与自然、人与人的和谐共生、全面发展、持续繁荣为基本宗旨的文化伦理形态。党的十八大报告明确提出："要把资源消耗、环

① "System of Integrated Environmental and Economic Accounting"，联合国，2023，https：//seea. un. org/ecosystem-accounting。

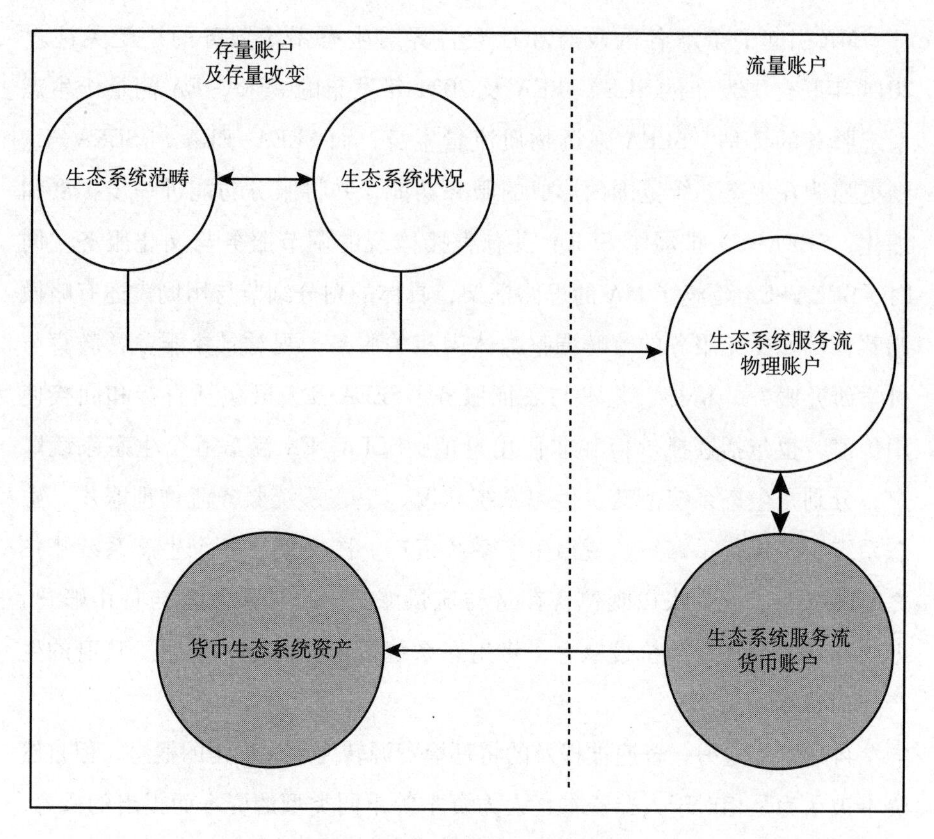

图 2　生态系统账户之间的联系

资料来源：UN，European Commission，FAO，et al，*System of Environmental Economic Accounting 2012-Central Framework*，New York：UN，2014，p. 32。

境损害、生态效益纳入经济社会发展评价体系，建立体现生态文明要求的目标体系、考核办法、奖惩机制。”党的二十大报告明确指出：“中国式现代化是人与自然和谐共生的现代化。”习近平总书记站在中华民族和人类文明永续发展的高度，提出生态文明思想，传承中华优秀传统生态文化，回答发展与环境保护的世界之问、时代之问。

科学评估生态系统服务和生态资产价值是生态文明建设的一项基础性工作，也是摸清生态家底、加强生态保护与建设、改善生态系统管理、提升生态系统功能和科学制定生态保护政策的迫切需要。目前，国内常用的生态系统评估办法主要是直接沿用联合国 SEEA 体系或将 SEEA 体系与国内生产总值评估方式相结合。2014 年国家林业局根据 SEEA 体系对我国森林系统进行核算，核算全国林地林木资产总价值为 21.29 万亿元；在其后开展的第三次核算中，截至 2018 年，全国林地林木资产总价值为 25.05 万亿元，森林生态系统提供生态服务价值 15.88 万亿元，同时，在第三次核算中第一次评估了森林文化价值，约为 3.10 万亿元。[①]

陆地生态系统生产总值（GEP）核算将国际 SEEA 体系与国内生产总值评估方式相结合。[②] 2020 年，由生态环境部环境规划院和中国科学院生态环境研究中心联合编制的《陆地生态系统生产总值（GEP）核算技术指南》作为行业标准发布，该指南为建立生态产品价值实现机制、区域生态补偿、自然资源资产审计、自然资产负债表编制等制度的实施提供了科学依据。[③] GEP 核算涵盖了森林、草地、湿地、农田、城镇和荒漠六类生态系统，考量了生态系统提供的物质产品供给服务、调节服务、文化服务三大服务功能，基于基础地理数据和土地利用数据开展资料收集。在统计计算中，不同类型的生态资本使用了不同的计算方法，既可运用市场价值法直接计算，也可从替代成本、恢复成本、保育价值、旅行费用等角度间接计算。与前文提到的国际生态核算类似，GEP 核算是从功能量和价值量两个角度展开。功能量用生态产品产量表示，如粮食产量、水资源供给量和自然景观吸引的游客数量等，其优点是直观，可以给人以明确具体的印象，但由于计量单位与量纲不同，不同生态产品产量不能加和。为了获得一个地区或者一个国家在一段时间内的生态产品产出总量，需要借助价格，将不同生态产品产量转化为货币单位表示产出，然后加总为 GEP。[②]

杜傲等根据全国生态环境十年变化（2000~2010 年）遥感调查评估

---

① 《我国林地林木资产总价值达 25.05 万亿元》，中国政府网，2021 年 3 月 13 日，https://www.gov.cn/xinwen/2021-03/13/content_5592714.htm。

② 张蕾、宋昌素：《有了 GDP，为什么还要引入 GEP——访中国科学院生态环境研究中心主任欧阳志云研究员》，《光明日报》2021 年 4 月 8 日。

③ 王金南等：《规范生态系统价值核算　助力生态产品价值实现——解读〈陆地生态系统生产总值核算技术指南〉》，《中国环境报》2020 年 10 月 12 日。

和全国生态环境五年变化（2010~2015年）遥感调查评估等数据，对我国首批5个国家公园的GEP进行了评估，评估结果显示，2000~2015年单位面积GEP基本稳定，由此得出对国家公园生态保护效果的肯定依据。①

（三）述评：环境与经济综合核算体系亟须完善

环境与经济综合核算体系实为从资源到资产与资本视角的转换。国内国际的生态系统与生态系统服务核算体系无疑都凸显自然的贡献并正确地评价自然，是迈向人与环境可持续发展的第一步。国内国际都达成将自然生态资源视为资产或资本的共识，SEEA的多个子评估系统以及MA是由联合国牵头的核算评估系统，但是在具体实施上，尚未形成统一概念范畴、标准、评估方法。SEEA虽由联合国牵头，但许多国家在本国实际情况的基础上，调整实施不同评估方案。从SEEA子评估系统的扩展和细化，可以预测生态系统价值评估是国际与各国关注与突破的发展方向。虽然各个评估系统的范畴略有不同，但是核心的统一认识是从经济角度审视环境资源，形成环境资产认识，更好地促进资源利用与管理。不同生态资产评估体系，均把生态系统服务作为桥接概念，将生态系统资产和商业、家庭和政府的生产和消费相连接，核算时涵盖的经济/非经济价值、物理/货币价值、存量/流量、人类福祉等评估视角对构建其他核算体系具有重要启示。正如张媛与党国英所指出的，在生产、分配、交换、消费环节注重自然资源环境价值的核算，是对绿色生产方式的践行，绿色生产方式的终极目标是始终正确处理人与人、人与自然的关系。②

尽管本文已介绍国内国际主要环境与经济综合核算体系，但是此类宏观、大规模的综合核算体系仍在持续完善与扩展中，同时针对不同类型的生态产品与服务、不同价值核算方式、不同地域、不同尺度范围的核算标

---

① 杜傲等：《国家公园生态产品价值核算》，《生态学报》2023年第1期。

② 张媛、党国英：《绿色发展与生态资本的耦合机制研究——以云南省为例》，《企业经济》2020年第10期。

准亟须进一步完善。2021 年 4 月，中共中央办公厅、国务院办公厅印发《关于建立健全生态产品价值实现机制的意见》，全文七个方面 23 点意见中的四个方面 12 点意见都关于生态产品价值评估，即在生态产品调查、价值评价机制、经营开发机制和价值实现保障机制等四个方面开展工作，始终贯穿其中的就是对生态产品价值的科学评估。该意见明确提出，要“探索构建行政区域单元生态产品总值和特定地域单元生态产品价值评价体系”，这一目标是为了能客观反映生态产品保护和开发成本，由此在后续的生态保护补偿、生态环境损害赔偿、经营开发融资、生态资源权益交易等方面应用。国家公园特许经营正是依赖生态产品价值核算的经营方式之一。

二 国家公园特许经营：保护与利用的辩证统一

特许经营是对国家公园施行“最严格的保护”的重要方式之一，公园管理机构依法授权社会资本在规定的范围、数量、质量约束条件下，经营相应的产品和服务，[①] 同时受许人向特许人支付相应的特许经营费用，实现保护与利用的辩证统一。特许经营是已在国外国家公园广泛采纳使用的经营方式，特许经营的业务范围涉及国家公园内的餐饮、住宿、探险活动、礼品店、交通、导览解说等，试图通过管理机构的精心筛选和监管，确保符合公园价值观和环境保护标准的经营活动顺利开展。特许经营制度能缓解政府财政压力，激发社会资本参与生态活动动力，在保护的前提下，对特许经营进行适度开发，将部分所得经济效益投入保护工作，形成国家公园的可持续管理，增加公众游憩机会，提高游客体验。[②] 同时，国家公园管理机构的职责从开展经营活动转为特许经营企业的招投标、管理和

① 张海霞、苏杨：《特许经营：“最严格保护”下的科学发展方式》，《光明日报》2021 年 8 月 7 日。

② 张海霞、吴俊：《国家公园特许经营制度变迁的多重逻辑》，《南京林业大学学报》（人文社会科学版）2019 年第 3 期。

监管。

实践中，特许经营制度的具体条款与内容是由国家公园管理主体、经营主体、本地居民等利益相关者共同博弈而商定的。在我国，部分国家公园也已经实践特许经营制度，如三江源国家公园对生态体验进行了特许经营，生态体验的内容和活动受相应保护措施限制，本地社区入股特许经营企业，通过特定许可获得生态旅游活动的组织与经营权。

张海霞和吴俊从法律、合同、资金三个角度，对比分析了美国、新西兰和加拿大的国家公园特许经营制度。[①] 美国特许经营制度经历了从非正式制度向正式制度的转型过程，也就是先有特许经营管理制度，随着项目增多，利益相关方矛盾冲突明显，才有了专门的立法规范特许经营制度，并且相关立法也经过了不断完善与修订。目前，我国尚未出台关于特许经营制度的法律法规。

国家公园特许经营可以带来一些优势，如提供更多的服务选择、吸引社会资本以支持公园维护等。然而，它也存在潜在的缺点和挑战，如利益冲突、环境影响、访客压力、不平等访问机会、监管不足等。首先，公园利益相关者各自关注点不一样，特许经营企业通常是以营利为目的，更关注经济回报，而管理机构更关注环境保护，本地居民考虑就业机会与生活环境，彼此之间可能发生利益冲突。其次，特许经营活动的部分内容，特别是访客数量的增加和涉及修建的部分，如建设餐厅和游道等，会对自然环境产生负面影响，如影响野生动植物栖息地等，因此有必要对影响程度和收益程度进行对比分析、综合权衡。此外，由于大多数特许经营为商业性质，会向游客收取费用，因此只有具备支付能力的游客才能享受。最后，国家公园管理机构必须行使监督职责，实践中可能出现监管不到位的情况。进行科学与系统的环境与经济综合核算能够克服部分缺点，特别是利益冲突、环境影响、监管不足问题。

① 张海霞、吴俊：《国家公园特许经营制度变迁的多重逻辑》，《南京林业大学学报》（人文社会科学版）2019 年第 3 期。

三　生态系统服务价值视角下的特许经营：让保护与利用的效果“看得见”

将生态系统服务价值的视角引入特许经营活动的开展，将从以下五个方面，即特许经营包括的准备、招投标、经营、考核、总结阶段实现闭环管理（见图3），将生态系统服务价值核算的理念贯穿整个特许经营过程，让保护与利用的效果清晰可见。生态系统服务将生态资源与商业活动和其他人类活动联系起来，而在国家公园中将生态资源转化为商业和人类活动的一项重要管理机制就是特许经营。

（一）摸清“家底”，促进生态资源价值直观可见

首先必须明确的是，国际 SEEA 和国内 GEP 体系构建的初衷都是从经济角度探讨环境资源的价值，这是开展特许经营的首要准备工作。公园管理机构可以先摸清“家底”，对公园特许经营活动范围内的生态系统与生态系统服务的存量进行评估，以便在特许经营招投标中，让业务所涉及的生态资源价值给社会企业以直观印象，吸引社会资本参与国家公园的特许经营。

（二）生态产品价值实现方案，确定生态环境保护利益导向

有别于国有旅游企业的经营，国家公园管理机构并非直接参与经营，而是行使遴选与监督的职责，委托与授权特定企业开展规定的经营活动。在特许经营中，国家公园管理机构通过竞争程序选择社会资本，在招投标阶段，国家公园管理机构可要求竞标企业拟定生态产品价值实现方案，分别对经营活动中的生态系统资产和生态系统服务存量、价值量、耗损量、增量等进行评估。如前文所述，生态系统服务是连接生态系统资产和商业生产与消费的重要概念，因此，企业的价值实现方案中所包含的生态系统服务应参考 SEEA-EA 和 GEP 中所核算的供给服务、调节服务、文化服务等，全面展示

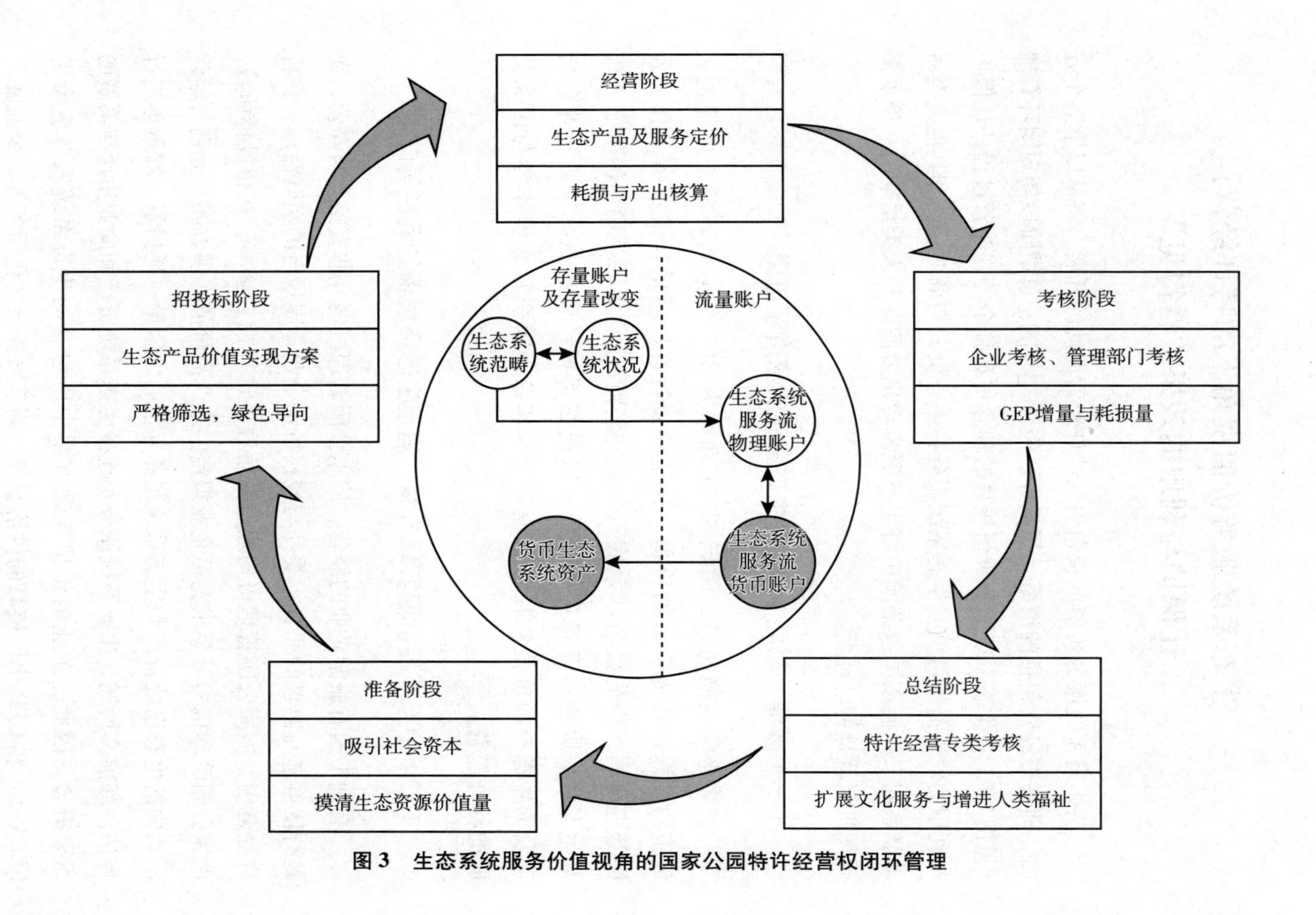

图 3　生态系统服务价值视角的国家公园特许经营权闭环管理

特许经营过程中所创造的经济和非经济价值。

国家公园管理机构依据各方案，遴选绿色企业，以生态系统服务价值预估值作为筛选依据。将生态资产评估作为竞标指标，政府方直接向企业方传达生态理念，有利于管理机构推进生态环境保护利益导向的发展机制，让特许经营企业在经营活动的生产与销售中始终贯彻绿色理念。除去经济收入，生态系统服务涵盖更广泛的文化服务，管理机构可以筛选出具有更高国民生态环境保护意识的企业。

（三）特许经营企业生态产品与服务定价，核算生态成本

SEEA-EA 和 GEP 核算的目的之一，是凸显发展的生态成本。因此，国家公园内的生态产品与服务的价值，一方面，应该充分考虑以提供该服务所耗损的自然资源作为生产成本，如水资源的消耗、对栖息地的干扰等；另一方面，定价应该反映该生态产品或服务所带来的价值，如纯净水源、空气、审美与教育。生产成本和服务价值的核算方法在 SEEA-EA 和 GEP 核算中都有涉及，如市场价值、替代成本、恢复成本、保育价值、旅行费用等角度的间接计算，特许经营企业在进行产品定价时，应充分参考。

目前，一些自然遗产地的大众旅游活动因产品质量低造成生态环境恶化[①]，国家公园作为保护力度最大的保护形式，承担生态环境保护利用机制探索与体制改革的任务，通过引入生态价值评估制度，将生态损耗核算为成本。

（四）生态系统资产与资产服务增量和耗损量——企业与管理部门的考核标尺

监管是特许经营中国家公园管理机构应履行的一项重要职责，应该如何监管，采用什么标准监管？生态系统价值评估是现有评估方法中的重要参考依据之一。特许经营的目的是实现保护与利用的辩证统一，评价利用方式是

---

① 张海霞、黄梦蝶：《特许经营：一种生态旅游高质量发展的商业模式》，《旅游学刊》2021年第9期。

否利大于弊？通过核算生态系统资产和生态系统服务的物理账户与价值账户是否有增加，是最直观且切实可行的方法。

已有明确文件规定 GEP 核算与 GDP 核算共同纳入各级党委与政府的绩效考核，且在部分地区实行。各级政府逐渐将双考核制度拆解到辖区内其他政府部门的考核中，国家公园管理机构作为 GEP 核算的主要管理与贡献者，将 GEP 核算的目标进一步分解给特许经营企业，有利于政府管理部门实现 GEP 增量。

（五）构建特许经营生态系统服务价值核算体系

值得注意的是，虽然 SEEA-EA 和 GEP 都强调了供给、调节、文化三大服务，并且将文化服务范畴确定为休闲相关服务，视觉景象服务，教育与科学研究服务，精神、艺术与表征服务。① 但是在实际的核算中，仅仅是将文化服务的实物量计算为区域内接待的游客量，根据旅行费用核算办法，将文化服务的价值量计算为直接旅行费用与间接旅行费用。② 显而易见，文化服务的定义与核算方法存在一定区别，不能将文化服务简单视为游客量与旅行费用，如教育与科研服务，游客在支付旅行费用并完成旅行后，个体所获得的与其向社会传播的非经济效益，如传播的环境保护理念并没有纳入核算。

因此，特许经营活动可以参考现有 SEEA-EA 和 GEP 核算框架与内容，启动价值核算。未来，应该积极探索构建更能反映生态价值的核算体系，或者是基于国家公园特许经营的专项核算体系。MA 中所探讨的生态系统服务与人类福祉的关联，可以作为更全面评估生态系统服务价值的重要依据。③

---

① “System of Integrated Environmental and Economic Accounting”，联合国，2023，https：//seea. un. org/ecosystem-accounting。

② 生态环境部环境规划院、中国科学院生态环境研究中心：《陆地生态系统生产总值（GEP）核算技术指南》，2020 年 9 月，https：//yhp-website. oss-cn-beijing. aliyuncs. com/upload/%E9%99%86%E5%9C%B0%E7%94%9F%E6%80%81%E7%B3%BB%E7%BB%9F%E7%94%9F%E4%BA%A7%E6%80%BB%E5%80%BC%E6%A0%B8%E7%AE%97%E6%8A%80%E6%9C%AF%E6%8C%87%E5%8D%97_ 1619800462753. pdf。

③ UN，European Commission，FAO，et al，*System of Environmental Economic Accounting 2012-Central Framework*，New York：UN，2014，p. 32.

四 结语

国内国际的生态系统与生态系统服务价值核算体系是将生态资源转化为生态资产的第一步，也是生态产品价值实现的首要任务。从本文对主要环境与经济综合核算体系构建和完善的回顾来看，各体系都充分考虑了生态产品存量与流量价值、物质与货币价值、对人类福祉的促进作用。但是基于不同类型的生态产品与服务、价值核算方式、地域、尺度范围的核算标准亟须进一步完善。本文探讨了生态产品价值评估在国家公园特许经营中的应用潜力，特许经营制度由社会企业代为运营国家公园经营性活动，遴选与监督环节尤为重要，生态产品价值评估成为这两项重要环节的科学参考依据。由此，本文呼吁基于现有主要核算体系的核算内容与计算方法，构建国家公园特许经营生态系统服务价值专项核算体系，为后续国家公园管理战略的选取与实施提供可靠的衡量依据。

G.26

自然资源资产经营中的纵向分权及其政策变迁

——以钱江源国家公园为例

张海霞　陈倩微*

摘　要： 自然资源资产经营的权利配置是自然资源资产改革体系中的核心问题，也是我国生态文明制度体系的重要组成部分。目前我国自然资源资产经营中存在部门职能交叉、市场机制不健全、所有权人虚置等问题，成为制约自然资源资产有效保护、利用、管理的关键因素。本文以钱江源国家公园为例，引入利益相关者理论，运用社会网络分析法和内容分析法，梳理2013~2022年的钱江源国家公园自然资源资产政策文件，归纳自然资源资产经营中纵向分权的演变路径，识别自然资源资产经营分权过程中的关键问题，阐释自然资源资产纵向分权的内在逻辑，以期为我国自然保护地自然资源资产改革提供参考，为加快我国生态文明建设提供可行的指导意见。

关键词： 自然资源资产　纵向分权　钱江源国家公园

* 张海霞，浙江工商大学公共管理学院教授，浙江工商大学社会科学研究院副部长，硕士生导师，主要研究方向为国家公园特许经营与旅游规划；陈倩微，浙江工商大学旅游与城乡规划学院2023级旅游管理硕士生，主要研究方向为国家公园。

20 世纪 90 年代开始，自然资源管理理论的革新和管理技术的发展，为政府集中管理自然资源提供了帮助。① 自然资源资产管理制度是加强生态保护、促进生态文明体制改革的重要组成部分。② 自然资源资产管理的核心问题是自然资源资产产权制度问题，③ 当前自然资源资产产权制度在经营管理中面临产权归属仍不清晰、自然资源资产产权的界定和要求存在局限、自然资源所有权行使人缺位、公权与私权的利益协调机制不健全等问题。④ Mehlum 等人认为，制度质量是影响资源丰富的国家绩效增长的关键。⑤ 建立健全自然资源产权制度体系在推进自然资源资产管理方面具有重要意义，有助于协调保护与开发之间的矛盾，促进人与自然的和谐发展，实现生态文明。2019 年 4 月，中共中央办公厅、国务院办公厅印发《关于统筹推进自然资源资产产权制度改革的指导意见》，明确指出以完善自然资源资产产权体系为重点，加快构建系统完备、科学规范、运行高效的中国特色自然资源资产产权制度体系。2022 年 3 月，中共中央办公厅、国务院办公厅印发《全民所有自然资源资产所有权委托代理机制试点方案》，进一步强调统筹推进自然资源资产产权制度改革的重要性，并指出要不断落实统一行使全民所有自然资源资产所有者职责，探索建立全民所有自然资源资产所有权委托代理机制。

---

① Q. X. Fang, et al, “Water Resources and Water Use Efficiency in the North China Plain: Current Status and Agronomic Management Options,” *Agricultural Water Management* 8 (2010): 1102-1116; V. A. Dukhovny, V. I. Sokolov, D. R. Ziganshina, “Integrated Water Resources Management in Central Asia, as a Way of Survival in Conditions of Water Scarcity,” *Quaternary International*17 (2013): 181-188.

② 马永欢等:《构建全民所有自然资源资产管理体制新格局》，《中国软科学》2018 年第 11 期。

③ 卢现祥、李慧:《自然资源资产产权制度改革：理论依据、基本特征与制度效应》，《改革》2021 年第 2 期。

④ 钟乐、赵智聪、杨锐:《自然保护地自然资源资产产权制度现状辨析》，《中国园林》2019 年第 8 期；谢美娥、谷树忠、李维明:《自然资源资产国家所有者的权利和义务》，《中国经济时报》2016 年 1 月 22 日；杨海龙、杨艳昭、封志明:《自然资源资产产权制度与自然资源资产负债表编制》，《资源科学》2015 年第 9 期。

⑤ H. Mehlum, K. Moene, R. Torvik, “Institutions and the Resource Curse,” *The Economic Journal*508 (2006): 1-20.

当前对自然资源资产管理的研究，主要聚焦制度体系的宏观构建[①]、国内外自然资源管理的启示[②]以及单一自然资源资产的管理，包括农业资源资产管理[③]、水资源资产管理[④]、海域空间自然资源资产管理[⑤]、草原资源资产管理[⑥]等，但对诸多自然资源资产制度、政策和工作缺乏具体微观细化研究，缺乏基于自然保护地的制度演化及其与纵向分权的关系研究。基于此，本文以钱江源国家公园为例，以钱江源国家公园相关自然资源资产政策文件为依据，从所有权、使用权、管理权三个方面阐述钱江源国家公园自然资源资产管理经营中的分权过程和产权制度建设的阻碍，总结凝练当前制约管理实践发展的突出现实问题，并据此提出未来不断优化自然资源资产管理体系的导向，以期为推进自然资源资产管理的体系重塑提供参考。

一　文献综述

我国自然资源依据公有制形式可分为国家所有与集体所有两种形式。[⑦]自然资源成为自然资源资产需要具有稀缺性和有用性（包括经济效益、社会效益、生态效益）且产权明确。[⑧] 拥有明晰的产权才能保证自然资源的使

---

① 袁一仁、成金华、陈从喜：《中国自然资源管理体制改革：历史脉络、时代要求与实践路径》，《学习与实践》2019年第9期。

② 潘楚元、苏时鹏：《国有自然资源资产管理：功能定位、特征事实与国别比较借鉴》，《自然资源学报》2023年第7期；宋马林、崔连标、周远翔：《中国自然资源管理体制与制度：现状、问题及展望》，《自然资源学报》2022年第1期。

③ 张文斐：《农业自然资源资产监管模式的法经济学分析》，《浙江农业学报》2023年第9期。

④ 吴强、陈金木：《健全水资源资产管理体制的思考与建议》，《人民黄河》2017年第10期；曹飞凤等：《分级行使水资源资产所有权改革方案研究》，《水资源与水工程学报》2021年第1期。

⑤ 徐敬俊：《海域空间自然资源的立体分布特征与其资产化管理路径探索》，《太平洋学报》2019年第4期。

⑥ 孙若梅：《草原资源资产管理评价研究——以内蒙古锡林浩特市为例》，《生态经济》2015年第12期。

⑦ 谢花林、舒成：《自然资源资产管理体制研究现状与展望》，《环境保护》2017年第17期。

⑧ 《中共中央关于全面深化改革若干重大问题的决定》，环球网，2013年11月15日，https：//china. huanqiu. com/article/9CaKrnJDaOm。

用权、占有权、收益权等一系列其他权利，其是自然资源资产其他权益实现的最根本保障。

自然资源资产管理的含义目前尚无统一的说法，现有文献从不同研究视角对自然资源资产管理做出解释：资源环境视角认为自然资源资产管理是对资源实体以及资源价值进行管理的过程，因此自然资源资产管理具有自然属性和社会属性。[①] 经济学视角认为自然资源资产管理就是以自然资源的客观规律和经济运行规律为前提，按照自然资源的实际生产能力，对自然资源的开发利用、生产和再生产以及投入与产出进行管理。简单来说，自然资源资产管理是为实现自然资源最优化配置等目标而开展的一系列管理措施。[②] 自然资源资产管理具有保障自然资源资产所有者的权益、推进自然资源资产的积累和价值实现、保障自然资源资产产权可流转性的特征。我国自然资源资产管理体系主要经历了四个发展阶段[③]：不断探索阶段（1949~1977 年）、初步建立阶段（1978~1991 年）、加速完善阶段（1992~2011 年）、全面深化改革阶段（2012 年至今）。目前自然资源资产管理存在自然资源资产价值被长期忽视，法律制度不完善，所有权、经营权、行政权混淆，资源利用效率低下，委托代理机制不健全[②]等问题。

自然资源资产具有多种产权。根据研究需要，自然资源资产产权可以有不同的划分方法。一是二分法，包括所有权和用益物权；二是三分法，包括所有权、使用权和管理权；三是多分法，包括自然资源资产所有、占有、处分、受益权利的总和。[④] 因此，自然资源资产产权涉及的责任主体众多，在自然资源资产经营管理中，责任主体相互交叉渗透形成社会关系

① 宋马林、崔连标、周远翔：《中国自然资源管理体制与制度：现状、问题及展望》，《自然资源学报》2022 年第 1 期；郑晓曦、高霞：《我国自然资源资产管理改革探索》，《管理现代化》2013 年第 1 期。

② 潘楚元、苏时鹏：《国有自然资源资产管理：功能定位、特征事实与国别比较借鉴》，《自然资源学报》2023 年第 7 期。

③ 袁一仁、成金华、陈从喜：《中国自然资源管理体制改革：历史脉络、时代要求与实践路径》，《学习与实践》2019 年第 9 期。

④ 谷树忠、李维明：《自然资源资产产权制度的五个基本问题》，《中国经济时报》2015 年 10 月 13 日。

网络，明晰各责任主体的职责范围、权利义务，有助于有效发挥各方主体的作用。

二 钱江源国家公园自然资源资产管理的政策变迁

（一）自然资源资产管理体系初步形成阶段（2000~2012年）

2000年，开化县确立并实施“生态立县”发展战略。在发展生态经济过程中，开化县充分运用政策、资金、法律等手段，积极引导产业走生态经济发展道路。开化县先后制定了《关于进一步加快生态农业发展的若干意见》《关于进一步加快生态旅游业发展的若干意见》《关于生态县建设的若干政策意见》等一系列适合促进生态经济发展的政策，极大地推进了生态经济的发展。在此期间，关停近200家小造纸、小水泥、小化工等高能耗高污染企业，关闭343处石煤开采点。从建成国家生态示范区、省生态县、国家生态县，到建设全国生态文明试点县，开化县不断探索，自然资源资产管理体系初步形成。

（二）自然资源资产管理体系加速完善阶段（2013~2017年）

2013年，开化县提出将全县建设成为国家东部公园，并以此为载体开展主体功能区建设试点。为建设国家东部公园，开化县出台一批限制类企业整治方案，计划3年内全部关停搬迁。虽然一段时间内财政收入必定会受到较大影响，但衢州市委明确提出对开化县只考核生态和民生两项指标。开化县的工作得到了省、市两级党委政府的大力支持。为鼓励企业遵守生态文明准则，2014年开化县出台《开化县政府质量奖评审管理办法》，经考核后，给予优秀企业10万元奖励。考核标准包括：企业的产品或服务需符合国家和省、市有关环境保护、节能减排等方面的法律法规，强制性标准和产业政策要求。2015年我国开始探索国家公园体制建设道路，在北京、吉林、黑龙江、浙江、云南等9个省份开展国家公园体制试点工作。2016年6月，《钱江源国家公园体制试点区试点实施方案》获得国家发展改革委正式批复，标志着浙江省国家公园体制试点工作真正进入实操阶段。2016 年，钱江源国家公园管理局出台《钱江源国家公园体制试点区山水林田河管理办法》，对山水林田河等自然生态空间进行统一的确权登记。2017 年 3 月，浙江省将古田山国家级自然保护区管委会更名为钱江源国家公园生态资源保护中心，作为钱江源国家公园管委会下属事业单位。2017 年 10 月，钱江源国家公园管理局为保护生态系统的完整性和原真性，促成当地村寨共同签订生态保护与可持续发展合作协议。2017 年 11 月，《钱江源国家公园体制试点区总体规划（2016—2025）》获省政府批准，该规划为统一自然资源、保护生态系统的完整性和原真性指明了方向，为国家公园体制建设提供了有力支撑。

（三）自然资源资产管理体系全面改革阶段（2018年至今）

2018 年，钱江源国家公园开始全面进入自然资源资产管理深化改革时期，1 月发布《开化国家公园生态资源保护中心三年行动计划》为自然资源资产管理定下基调。3 月正式印发《钱江源国家公园集体林地地役权改革实施方案》。该方案推动实现国家公园自然资源的统一高效管理，在不改变钱江源国家公园范围内森林、林木、林地权属的基础上，将上述自然资源交由钱江源国家公园管理局统一管理，由村委会受委托统一签订集体林地地役权设定合同，明确补偿标准和监管办法。6 月，钱江源国家公园集体林地地役权改革基本完成，涉及林地 27.5 万亩，钱江源国家公园范围内的村民每年可获得补偿资金 2000 多万元，户均增收 2000 元以上。通过集体林地地役权改革，钱江源国家公园实现了占比近 80%的集体林统一管理。在对集体林地地役权改革经验进行深刻总结后，2020 年 7 月，钱江源国家公园农村承包土地保护地役权改革试点正式启动，是全国首例推行承包土地保护地役权改革试点地区。2020 年，钱江源国家公园“林地保护地役权证”全面发放，地役权改革完整闭环。此后，钱江源国家公园管理局加大生态补偿力度，不断推进地役权改革。截至 2023 年，钱江源国家公园林地、农田地役权改革覆盖 4 个乡镇，包括 21 个行政村、64 个自然村，3199 户 10644 位村民共享生态红利。

三　数据来源与研究方法

（一）研究对象

钱江源国家公园体制试点区是中国首批10个国家公园体制试点区之一，也是浙江省唯一的试点区。钱江源国家公园体制试点区自然资源类型包括水流、森林、荒地、山岭四种。钱江源国家公园人口稠密，当地居民对自然资源依赖较强。钱江源国家公园辖区山林性质复杂，集体林占比高。试点区的国有土地面积为4371.93hm²，占总面积的17.26%；集体土地面积为20953.27hm²，占总面积的82.74%。2018年钱江源国家公园印发《钱江源国家公园集体林地地役权改革实施方案》，在国内率先启动集体林地地役权改革，推动实现国家公园自然资源的统一高效管理。集体林地地役权改革成功实施后，钱江源国家公园开始探索推行承包土地保护地役权改革（以下简称“农田地役权改革”），并于2020年启动全国首例试点。因此本案例在自然资源资产改革中具有代表性。

（二）分析框架

根据研究需要，自然资源资产产权按照三分法划分为所有权、使用权、管理权，并将所有权、使用权、管理权作为研究框架（见表1）。所有权反映的是自然资源资产的归属。所有权包含国家所有（全民所有）、集体所有和个人所有三类，大部分类型的自然资源资产均为国家所有和集体所有共存，仅有2个特例：一是林木是唯一可以被个人所有的自然资源类型；二是矿藏、水流和海域仅能为国家所有。① 使用权反映的是自然资源资产为谁所用。在自然资源开发利用中，同一自然资源可以同时进行多项开发利用，使得多个使用权主体同时存在，可能都是单位，也可能都是个人，还可能既有

---

① 钟乐、赵智聪、杨锐：《自然保护地自然资源资产产权制度现状辨析》，《中国园林》2019年第8期。

单位也有个人。[①] 因此自然资源资产使用权极其复杂。管理权反映的是自然资源资产经营过程中的保护、监督与管理。有别于以往研究，该框架将产权关系与社会关系相结合，从宏观制度视角和微观个体行为视角研究社会网络关系中各主体关系的形成发展状况，因而更加全面细致。

本文以自然资源资产分权框架为基础，结合钱江源国家公园的产权发展历程，以期全面客观反映自然资源资产分权制度体系下所涉及的利益相关者之间的关系网络，为我国自然资源资产管理改革提供参考。

表 1　自然资源资产产权的三个维度

维度	内涵	示例
所有权	所有权包含国家所有(全民所有)、集体所有和个人所有三类	在不改变农村承包土地权属关系的前提下,根据国家有关法律、法规和政策规定,本着平等、自愿、有偿的原则,经双方协商一致,订立本合同
使用权	同一自然资源可以同时进行多项开发利用,使得多个使用权主体同时存在	《钱江源国家公园农村承包土地保护地役权改革试点实施方案》
管理权	自然资源资产经营过程中的保护、监督与管理	允许农户科学合理地按照国家公园建设要求适度经营利用,但必须严格遵守钱江源国家公园有关管理办法,不得擅自扩大面积,提倡无公害、绿色、有机生产

(三)文本来源

本文主要采用半结构化访谈和微信公众号、地方政府官网、新闻报道等文本挖掘相结合的方法获取数据，以确保数据的全面性和有效性。

① 杨海龙、杨艳昭、封志明:《自然资源资产产权制度与自然资源资产负债表编制》,《资源科学》2015 年第 9 期。

访谈对象主要是钱江源国家公园所有权、使用权、管理权的责任主体。访谈于 2023 年 7 月 10~12 日在钱江源国家公园实地进行，采用半结构化访谈获取一手访谈资料。共访谈 5 人，收集访谈文本 2 份。其中，管理权责任主体为钱江源国家公园管理局，访谈人数 4 人，访谈文本 1 份。使用权责任主体为铁皮石斛特许经营企业，访谈人数 1 人，收集访谈文本 1 份（见表 2）。

表 2　管理权、使用权责任主体访谈情况

编号	访谈对象	访谈时长	逐字稿字数(字)
G1	钱江源国家公园管理局副局长	32 分 16 秒	8392
G2	钱江源国家公园科研检测中心主任		
G3	钱江源国家公园自然资源与建设处		
G4	钱江源国家公园社区发展与建设处		
E1	浙江森古生物科技有限公司	59 分 51 秒	16917

网络文本主要通过微信公众号、开化县地方政府官网、新闻报道、“北大法宝”——中国法律信息总库、当地企业和居民提供的相关合同文件收集。文本主要选取 2017~2022 年发表的相关政策文件（见表 3）。钱江源国家公园自然资源资产经营相关文本的筛选标准主要有：政府发布的有关钱江源国家公园自然资源资产的政策文件；当地居民、企业与政府签订的合同，合同内容涉及自然资源资产经营管理；访谈内容尽可能涉及自然资源资产管理；文本内容真实有效。共收集 73 篇网络文本，其中 49 篇满足上述要求。

表 3　2017~2022 年相关政策文件

发布时间	文件名称
2022 年 1 月	《钱江源国家公园项目管理办法(试行)》
2022 年 6 月	《开化县民宿提质富民专项扶持奖励办法(试行)》
2020 年 4 月	《钱江源国家公园总体规划(2020—2025)》
2020 年 6 月	《钱江源国家公园农村承包土地保护地役权改革试点实施方案》

续表

发布时间	文件名称
2020年8月	《钱江源—百山祖国家公园总体规划(2020—2025年)》
2020年8月	《环钱江源国家公园跨区域合作保护实施方案(试行)》
2019年6月	《建立国家公园体制总体方案》
2018年1月	《开化国家公园生态资源保护中心三年行动计划》
2018年3月	《钱江源国家公园集体林地地役权改革实施方案》
2018年3月	《齐溪镇钱江源国家公园集体林地地役权改革实施方案》
2018年7月	《钱江源国家公园自然资源管护工作考核办法》
2018年8月	《钱江源国家公园体制试点区自然资源确权登记台账资料》
2018年8月	《钱江源国家公园生态保护专项规划(2018—2025年)》
2017年2月	《钱江源国家公园体制试点区山水林田河管理办法》
2017年10月	《生态保护与可持续发展合作协议》
2017年11月	《钱江源国家公园体制试点区试点实施方案》

资料来源：根据公开资料整理。

（四）研究方法与过程

社会网络分析用于描述和测量行动者之间的关系或通过这些关系流动的各种有形或无形的因素，如信息、资源等。[①] 从“关系”的角度研究社会现象与社会结构是社会网络分析的核心思想。[②] 平衡、制约各利益相关者之间的关系是推进自然资源资产产权体系改革的关键。自然资源资产产权体系与各利益相关者之间的产权分配、权利范围密切相关，适合运用社会网络分析法进行研究。

因此，本文运用社会网络分析法和内容分析法，研究过程主要分为三个步骤：首先，将文本材料中涉及所有权、使用权、管理权三个维度的内容进行分类整理，综合提取多篇文本中同一事件的利益相关者；其次，在构建关系邻接矩阵时，采用将多元数值转化成二元数值的分析方法；最后，

① B. Ronald, M. J. Minor, “Applied Network Analysis: A Methodological Introduction,” *Business* 1983.

② S. P. Borgatti, P. C. Foster, “The Network Paradigm in Qrganizational Research: A Review and Typology,” *Journal of Management* 6 (2003): 991-1013.

借助 Ucinet 6. 212 软件进行社会网络结构分析。将钱江源国家公园自然资源资产使用权利益相关者矩阵、所有权利益相关者矩阵、管理权利益相关者矩阵分别导入 Ucinet 6. 212 软件，描绘出自然资源资产分权的利益相关者网络分析结果。分析指标主要有整体网络密度、核心—边缘结构、中心性，综合运用以上 3 项指标探究钱江源国家公园自然资源资产分权的社会网络关系。

四 结果与分析

（一）产权演变

1. 所有权演变

钱江源国家公园自然资源资产所有权利益相关者分为 8 类，即钱江源国家公园管理局、生产主体、村委会、转让人、企业、省级政府、县级政府、百山祖国家公园管理局。钱江源国家公园管理局包含钱江源国家公园生态资源保护中心以及钱江源国家公园党工委、管委会；生产主体包括村经济合作社、农业专业合作社、家庭农场、股份公司、经营大户、村民、农户等；转让人指土地流转对象；企业包括特许经营企业以及其他相关企业。

对钱江源国家公园自然资源资产所有权利益相关者关系网络进行密度分析，结果如图 1 所示。所有权利益相关者关系网络密度较低，结构疏松，利益相关者之间互动较少，且核心—边缘结构特征明显。钱江源国家公园管理局、生产主体位于网络核心层。钱江源国家公园管理局和生产主体是自然资源资产所有权主体，转让人和企业在所有权行使的影响下进入核心层。村委会、县级政府、省级政府虽然不直接参与所有权的行使，但扮演着重要的协调者和传达者角色，是中央与地方、管理局与村民之间沟通的桥梁。

生产主体的度数中心度表明其与其他利益相关者发展联系的能力较强，且是资源的重要汇聚点。在所有权行使过程中，生产主体的行为、态度对自

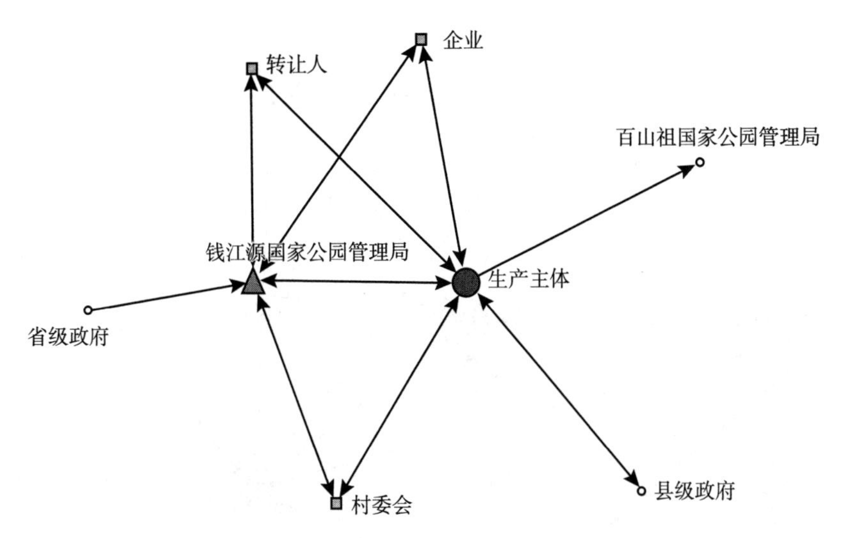

图 1　钱江源国家公园自然资源资产所有权利益相关者关系网络密度分析

然资源资产管理起着决定性作用，因此他们是自然资源资产管理中的关键角色。因为钱江源国家公园集体权属自然资源资产占比高，所以出现这一现象。钱江源国家公园管理局的度数中心度稍低于生产主体。在发展过程中，管理局逐渐走向所有权的中心位置，这更有利于自然资源资产的保护与开发。

2. 使用权演变

钱江源国家公园自然资源资产使用权利益相关者分为 8 类，即钱江源国家公园管理局、社区居民、村委会、特许经营企业、转让人、省级政府、县级政府、游客。钱江源国家公园管理局包含钱江源国家公园生态资源保护中心以及钱江源国家公园党工委、管委会；生产主体包括村经济合作社、农业专业合作社、家庭农场、股份公司、经营大户、村民、农户等；转让人指土地流转对象。

对钱江源国家公园自然资源资产使用权利益相关者关系网络进行密度分析，结果如图 2 所示。使用权利益相关者关系网络密度较高，说明成员之间联系较为密集。根据核心—边缘结构分析结果，钱江源国家公园管理局、社

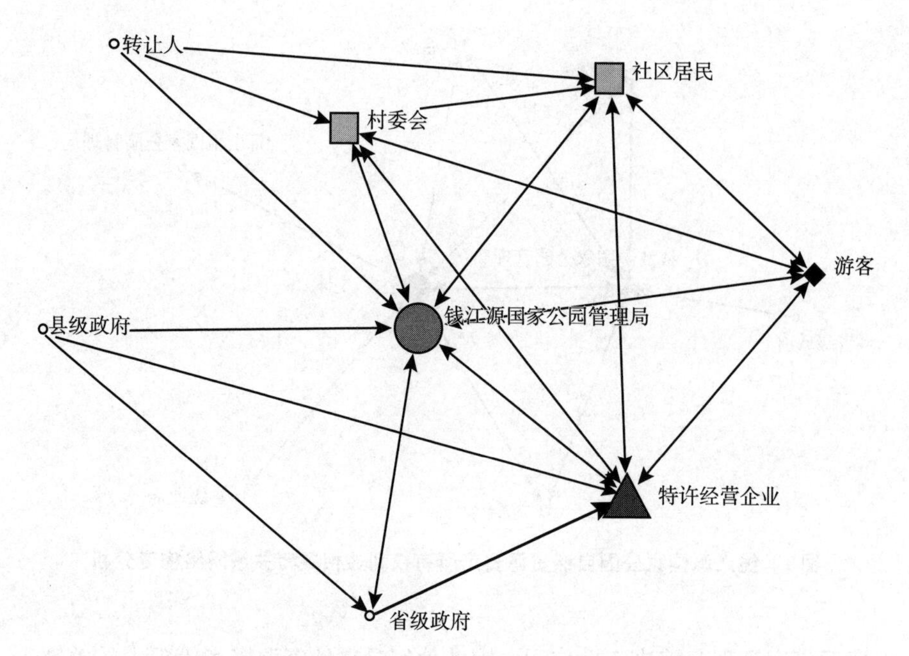

图2　钱江源国家公园自然资源资产使用权利益相关者关系网络密度分析

区居民、村委会、特许经营企业、游客都处于核心层，省级政府、县级政府和转让人位于边缘层。

钱江源国家公园管理局是自然资源资产使用权利益相关者关系网络的核心载体，在自然资源资产使用中占据主体地位。钱江源国家公园管理局的社会网络中介中心度最高，表明钱江源国家公园管理局与其他利益相关者在使用权方面保持着紧密联系，钱江源国家公园通过地役权改革规范自然资源资产的使用，为自然资源资产管理提供了良好基础。

3. 管理权演变

钱江源国家公园自然资源资产管理权利益相关者分为18类，即钱江源国家公园管理局、企业、村委会、执法所、村民、乡镇人民政府、县级政府、省级政府、市级政府、百山祖国家公园管理局、生态巡护员、水电站、科研机构、生态共建委员会、志愿者、第三方审计机构、游客、高校。

由关系网络密度分析结果（见图3）可知，钱江源国家公园自然资源资产管理权利益相关者关系网络密度不高，节点间有 80 条连线。从网络密度来看，管理权利益相关者关系网络的紧密程度处于较低水平。整体网络密度不高的原因在于，一方面，个别利益相关者在网络中与其他利益相关者的联系不频繁，有些网络节点需要通过某一节点作为桥梁，才能连接其他节点；另一方面，高校、游客、第三方审计机构、科研机构、志愿者仅与企业和钱江源国家公园管理局有直接联系，与其他利益相关者需要通过中介才能产生关联，影响了整体网络密度。

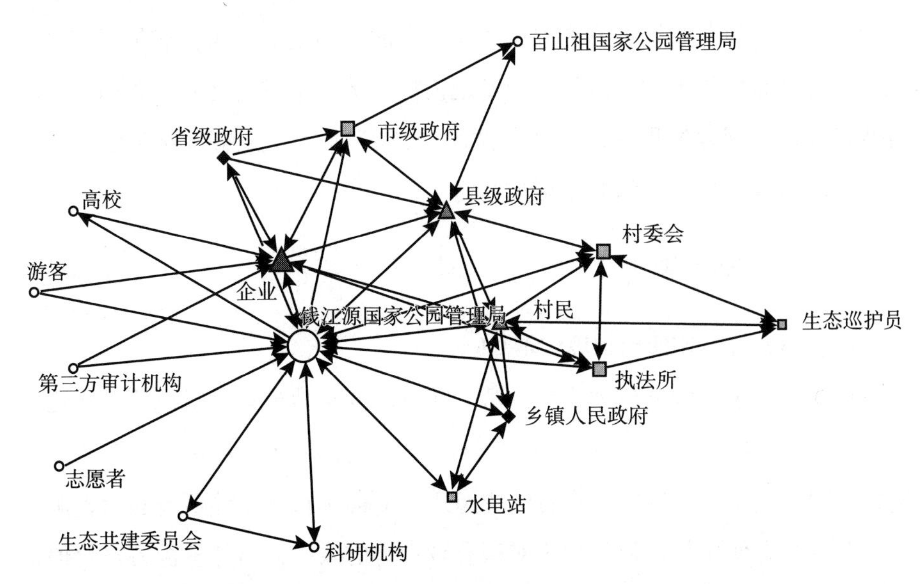

图 3　钱江源国家公园自然资源资产管理权利益相关者关系网络密度分析

钱江源国家公园管理局是自然资源资产管理权利益相关者关系网络中的主体，与其他利益相关者联系紧密。钱江源国家公园管理局的度数中心度较高，表明其与其他利益相关者发展联系的能力较强，且是资源的重要汇聚点。在管理权行使过程中，钱江源国家公园管理局的态度、领导能力对钱江源国家公园自然资源资产管理起到决定性作用，因此他们是管理权行使中的关键角色，且被其他利益相关者投放大量的关注和资源。企业、村民的度数中心度稍低于钱江源国家公园管理局，是管理权的重要利益相关者，且与钱江源国家公园管理局联系紧密。钱江源国家公园行使自然资源资产管理权的对象主要是企业和村民。

根据核心—边缘结构分析结果，管理权利益相关者分为紧密合作型和松散合作型。其中，执法所、村委会、县级政府、钱江源国家公园管理局、企业、村民属于紧密合作型，与钱江源国家公园管理局一起参与自然资源资产管理。生态巡护员、乡镇人民政府、省级政府、市级政府、科研机构等属于松散合作型。生态巡护员、志愿者参与自然资源资产的保护；游客参与自然资源资产保护的监督；高校和第三方审计机构参与自然资源资产的评估以及保护。这两类角色系统之间的关系并非静态的、锁定的，角色成员会随着管理权的变化而发生流动。例如，随着地役权改革的推进，在钱江源国家公园自然资源资产管理过程中，钱江源国家公园管理局对土地的管理权逐渐扩大，村民与管理权之间的联系更加紧密。

（二）主要问题

1. 自然资源资产使用权界定不清晰

钱江源国家公园通过地役权改革，在不改变土地权属的情况下，强化对自然资源资产的管理。企业通过与钱江源国家公园管理局签订特许经营合同，获得一定年限内国家所有自然资源资产的使用权。集体所有自然资源资产所有者享有使用权，但是由于对所有者行为的限制，自然资源资产价值未能发挥，此时所有者通过流转将自己拥有的自然资源资产使用权流转至受转让人。改革虽清晰界定了双方的责任和义务，但对土地使用权的规范管理仍不清晰，需进一步完善自然资源资产使用权分级分类出让制度。

2. 所有权与管理权之间责权划分不明确

自然资源资产的国家所有权是产权研究的重点，要妥善处理好所有者与管理者的关系。[①] 钱江源国家公园自然资源资产所有权主体以及管理权主体都为钱江源国家公园管理局，因此自然资源资产所有权与属地管理模式下代

---

① 谢美娥、谷树忠、李维明：《自然资源资产国家所有者的权利和义务》，《中国经济时报》2016 年 1 月 22 日。

理人的合法性有待商定。由于管理局同时拥有所有权和管理权，在自然资源资产利用过程中，难以确保项目开发的合理性和合法性。此时，第三方审计机构以及其他利益相关集团的监督尤为重要。建立健全监督评审机制是实现资源资产高效、合理利用的关键步骤。

3. 地役权改革重补贴，农户缺乏自我造血能力

钱江源国家公园地役权改革最大限度解决了集体土地占比高而无法进行土地统一管理的难题，但该方案本质上看还是属于传统意义上的生态补偿，没有解决种植大户承包问题、跨界问题和绿色发展问题，并且缺少体制机制创新。[①] 在交易成本不为零的社会，有的产权配置会提高效率，而另一些产权配置则可能让民众陷入贫穷。[②] 由于重在给予农户生态补贴，农户未能形成独立发展的能力，仍需依靠钱江源国家公园管理局销售其生产的农产品。未来可以通过钱江源国家公园品牌的培育，促进农产品价值的提升，将资源环境优势转化为产品品质优势，最终使产品品质优势通过品牌平台固化。

五　结语

本文基于钱江源国家公园相关文件，对其自然资源资产产权进行分析，不仅为当地政府自然资源资产产权改革提供了建议，促使其不断优化，实现了资源的合理配置，还为其他自然保护地自然资源资产产权改革提供了典型范例，对加速自然资源资产产权体系改革具有重要的现实意义。本文仅将自然资源资产产权划分为所有权、使用权、管理权三个维度进行研究，有一定的针对性，但是自然资源资产的种类丰富多样，并未对不同自然资源资产的所有权、使用权、管理权进行详细深入的探究。另外，本文选取的案例为集体土地占比较高的国家公园，并且位于经济较为发达的华东地区，具有一定的局限性。

---

① 王宇飞等：《基于保护地役权的自然保护地适应性管理方法探讨：以钱江源国家公园体制试点区为例》，《生物多样性》2019 年第 1 期。

② R. H. Coase, "The Lighthouse in Economics," *Journal of Law & Economics* 2 (1974): 357-376.

G.27

集体所有自然资源产权制度改革对国家公园建设的影响及对策研究

侯一蕾 崔楚云 温亚利*

摘 要： 自然资源产权制度是我国国家公园建设中的基础性制度，集体所有自然资源被纳入国家公园会带来保护和利用的矛盾冲突，进而影响国家公园治理目标的实现。本文基于当前我国国家公园集体所有自然资源管理的复杂性及必要性，分析了自然资源产权制度对国家公园治理的影响，探讨了国家公园集体所有自然资源保护与利用的矛盾冲突演进及应对措施。同时，基于国家公园自然资源价值实现的视角，从集体所有自然资源管理制度、集体林地地役权制度、生态保护补偿制度、特许经营制度等方面提出了完善我国国家公园集体所有自然资源管理的思路与对策。

关键词： 集体所有自然资源 自然资源产权制度改革 国家公园

2015年9月，中共中央、国务院印发《生态文明体制改革总体方案》，把“健全自然资源资产产权制度”列为生态文明体制改革八项任务之一。在新的社会经济制度背景下，我国已形成较为完整的自然资源资产管理体系。随着生态文明建设的不断深入，近年来自然资源资产管理呈现以下特

---

* 侯一蕾，北京林业大学经济管理学院副教授，硕士生导师，主要研究方向为自然保护地管理与政策、生物多样性保护与发展；崔楚云，北京林业大学经济管理学院博士研究生，主要研究方向为生物多样性保护与发展、林业经济理论与政策；温亚利，北京林业大学经济管理学院教授，博士生导师，主要研究方向为自然保护地管理与政策、林业经济理论与政策。

点：一是资源及保护制度体系日渐完善；二是现代社会发展对自然资源、生态产品和服务的需求不断增加；三是自然资源和生态服务的产值不断提升，资源所有者和经营者的利益实现方式更加多元化。因此，在新的时代背景下，如何满足新发展的新需求，是自然资源产权制度改革面临的核心问题。

中国的自然保护地建设一直是生态文明建设的重要领域，党的二十大报告提出“推进以国家公园为主体的自然保护地体系建设”。国家公园作为我国自然保护地的主体，发挥制度优势，推动生态文明建设各项制度不断完善，具有重要的引领示范作用。自然资源管理是国家公园建设的核心，在此基础上推动生态产品价值实现、建立区域协调治理机制与模式创新，是缓解国家公园社区居民生计发展与生态保护矛盾和冲突、提升国家公园治理成效的必然路径。

目前，我国国家公园大量土地以及地上各类自然资源属于集体所有，正式建立的武夷山国家公园集体土地面积占比 66.6%，钱江源国家公园集体土地面积占比达 86.9%（见表 1）。[①] 我国国家公园的建设面积大、范围广，利益冲突的协调成为国家公园建设中的重要问题，尤其是集体所有的自然资源纳入国家公园管理过程中，如何协调保护与发展的矛盾和冲突更是成为难点问题。因此，科学、合理、有效地对集体所有自然资源进行管理是提高国家公园保护能力和水平、协调保护与发展的重要举措，也对区域社会经济可持续发展具有重要影响和意义。

表 1　我国 10 个国家公园体制试点总面积、集体土地面积及占比

单位：km^2，%

国家公园	总面积	集体土地面积	集体土地面积占比
武夷山国家公园	1001.35	666.90	66.6
大熊猫国家公园	27118.88	7756.00	28.6
海南热带雨林国家公园	4398.96	849.00	19.3

① 张星烁、周大庆、邢圆：《我国 10 个国家公园体制试点区对比研究》，《四川动物》2022 年第 6 期。

续表

国家公园	总面积	集体土地面积	集体土地面积占比
东北虎豹国家公园	14906.98	1282.00	8.6
三江源国家公园	—	—	—
祁连山国家公园	52250.00	418.00	0.8
神农架国家公园	1171.43	164.00	14.0
普达措国家公园	602.94	123.00	20.4
钱江源国家公园	758.34	659.00	86.9
南山国家公园	636.43	410.50	64.5

注："—"表示此处无数据。

资料来源：张星烁、周大庆、邢圆《我国10个国家公园体制试点区对比研究》，《四川动物》2022年第6期。

一　自然资源产权制度对国家公园建设的影响

自然资源产权制度是自然资源资产管理的核心制度。① 因此，如何健全自然资源产权制度是国家公园建设最核心的问题。② 在自然保护地建设初期，如早期的自然保护区建立时，存在产权界定不清、分部门分散管理、立法滞后的问题，产权制度安排主要服务于行业管理，导致管理缺乏系统性，管理效率不高，保护和利用的矛盾冲突表现为自然资源的利用问题，是一种简单且直接的矛盾冲突。自然资源产权制度的完善带来了资源所有者利益诉求的变化，其对资源本身从直接利用的诉求变为获取资产性收益的诉求，使保护和利用自然资源的矛盾冲突更为复杂。因此在国家公园建设中，对自然资源产权制度的构建呈现以产权清晰、权责明确、监管有效、权益保障充分为特征的制度需求。国家公园有效治理的目标涉及自然资源的保护与管理，应逐渐向治理系统性提升、治理效率提高、保护和利用协调的方向发展。因

① 唐晖、彭世良、梅金华：《国外自然资源产权制度的经验与启示》，《国土资源导刊》2023年第3期。

② J. Dell'Angelo, et al, "The Tragedy of the Grabbed Commons: Coercion and Dispossession in the Global Land Rush," *World Development* 92 (2017): 1-12.

此，在集体所有自然资源纳入国家公园建设过程中，如何缓解保护和利用的矛盾冲突、协调资源所有者的利益关系是国家公园自然资源管理面临的重要问题。

在集体所有自然资源产权制度安排下，国家公园的建立推动了以土地为基础的自然资源利用方式的演进，从对自然资源的直接利用，到以自然资源为要素的生产经营利用，再到对自然资源的资产化经营，最后转化为自然资源资产的资本化运营。这也使资源所有者的利益实现形式发生转化，从资源利用的直接性收益逐渐转向经营性收益、资产化收益和资本化收益。图1揭示了集体自然资源产权制度改革导致的权益实现形式变化。随着我国集体产权制度改革的不断推进，国家公园内集体所有自然资源产权及权属形式的变化主要表现为产权权属更加明确、权益关系更加紧密、权益价值更高、权益实现方式更加多元。这一系列变化进一步导致资源所有者、资源经营者、管理部门、市场机制作用方式和程度、社会参与及利益实现形式发生变化。因此，随着产权制度的不断变革，变化的权益实现形式对国家公园的治理需求也是动态变化的。

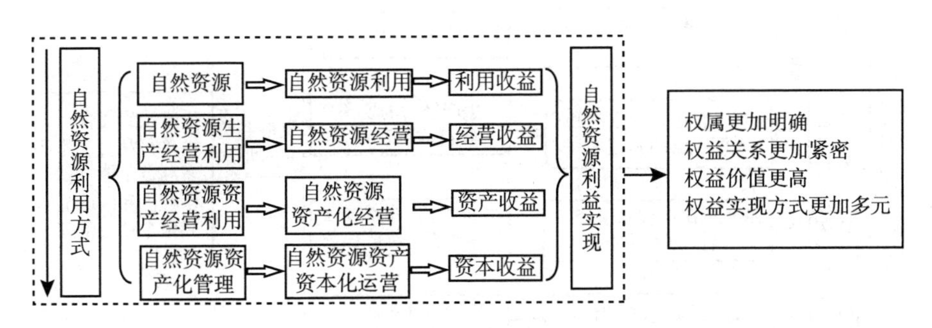

图1　集体自然资源产权制度改革导致的权益实现形式变化

二　国家公园集体所有自然资源保护与利用的矛盾冲突演进

国家公园集体所有的自然资源利益实现形式由“单一”到“多元”的变

化导致资源在纳入保护时可能产生的矛盾和冲突从简单转向复杂，涉及利益主体从单一利益主体到多利益主体，影响范围从社区、区域扩展到整个社会范围，呈现不断拓展的态势（见图2）。当资源所有者对资源直接利用时，为了获取经济价值会产生利益冲突，例如国家公园内集体林木所有者希望通过木材采伐获取经济收益，但采伐行为可能存在一定的生态影响，与保护的目标产生冲突。当资源所有者把资源作为要素进行生产经营活动时，由于自然资源稀缺性、空间有限性与规模化经营之间的矛盾也会产生利益冲突，因此增加了生产经营带来的要素收益价值造成的冲突。例如，国家公园内居民的季节性放牧能够增加其生产经营性收入，但可能会造成生态系统退化与栖息地破坏。对自然资源进行资产化经营时，会产生资源产权赋予资产属性导致的利益冲突。例如，国家公园内土地流转、抵押等过程中产生的利益冲突。对自然资源资产进行资本化运营时，为了获取资本化运营收益也会造成新的利益冲突。例如，国家公园内开展特许经营、生态旅游的过程中，可能由于各利益主体的诉求不同，带来收益分配不合理而产生利益纠纷。

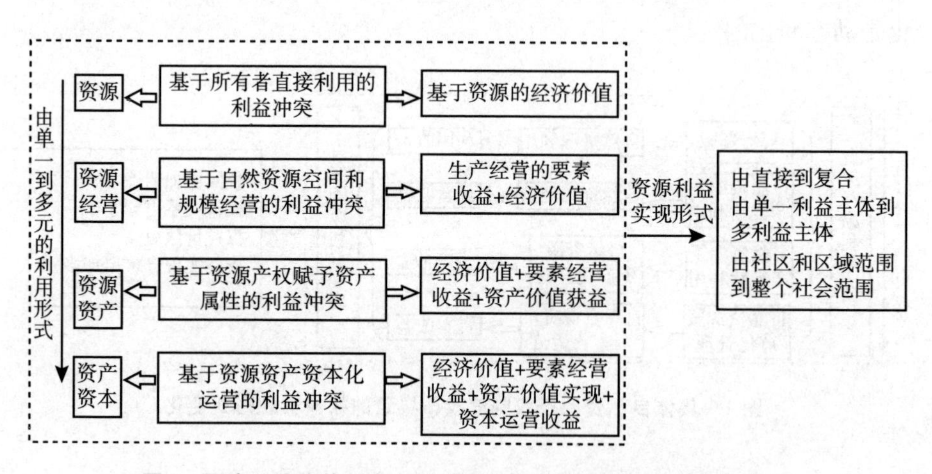

图2　国家公园集体所有自然资源资产保护和利用矛盾变化趋势

（一）集体所有自然资源纳入国家公园建设的矛盾冲突

为了保护生态系统的完整性和原真性，国家公园对自然资源实施了更严格的保护措施，可能导致更多的集体所有自然资源利用受限，使资源所有者承担了大量的保护成本。而集体所有自然资源所有者对象相对复杂，资源利用带来的矛盾冲突更为突出，这就需要在保护和利用之间找到平衡点。然而，目前集体所有自然资源在纳入国家公园建设时仍然存在诸多矛盾冲突。

第一，集体资源利用与地方经济发展的矛盾。大部分国家公园（包括试点）涉及范围较广、人口多，相较于以往的自然保护区，大范围的保护导致更多的集体所有自然资源纳入国家公园，从而导致矛盾冲突范围扩大。例如，大熊猫国家公园保护范围横跨我国四川、陕西、甘肃 3 省 12 市，总面积 27134km^2，其中集体土地面积 7756km^2，120838 人纳入国家公园范围，涉及的行政单元最多；东北虎豹国家公园集体土地面积 1282km^2，人口达 92993 人，保护与发展矛盾冲突较大。① 同时，一些被纳入国家公园的集体资源具有较高的经济价值，如矿产、水资源等集体资源的开发利用受限可能会给地方社会经济发展带来较大冲击。2021 年大熊猫国家公园正式设立前，为落实中央改革办来川督察反馈问题和中央环保督察发现问题整改，四川省启动了大熊猫国家公园内小水电、矿业权清理退出工作。② 减少勘查开发活动对生态环境的影响成为国际共识，小水电清理退出能有效保护国家公园生态环境和维持生态系统，但矿业权退出牵扯复杂的利益关系，清理退出工作落实需要考虑国家资源权益维护与矿业权人合法权益保护的关系，生态环境保护与矿产资源开发活动间的冲突突出。③

第二，集体林经营利用受限导致的社区层面矛盾。大多数国家公园内存在集体林，甚至部分国家公园 80%面积为集体林。国家公园内农民作为集体自然资源的所有者，当集体林资源利用受到限制时，其利益实现将受到极大

① 张星烁、周大庆、邢圆：《我国 10 个国家公园体制试点区对比研究》，《四川动物》2022 年第 6 期。

② 《四川省林业和草原局对省十三届人大五次会议第 214 号建议答复的函》，四川省人民政府网站，2022 年 8 月 4 日，https://www.sc.gov.cn/10462/11689/11698/11704/2022/8/4/852f2e3ba3764353abcf81fcc832db7a.shtml。

③ 冯聪、王澍、姜杉钰：《我国自然保护地矿业权退出机制研究——国外相关经验启示与借鉴》，《中国国土资源经济》2020 年第 12 期。

影响，造成国家公园与社区间的矛盾冲突。然而，随着集体林权制度改革的深入，国家公园内及周边社区群众集体林资源权属意识和权利主张日益增强，集体林资源利用和资产化经营的意愿不断提升，导致矛盾冲突更加突出。[①]

第三，生态保护补偿不足。我国尚未建立完善的国家公园生态保护补偿机制，10 个国家公园体制试点采取的生态补偿机制，大部分是实施国家及其所在省份现有生态补偿政策，包括针对森林、草原、湿地等生态要素的分类补偿，并未凸显国家公园生态补偿的差异性，仅有少数国家公园根据实际情况制定了补偿标准。以集体所有的森林资源为例，国家公园范围内的各类森林，其生态保护的制度和执行都更为严格，这也导致农户实际承担的保护成本更高。除武夷山国家公园和钱江源国家公园之外，其他国家公园的森林生态效益补偿制度、天然林停伐管护补助制度与公园外相同。从 2020 年起，福建省对武夷山国家公园内生态公益林、天然商品林（经营性毛竹林除外）的林权所有者，按每年每亩 3 元标准予以补偿，对园内 133.7 万亩的生态公益林，按照每年每亩 32 元的标准给予补偿，比公园外的其他生态公益林每年每亩增加 9 元。[②] 2023 年，江西片区国家公园范围内生态公益林补偿标准为每亩 35 元。钱江源国家公园内设立了租赁公益林，补偿标准为每年每亩 48.2 元，高于普通公益林每年每亩 40 元的补偿标准。[③] 此外，武夷山国家公园福建片区针对国家公园区域实施了高于园外的天然林停伐补助标准，2020 年起，在省定天然林停伐管护补助的基础上，连续三年每年每亩增加停伐管护补助 2 元。

第四，集体产权的复杂性导致各主体利益难以协调。国家公园虽然拥有

① P. Y. Liu，N. Ravenscroft，“Collective Action in China’s Recent Collective Forestry Property Rights Reform，” *Land Use policy* 59（2016）：402-411.

② 《〈建立武夷山国家公园生态补偿机制实施办法（试行）〉的政策解读》，福建省人民政府网站，2020 年 9 月 1 日，http：//www.fujian.gov.cn/jdhy/zcjd/202009/t20200901_5378613.htm。

③ 《江西省人民政府办公厅关于深化生态保护补偿制度改革的实施意见》，江西省人民政府网站，2022 年 7 月 22 日，http：//www.jiangxi.gov.cn/art/2022/7/29/art_4975_4082272.html。

集体林的管理权，但是集体土地产权仍然属于村集体。由于国家公园存在极为复杂的产权问题，且涉及村民、村集体和国家等多方利益，各主体利益在国家公园管理的目标下难以协调，无法实现统一的国家公园管理目标。由于划入国家公园的集体林存在潜在的资源开发利用价值，受经济利益的驱使，部分村民在集体林内偷种香菇、木耳以及发展其他林下经济项目，村委会也存在利益诉求，试图通过集体林经营或多方合作开发生态旅游活动获取更高的收益。因此，在国家公园管理局多元化的管理目标下，受多主体利益协调复杂性影响，让国家公园在管理与实践中减缓不同利益主体间的矛盾和冲突、寻找开发与保护之间的平衡点仍存在诸多困难。

（二）矛盾冲突的应对方式和问题

虽然集体所有的自然资源纳入国家公园建设存在诸多矛盾与冲突，但是国家公园的建立和有效治理也为自然资源提供了更有效的保护和管理机制，为进一步实现自然资源的保护利用和促进自然资源价值转化提供了更多元化的路径。完善集体土地征收制度、健全集体土地赎买和置换制度、规范集体土地租赁制度以及确立保护地役权制度的多元路径，有利于优化国家公园集体土地权利结构，缓解资源纳入国家公园建设的矛盾与冲突。

集体土地征收制度是由国家出面通过法定程序实现土地权利完全转移和资源的重新配置，进而实现对国家公园内集体土地的利用和管制。国家公园在落实集体土地征收工作时需满足符合公共利益、程序正当以及征收补偿三个法定的基本要件，合理的集体土地征收补偿范围、方式和程序有利于推进集体土地征收制度的实施。① 土地征收方式适用于严格保护区、部分生态保育区，可排除一切除科研、环保目的的人类活动，实现全面、严格保护。但是目前我国集体土地征收成本高昂，需要支出大量的经济成本，财政压力较大，在客观上制约着国家公园内集体土地征收制度的运作。集体土地征收制度本身的强制性特征易造成政府与土地权利人的矛盾

① 许利：《我国农村土地征收问题及对策研究》，《现代农业研究》2022 年第 10 期。

与冲突，不利于维护居民的土地使用权和收益权，实施的社会成本较高。此外，我国现行土地征收补偿制度存在补偿标准较低、主体不明确、救济措施不足等问题，阻碍了土地征收制度在国家公园的落实。①

集体土地赎买和置换制度是我国国家生态文明建设过程中对土地性质转化方式的积极探索，能够使集体所有的土地和生产资料国有化，便于统一管理。相较于征收，赎买的协商性更强，对集体土地持有者的利益考量更加充分。此外，部分赎买因无须转移集体土地所有权，在成本方面具有相当的优势。根据《建立武夷山国家公园生态补偿机制的实施办法（试行）》，在开展赎买意愿摸底调查及申报工作的基础上，逐步将武夷山国家公园生态修复区范围内集体和个人所有的人工商品林调整为国有林。2021 年，武夷山国家公园福建片区通过赎买、租赁、生态补助等方式对重点区位商品林进行收储，累计完成赎买 13351 亩。国家公园的土地置换是指将国家公园区域范围内的林地与区域外的林地进行等面积交换。这一置换方式不仅节约了政府直接购置土地所需的资金，还允许政府通过土地位置调整的方式实现集约化利用，提高土地利用效率，实现土地用途更新与资源配置优化。土地置换是林区改革的重要方式之一，以用材林为主的经营者对此具有较高积极性，但居民种植区调整到较远区域会削弱其经营生产意愿。

国家公园集体土地租赁是指集体土地权利人和国家公园管理机构在协商一致的基础上签订租赁合同，将土地经营权出租给国家公园管理机构，国家公园管理机构依据租赁合同对该土地进行利用和管理，同时定期支付租金给土地权利人。相较于集体土地征收制度，集体土地租赁制度造成的财政负担较轻、不易产生利益冲突。② 但是集体土地租赁制度更适用于生态保育区、游憩展示区，程序简单、成本合理，但是权利稳定性不足，由于涉及户数、人口相对较多，且农民的自主生产意识较强，难以实现对国家公园的有效、严格管理，

① 李敏、周红梅、周骁然：《重塑国家公园集体土地权利结构体系》，《西南民族大学学报》（人文社会科学版）2020 年第 12 期。

② 冯宪芬、蒋鑫如、武文杰：《土地征收补偿制度的经验借鉴与完善路径》，《新视野》2020 年第 2 期。

最终可能阻碍国家公园建设和给保障社区居民土地权益带来风险和隐忧。

地役权合同的核心内容是限制供役地的部分使用权从而达到地役权人保护生态环境的目的，并给予供役地人相应对价。根据各地“国家公园试点实施方案”的规定，各国家公园所在地探索通过国家公园管理机构与集体土地所有权人、使用权人签订保护地役权合同的方式，实现对国家公园范围内集体土地的利用和管制。在森林等生态系统保护中，地役权也针对公益林、天然林之外需要保护的森林。2018 年浙江钱江源国家公园体制试点区、2020 年福建武夷山国家公园、2022 年南山国家公园创建区等相继开展了保护地役权实践探索，解决国家公园范围内新划入的人工商品林的保护和利用问题。[①] 其中，2023 年 4 月，钱江源国家公园管理局启动新一轮农村承包土地地役权改革签约，试点面积从 261 亩扩大至 1200 亩，每年每亩农田的补偿标准也从 200 元提高到 800 元[②]；福建武夷山国家公园签订了 4.4 万亩毛竹林地地役权管理协议，制定了每年每亩约 118 元的补偿标准；[③] 南山国家公园管理局计划为林地“保护地役权”支付费用，试点区域地役权补偿标准参照集体林地经营权流转费用每年每亩 50 元。但是保护地役权尚无现行法律依据，致使保护地役权合同双方面临法律保护不足的压力，社区居民的土地权益难以得到保障。

三　国家公园自然资源产权制度完善及价值实现的问题与思考

在国家公园建设和管理过程中，缓解集体资源利用与地方经济发展的矛

---

① 邹土春等：《国家公园保护地役权管理和评估技术体系构建研究》，《林业资源管理》2023 年第 4 期。

② 《生态补偿“护绿生金”》，开化县人民政府网站，2023 年 6 月 10 日，https：//www.kaihua.gov.cn/art/2023/6/10/art_ 1346199_ 59032433.html。

③ 《文字实录丨国新办举行首批国家公园建设发展情况新闻发布会》，国家林业和草原局、国家公园管理局网站，2021 年 10 月 21 日，https：//www.forestry.gov.cn/main/586/20211021/212745596501712.html。

盾、解决集体林经营利用受限导致的社区层面矛盾、完善国家公园生态保护补偿制度、协调集体产权下各利益主体间关系，是集体所有自然资源纳入国家公园建设面临的主要问题。目前国家公园自然资源管理仍处在过渡阶段，进一步完善集体所有自然资源管理制度、落实集体林地地役权制度、完善生态保护补偿制度、完善国家公园特许经营制度对国家公园自然资源产权制度完善及价值实现具有重要意义与价值。

（一）完善集体所有自然资源管理制度

国家公园作为保护自然生态资源与生态环境的重要载体，其集体所有自然资源管理制度的完善是实现国家公园内自然资源与生态环境系统保护、平衡严格保护和永续利用的重要支撑，是国家公园高效管理、有效治理的重要内容。

首先，应该明确资源权属，加强产权管理。对于集体所有的自然资源，应清晰界定所有权、经营权、使用权等权利归属问题，确保每一块土地权属明确、权责清晰，避免权属重叠和发生争议。理顺自然资源产权体系，建立统一的确权登记系统和权责明确的产权体系，履行集体所有自然资源资产所有者代理职责，实施非全民所有自然资源管理监督机制，加强国土空间用途管制，保障国家公园自然资源保值增值和永续利用。

其次，完善国家公园自然资源管理相关法律法规，依据《建立国家公园体制总体方案》《自然资源领域中央与地方财政事权和支出责任划分改革方案》等政策文件的有关规定，确保国家公园保护管理有法可依，并对国家公园内自然资源实行合理保护和利用。统筹协调国家公园立法与自然资源相关法律，国家公园管理机构有效履行国家公园自然资源所有者职责，保障国家公园自然资源管理工作顺利落实。

最后，为了缓解集体所有资源纳入国家公园的矛盾冲突，在确保集体所有自然资源保护的基础上，探索其合理利用方式，比如发展生态旅游、森林康养等。使集体所有自然资源产权所有者充分从自然资源保护中获益，在国家公园中为其提供就业岗位，国家公园保护与管理工作坚持社区优先等原则，保障集体所有自然资源产权所有者的权益。

（二）落实集体林地地役权制度

集体林地地役权制度能够有效实现国家公园内生态保护与自然资源产权所有者发展的双赢，在不改变森林、林木、林地权属的基础上，通过一定的生态补偿，限制土地所有者、承包者、经营者和使用者的权利，将其管理权以决议和合同形式授权给国家公园管理局。对于一些之前并未纳入保护体系的新划入国家公园的林地，实行集体林地地役权等新的补偿机制能有效满足产权所有者的补偿需求，有效破解我国国家公园复杂人地关系下的保护与发展问题。

首先，制定集体林地地役权改革方案。在明确地役权改革政策的基础上，对国家公园内自留山、承包山、责任山、统管山的处理方法做出详细说明。各乡镇依据林地确权登记成果，深入各村对村域内集体林地涉及的范围、山林权证、山林清册、承包合同等认真开展摸排核查，查清责任山、自留山、统管山的面积和经营流转情况，明确山林权属和经营主体，明晰村、组、户、山界。林业部门配合山林权证和山林清册的查阅、鉴定和林地纠纷调处等工作，财政局安排专项经费提供工作保障，多部门协作且强化监督检查，确保集体林地所有权者拥有知情权、参与权、决策权和监督权，做到程序、方法、内容公开透明，确保集体林地地役权改革制度的落实，提高地役权改革工作效率。

其次，坚持统筹兼顾原则，在实施集体林地地役权制度的过程中，充分考虑林地权属实际，做到既尊重农户意愿，享受改革红利，保障国家公园集体所有自然资源产权所有者的权益，如免费游览国家公园、享有特许经营优先权等，国家公园管理机构加强对其就业技能的培训，促进就业，及时支付地役权补偿金；又兼顾集体利益支持乡村振兴，充分调动集体和农民参与改革试点的积极性，召开动员会、村民代表会与户代表会，将政策传达到每家每户，发挥基层组织村委会的作用，在确保地役权合同双方地位平等的同时提高效率。

（三）完善生态保护补偿制度

以国家公园为主体的生态保护补偿制度，是保护生物多样性、维护国家生态安全的重要基石。[①] 国家的生态保护补偿制度不断完善，已经建立较为完善的生态保护补偿制度体系，主要包括：纵向生态保护补偿（要素分类、综合补偿）、横向生态保护补偿、市场化生态保护补偿。然而 10 个国家公园公共生态补偿机制大部分源自国家及其所在省份现有生态补偿政策，包括针对森林、草原、湿地等生态要素的分类补偿，针对相关区域的重点生态功能区转移支付等综合补偿，还有一些地方政府根据实际情况设立了其他补偿，以国家公园为主体的自然保护地的特征体现得不突出。

一是建立差异化生态保护补偿机制。在流域横向补偿方面，各省份都建立了横向生态补偿机制，国家公园所在县域基本建立了关于水流的横向生态保护补偿机制。而且国家公园多位于流域上游，因此其通过加强生态保护可以获得下游地区的横向生态保护补偿资金。建立生态保护补偿激励机制，根据生态保护成效设置梯度激励补偿机制，针对生态环境质量更好、水质更好的情形，设置更高的补偿系数，充分体现为了更好的生态环境质量而承担生态保护成本，使得国家公园获得更多补偿资金。在重点生态功能区转移支付方面，重点生态功能区转移支付属于一项中央对地方的均衡性转移支付机制。中央财政分配下达省级财政，由省级财政根据本地区实际情况再转移支付到县域使用。资金分配包括重点补助、禁止开发区补助、引导性补助以及考核评价奖惩资金四个部分，根据地方政府标准财政收支缺口、补助系数、禁止开发区域的面积和个数等因素实施差异化补助，根据生态环境质量监测评价情况实施奖惩。在森林生态效益补偿机制方面，统一天然林管护和国家级公益林补偿政策，鼓励各地结合生态保护贡献、生态区位重要程度、森林管护难度等因素探索实行差异化补偿机制。除此之外，武夷山国家公园、钱

---

① M. C. Liu, et al, "The Oretical Framework for Eco-compensation to National Parks in China," *Global Ecology and Conservation* 24 (2020): e01296.

江源国家公园等还根据自身情况从生态资源赎买、生态移民、技能培训、生活补助、产业发展等方面对当地社区进行补偿。

二是探索多元化的融资机制。政府是国家公园生态保护补偿制度最重要的资助者，探索多元化的融资机制，一方面可以从国家层面提出创新工具，包括绿色收费/绿色税收计划、继续丰富金融产品，以自然灾害保险、绿色信贷与融资等方式支持国家公园生态环境保护与绿色产业发展；[①] 另一方面在国家公园强有力的监管体系和区域规划框架下，生物多样性抵消机制可以支持国家公园的生态保护活动。同时，非政府组织和捐赠机构的赠款以及私人部门的慈善捐款也构成了多元化融资机制的重要资金来源。[②] 此外，集体行动基金或环境基金被用于改善基金管理绩效，可以通过金融市场更好地撬动可用的资金，服务于生态环境保护。

三是加强生态保护补偿资金的绩效管理。中央层面已经提出把绩效理念贯穿财政资金管理全过程，并根据预算绩效进行奖励或惩罚。省级层面提出建立事前绩效评估、绩效目标管理、绩效运行监控、绩效评价、评价结果应用等全过程预算绩效管理机制。绩效目标包括建设管理、生态保护修复、生态资产和生态服务价值、资金管理等；绩效评价包括资金投入使用情况、资金项目管理情况、资金实际产出和政策实施效果。评价结果应用旨在将绩效评价结果作为资金分配和政策调整的重要依据。浙江省、湖北省分配国家公园支出时，绩效权重为10%。

（四）完善国家公园特许经营制度

国家公园相关的政策法规规定了特许经营收入的具体管理办法。随着地方实践的发展，国家公园特许经营的协议订立与履行、监管监察、争议解决与利益分配趋于成熟稳定。然而，由于国家公园建立时间短、覆盖区域面积

---

① L. Hein, D. C. Miller, R. Groot, "Payments for Ecosystem Services and the Financing of Global Biodiversity Conservation," *Current Opinion in Environmental Sustainability* 5 (2013): 87-93.

② J. Bishop, L. Emerton, L. Thomas, *Sustainable Financing of Protected Areas: A Global Review of Challenges and Options*, Gland: IUCN, 2006.

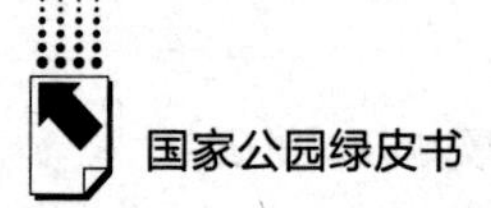

广、行政权力不明确等原因，特许经营制度仍存在难以平衡保护和利用的关系、历史遗留问题未解决、品牌宣传不到位等问题。

基于我国特许经营的实践，为了使特许经营更好地服务社会实践发展，本文提出以下几点建议。一是不断完善特许经营顶层设计。相关部门严格遵循制度逻辑，加强制度建设，对不符合绿色发展理念的特许经营行为进行规范。同时制定符合各公园实际的特许经营白名单，探索具有特色的经营项目以更好发挥特许经营服务功能。二是规范经营主体义务。公共产权不明晰将导致政府与企业之间的冲突。由于部分国家公园内部自然资源权属不明确，容易产生严重的负外部性，形成一种“企业收益、民众受苦、政府买单”的恶性循环，因此，需要明确自然资源权属将权利与义务相关联，形成“谁收益、谁买单”的经营机制。三是建立健全利益分配机制，实现发展成果全民共享。积极引导特许经营和门票所得收入适度分配给当地农户以保护环境、促进增收。

后　记

在《国家公园空间布局方案》已经印发、《中华人民共和国国家公园法》即将出台以及第二批国家公园名单将要公布之际，第二部“国家公园绿皮书”《中国国家公园建设发展报告（2023~2024）：国家公园人地耦合系统协调发展》终于付梓了。为此我在高兴之余，还有一丝丝的惶恐，其中的缘由主要是本书体现的研究内容有没有把握住国家公园的建设方向？能否对目前我国的国家公园建设和发展提供参考和借鉴价值？好在我们的背后还有诸多其他兄弟研究团队、政策制定者、社区居民、NGO组织等在从不同角度对国家公园进行思考与探索，他们的思想与智慧为我们所做的思考与研究提供了无穷的源泉。

本部“国家公园绿皮书”的主题是国家公园人地耦合系统协调发展。之所以确立这样一个主题，主要是考虑到在人与自然和谐共生的理念框架下，我国国家公园如何在今后的发展中找到符合中国国情的国家公园发展路径。因此，在本书的结构安排上，总报告围绕人地关系探讨了国家公园未来发展的演变规律及其复杂性。在此基础上，其他26篇专题报告针对资源评价与空间管控、社区可持续发展、生态产品价值实现、自然游憩以及自然资源资产的经营利用等五大方面进行了系统论述。

本书得以顺利出版，首先要感谢北京林业大学校长安黎哲教授在百忙中指导全书框架思路的确定并为本书作序，同时要感谢北京林业大学社会服务和综合研究部、北京林业大学生态文明智库中心的大力支持，感谢社会科学文献出版社张建中、李小琪等编辑付出的辛勤劳动。感谢李燕琴、石金莲、张海霞、王忠君、李健、张婧雅等各位老师在组稿和定稿过程中付出的时间

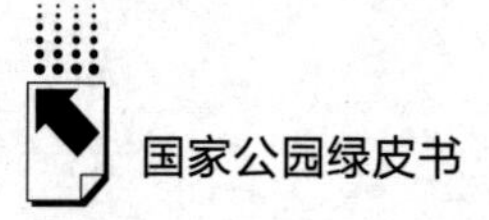

和精力。北京林业大学国家公园研究中心的同人和部分研究生在论文整理过程中付出了辛苦，在此一并表示感谢！

由于编者水平有限，错漏之处在所难免。如有不当之处，敬请读者批评指正。

2024 年 8 月 10 日于内蒙古科右前旗

Abstract

Since the Third Plenary Session of the 18th CPC Central Committee proposed the establishment of a national park system in 2013, all the work of national park construction in China has been steadily advanced, and great achievements have been made in the exploration of institutional mechanisms, ecological protection, green development and improvement of people's livelihood. These efforts have provided strong support for the construction of ecological civilization. Throughout the development history of nature protection in the world, it has always been a history of struggle between protection and utilization. Sometimes protection leads utilization, sometimes protection and utilization are in opposition, and sometimes the momentum of utilization even prevails. In reality, the so-called ideal state of utilization in protection and protection in utilization is difficult to achieve. From a global perspective, most countries' national parks and nature reserves are inhabited by indigenous people for generations, and their mode of production and life, and interest demands essentially reflect the complexity of the relationship between man and land. Therefore, balancing the conflict between protection and utilization has become the focus of solving the complex problem of man-land relationship, and it is of great practical significance to discuss the coordinated development of man-land coupling system in the process of national park construction.

Based on the above background analysis, it is determined that the theme of this book in 2023 is "Coordinated development of man-land coupling system in national parks". This book is compiled by the National Park Research Center of Beijing Forestry University, and experts and scholars in the field of national park research in China and related research teams are invited to complete the content writing. Through the research on the present situation and future development of national parks in the relationship between man and land, this paper discusses the complexity of the relationship between man and land, among which 28 special reports comprehensively analyze and interpret the annual theme.

This book adopts analytic hierarchy process, spatial analysis, content analysis, big data analysis, comparative analysis, questionnaire survey, expert interview and other research methods, focusing on six themes in the development of national parks: Firstly, in the aspect of the evolution of man-land relationship, it interprets the connotation, characteristics and components of man-land relationship in national park of China, sorts out the changes in the relationship between human activities and the natural environment, and analyzes the development status and trend prospect of national park from the perspective of man-land relationship; Secondly, in terms of resource evaluation and spatial control, in view of the current situation of Chinese national park's resource utilization in the fields of community management, cultural landscape, ecosystem and tourism development, this paper puts forward the strategies of national park resource management and spatial control under the guidance of different human-land problems; Thirdly, in the aspect of community sustainable development, the relationship between national park construction and community development is discussed, and research is carried out from the perspectives of community participation, tourism development and community empowerment to promote the coordinated development of national park ecological protection and social economy; Fourthly, in the aspect of realizing the value of ecological products, it focuses on how to promote the realization of the service value of national park ecosystem, and provides specific paths and strategic suggestions in combination with some practical cases of national park construction; Fifthly, in the aspect of developing natural recreation, research is carried out around the experience quality, community participation, demand characteristics, ecological balance, management system and other aspects in the process of developing recreation, so as to promote the recreation planning and sustainable development of national parks; Sixthly, in the management and utilization of natural resource assets, focus on the management and operation of natural resource assets in national parks, pay special attention to the pilot work of the principal-agent mechanism system of ownership of natural resource assets owned by the whole people, and explore the way to realize the ownership of natural resource assets.

The main conclusions and suggestions of this book are as follows.

Firstly, national park in China is a composite system composed of environment, resources, economy, society and other subsystems. Under the guidance of the concept of ecological civilization construction and the concept of coordinated development between man and nature, the national park system construction has achieved initial results, but it still faces conflicts between ecological protection and community construction, industrial development, cultural inheritance, and human activities and wildlife protection. Therefore, on the basis of ensuring ecological integrity, the follow-up construction should deeply explore the evolution law of human-land relationship, the development of complex ecosystems, the spatial differentiation of different regions and the cross-disciplinary support, so as to realize the balanced and coordinated development of the regional system of national park in China.

Secondly, the construction of nature reserves system with national parks as the main body faces many challenges, such as climate change, land use, human activities and industrial development, which will have a negative impact on its protection and development. Realizing accurate protection and efficient management of cultural landscapes is also a difficult problem to be solved for the high-quality development of nature reserves. In view of the development status and problems, the management level of nature reserves can be improved and scientific protection and rational utilization can be realized through comprehensive evaluation, classified management, development scenario simulation and other resource evaluation and spatial control methods.

Thirdly, community residents are an important part of national park construction. With the overall promotion of national park system construction, community participation mechanism has been reformed and innovated in ecological management and protection, franchising and skill training, but there are still some problems such as lack of laws and regulations, single participant and insufficient participation depth, so it is urgent to build a collaborative governance model. At the same time, it is necessary to emphasize the multiple roles played by the national park service in integrating multiple resources, clarifying the sharing mechanism and creating a good environment, and give play to the role of social organizations in helping communities, so as to further strengthen community participation and achieve a win-win situation between national parks and communities through multi-level and multi-angle interaction.

Fourthly, perfecting the mechanism of realizing the value of ecological products is conducive to transforming the good ecological advantages of national parks into economic and social development advantages. In the path exploration of realizing the value of eco-products, it is necessary to comprehensively consider the interests of national park managers, local residents, park tourists and other related subjects, and promote the realization of the value of eco-products from the aspects of industrial transformation, realization mode and guarantee mechanism in combination with the environment in which the value of local ecosystem services is realized. At the same time, it is also necessary to pay attention to the publicity and education of eco-environmental protection knowledge and emphasize the principle of combining protection with utilization.

Fifthly, developing natural recreation in national parks is an important way to play the recreational function and reflect the public welfare of the whole people. By identifying the natural recreational demand of national parks and evaluating the suitability of recreational resources, the natural recreational opportunity spectrum of national parks is constructed to summarize the characteristics of recreational activities and experiences in different recreational spaces. On the basis of comprehensive consideration of the balance between ecological protection and recreation utilization, the roles of natural recreation managers, operators, experiencers and community residents in natural recreation are clearly defined, and natural recreation is carefully planned and managed to promote the sustainable development of national parks.

Sixthly, the management and utilization of natural resources assets is the core field of national park development, which requires that the value of traditional resources, recreational use, scientific research and education, and derivative use should be well explored and utilized under the premise of protection. At present, the problems in the management and utilization of natural resources assets in national parks in China, such as overlapping departmental functions, unclear ownership subject, complex land ownership, and imperfect legal and market mechanisms, have become the key factors restricting the effective protection, utilization and management of natural resources assets. It is urgent to clarify the management subject, content, mode and income, strengthen the management of natural resources assets, and promote the value conversion of natural resources assets and the sustainable utilization of national parks in a wider range, more effective and fairer.

The construction of national parks aims to comprehensively protect and optimize the man-land coupling system, maintain biodiversity and protect rare and endangered species. The study on the coordinated development of man-land coupling system is helpful to scientifically understand and protect the ecosystem, find the balance between the ecosystem and human activities, and realize the sustainable development of local communities while ensuring ecological protection. In the process of building national parks, China actively seeks international cooperation, jointly builds ecological civilization, devotes itself to contributing wisdom and solutions to global environmental protection and sustainable development, continuously promotes environmental education and scientific research activities, and enhances society's awareness of natural ecosystems, which has far-reaching social and ecological impacts. The coordinated development of man-land coupling system in national parks is a complex problem involving many factors such as ecology, economy and society. The man-land coupling system emphasizes the relationship between human activities and the natural environment, which not only affects the livelihood and social and economic development of local residents, but also relates to the protection of ecological environment and the maintenance of global ecological balance, and has important strategic significance.

Keywords: Man-land Relationship; Man-land Coupling System; Scientific Protection; Construction of National Park

Contents

I General Report

Abstract: The relationship between man and land is the general name of the interaction between human society and its activities and the natural environment. The development of national parks is a process of mutual adaptation and integration between human activities and the natural environment. From the predatory development mode of resources to the rational utilization of natural resources through protected areas, it is driven by natural geographical conditions, population, cultural value orientation, production activities and other factors, and the connotation of the relationship between man and land is different in different civilizations. China National Park System is a composite system that covers many subsystems such as environment, resources, economy and society, and interweaves with various elements, types and levels such as the surrounding community system. Under the guidance of the idea of ecological civilization and the coordinated development between man and nature, the top-level design of China national park system has achieved initial results, the optimal utilization mode of ecological resources has been continuously innovated, and the co-construction and sharing mechanism has been continuously promoted. However, there are still contradictions and conflicts in different degrees in community construction, industrial development and wildlife protection. Therefore, under the basic premise of ensuring the integrity of the ecosystem, China National Park should further explore the overall coordination of the national park complex ecosystem, the exploration of the spatial differentiation of different natural eco-geographical areas, the evolution law of the relationship between man and land, and the cross-disciplinary support, so as to realize the balanced and overall coordinated development of the national park regional system.

Keywords: National Parks; Natural Protected Areas; Relationship Between Man and Land

Ⅱ Resources Evaluation and Spatial Control in National Parks

Abstract: Rural communities commonly exist in natural heritage sites, and their negative impact on natural heritage is determined by various factors such as natural geographical characteristics, social background, and governance capabilities. The negative impact on the heritage of rural communities in natural heritage sites can be logically divided into four dominant types: survival dependency driven impact, traditional production driven impact, tourism industry driven impact, and illegal activity driven impact. Based on the study of classification features, this paper puts forward some measures for the above four rural community types, such as ecological relocation and compensation, construction of sustainable production mode, adjustment of community industrial structure, improvement of living environment and infrastructure, improvement of architectural style control and strengthening law enforcement supervision.

Keywords: World Natural Heritage; Protected Area; Rural Community

Abstract: With the rise of cultural landscapes conservation in protected areas, the issues of how cultural landscapes can be accurately protected in the future reserve system and how to efficiently integrate and manage cultural landscapes in the reserves at the technical and practical levels have attracted more and more attention from the academia. In this study, we take regional cultural landscapes with rich regional cultural characteristics and representativeness as the theoretical medium, and based on the Historic Landscape Characterisation (HLC) system, we select classified and graded assessment indexes and construct an assessment system of the characteristics of regional cultural landscapes in protected areas through the analysis of the relevant concepts and data review and collation, in order to provide effective references for the holistic monitoring, management and protection of the regional cultural landscapes.

Keywords: Protected Area; Regional Cultural Landscapes; Historic Landscape Characterisation System

Abstract: In recent years, Hubei Province's efforts in the construction of nature reserves have shown significant progress in dealing challenges posed by climate change and human activities. However, these reserves continue to face a range of challenges. This study provides a comprehensive assessment of Hubei Province's nature reserves from 2000 to 2020, with the aim of revealing changes in the quality of ecosystems and the provision of ecosystem services. The results indicate that during this period, there has been an overall improvement in the ecosystem quality of Hubei Province's nature reserves, with an increase in quality covering an area of 5685. 25 km^2, but also with 1013. 25 km^2 experiencing ecosystem quality degradation. Among the six major ecosystem services, water production, flood regulation, habitat provision, carbon sequestration, and soil retention services have all exhibited growth, while pollination services have shown a slight decline. When considering different types of protected areas, national parks have made significant improvements in carbon sequestration, habitat provision, and flood regulation services, with slight decreases observed in water production, soil retention, and pollination services. Nature reserves have seen distinct improvements in soil retention and water production services but declines in other services. Natural parks show an overall increase in all six categories of ecosystem services. Based on these results, we propose six strategies to guide decision-making for the development of nature reserves in Hubei Province. This study is of paramount importance for further enhancing the management and sustainable development of Hubei Province's nature reserves.

Keywords: Nature Reserves; Ecosystem Quality; Ecosystem Services; Hubei Province

Abstract: In the context of regional tourism and rural revitalization, the

B&B industry can drive local economic development and promote farmers' income, and the government of Shennongjia Forest District proposes to cultivate the B&B industry into an important industrial sector for rural revitalization in the forest area, an important content of regional tourism and a new growth point of rural economy. Muyu town is the largest tourist distribution center in Shennongjia, this study takes the B&B in Muyu town as the research object, sets the tourism development of Muyu town is located in the middle of the development stage, the late stage of the development stage and the pre-solid stage in three different scenarios according to Butler's life cycle theory curve of the tourism land, predicts the demand for B&B in Muyu town in the next 10 years under different scenarios through mathematical models, and applies the index of the closest neighboring points in GIS software analysis, standard deviation ellipse analysis, kernel density analysis, buffer analysis and other tools to analyze the current spatial distribution of B&Bs in Muyu town, evolutionary characteristics and their influencing factors, and constructed the evaluation model of B&B siting in Muyu town, determine the weights of each index through hierarchical analysis, and then use the GIS weighted superposition analysis to simulate the spatial layout of B&Bs in Muyu town under three different scenarios in the next 10 years, combining with the distribution of the existing settlements in Muyu town and the current conditions. The spatial layout of lodging in Muyu Town is simulated under three different scenarios after 10 years, in order to provide a reference for the site selection and spatial layout of lodging in Muyu Town.

Keywords: National Park; Scenario Planning; Spatial Layout of Lodging; Site Suitability

Abstract: Xixi National Wetland Park is the first wetland park open to the public in China, and its construction period predates the issuance of relevant national official documents. In the process of the development of Xixi Wetland, the wetland protection policy has been changed many times. Xixi Wetland has witnessed the development of wetland parks in China. On the basis of analyzing the environmental characteristics of Xixi Wetland, the development trend of tourism and the requirements of multiple versions of protection, we point out the problems faced in the tourism development of Xixi Wetland at present, and put forward the problem-solving strategies from the perspectives of planning, management, tourists' experience and regional development. In order to provide reference for the scientific protection and utilization of the wetland park.

Keywords: Xixi National Wetland Park; Tourism Development; Protection and Utilization

Ⅲ Sustainable Development of National Park Community

Abstract: Community residents are an important part of national park construction, and their willingness to support tourism is related to the sustainable development of new national parks. Based on Prism of Sustainability, this study

expands the correlation research of sustainable tourism perception, satisfaction and support. The residents of four gateway communities in Shennongjia National Park were taken as the research objects. The research uses a mixed method to elaborate, that is, based on quantitative data, using structural equation model and Bootstrap method to test, and combining the qualitative data of semi-structured in-depth interviews to assist the results of quantitative analysis and mechanism analysis. The findings are as follows: Among the four dimensions of sustainable tourism perception, environmental sustainability perception is the most significant and institutional sustainability perception is the weakest; Among the four dimensions of sustainable tourism perception, except social and cultural sustainable perception, other dimensions can directly affect satisfaction; Satisfaction plays a completely mediating role in the economic dimension of sustainability and support, and partially negative mediating support and institutional dimension of sustainability.

Keywords: National Parks; Sustainable Tourism Perception; Resident Satisfaction; Tourism Support; Development Methods

Abstract: How to effectively realize community participation in the construction of national parks is a fundamental requirement to implement the concept of community of life between human and nature. This paper adopts big data analysis method, literature review method and inductive method to study the community participation in Qianjiangyuan National Park. The study shows that Qianjiangyuan National Park has made breakthroughs in reforms and innovations in the system of community participation, including reforms of servitude, network community participation, ecological management and care, franchising, countryside improvement, and skills training; at the same time, it is found that there is a single main body of community participation, the lack of community participation laws and related regulations, and insufficient depth and breadth of participation, and so on. Through the examination of other pilot projects in China and the reasonable reference to overseas experience, it is recommended to build a collaborative governance model as soon as possible, standardize the legal mechanism of community participation, strengthen the capacity building of community participation, and establish a reasonable benefit distribution mechanism, so as to further strengthen community participation and realize the win-win situation of the park and the community.

Keywords: National Park Construction; Community Participation; Qianjiangyuan

Abstract: National park is a specific area established for the protection and utilization of natural resources, which is an important practice in the construction of protected natural area system in China. With the background of pursuing the harmonious relationship between ecological protection and co-construction and sharing, effectively promoting social participation has become an important support for the construction of national park. Based on the key events and social participation practice of the typical case in Sanjiangyuan National Park, this research analyzed the technical, fair, situational and institutional logic of the value generation of social participation by using the synergistic model of host and guest valuesin, and also explianed the value collaborative mechanism of "resonance, co-creation and symbiosis" between social organization and community. Research suggests that each national park administration should play the role of "Platform builder", "judge" and "intermediary" by integrating multiple resources, clarifying the sharing mechanism and creating a good environment to promote the value creation and realization for social participation in national park.

Keywords: Social Participation; Value Synergy; National Park Community; Social Organization; Sanjiangyuan National Park

Abstract: Effectively managing the relationship between National Parks and local communities is a pivotal aspect of National Park development and administration. This paper employs CNKI and the "Web of Science Core Collection" as databases to delve into the research area of National Park Communities. It conducts a comprehensive analysis of domestic and international literature in this field, providing insights into the prevailing research trends, focal points, and emerging frontiers in the context of National Park Communities. The results show that: First, the research focus of National Park Communities at home and abroad has changed from pure natural protection to the coordinated development of ecological protection and economy, and the research theme has gradually evolved from ecological protection to residents' well-being. Second, most studies focus on the perception and attitude of the National Park Community, National Parks and community eco-tourism, community participation, community management model and so on. Third, the impact of National Park construction on community residents, franchising, community residents' livelihood and community well-being are still important research topics in the future.

Keywords: National Park; National Park Community; CiteSpace; Data Visualization Analysis

Abstract: The irrational scope and zoning of nature reserves affects regional economic growth and social well-being enhancement, and the construction of national parks is an important opportunity to solve such problems. This paper selects Tibetan nature reserves as the research object, analyzes whether there are restrictions on community development and their impacts, and proposes how to cope with the lagging construction of national park clusters in Tibet. The study found that ① 2000 – 2019 Tibetan nature reserves have temporal and spatial constraints on population, economy, land use, etc. , and irrational range zoning limits the expansion of urban space and industrial and economic growth. ② The constraints of nature reserves on internal communities mainly come from ecological migration caused by the construction of nature reserves, lagging infrastructure, imperfect legal system, etc. , and some areas rely on government subsidies and industrial transformation to get development. ③Take the construction of the Tibet national park cluster as an opportunity to optimize and adjust the scope of nature reserves, and explore a new model of synergistic development between national parks and communities in adjacent areas, so as to promote ecological protection and synergistic socio-economic development.

Keywords: Nature Reserves; National Parks; Sustainable Community Development; Tibet

G.12 Study on the Influence Mechanism of National Park Community Empowerment on Local Residents' Willingness to Participate in Tourism

—*Taking Tangjiahe Area of Giant Panda National Park as an Example*

Gao Yun, Xu Shuyao, Hong Jingxuan, Yu Pianpian, Zhang Xinyao and Zhang Yujun / 200

Abstract: National parks emphasize ownership by the whole people and co-construction and sharing, but there are still many difficulties in the practice of community participation in national park tourism. Taking Tangjiahe area of Giant Panda National Park as a case, this paper summarizes the current situation of national park community tourism development, residents' tourism empowerment and residents' willingness to participate in tourism, and analyzes the overall characteristics and group differences of national park community residents' perception of tourism empowerment and willingness to participate in tourism. At the same time, combined with the theory of cognition-emotion-intention, this paper explores the correlation and influence mechanism of variables in the chain intermediary model of "community tourism empowerment-tourism development satisfaction-quality of life-willingness to participate in tourism", and based on the above research results, puts forward the corresponding community empowerment path, which provides guidance for the communities around national parks to improve residents' quality of life, tourism development satisfaction and stimulate residents' participation motivation, so as to effectively promote the sustainable development of national parks and surrounding communities.

Keywords: National Park; Community Empowerment; Tourism Participation Intention; Tangjiahe

Ⅳ Value Realization of Ecological Products in National Parks

Abstract: As the main body of the national park, how to alleviate the contradiction between the protection and utilization of its resources is the main concern of the academic circle at present. The consumption promotion of eco-tourists and the realization of ecological value of national parks complement each other, and the recreation utilization of national parks becomes an effective way to realize the value of ecological products. The Tangjiahe area of Giant Panda National Park was selected to carry out field research, and the local residents and the management side were respectively asked to understand the supply system of ecological products, and the ecological visitors were asked to understand their demand for ecological products, and to analyze the environment for realizing the value of local ecological products. From the perspective of supply and demand, it is suggested that the value of ecological products in national parks can be further promoted by enriching the purchase channels and product diversity, carrying out multi-dimensional product classification and differentiated development, strengthening the development of original products and increasing the added value of products. .

Keywords: Ecological Product System Construction; Ecological Product Value Realization; Giant Panda National Park; Tangjiahe

G.14 Exploration of Ecosystem Services Assessment and Value Realization Path in Wuyishan National Park Based on InVEST and GEP

Fu Tianqi, *Lu Bei and Liao Lingyun* / 245

Abstract: National parks possess rich ecological resources, and assessing and promoting the realization of ecosystem service values is of great significance. This study selected the first batch of established Wuyishan National Park as the research area. It utilized the InVEST model and GEP to assess the values of three regulating services, namely water conservation, soil retention, and carbon sequestration, from 2000 to 2020. Based on an analysis of current issues, preliminary pathways for value realization were proposed. The research findings are as follows: The physical quantity of water conservation in Wuyishan National Park has slightly decreased, while carbon sequestration has remained stable, and soil retention has significantly increased; The ecosystem service values of Wuyishan National Park have exhibited an increasing trend over the past 20 years, with a 5% growth in water conservation service value, stable carbon sequestration service value, and a 9% growth in soil retention service value; The study presents pathways for realizing the value of ecosystem regulation services in national parks from three aspects: industrial transformation, implementation models, and safeguard mechanisms, aiming to provide new scientific foundations for national park management and sustainable development.

Keywords: Protected Areas; Wuyishan National Park; Ecological Products; Value Realization

Abstract: Through the survey on the participation of aboriginal people in the production of ecological products and their cognitive level of ecological protection and ecological value in Shuiman town, which is a typical gateway community in Wuzhishan section of Hainan Tropical Rainforest National Park. It was found that although certain achievements have been made in realizing the value of ecological product, there is still a general lack of awareness about the value of ecological products, lack of enthusiasm to co-creation national park ecological brands, and significant changes in stakeholder perceptions of interests in the process of ecological value transformation. The study suggests that the establishment of the ecological product value realization mechanism in national park communities should be based on the improvement of the participation ability of local people. Strengthening their ecological protection awareness will help to realize the ecological product value in national park areas.

Keywords: Tropical Rainforest National Park; Ecological Products Value Realization; Wuzhishan City

Abstract: Qilian Mountain National Park is an important protection barrier for ecological security and a priority area for biodiversity protection in China. In order to promote the realization the value of ecological products in Qilian

Mountain National Park and enhance ecosystem service functions, the Gross Ecosystem Product (GEP) of Qinghai area of Qilian Mountain National Park was accounted and analyzed, and the ways and measures of exploitation and utilization are put forward in this study. The results showed that the carbon storage value of major ecosystems in Qinghai area of Qilian Mountain National Park showed a trend of "decreasing first and then increasing" during 2011 to 2017. In the accounting of major ecosystem carbon sink GEP, grassland carbon sink GEP is the highest, followed by forest carbon sink GEP, and the average annual growth rate of it is the fastest. It is suggested that the Qinghai area of Qilian Mountain National Park should adhere to the combination of protection and utilization, improve the output efficiency of forest and grassland carbon sink, and pay attention to the publicity and education of ecological and environmental protection knowledge etc. in order to better develop and utilize carbon sink.

Keywords: Qilian Mountain National Park; Carbon Sink; Ecological Output Value Accounting; Ecosystem Services

G.17 Construction of Cultural Service Classification System in Protected Area from the Perspective of Ecological Product Value Realization

Xie Yefeng, Zhong Linsheng and Wu Bihu / 285

Abstract: In the context of China's establishment of a protected area system with national parks as the mainstay, there is a need to promote the realization of value of non-material ecological products in protected areas due to the requirement of nature conservation and the reality of protected areas' high visitation. Cultural ecosystem service, as "nonmaterial benefits people obtain from ecosystems", is an important theoretical basis for promoting the value realization of ecological products in protected areas. Against the above background, this study starts from the key node of cultural ecosystem services - human needs, and collects material from the existing classification systems of cultural services and the needs of protected area visitors related to cultural services under the guidance of taxonomical methodology, and then summarizes a taxonomy system of cultural services in protected areas from the perspective of value realization of ecological products. The taxonomy consists of four families: outdoor activity opportunities, sensory body experience opportunities, opportunities for science, education, culture and innovation, and cultural associations/spiritual connections, each of which contains three to five levels of opportunities/service enablers, and basically covers all the possibilities to meet people's demand for non-material benefits in protected areas. The study concludes with a preliminary application of the taxonomy system in Wuyishan National Park as a case study. Compared with the existed classification systems, the proposed taxonomy system emphasizes the dominance of human needs (ecological product value realization), which can provide practical guidance for the planning and management of the utilization of cultural services in protected areas.

Keywords: Ecological Products; Protected Area; Ecosystem; Cultural Service; Taxonomy

V Natural Recreation in National Parks

Abstract: Improving the quality of recreational experience in national parks is an inherent requirement for the public welfare construction of national parks. Guided by the embodied theory, based on the construction of a national park recreational experience quality evaluation system, this report analyzes the recreational experience quality of Qianjiangyuan National Park by mining online comment data and combining content analysis, entropy method and IPA analysis method. It was found that: the recreational experience quality evaluation system of national parks consists of four dimensions: physical experience, national park characteristics, national park reception, and environmental atmosphere; The comprehensive evaluation of the recreational experience quality in Qianjiangyuan National Park is good, with poor reception and environmental atmosphere in the national park, among the four dimensions, sensory experience, national park image, recreational experience, and natural environment are the best; Physical factors, perceptual factors, and environmental factors interact and collectively affect the quality of recreational experiences in national parks.

Keywords: National Parks; Embodied Cognition; Recreational Experience; Qianjiangyuan

G.19 Construction of the Recreational Opportunity Spectrum in National Park of Hainan Tropical Rainforest

Pang Li, *Tong Yun* / 333

Abstract: The balance between ecological conservation and recreational use is the core of ecotourism destination construction and development. In this study, we focus on the national park of Hainan tropical rainforest as an exemplary case to assess the suitability of its recreation resources. We first sort out existing development and application experiences of the recreation opportunity spectrum. By combining the physical, social and management environment of the national park of Hainan tropical rainforest, a set of seven indicators were selected, including accessibility and protection intensity, to categorize the recreational space into three gradients: priority development, key development and expansion recreational space. A spectrum of recreational opportunities was constructed for the national park of Hainan tropical rainforest, interpreting the characteristics of recreational activities and experiences in the corresponding gradient recreational spaces. This study holds immense practical significance for the planning, design and sustainable development of ecotourism destinations.

Keywords: Recreational Opportunity Spectrum; Recreational Experience; Tourism Resources; National Park of Hainan Tropical Rainforest

Abstract: The nature reserve system with national parks as the main body is the core carrier of ecological civilization construction, and community participation is an important guarantee for achieving common prosperity and ecological protection. The article is guided by relevant theories such as stakeholder theory and sustainable development theory, and uses literature review, field research, and GIS analysis methods to comprehensively analyze the current situation and problems of community participation in ecological recreation development in Baishanzu National Park. Based on the natural resources and cultural characteristics of Baishanzu National Park, suggestions for community participation based ecological recreation development have been proposed, providing reference and reference for the sustaina.

Keywords: Community Participation; Ecological Recreation; Baishanzu National Park

Abstract: Based on the Characteristics of Demand Theory, the characteristics of recreational demand of Hainan Tropical Rainforest National Park are obtained by analysing the network text evaluation. On basis of it, an emotional analysis of the characteristics is conducted. The results show that: ① The characteristics of recreational demand of national parks are composed of environment and resource, feature, value, quality and social characteristics; ②Tourists pay the most attention to the environment and resource characteristics, followed by value, feature, quality and social characteristics; ③Emotional evaluation shows that tourists' evaluation of the five characteristics of Hainan Tropical Rainforest National Park is positive; the environment and resource characteristics got the highest score in the evaluation, followed by social, value and feature characteristics, and the quality characteristics got the lowest evaluation core. At the end of the paper, some suggestions on protecting environment and resources, improving quality and feature characteristics are put forward according to the results.

Keywords: Hainan Tropical Rainforest National Park; Recreation; Characteristics of Demand

Abstract: Ailaoshan National Park is one of the 49 candidate areas for national parks in China. The study and preliminary construction of its ecotourism management system can provide a preliminary foundation for the creation of Ailaoshan National Park and can also serve as a guide for other national parks. This study first introduces and analyzes the basic conditions and current status of ecotourism in Ailaoshan National Park. Secondly, the content structure of the national park ecotourism management system was specifically explored, and the entire system was divided into three parts: ecotourism managers, participants, and experients. Thirdly, based on the basic characteristics of Ailao Mountain National Park, a management system for ecotourism in Ailao Mountain National Park should be constructed, proposing ecotourism development plans from four aspects: national park managers, ecotourism visitors, national park communities, and ecotourism enterprises. The significance of this study lies in providing theoretical support for the construction of the ecotourism system of Ailaoshan National Park from a practical perspective, and providing reference for the ecotourism development of other national parks.

Keywords: Ecotourism System; National Parks; Ailaoshan

Ⅵ Management and Utilization of Natural Resources Assets in National Parks

Abstract: The ownership of natural resource assets is the core area of the development of national parks. At present, the pilot work of the principal-agent mechanism system for the ownership of all natural resource assets is actively carried out. The ownership of natural resource assets in the natural protected area system with national parks as the main body in China has problems such as unclear definition of ownership subjects, complex types of land ownership, imperfect laws, and inadequate supervision and control. Therefore, it is of great value to explore the ways to realize the ownership of natural resource assets (including registration, possession and use, circulation, income, supervision and other dimensions). Therefore, this study collected the land ownership data of the first five national parks in China (such as the overall area of national parks, the area of partitions, the proportion of state-owned land or forest land, the proportion of collective land or forest land, etc.), the overall planning of national parks and other policy texts, and used comparative analysis and text analysis to explore and compare the differences in the land ownership structure of the five national parks and how the principal-agent is reflected in the realization of the ownership of natural resources assets in national parks. In order to provide reference for a wider, more effective and fairer sustainable use of national parks and promote the value conversion of natural resource assets.

Keywords: National Park; Principal-Agent; Natural Resource Assets; Land Ownership; Central-Local Relationship

G.24 Main Types of Natural Resources Assets in National Parks and Their Operation and Utilization Patterns

Yu Zhenguo, Chen Jing and Hou Bing / 409

Abstract: The natural resource assets of national parks have not only economic value, but also natural heritage value passed down from generation to generation, ecological value and social value. The classification of natural resource assets in national parks is helpful to understand the functions and characteristics of them and helpful to adopt differentiated operation and utilization. Chinese management, operation and utilization of natural resource assets in national parks are mainly to make good use of usufructuary assets, positive externality internalized equity assets, carbon sink assets, national park brand assets and ecological product assets. The essence of them is to make good use of their traditional resource value, recreation value, scientific research and education value and derivative value under the premise of protection. It needs to define the main body, content, mode, income and other key contents in the operation and utilization of natural resource assets in national parks. The modes of them mainly include transfer, share, lease, mortgage and so on. It should maintain and increase the value of natural resource assets on the premise of protecting the ecological authenticity and integrity of national parks in the operation and utilization of natural resource assets in national parks.

Keywords: National Parks; Natural Resource Assets; Operation and Utilization; Derivative Value

Abstract: International and domestic environmental and economic comprehensive accounting systems, referring to accounting concepts, explore the value of environmental resource stocks and flows from an economic perspective. This article first reviews the accounting concepts and methods of the System of Environmental and Economic Accounting (SEEA) and the Millennium Ecosystem Assessment (MA). Related assessment elements, such as economic/non-economic values, physical/monetary values, stock/flow, and human well-being, provides important insights for constructing other accounting systems and assessing the value of ecological products. Second, this paper introduces the domestic application of SEEA and Gross Ecosystem Product (GEP) accounting methods. Finally, the author proposes embedding ecological value accounting into various stages of national park concession activities, namely preparation, bidding, operation, assessment, and summary stages, achieving closed-loop management. Thereby, the ecological value accounting is implemented through the entire concession process, making the effects of conservation and utilization visible.

Keywords: Environmental and Economic Comprehensive Accounting; Ecological Product Value; National Park; Franchise

Abstract: The power allocation of natural resource assets management is the core issue in the reform system of natural resource assets, and it is also an important component of China's ecological civilization system. At present, there are some problems in the management of natural resource assets in China, such as the overlapping functions of departments, the unclear power of owners and regulators, the unclear responsibility, the continuity of incomplete property rights, the principal-agent problem, the imperfect market mechanism, and the virtual ownership, which have become the key factors restricting the effective protection, utilization and management of natural resource assets. This study takes Qianjiangyuan National Park as an example, introduces social embedding theory, uses social network analysis method and content analysis method, sorts out the natural resource asset policy documents of Qianjiangyuan National Park from 2010 to 2022, summarizes the evolution path of vertical decentralization in natural resource asset management, identifies the key issues in the process of decentralization of natural resource asset management, and explains the internal logic of vertical decentralization of natural resource assets. In order to provide reference for the reform of natural resource assets in China's protected areas and provide feasible guidance for accelerating the construction of ecological civilization in China.

Keywords: Natural Resources Assets; Vertical Decentralization; Qianjiangyuan National Park

Abstract: The property rights system of natural resource assets is a fundamental system in the construction of national parks in China. The inclusion of collectively owned natural resources in national parks will bring about contradictions and conflicts between protection and development, which will then affect the achievement of national park governance goals. This article elaborates on the complexity and necessity of collective management of natural resources in national parks in China, analyzes the impact of natural resource property rights system on national park governance, explores the evolution of contradictions and conflicts in the protection and utilization of collective natural resources in national parks, and proposes current countermeasures. Based on this, from the perspective of realizing the value of natural resources in national parks, The reform faces challenges such as unclear ownership of property rights, incomplete management system, and imperfect legal system, and analyzes the negative impact of property rights issues on the management of national parks. On this basis, focusing on the realization of the value of natural resources in national parks, this paper puts forward some ideas and countermeasures to improve the management of collective ownership of natural resources in national parks in China from the aspects of improving the management system of collective ownership of natural resources, the system of collective forest land easement, the system of ecological protection compensation and the franchise system.

Keywords: Collective Ownership of Natural Resources; Property Rights System Reform of Natural Resources; National Parks

皮书

智库成果出版与传播平台

✤ 皮书定义 ✤

皮书是对中国与世界发展状况和热点问题进行年度监测，以专业的角度、专家的视野和实证研究方法，针对某一领域或区域现状与发展态势展开分析和预测，具备前沿性、原创性、实证性、连续性、时效性等特点的公开出版物，由一系列权威研究报告组成。

✤ 皮书作者 ✤

皮书系列报告作者以国内外一流研究机构、知名高校等重点智库的研究人员为主，多为相关领域一流专家学者，他们的观点代表了当下学界对中国与世界的现实和未来最高水平的解读与分析。

✤ 皮书荣誉 ✤

皮书作为中国社会科学院基础理论研究与应用对策研究融合发展的代表性成果，不仅是哲学社会科学工作者服务中国特色社会主义现代化建设的重要成果，更是助力中国特色新型智库建设、构建中国特色哲学社会科学“三大体系”的重要平台。皮书系列先后被列入“十二五”“十三五”“十四五”时期国家重点出版物出版专项规划项目；自 2013 年起，重点皮书被列入中国社会科学院国家哲学社会科学创新工程项目。

皮书网

（网址：www.pishu.cn）

发布皮书研创资讯，传播皮书精彩内容
引领皮书出版潮流，打造皮书服务平台

栏目设置

◆ **关于皮书**

何谓皮书、皮书分类、皮书大事记、
皮书荣誉、皮书出版第一人、皮书编辑部

◆ **最新资讯**

通知公告、新闻动态、媒体聚焦、
网站专题、视频直播、下载专区

◆ **皮书研创**

皮书规范、皮书出版、
皮书研究、研创团队

◆ **皮书评奖评价**

指标体系、皮书评价、皮书评奖

所获荣誉

◆ 2008 年、2011 年、2014 年，皮书网均在全国新闻出版业网站荣誉评选中获得“最具商业价值网站”称号；

◆ 2012 年，获得“出版业网站百强”称号。

网库合一

2014年，皮书网与皮书数据库端口合一，实现资源共享，搭建智库成果融合创新平台。

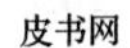

皮书网

“皮书说”
微信公众号

S 基本子库

SUB DATABASE

中国社会发展数据库（下设12个专题子库）

紧扣人口、政治、外交、法律、教育、医疗卫生、资源环境等12个社会发展领域的前沿和热点，全面整合专业著作、智库报告、学术资讯、调研数据等类型资源，帮助用户追踪中国社会发展动态、研究社会发展战略与政策、了解社会热点问题、分析社会发展趋势。

中国经济发展数据库（下设12专题子库）

内容涵盖宏观经济、产业经济、工业经济、农业经济、财政金融、房地产经济、城市经济、商业贸易等12个重点经济领域，为把握经济运行态势、洞察经济发展规律、研判经济发展趋势、进行经济调控决策提供参考和依据。

中国行业发展数据库（下设17个专题子库）

以中国国民经济行业分类为依据，覆盖金融业、旅游业、交通运输业、能源矿产业、制造业等100多个行业，跟踪分析国民经济相关行业市场运行状况和政策导向，汇集行业发展前沿资讯，为投资、从业及各种经济决策提供理论支撑和实践指导。

中国区域发展数据库（下设4个专题子库）

对中国特定区域内的经济、社会、文化等领域现状与发展情况进行深度分析和预测，涉及省级行政区、城市群、城市、农村等不同维度，研究层级至县及县以下行政区，为学者研究地方经济社会宏观态势、经验模式、发展案例提供支撑，为地方政府决策提供参考。

中国文化传媒数据库（下设18个专题子库）

内容覆盖文化产业、新闻传播、电影娱乐、文学艺术、群众文化、图书情报等18个重点研究领域，聚焦文化传媒领域发展前沿、热点话题、行业实践，服务用户的教学科研、文化投资、企业规划等需要。

世界经济与国际关系数据库（下设6个专题子库）

整合世界经济、国际政治、世界文化与科技、全球性问题、国际组织与国际法、区域研究6大领域研究成果，对世界经济形势、国际形势进行连续性深度分析，对年度热点问题进行专题解读，为研判全球发展趋势提供事实和数据支持。

法律声明